国防科技图书出版基金

遥感科学的控制论基础

Cybernetic Basis for Remote Sensing Science

晏 磊 赵海盟 谭 翔 杨锦发 著

国防工业出版社
·北京·

图书在版编目(CIP)数据

遥感科学的控制论基础/晏磊等著. —北京:国防工业出版社, 2021.9

ISBN 978-7-118-12297-8

Ⅰ. ①遥… Ⅱ. ①晏… Ⅲ. ①遥感技术-控制论
Ⅳ. ①TP7

中国版本图书馆 CIP 数据核字(2021)第 199487 号

※

国防工業出版社出版发行

(北京市海淀区紫竹院南路 23 号 邮政编码 100048)

三河市腾飞印务有限公司印刷

新华书店经售

*

开本 710×1000 1/16 **印张** 23¼ **字数** 405 千字

2021 年 9 月第 1 版第 1 次印刷 **印数** 1—1500 册 **定价** 106.00 元

国防书店:(010)88540777 书店传真:(010)88540776

发行业务:(010)88540717 发行传真:(010)88540762

致　读　者

本书由中央军委装备发展部**国防科技图书出版基金**资助出版。

为了促进国防科技和武器装备发展，加强社会主义物质文明和精神文明建设，培养优秀科技人才，确保国防科技优秀图书的出版，原国防科工委于1988年初决定每年拨出专款，设立国防科技图书出版基金，成立评审委员会，扶持、审定出版国防科技优秀图书。这是一项具有深远意义的创举。

国防科技图书出版基金资助的对象是：

1. 在国防科学技术领域中，学术水平高，内容有创见，在学科上居领先地位的基础科学理论图书；在工程技术理论方面有突破的应用科学专著。

2. 学术思想新颖，内容具体、实用，对国防科技和武器装备发展具有较大推动作用的专著；密切结合国防现代化和武器装备现代化需要的高新技术内容的专著。

3. 有重要发展前景和有重大开拓使用价值，密切结合国防现代化和武器装备现代化需要的新工艺、新材料内容的专著。

4. 填补目前我国科技领域空白并具有军事应用前景的薄弱学科和边缘学科的科技图书。

国防科技图书出版基金评审委员会在中央军委装备发展部的领导下开展工作，负责掌握出版基金的使用方向，评审受理的图书选题，决定资助的图书选题和资助金额，以及决定中断或取消资助等。经评审给予资助的图书，由中央军委装备发展部国防工业出版社出版发行。

国防科技和武器装备发展已经取得了举世瞩目的成就，国防科技图书承担着记载和弘扬这些成就，积累和传播科技知识的使命。开展好评审工作，使有限的基金发挥出巨大的效能，需要不断摸索、认真总结和及时改进，更需要国防科技和武器装备建设战线广大科技工作者、专家、教授，以及社会各界朋友的热情支持。

让我们携起手来，为祖国昌盛、科技腾飞、出版繁荣而共同奋斗！

国防科技图书出版基金

评审委员会

国防科技图书出版基金
第七届评审委员会组成人员

序

以遥感为代表的地球空间信息科学在当今世界的社会、经济以及国防建设发展中扮演着越来越重要的角色。随着国家政府在对地观测领域上的投入力度不断加大，在处理海量遥感数据以及多样化的遥感应用上亟需一种普适性的统筹性思维和系统化方法。我们知道遥感科学中的各科学要素不是孤立的存在和发展的，而是作为整体的一部分在发展变化，这在很大程度上体现出一种控制论的哲学思想，也即遥感科学的建立与实现依赖于高效稳健的控制系统理论与技术。

其次，遥感信息越来越被我们资源、环境、生态等广泛应用，具有时空性，其最重要的特点是实时性需求。但是，实时性的前提是自动化，自动化的理论基础是控制论。

纵观科学史，一个领域成其为科学时，控制论起到了衔接相关因果关系过程的无法替代的纽带作用。可以这样说，遥感科学、地理信息科学、空间信息科学的真正成熟与建立，控制论不可或缺。以光学成像过程和应用为例，遥感信息历经航空航天（传感器）、空间传输（光学大气衰减）、地表反演（数学物理模型）、分析应用（时空数据信息化）、对策与决策（GIS 为技术平台）各个环节，单个环节已经成熟，但互为断点，这成为遥感信息形成全过程系统分析、实时分析的瓶颈。控制论恰恰能够将各个环节输入输出互为衔接的真实过程以控制论表征的方式把各个环节的数理模型衔接起来，实现一体化表达和自动分析。这就为遥感信息全链路一体化表达提供了理论依据。当全部过程模型自动化表达并通过通信链路实时反馈到获取源端时，遥感信息边获取边处理边分析就成为可能；当反馈环节不再以人为链接要素时，自动化成为可能；当遥感或地理信息能够把各个环节的模型通过一种手段自动衔接一体、全面表征并利用物理工具实现时，遥感才有了成其为科学的系统理论基础特征。

目前控制论科学已经发展得非常完善，它为现代科学研究提供了一套新的思想和方法，并促进了当代哲学观念的变革。再者遥感技术已经进入一个能够动态、快速、多平台、多时相、高分辨率地提供对地观测数据的新阶段。如何将控制理论科学引入我们的遥感科学领域且做出开创性的实际贡献是对接两门学科最大的瓶颈。由于专业领域有所不同，尚未有主动请缨之人接此重责。

所幸今北京大学晏磊教授团队，凭借其深厚的控制理论与实践背景以及在遥感方面的建树，加之其严谨的治学求真原则，将控制论与遥感信息科学结合的多年成果贡献出来。该书内容循序渐进、理论阐述由浅入深，不可谓不令人振奋。本书不仅讲述了控制论在遥感的平台控制、传感器控制、数据处理控制方面的应用，也讲述了控制论对遥感系统整个成像过程的应用。该书所传达的遥感控制理论，确已深入到遥感信息科学的众多领域，以作者团队为引领的中国学者，有效地建立了一套时空闭环控制理论用于遥感的实际作业，实现遥感信息从获取到应用的有序过程，很大程度上提高了遥感信息获取－处理－传输－应用整个过程的综合效能。

“冰冻三尺非一日之寒”，本书的论点均基于严格的基础控制理论，内容严谨紧凑，这得益于晏磊教授个人专注专业的务实创新精神及其在摄影测量与遥感、地理信息科学以及在硬件控制方面的知识积累与经验沉淀。本书不仅面向摄影测量与遥感学科、空间地理信息学科的研究人员和学者，为他们提供一种解决地球观测和地理信息应用中多类问题的新方法、新思路、新手段，同时也可以作为具有控制论、电学、航空航天背景的科学研究人员了解、加入遥感科学领域创建工作、开展学科交叉源头创新的入门读物。

我很感谢作者将此书贡献给广大科研工作者分享借鉴，也很高兴看到此书出版，希望它带给遥感科学以新的理论高度，相信它可以为我国的对地观测科学事业有积极的推动作用，为中国学者引领的遥感科学理论、技术、方法的源头创新提供帮助。

2018 年 12 月 31 日

① 李德仁　中国科学院院士，中国工程院院士，武汉大学教授、博士生导师。

前　言

控制论自提出以来,已经经历了七十多年的发展。在这期间,各领域的学者纷纷在自己的领域引进控制论,发展出各种控制论分支,如:工程控制论、生物控制论、社会经济控制论、军事控制论、自然控制论。但是到目前为止,尚未有人将控制论引入遥感学,以实现对遥感系统整个成像过程的控制,而本书目的就在于填补这一空白。将控制论引入遥感领域,探索建立遥感观测时空闭环控制理论与方法,以实现空间信息从获取到应用的连贯过程并提高空间信息自动化应用综合效能,是本书的基本出发点。本书不仅阐述控制论在遥感的平台控制、传感器控制、数据处理控制方面的应用,也阐述控制论对遥感系统整个成像过程的应用,这些内容对航空航天、对地观测、国防应用具有重要意义。

本书内容共 12 章:第 1 章从整体视角介绍了遥感地理信息系统中遇到的关键性问题,并提出将控制论作为空间信息自动化实时应用的理论基础,应用到遥感系统中。第 2 – 5 章是遥感控制模型理论部分,主要包括:基于遥感控制论的自然地理系统流图表达,自然地理系统状态空间微分方程组构建及传递函数代数求解,传递函数、流图与空间状态微分方程组的反向变换及线性系统的可控性和可观性。该部分试图实现对遥感控制基本理论的内容分解。第 6 – 9 章是遥感控制论技术方法,主要包括:遥感观测目标信息的自动化表达及趋势估计、基于变权重泛函的多源信息智能融合及并行计算、基于实时性要求的冗余容错与模糊降阶控制、基于复杂背景的噪声集员辨识与模型均匀检验。该部分阐述在对遥感地理信息系统进行控制时所需要的技术方法。第 10 – 12 章是遥感控制论应用初步,主要包括:遥感观测系统控制论表达的一体化、遥感定标控制论、空间信息移动控制论。该部分用不同的实际案例来展示遥感定量化自动化所依托的控制论率先奠基的可行性。

控制论是一种哲学思想,更是一种成熟的系统化数理分析的理论体系。控制论的理论特征在于:(1)建立了一系列不同量纲物理模型(如空间信息传感器、平台、大气传输、地表反演、信息转换、分析等)链接一体的通用方法;(2)建立了差分方程(数字域)、空间状态方程组(空间域)、静态与动态微分方程组(时间域)与拉普拉斯代数方程组(复数频率域)之间的完备的数学模型相互转换关系；(3)建立了代数方程组(复数频率域)、信号流图(网络拓扑)、多输入(传感器)多输出(监测测量)与控制论传递函数之间的完备的数学模型相互转换关系；(4)实现了整个系统总传递函数唯一表达(物理本质)与一、二阶任意降阶串并联表达传递函数(最基本物理单元原件)解析的完备转换关系；(5)实现了模型表达(软件)与物理实现(硬件)之间的灵活多样的完备等价关系。

本书全部构思、标题确立、各章主要内容确定和理论建立都由晏磊完成。赵海盟负责对本书第6、9章的撰写；谭翔负责对本书第1章部分及第8章的部分撰写；杨锦发负责对本书第5章的撰写及相关章节的部分修改；其余各章由晏磊完成。最后晏磊对各章的文稿进行了4次以上的审稿。

本书是本人及团队多年来潜心基础研究与19年教学积累的结晶，蕴含了多年的教学及研究心血。记得1997年我作为博士后时，在资源与环境信息系统国家重点实验室基金和中国博士后基金资助下，出版了“资源环境生态巨系统结构控制”的专著，提出了“地理信息时空反馈控制论”的初步构想，得到了陈述彭先生的高度评价，当时受周成虎①、龚健雅②等同时代优秀青年学者邀请到相关国家重点实验室做专题报告。记得成虎把我的发言幻灯片文档安排人复印给当时听报告的资源与环境信息系统国家重点实验室每个博士生，本人深感使命与责任。也曾记得健雅专门选择了测绘遥感信息工程国家重点实验室师生课程最少的一个下午请我介绍“资源环境生态巨系统与遥感控制论基础”，并会后与我长谈其前景，并寄予厚望。留校北大工作后，经过4年认真准备，我设计了《遥感控制论基础》选修课程。虽未得到专业课程设置教师会批准，但同意经修改以《空间信息传输控制基础》研讨班的方式开课。历时十余年，遥感控制论的教学与研究讨论得到了所有选课研究生的思想碰撞和相互启迪，成为遥感空间信息领域拓宽视野、开启哲学思考的舞台。这是我在五四青年节北大校庆日起草本前言的感悟。

今天，10月18日杨利伟飞天纪念日，我在桂林航天工业学院设立的中国航天日纪念会介绍地球观测遥感控制论后，静下心来完稿专著前言时，我用一句话归纳19年来同学们学习课程的最大感触是：“从未想象到遥感地学还可能有这么深厚的数学物理基础和不依赖于人工的系统控制论贯通时域-空域-频域的分析方法”。作为以弘扬科学、答疑解惑、著书立说为天职的教师，已经没有什么能比这更让我欣慰和感动的了。

作者深深感谢每一位选课同学“敢于吃螃蟹”的地学控制论探索，是他们的

① 周成虎 中国科学院院士。

② 龚健雅 中国科学院院士。

选课和前赴后继的点滴研讨、质疑与相互解惑,使得本书玉汝于成,最后终于可以说初稿瓜熟蒂落、水到渠成,显现出航空航天遥感领域的第一轮控制论曙光。作者也感谢英国卡迪夫大学的孙先仿教授在第九章的原创性贡献,他了解到本专著的意义并主动帮助完善此部分,在此表示深深的敬意。感谢国防科技图书出版基金对本书的资助。

由于作者知识水平有限,仍难免有所错误和偏见。在此,恳请各方面专家和广大读者不吝指教,不断反馈修正,毕竟这是遥感成其为自动化、最大限度摆脱对人的主观依赖、并成其为一门科学的必经之路,即遥感科学必须具备的控制论基础。

作者电子邮箱:lyan@ pku. edu. cn。

晏磊

2020 年 05 月 04 日起草于未名湖畔博雅塔旁遥感楼内青年节

2020 年 10 月 18 日完稿于漓江尧山飞天楼外致知亭下航天日

目　录

Contents

第1章　遥感信息自动化定量化的控制论基础

遥感具有能够大面积同步观测和短时间重复观测等特点，所获取的数据综合地反映了地球上许多自然和人文信息。随着光电技术、计算机技术、航空航天技术和数据通信技术的不断发展，现代遥感技术已经进入了一个能够动态、快速、多平台、多时相、高分辨率地提供对地观测数据的新阶段。随着高分辨遥感数据的提供、遥感软硬件技术水平的提升及其与 GIS 技术的融合衔接，使遥感的应用领域不断拓宽，深度不断加大，许多成果产生了巨大的经济效益。遥感的应用如资源调查、应急灾害监测等越来越依靠定量的、实时的遥感信息，而实时化要求脱离人工并进行自动处理，它的本质是自动化的实现，同时自动化也促进了系统定量的准确性和精度，保障了定量化。然而，遥感实际应用时往往是人机交互或是以目视判读为主，完备的空间信息自动化传递手段仍有缺陷，信息流在相关环节滞流，影响了实际的使用效果。尽管目标识别和分类、智能化人机交互式的方法已得到普遍应用，但遥感的自动控制与分析的模式识别、人工智能、专家系统等技术仍不成熟，智能化程度不高，精度有限，遥感时空信息定量化自动控制与分析技术仍需改进。自动化的理论基础是控制论，本章将对遥感信息的自动化和定量化、遥感信息中的系统控制论基础及其初步应用进行整体性的介绍与探讨。

1.1　遥感信息自动化与定量化概述

遥感应用注重时效性，应急救援等更要求全天候全天时地遥感监测，实时化已越来越成为遥感技术应用的重点，实时化本质即自动化，遥感信息实时获取、处理和应用是建立在自动控制基础上的。而遥感信息定量化研究在遥感发展中具有牵一发而动全局的作用，成为遥感发展的前沿技术，具有许多生长点，可以带动很多学科和应用领域的发展。遥感信息定量化涉及遥感仪器的设计和制造、大气的探测和大气参量的反演、大气影响订正方法和技术、对地定位和几何校准方法和技术、计算机图像处理、地面辐射和几何校准实验场设置及各种遥感应用模型和方法、地学参量的反演和推算等多种学科和领域，每一个环节都是相当重要的，但是都有各自的理论、方法和技术，只有充分利用系统控制论的观点，建立各部分输入与输出的科学关系，使这些领域协调发展，才能最终完成遥感信息定量化、实时化的任务。

1.1.1 遥感信息的四个环节与三个断点

遥感是利用装载在遥感平台上的遥感器接收来自目标的反射或辐射对地球表面目标进行探测的。因此，从本质上说，遥感是一个信息流和信息交换的过程。来自地表的电磁波信息流，经过遥感信息的获取、处理和分析，成为人们所能利用的有效信息。

空天信息从获取到应用有四个驻留环节：空天载荷、地物目标、数字地物信息、分析决策。从卫星等遥感平台获取地物信息，需要对相关仪器载荷进行设计和改进，传感器获得的信息需要数字化与定量化，使之成为可用于分析和决策的数据，这四个环节是环环相扣、相互影响的。

遥感的应用如资源调查、应急灾害监测等越来越依靠实时遥感信息，需要建立空间信息时空闭环控制体系，将空天信息的四个驻留环节连接起来，建立其自动控制系统及其整套控制模型的传递函数，使其成为系统化遥感应用技术在空天信息领域跨越发展的控制论依据。

目前在遥感信息实时应用、实现自动评估分析的过程中存在的最大问题可归纳为空间信息流自动传递的三个断点和一个开环问题（图 1－1(a)）。三个断点分别是：(1)有效性差，空天载荷指标在追求高分辨率和完备性时忽略了信息转换的有效性；(2)自动化程度低，实际地物影像多以手工数字化方式获得数字地物信息；(3)定量化弱，评估、分析主要依赖于目视解译与经验。一个开环指的是指挥决策对空天载荷作业没有反馈自动约束能力。

需要建立解决上述问题的正向链路（空天载荷的有效/适配探测、半自动化转换数字地物信息、定量反演取代目视解译以提供给指挥决策）和反馈链路（载荷光机电指标适配的空间信息流反馈通道）手段（图 1－1(b)外环），以及这些链路手段的反向信道（图 1－1(b)内环），它们各自在两两相关环节与正向链路实现局部闭环反馈，由此形成未来完备的空间信息自动化传递手段。

引入控制论的相关理论和方法，深入研究遥感信息中的四个环节，解决好遥感信息从获取、传输到应用过程中的三个断点和开环问题，建立遥感空天信息的自动控制模型，才能更好地实现遥感信息定量化和实时化。

1.1.2 遥感信息的实时化

遥感信息的实时化要求地物信息的获取可以全天时全天候地进行，对于地

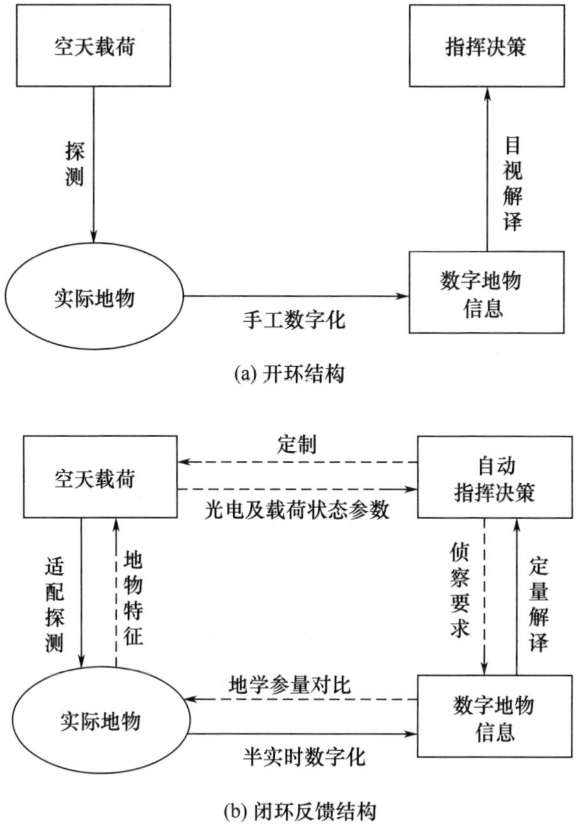

图 1-1　空天信息闭环反馈控制流图

物信息可以及时处理、更新，达到遥感信息监测和应用的同步。现实生活中，人难以做到每时每刻毫不间断地工作，这就要求遥感的机器设备、系统或过程等在没有人或较少人的直接参与下，经过自动检测、信息处理、分析判断、操纵控制等过程，得到预期的结果。

此外，目前遥感信息的增长速度飞快，遥感信息数据量大，过多的遥感信息也阻碍了实时化的进行。遥感数据的多源性、高阶性及其数据量大的特点，使得对遥感信息的计算和处理非常复杂，要耗费较多的处理时间和占用大量的资源空间，信息的实时化难以完成。这同样需要借助控制论的相关技术、方法，如融合、降阶、模糊控制等，使遥感信息的处理更加简单、迅速。

自动控制系统是实现自动化的主要手段，它是在无人直接参与状态下使生产过程或其他过程按期望规律或预定程序进行的控制系统。自动控制系统意义不仅在于代替人们繁重的体力劳动和简单的脑力劳动，更重要的是开辟过去靠人的体力和脑力所不能达到的活动领域。现有的遥感平台不仅仅设置在地面，更有航空、航天、航宇平台，用以观测地球、太阳系乃至宇宙的空间信息，人造卫星、空间站、星际飞船等平台上的遥感传感器投入使用后，人力已经很难再对它进行物理的调控和改进，而自动控制系统可以实时获取与处理遥感数据，并根据具体情况对相关仪器等进行调整。

按控制原理的不同，自动控制系统分为开环控制系统和闭环控制系统。在开环控制系统中，系统输出只受输入的控制，控制精度和抑制干扰的特性都比较差。闭环控制系统是建立在反馈原理基础之上的，利用输出量同期望值的偏差对系统进行控制，可获得比较好的控制性能，又称反馈控制系统。在遥感信息传输中，需要使用闭环控制系统，通过相应的反馈机制，达到其自调节、自适应、自平衡、自组织，以此实现其实时化。

1.1.3 遥感信息的定量化

遥感信息具有空间和波潜两种主要特性，这些特性在物体的相互作用、传输、记录、再现的过程中经受着各方面的影响，产生着各种畸变，遥感信息定量化就是在遥感信息流的每一个环节中探求其变化原凶，纠正各种畸变，恢复地表信息的真实特征。

遥感信息的定量化有两重含义，其一是遥感信息在电磁波不同波段内给出的地表物质的定量的物理量和准确的空间位置。例如，在可见 - 近红外 - 短波红外波段内地表的反射比、热红外波段内地表的辐射温度和真实温度、在微波波段内地表物体的亮度温度和发射率及物体的后向散射系统等定量数值。其二是从这些定量的遥感信息中通过实验的或物理的模型将遥感信息与地学参量联系起来，定量地反演或推算某些地学或生物学的参量。例如，植被的生物量、叶面积指数、农田蒸散量、森林积蓄量、土地利用面积、积雪厚度、海洋上的风速和风向、海面温度、海洋叶绿素含量、水体泥沙含量等。

遥感应用经历了从定性的判读解译进行资源调查和评价到环境的动态监测过程。传统的判读方法已不能满足环境监测的快速要求，所以需要计算机与地理信息系统结合。计算机的应用需要量化的数据，更需要定量化的数据以确定环境要素的定量参数和指标，这是遥感从定性到定量、从静态到动态、从目视解译到计算机分析发展的必然趋势，对遥感信息的定量化要求是这种发展趋势的必然结果。

定量化遥感是遥感深化的重要标志。遥感的应用领域逐步扩大，涉及众多领域，如资源调查与评价、地质找矿、农业、水资源、林业应用、海洋调查与监测、环境动态变化监测等领域。在这些应用领域中需要对不同地区的资料进行对比和综合分析，更需要对不同时期的资料综合比较，特别是在环境及灾害的动态监测中，需要遥感提供动态变化数据。但是，遥感所获得的数据受到仪器老化的影响，经过大气的衰减、接收及处理设备造成的误差，已不能满足许多遥感应用的要求，特别是不同地区、不同时相动态变化分析的要求。因此需要遥感提供地球表面定量化的信息，才能更好地完成环境变化和自然灾害等遥感监测评价的任务，在环境监测中，地理信息系统（GIS）中的许多数据需要补充和更新，而遥感提供的定量化数据是 GIS 快速、大范围数据补充和更新的最好途径，因此 GIS 的应用和发展也需要遥感信息的定量化。

全球环境恶化问题正成为世界关注的焦点问题之一。地球环境问题的全球性质是遥感最易发挥作用的领域，也可以说只有遥感技术发展到现在的水平才有可能解决全球环境变化研究的主要问题。全球环境变化研究要求遥感提供下述类型的数据：（1）全球范围的数据；（2）长时间段的连续数据；（3）周期性的数据，同步观测数据；（4）物理的、化学的、生物学的许多科学的数据；（5）校正过的定量化的数据；（6）具有准确的全球地理分布的数据。这些要求需要遥感解决全球环境变化研究中的定性、定量和定位的问题，即，是什么物质，有多少，分布在什么地方的问题。这就要求遥感提供全球范围的定量化的数据，依据此数据才能建立地球系统模型和专业模型。因此，遥感信息定量化又是全球环境变化研究的需要。

1. 遥感信息的不确定性问题

遥感是一种不通过直接接触目标而获取其信息的新型探测技术。不论是航空遥感还是航天遥感，不论是光学对地观测还是微波对地观测，遥感作为获取地球信息的“主角”，已经广泛应用于军事、地学和生物学等领域。然而，由于环境干扰，信息获取设备和处理设备的限制，遥感信息在传递过程中不可避免地带有误差，并最终导致遥感影像的不确定性。遥感信息的不确定性将严重影响遥感的功能、效率和灵活性，制约着遥感信息的产品化和实用化的进一步发展。

1）不确定性特征

遥感信息从成像到遥感产品输出大致要经过下面几个过程：遥感数据获取、数据处理、图像处理、信息提取/融合/集成、产品输出。在这个过程中，因操作和环境等各种因素影响出现了各种误差：（1）数据获取误差；（2）数据处理误差；（3）数据转换误差；（4）分类和信息提取误差；（5）误差评价产生的不确定性。这些误差最终将导致遥感产品产生不确定性。

目前消除或减弱遥感信息不确定性的主要方法是辐射校正、几何校正和滤波除噪等统计方法。遥感信息位置不确定性（空间）和属性不确定性（数值）通常用参考数据的均方根误差和利用某种分类算法所得到的误差矩阵或 Kappa 系数来分别表示。目前,遥感影像位置不确定性和属性不确定性的联合表达及相互影响也是一个研究热点,如分析属性不确定性和位置不确定性及其相互影响。通过构造一个定位误差矩阵来分析表达位置误差对分类精度的影响。对于时间误差或不确定性分量的讨论主要集中在多源数据融合、变化探测等。

然而,这些研究主要集中在影像处理和信息提取/融合/集成 3 个过程,而对其他三部分(遥感成像机理的不确定性分析、数据处理的不确定性分析和最终产品不确定性的评价)的不确定性传递讨论较少。这种"掐头去尾"的研究具体来说可能造成以下几点不利之处:第一,遥感原始数据获取之后,由于未考虑成像机理的不确定性分析,将导致无法分析遥感原始影像像元的不确定性,即像元的灰度不确定性和位置不确定性。第二,为了消除或削弱遥感原始影像的不确定性,当前一般是采用辐射校正和几何校正的统计方法。但是,利用这些方法处理遥感信息不确定性首先是在"参考数据没有误差"的假设下完成的。随之,经过校正后的遥感影像也被认为是"完美的"。我们知道,这样假定是不符合实际情况的,也给遥感图像产品的可靠性留下了隐患。同时现有的图像校正模型也没有能力去分析带有误差的控制点对几何校正的影响以及控制点的误差在遥感影像如何传递、大小如何。第三,基于上面的假设,经过分类算法所得到的分类影像像元的不确定性被认为仅仅来源于各种分类算法的"不完美"。另外对于遥感与 GIS 集成的不确定性研究主要假定分类的遥感影像仅有属性不确定性,这种属性不确定性是限定在由于遥感分类技术本身而造成的属性不确定性。然而,在现实世界中,分类的遥感影像也可能含有由于遥感平台不稳定所造成的位置误差(几何畸变)和由于传感器本身的特性、大气作用等因素所造成的属性误差(辐射失真)。第四,这些方法没有从传感器成像本身的机理出发讨论所成影像像元的不确定性,不便于追踪误差传播机制。这些方法一般假定遥感数据产生过程中属性误差和位置误差相互独立,忽略了位置误差和属性误差之间的相互影响等各种相关因素。第五,现有遥感数据属性不确定性的表示,包括基于误差矩阵方法或 Kappa 系数或基于模糊集的方法以及其他各种方法,将分类不确定性表达在类别尺度上,意味着假定分类为某一类别的所有像元具有相同的不确定性,这不符合实际情况。同时,均方根和误差矩阵或 Kappa 系数是属于遥感分类的整体误差(Global error)度量指标,用它们来描述遥感分类影像类别尺度上的不确定性方式不能满足遥感影像和 GIS 集成、数据融合等各种操作的质量评价需求。因此,必须发展基于遥感像元的不确定性传播模型和评价指标。

2)不确定性机理

在遥感信息不确定性分析中,目前主要涉及的一些理论包括:概率论、证据理论和空间统计学,粗糙集、模糊集合、云理论、遗传算法、混沌理论、灰色理论等也被广泛应用。这里要重点指出的是将系统控制论的观点引入到不确定性的研究中,使其成为遥感信息质量评价研究的理论基础之一。

我们知道,遥感信息传递系统是一个包含多个过程的复杂传递系统,每一个过程的不确定性都由各种各样的方式产生。要解释在数据转换和处理过程中产生或引入的各种不确定性,需定义每一个过程的不确定性产生。不确定性一般由以下三种情况中的一种或多种产生:(1)数据输入的误差;(2)转换产生的误差;(3)在转换过程中的附加数据产生的误差。这些误差传入下一过程,造成最终目标地物识别或分类的错误和不确定。在这个系统中如何有效地把握和分析这些误差源,如何有效地分析控制系统中的误差传递和最终对遥感分类影像或产品产生的不确定性,利用工程控制论的思想可以将复杂的问题简单化,并逐个解决。可由子系统的串联、并联和反馈三种方式组合而成。而在遥感信息不确定性处理中,我们往往要处理一个问题的几个不同阶段所带来的不确定性。比如遥感像元的不确定性是由遥感数据获取、预处理、图像处理、信息提取等几个处理阶段带来的。这些过程从整体来看是一个线性串联处理系统。由于这里每一个过程的输出是下一个过程的输入,因此我们可以写出每一个过程的显式或隐式传递函数,逐个定性或定量分析每一个子系统内部的不确定性来源。

遥感信息传递的信息流随着地理空间概念模型的变化而变化,相应的外部和内部误差也随着信息流一直传递到遥感的最终结果影像或产品中。比如,地面目标经过传感器,目标信号经过数据处理形成原始影像,原始影像经过图像预处理形成改正影像(在许多文献中改正后的遥感影像被称为原始影像),改正的影像经过分类器分类之后形成用户可以使用的结果影像。这一系列过程同时反映了地面目标经过传感器成像后的地理空间模型转换:地面场目标 - 影像空间 - 专题空间 - 目标空间。因此,在分析遥感信息不确定性的时候,也要考虑这些不同地理空间模型不确定性传递。

2. 遥感信息到地表参数信息的反演

遥感仪器接收来自地表的信息要经过大气的散射、吸收和发射,其辐射信息发生了很大变化。要恢复地表信息的本来面目,必须研究电磁波辐射信息在大气中的传输特性。这就要求我们对大气进行探测,比如气溶胶的测量、水汽的探测和有关气体吸收的测定,并根据这些数据,利用物理模型反演有关的大气参量。一方面提供大气监测方面的应用,如臭氧和二氧化碳的监测,另一方面提供较准确的大气参量以便进行大气影响订正。例如根据与 NOAA 气象卫星甚高分辨率辐射计数据同时探测的大气垂直剖面的数据(TOVS)提供大气的水汽、温、压、湿及有关气体含量等数据,虽然现在的精度还不能完全满足遥感信息定量化的要求,但根据全球变化研究要求而不断改进的大气探测和大气参量反演技术，推动了这方面的发展。如何将大气辐射对遥感信息的影响进行订正一直是人们普遍关注的问题，也是遥感的难题之一。纵观近年来著名的遥感期刊上的文章，关于大气影响订正的文章占了很大比重。

遥感信息定量化大大推动了大气影响订正方法和定量反演技术的发展。在遥感信息的记录、处理、再现的过程中其空间信息也发生了变化，如何提供准确的地理定位数据，已成为对地定位和几何校准的根本任务。全球定位系统(GPS)就是适应这种需要而发展起来的。因此需要对地定位和几何校准方法的发展来促进遥感信息定量化。

遥感信息只有经过计算机的处理计算才能实现定量化。计算机图像处理的发展，一些新算法和方法相继出现，也推动着遥感信息定量化的发展。其中最具特色的是雷达图像和高光谱分析软件，它可以对合成孔径雷达图像进行斜距到地面距离的转换、天线方向图校正、基于 DEM 的雷达图像的模拟、多极化雷达图像的综合分析，同时具有对 TM、MSS、SPOT 图像进行大气订正的能力，从而获取反射率图像。

遥感信息定量化包括从各种应用模型中计算和反演非常有应用价值的地学和生物参量。为了更好地应用定量化的遥感信息，许多应用模型相继出现，如作物估产模型、土壤水分监测模型、干旱指数模型、归一化温度指数模型、水体叶绿素估算模型、矿物指数模型、森林积蓄量估算模型、大气参量反演模型、大气校正模型、雷达后向散射模型等。这些模型已经应用到许多领域，在资源调查和环境监测评价中发挥着重要作用，促进了遥感在许多领域的应用，推动了这些应用向更高水平、更高效益、更大深度和更宽范围发展。遥感信息定量化研究为全球化研究提供了定量化数据，促进了全球环境变化的研究。比如全球臭氧空洞的发现、全球二氧化碳含量增加引起全球变暖的研究、全球光合有效辐射及绿度指数制图等。作为全球变化研究组成之一的国际卫星陆地表面气候学计划(ISLSCP)就是基于遥感信息定量化而发展起来的国际合作研究计划，它的目的是建立区域和全球陆地表面与大气相互作用模型及观察方法。

3. 遥感定标中“黑箱”模型问题

光学遥感定量反演过程是光学成像过程的逆过程，它包括成像系统的定量反演，对辐亮度、太阳辐射进行大气纠正，计算地物反射率等步骤。而成像系统的定量反演过程是光学遥感定量反演的第一步，成像系统辐射定标模型的精度直接影响到后端地物参量反演的精度，加强对成像系统辐射定标模型的研究对整个光学遥感定量反演的发展具有重要的意义。

经过近几十年的发展，光学遥感辐射传输过程的理论已经比较完备，并形成相关的辐射传输模拟计算软件，但光学遥感成像系统辐射定标模型的发展仍相对滞后。现有定量反演过程将成像系统看成一个黑箱，根据成像系统的响应特性，采用多项式拟合光学遥感成像系统的输入与输出关系。虽然拟合关系能够表达成像系统输出与输入之间的数量关系，但是拟合模型包含的信息量十分有限，已经在一定程度上影响了光学遥感定量反演的发展。

遥感辐射定标中的黑箱模型存在几个缺陷:(1)黑箱模型精度难以评价，给定量反演结果带来不确定性。采用拟合关系来表达成像系统输出与输入之间的数量关系时，拟合过程普遍采用最小均方误差来控制拟合残差，这只是一种统计意义上的误差最小，因此在无法获知成像系统定量反演误差的情况下，使用该模型进行地物参量反演，得到的地物参量的结果具有一定的不确定性。(2)黑箱模型不能表达成像系统参数对成像质量的影响。现有的黑箱模型只简单表达了光学遥感成像系统输入与输出之间的数量关系，模型参数完全由拟合算法确定，而与成像系统本身的物理参数没有明确的对应关系。所以成像系统各部件的参数对成像过程的影响无法明确，这对于分析成像系统参数对成像质量的影响，进而做出改进极为不利。而且成像系统的性能会逐渐退化，黑箱模型并不能给出发生退化的系统参数或部件，客观上造成了对成像系统改进的困难。(3)黑箱模型无法为成像系统成像质量的提升提供理论依据。光学遥感成像过程中外界输入是不断变化的，如果成像系统的成像参数固定不变，就会出现系统参数与外界输入不匹配的问题，进而影响信号处理的质量。然而成像系统参数调整等问题需要建立在对系统参数成像质量影响的正确理解之上。因此，要通过改变成像系统的参数提升获取的遥感影像的质量，必须加强对成像系统能量转化过程的研究，构建能够反映系统参数对成像质量影响的成像系统辐射定标模型。

以上三个方面都表现了遥感信息定量化的必要性和存在的问题，也体现了对系统化、自动化的遥感信息获取和处理流程的需求，构建遥感信息的控制基础理论势在必行。

1.2 遥感信息中的系统控制论

随着遥感技术的发展，遥感信息的时空分辨率等进一步提高，其应用领域也在不断拓宽。人们追求的是全自动方法，因为只有全自动化才可能达到实时化和在轨处理，进而构成传感器格网，实现直接从卫星上传回经在轨加工后的有用的数据和信息。开展基于影像内容的自动搜索和特定目标的自动变化检测，尽快地实现全自动化，利用几何与物理方程一起实现遥感的全定量化反演是遥感未来的主要发展趋势，社会的需求给遥感工作者提出了艰巨的挑战，也带来了前所未有的发展机遇。研究人员需要通过多年理论、技术与工程积累，在各种单项技术攻关并逐步成熟的基础上,寻求统一的理论支撑,形成综合的技术手段,发展先进的空间一体化信息系统,实现遥感空间信息获取到应用的连贯过程,提高空间信息获取－处理－传输－应用的综合效能,解决最根本的遥感信息控制问题。

1.2.1 遥感信息定量化中必须引入的系统控制论方法

针对遥感空间信息自动化传递手段的实现技术,实现时空闭环反馈控制存在七大类工程问题,它们是我国遥感应用体系自动化、实时化的技术瓶颈。需要从创新角度提出上述问题的解决方法,实现技术突破。

(1) 空天载荷装备研制与地物目标自动解译的结合。采用地物波谱与对地观测载荷谱段通道的动态关系仿真模型及参数化等效技术进行突破。

(2) 空天影像数据获取与地面信息转换处理的结合。采用建立遥感样本影像库、与我国已建立的遥感波谱数据库结合、影像数据与地面信息直接转换的方式进行突破。我国已经完成的无人机遥感系统的信息实时下传模型、自动拼接处理等技术为打通空天载荷探测与地物目标信息表征、影像数据与地面信息直接转换的断点问题提供了工程实现佐证。

(3) 数字成像数据的智能安全性与处理并行性。采用成像系统像元级控制自主研制、探索新型的信息并行获取处理的机理以解决此问题。目前数字成像系统原创性研究、系列装置研制及部分产业化,且与农学家联合进行的飞禽复眼仿生成像阵列的动目标捕获、与生物物理学家联合进行的昆虫偏振导航成像研究,为解决此类问题提供了技术突破的佐证。

(4) 海、陆表面探测效率的提高和三维性问题。通过偏振遥感研究建立的地物多角度多波段偏振特性与地物密度关系理论,为遥感探测由二维向三维的技术跨越提供了依据。在此基础上,考虑与国家"十一五"科技创新平台"极低频探地工程"结合的具体方案,以实现地表/地下三维联合探测。

(5) 陆面信息应用的实时性。采用遥感信息与地面分析信息直接转换、移动载体直接接收/刷新影像信息解决此问题。目前已经实现的遥感信息智能化表征 GIS 等信息转换技术,为实现半自动化转换数字地物信息提供了工程实现佐证。

(6) 陆面、水下/地下的无缝隙导航定位手段。探索具普适性、非人工性、全局无缝隙性的辅助导航手段极为迫切,而全球固有的重力场/地磁场提供了这种可能。

(7) 突破常规的原创性手段。以卫星导航系统(作为高精度侦察信息矢量定位、天/地信息链接、遥感信息采集和地理信息表达链接的手段)为例,其太空相对论效应直接影响原子钟和卫星轨道的精度。利用我国静电悬浮控制系统技术成果,参考美国 GP-B 试验,可以开展结合我国特点的太空静电悬浮试验方法以验证相对论效应引发的坐标系拖曳、夏皮洛时延、引力红移、短程线效应等,系统分析广义相对论验证工作的可行性和实验仪器之误差机理,给出具体的误差计算结果。该工作可以为我国自己的卫星导航系统提高精度提供原创性思路。

在空天信息实时性保障的同时,可以逐步实现信息分析由区域面定性态势向事件观测点的定量化转化,由此为遥感应用提供技术上的保障。没有这个环节,遥感应用的自动化就不可能实现。具体包括:

(1) 测绘信息提供地物目标的几何形态(如大小,形状,面积等);

(2) 遥感信息提供地物目标的物理特征(如人工伪装掩体,运动目标,热信息,金属,自然物,水体,输油管道等);

(3) 地物探测指标适合度及对遥感探测载荷指标的修正、有效适配;

(4) 遥感载荷实验室指标通过定标地物的标定及载荷指标的提高;

(5) 评估分析方案的修改及对指挥预案的效果模拟;

(6) 评估分析后的应用效果实时动态自动化定量评估。

为进一步解释空天信息遥感获取的过程,我们将其简化为时空闭环反馈系统控制结构图(见图 1-2)。

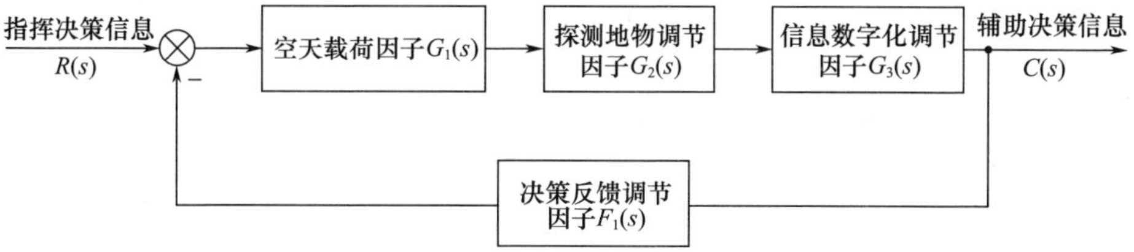

图 1-2　时空闭环反馈系统控制结构图

为了求解系统的传递函数 $C(s)/R(s)$,首先介绍在本例中使用到的两个结构图简化原则:

(1) 串联等效(见图 1-3)

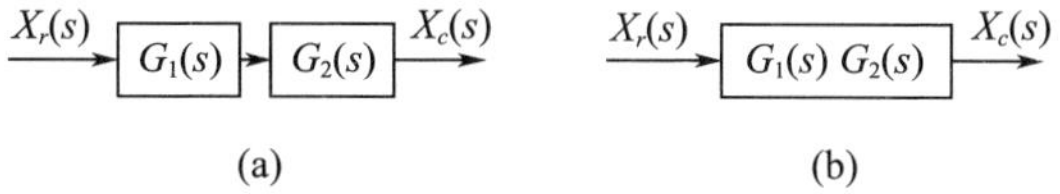

图 1-3　串联等效

(a) 原结构图;(b) 等效结构图。

（2）等效反馈（见图1－4）

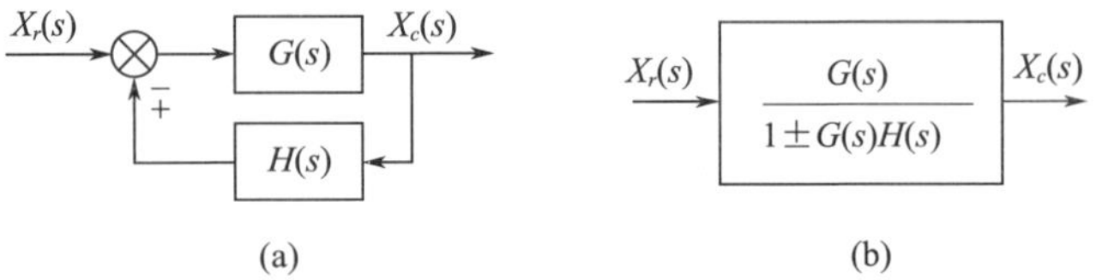

图1－4　等效反馈

（a）原结构图；（b）等效结构图。

然后分以下两步求解系统传递函数。

（1）串联等效，即对控制系统进行等效合并（见图1－5），主要包括空天载荷装备研制与地物目标自动作用的过程和空天影像数据获取与地面信息转换处理的过程：

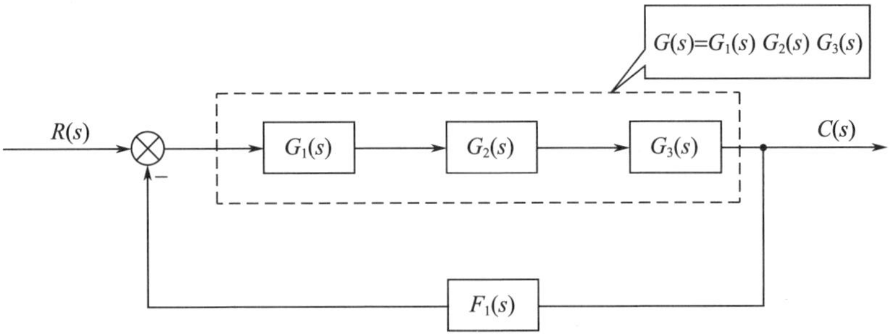

图1－5　等效合并

（2）等效简化，即对等效合并后的控制系统与决策反馈调节因子进行的等效简化（见图1－6），主要包括将遥感手段获取的辅助决策信息与实地应用后的反信息结合：

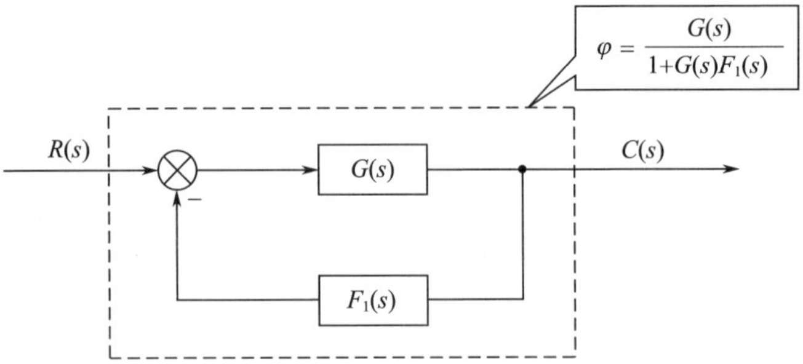

图1－6　等效简化

结合以上两个步骤，可得到时空闭环反馈系统的传递函数：

$$\frac{C(s)}{R(s)}=\frac{G_1(s)G_2(s)G_3(s)}{1+G_1(s)G_2(s)G_3(s)F_1(s)}$$

1.2.2 控制模型理论

遥感地理信息系统由平台、传感、接收、处理应用各子系统所组成。负责对探测对象电磁波辐射的收集、传输、校正、转换和处理的全部过程。其本质是将物质与环境的电磁波特性转换成可以供人识别并加以处理应用的图像或数字形式。遥感作为一门对地观测综合性技术，它的实现既需要一整套的技术装备，又需要多种学科的参与和配合，最终的目的是实现遥感地理信息系统对地观测与应用的自动化、一体化。

要实现一个系统自动化的终极手段是借助于控制论的理论体系来对遥感系统进行整体设计的把握，以及对每个细节实现的规划；另一方面，作为一个体系完备的遥感系统，不论是它的每一个子系统的硬件实现，还是从信息获取、处理到遥感数据应用的环节其实都融入了控制论的理论与实践方法，只是我们将重心放在了对遥感数据的应用方面，没有重视每个环节在整体环节中的地位与作用。

控制论是一种方法，同时控制论也是一种思想，本书旨在通过将控制论的理论体系引入到遥感地理信息科学领域中，建立起一套科学的认识论与方法论。本部分的控制模型理论部分作为预备知识，目的是让广大遥感地理信息科学领域的读者对控制论的具体形式有初步的了解，为后续章节更深层次的认识打下基础。

遥感地理信息系统中所涉及的问题，一般是将其转化为空间域相关问题并加以建模、推演、反演并最终解决。具体地，我们是利用抽象状态方程来刻画原始量，再通过将状态方程转化成微分方程得到要解决的对象目标量。但是这在控制论角度来看，我们所解决的只是表层的问题，并没有深入到系统内部。

如何才能深入问题的本质，在深层次上对问题加以解决？控制论方法提供的拉普拉斯变换为我们提供了一种强有力的工具。它将我们在空间域中所遇到的问题转化到复频域，并通过描述系统参量增长或衰减的一阶形态与描述系统增长、衰减与周期变化的二阶形态，利用传递函数将研究问题转化为各子系统的串联、并联表达形式，而这些形式正是为我们大家所共识。最后控制论提供的拉普拉斯反变换将复频域中所得结果再次转换到空间域中，得到最后的解决方案。具体如图 1－7 所示。

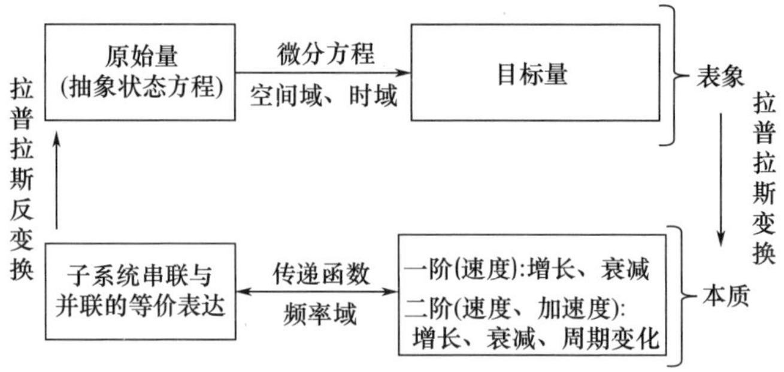

图 1-7 控制模型理论

(1) 为科学地将控制论中最基本同时也是最重要的知识精选出来，我们首先从大家最熟悉的流图表达着手，通过对控制论体系中流图概念的阐述与模型创建，进而引申得到控制论中重要的概念：梅森增益与传递函数。梅森增益公式的来源是按克莱姆规则求解线性联立方程组时，将最终解的分子多项式及分母多项式与信号流图（或者说是拓扑图）巧妙联系的结果；而传递函数是指把具有线性特性的对象的输入与输出间的关系用比值表示出来。控制工程中常应用梅森增益公式直接求取从源节点到阱节点的传递函数，而不需简化信号流图，这使得信号流图得到了广泛的使用。又由于系统结构图与信号流图之间有对应关系，故梅森增益公式也可以直接性地用于系统结构图。

(2) 一个完整的遥感与地理信息科学由多个子系统构成，为了对整个系统有深层次的刻画，接下来的任务便是研究系统状态空间微分方程组的传递函数问题。我们利用了人类在生态系统中的能动校正控制这一自然地理系统对该问题进行了详细的描述，重点说明了控制论方法如何应用到遥感地理信息科学领域，以及通过什么样的方法对自然现象进行解释。其中，介绍了遥感科学问题由空间域向频率域的数学转换，进而引申出利用拉普拉斯方法对空间域与复频域的经典转换方式；本部分还将进一步描述传递函数如何深层次地对一个自然系统的增长与衰减现象加以刻画。

(3) 所有存在的健康系统都有“自我恢复”能力，比如家里所使用的空调系统也是我们的自然生态系统。系统之所以有这种调节能力，是因为在它们的底层中含有“透明的”负反馈机制。所谓反馈，就是根据系统输出变化的信息来进行控制，即通过比较系统行为（输出）与期望行为之间的偏差，并消除偏差以获得预期的系统性能。在反馈控制系统中，既存在由输入到输出的信号前向通路，也包含从输出端到输入端的信号反馈通路，两者组成一个闭合的回路。因此，反馈控制系统又称为闭环控制系统，而反馈的实现又与子系统形式上的串联与并联紧密相关。在工程上常把在运行中使输出量和期望值保持一致的反馈控制系统称为自动调节系统，而把用来精确地跟随或实现某种过程的反馈控制系统称为伺服系统或随动系统。反馈控制是自动控制的主要形式，自动控制系统多数是反馈控制系统，所以要使得遥感系统更加稳健，必须要将反馈机制应用到各子系统上去。

(4) 经典控制理论中用传递函数描述系统输入－输出特性，输出量即为被控量，只要系统稳定，输出量便可以受控，且输出量总是可观测的，故不需提出可控及可观测概念。但是现代控制理论用状态空间表达式来描述系统，其所揭示的是系统内部的变化规律，输入和输出构成系统的外部变量，而状态为系统的内部变量，这就存在系统内部的所有状态是否可受输入影响和是否可由输出反映的问题，以上所述即为可控性和可观测性问题。

可控性是分析输入 $u(t)$ 对状态 $x(t)$ 的控制能力，即当加入适当的控制时，能否在一定的时间内把系统转换到希望的状态，即能否利用系统的控制机理随意支配状态的能力。可观测性是分析输出 $y(t)$ 对状态 $x(t)$ 的反应能力，也就是对系统输出的观测，能否判断系统的初始状态，系统能否通过观测系统输出来估计状态的能力。系统可控性、可观性是说明系统内部特征的两个最基本的概念。可控性、可观测性与传递函数都是系统特性的描述，但系统的可控性、可观测性质不同时，其对应的传递函数（矩阵）将具有怎样的特点，给定了传递函数时又怎样确定系统的可控、可观测性质，需要揭示其间的关系。根据讨论将得出结论：由不可约传递函数列出的动态方程必是可控、可观测的，不能反映系统中不可控、不可观测的特性。由动态方程导出可约传递函数时，表明系统或是可控不可观测，或是可观测不可控，或是不可控不可观测，三者必居其一。由可约传递函数列写动态方程时，也有上述类型。只有当系统是可控又可观测的条件下，传递函数描述与状态空间描述才是等价的。

1.2.3 遥感控制论的技术方法

地面信息系统的构成以空间移动信息应用为前提基础。空间移动信息的获取、处理、传送与应用通过遥感、遥测、遥控技术实现；空间移动信息实用化的最重要特征是具有时间与空间尺度即时空特性，它通过导航定位定向而加以获得，这其中涉及组合导航和“三遥（遥感、遥测、遥控）”技术。组合导航及“三遥”技术的应用，使系统信息源增多、信息处理量增大。所以如何最充分有效地利用组合导航提供的多源信息，就成为确保导航精度的关键，因此提出遥感信息融合的概念。

空间数据融合涉及诸多问题。其一，信息是多源的，物理含义不同，不同条件下对系统影响有差异，例如路口交通信息，晴天视频信息更有效，雾天微波信息更有效，因此存在信息控制精度（准确性）问题。其二，多源信息是从不同渠道获得的，存在实时性处理问题。其三，移动信息是动态的，必须瞬时可靠地获取，否则信息丢失，无法分析决策，由此产生了信息的可靠性问题。其四，空间信息决定了系统的决策控制模型，但动态信息往往会产生高阶动态模型，建立、解算这些高阶模型是必需的，但又给信息系统的实时控制产生了困难，因此必须提供高阶系统的降阶处理方法。

对于空间移动信息多源性问题，采用智能化融合技术，这就是狭义的融合概念。信息融合指的是利用计算机技术将来自多个传感器或多源的观测信息进行分析、综合处理，从而得出决策和估计任务所需的信息的处理过程。即把不同量纲的信息转换为同样的量纲进行比较，不同条件下各信息源的加权值取不同大小。因为移动单元组合导航的首要目标就是利用信息的多源性，提高导航精度；而只有通过对多源信息的智能融合，才能完成对组合导航系统的智能决策，达到所需的精度。另一方面，组合导航使系统模型更加复杂，因此智能信息融合需采用模糊（Fuzzy）控制策略，而模糊控制的实现又依赖于信息的智能融合。仿真可以证实信息智能融合对系统精度的影响。

对空间信息的实时性问题，采用并行计算与传输的技术。并行计算是指同时使用多种计算资源解决计算问题的过程，是提高计算机系统计算速度和处理能力的一种有效手段。它的基本思想是用多个处理器来协同求解同一问题，即将被求解的问题分解成若干个部分，各部分均由一个独立的处理机来并行计算。导航和“三遥”的实时性问题是组合导航功能实现的“瓶颈”问题，它可以通过并行计算与处理技术加以解决。组合导航的并行计算技术，需要将任务分解，提供并行计算方案、软硬件结构及并行卡尔曼滤波器（KF）单元核结构。完成并行卡尔曼滤波器的计算单元核设计，为多个单元核简单相连而构成实际并行计算系统创造了条件。

对空间移动信息的可靠性问题，采用冗余与容错重构技术。冗余指的是系统中多余的、重复的信息，容错就是当由于种种原因在系统中出现了数据、文件损坏或丢失时，系统能够自动将这些损坏或丢失的文件和数据恢复到发生事故以前的状态，使系统能够连续正常运行的一种技术。通过对全球定位系统（GPS）/惯性导航系统（INS）组合导航系统的故障与误差分析及余度管理使系统精度提高的实验，可以确定容错控制的基本方法。对可用于组合导航系统的容错控制器，可实现系统的两次故障识别、一次故障切除及一次系统重构。

对高阶信息系统模型复杂性问题，采用降阶模糊智能控制技术。模糊控制技术基于模糊数学理论，通过模拟人的近似推理和综合决策过程，使控制算法的可控性、适应性和合理性提高。通过实验确立模糊隶属函数的逆向推导方法，具体步骤为：根据经验设定隶属函数；在实际应用中检验修正隶属函数；实验过程成为模糊隶属函数精确化与正确化过程。该方法将为模糊技术在ITS的控制系统实用推广提供有效手段。

对于遥感控制论的技术方法发展趋势，因遥感信息的巨大性和多样性，依靠单个传感器对遥感信息进行监测显然限制颇多，因此在观测中使用多个传感器进行多种特征量的监测，并对这些传感器的信息进行融合，以提高遥感信息的可用性。通过信息融合将多个传感器检测的信息与人工观测事实进行科学、合理的综合处理，可以很大程度上提高遥感系统的智能化水平。并行计算为智能融合提供了一种实时有效的处理数据的方法，使得遥感数据处理更加方便、快捷。冗余和容错技术保证了遥感信息的可靠性，当遥感系统中出现了数据、文件损坏或丢失时，系统能够自动将这些损坏或丢失的文件和数据恢复到发生事故以前的状态，使系统能够连续正常运行。而模糊控制技术将信息中的数据的阶层大大地减少，使系统中算法的可控性、适应性和合理性得到提高。因此，相信在不久的将来智能化融合技术将在遥感信息的处理中有着不可替代的作用。

1.3 遥感控制论的初步应用

遥感控制论应用的简单思路是，根据实际情形中遥感信息从获取、传输、处理到应用的一系列过程，建立系统控制框图，通过对系统各部分、各过程的了解和研究，建立系统的反馈机制，对其自动控制进行设计，使该遥感过程成为一个自动控制系统，实现遥感信息的定量化、实时化，从而更高效地对其加以应用。初步应用如空天信息的监测、无人机遥感的自动化、导航等。

1.3.1 空天信息监测体系控制流图

以空天信息观测为例，依据时空信息反馈闭环理论，将“十一五”相关项目进行类模块划分，对其中8个项目归纳为不可分离、需要兼顾的4对矛盾统一体，提出了信息时空闭环反馈控制及载荷定制（整个系统反馈闭环接收端）、变结构自适应数据模式转换及信息自动决策（整个系统反馈闭环发出端）、波谱反演及自动分析等4个新课题，为项目的合理布局、系统突破、跨越发展提供了保障。在此基础上，将全部项目主题分为总体、分析处理、地面应用等7个层次，并将各项目作为模块按照时空信息的流向形成控制论流图如图1-8所示，以便为空天信息侦察综合效能发挥、自动调控与智能决策提供结构保障。

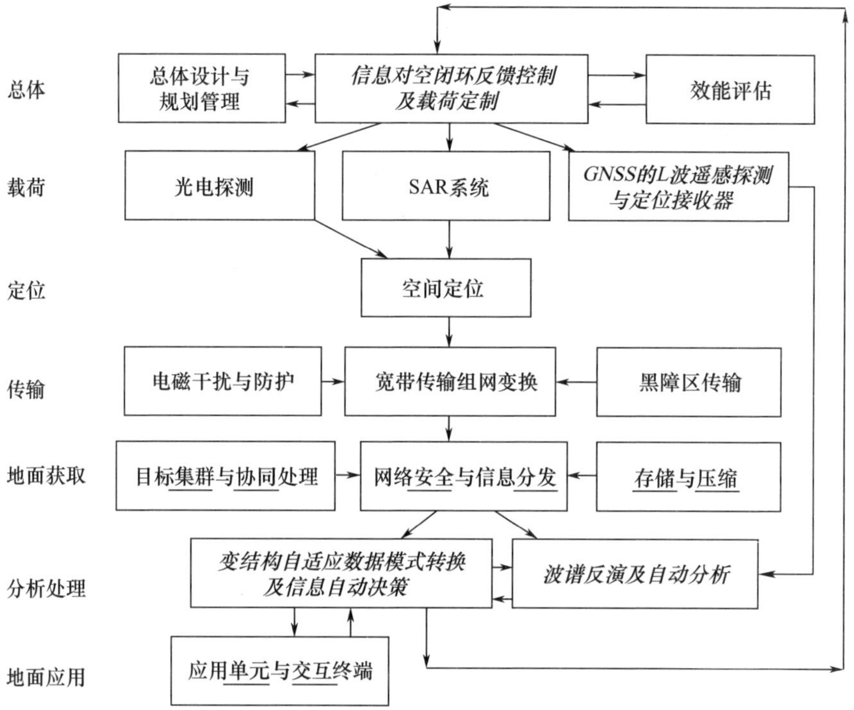

图1-8 空天观测体系的控制论流图

注：1. 图中斜体字框为闭环反馈所需的新部分；2. 框图之间双箭头走向的，上/左箭头为主通道，下/右箭头为辅助反馈通道；3. 框图内加下划线的文字表明矛盾体的两个方面不可分离，需要兼顾。

1.3.2 无人机遥感自动化

无人机遥感自动化的总体思路如下：

(1) 针对航空遥感信息实时性与可用性两大需求，建立时空信息反馈闭环控制理论，为利用无人机遥感系统自动实现空间信息两大需求奠定基础；

(2) 针对航空遥感可用性需求，从传感器底层研究遥感成像载荷关键技术与模式，研制数字成像系统；

(3) 针对航空遥感实时性需求，进行目标成像快速捕获、传输、显示技术研究，并研制无人机航空遥感自动控制与监测系统（图1-9和图1-10）；

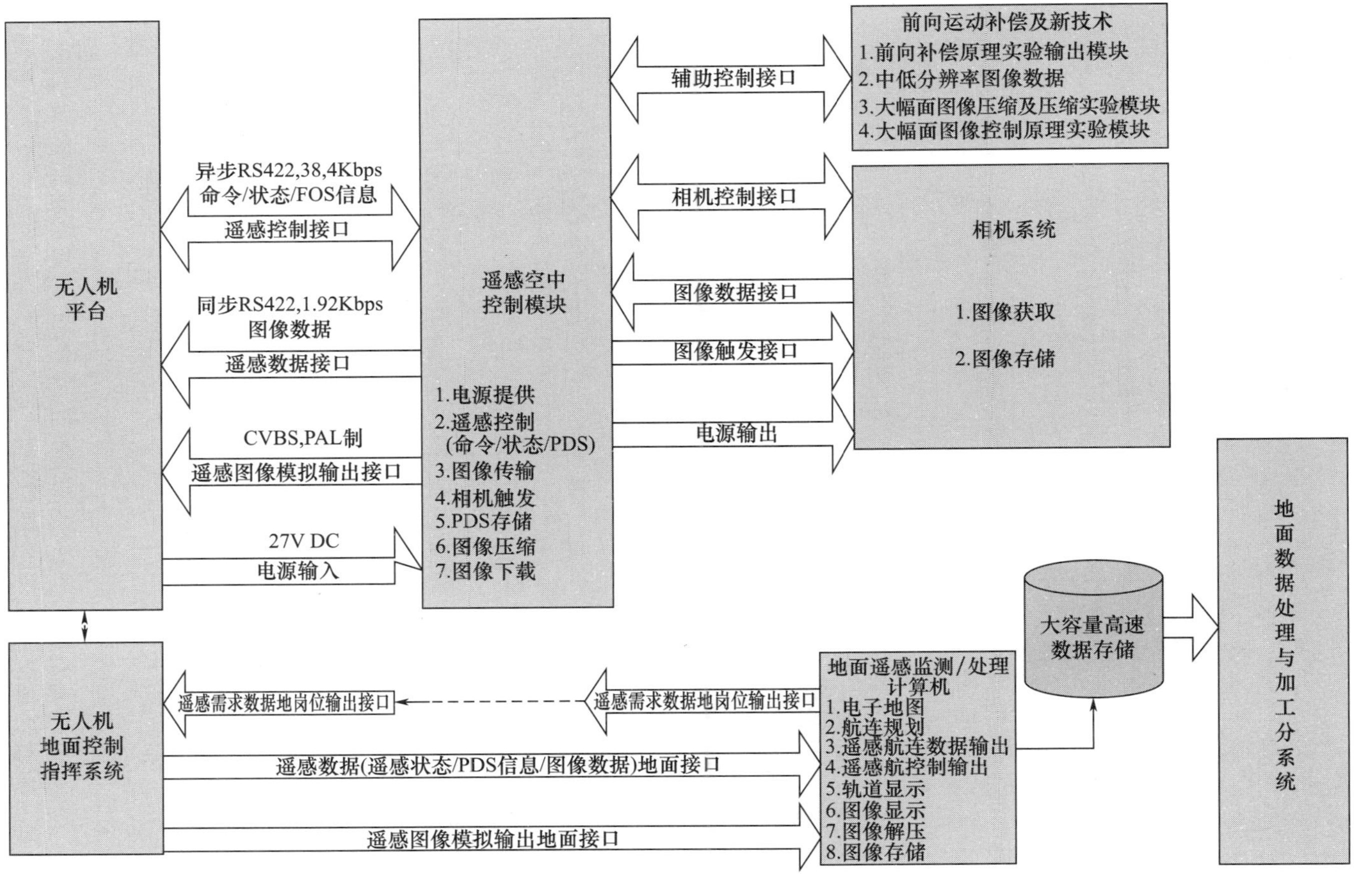

图 1-9　无人机对地观测遥感系统接口图

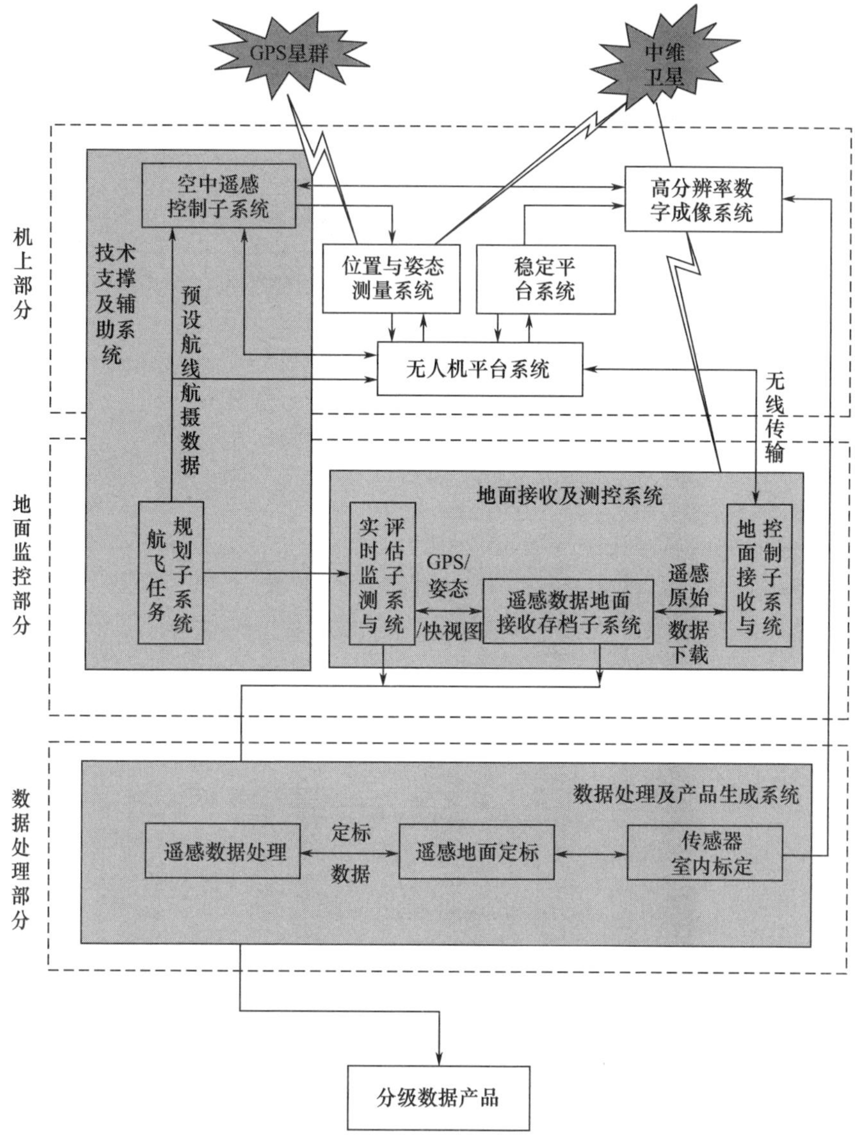

图 1－10　无人机遥感系统工作流图

(4) 在上述(2)、(3)的基础上，进行无人机航空遥感系统的多项系列试验飞行，为无人机航空遥感系统的建设提供实飞依据(图 1－11)；

(5) 综上，进行无人机航空遥感成像系统、控制系统及整机的系列作业飞行，为系统的批量化生产提供技术保障。

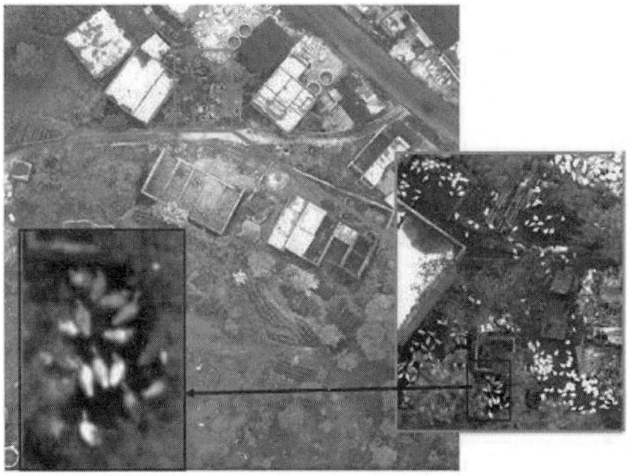

图 1-11　分辨率为 2.25cm 的无人机图像

该成果为基于地物信息一体化研究载荷定制、跨越观测仪器光机电性能与地物反演特性的技术“鸿沟”提供了基础，由此实现信息链路的实时自动反馈，保证了遥感测绘信息可用性对载荷定制、平台适配的引导与约束。实现设计/研制/试验/作业飞行全过程的遥感与航空领域技术结合。

1.3.3　基于地学特征与遥感手段结合的辅助导航匹配方法

以全球定位系统（GPS）为代表的全球导航卫星系统（GNSS）的研究与应用，已经渗透到国民经济的各个领域与社会生活的各个方面。但是，由于 GPS 具有卫星信号弱并易受干扰、在隐蔽地区接收效果差、某些像水下等特殊环境无法接收到卫星信号等缺点，研究在卫星信号不能覆盖或者受到干扰的环境下、独立自主的无缝导航定位新方式，是国内外关注的热点问题。

惯性导航系统（INS）存在着随时间累积导航精度下降的问题，必须定期利用外部信息对 INS 进行重调校准。目前的辅助导航技术主要有：天体导航，无线电导航，声呐辅助导航，地形辅助导航，重力辅助导航以及磁导航技术。其中基于地学特征的辅助导航（包括地形、重力和地磁辅助导航）为探索具普适性、非人工性、全局无缝隙性的辅助导航手段提供了可能。该方法基于现代控制理论，结合遥感手段获取的中学（DEM）、重力场、地磁场及梯度等地学参量辅助 INS 导航，具有很强的抗干扰性和隐蔽性，适用性也非常广泛。该方法是实现无缝导航定位技术的一种全域空间场、纯自然源式的导航手段，是未来辅助导航的重要发展方向。基于地学特征与遥感手段结合的辅助导航基本体系和流程如图 1-12 和图 1-13所示。

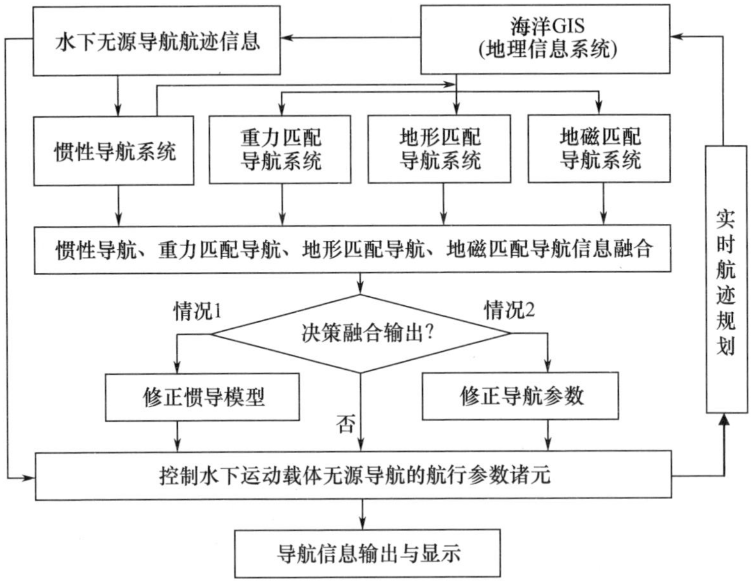

图 1-12　运动载体地学特征参量辅助导航系统组合导航基本体系结构

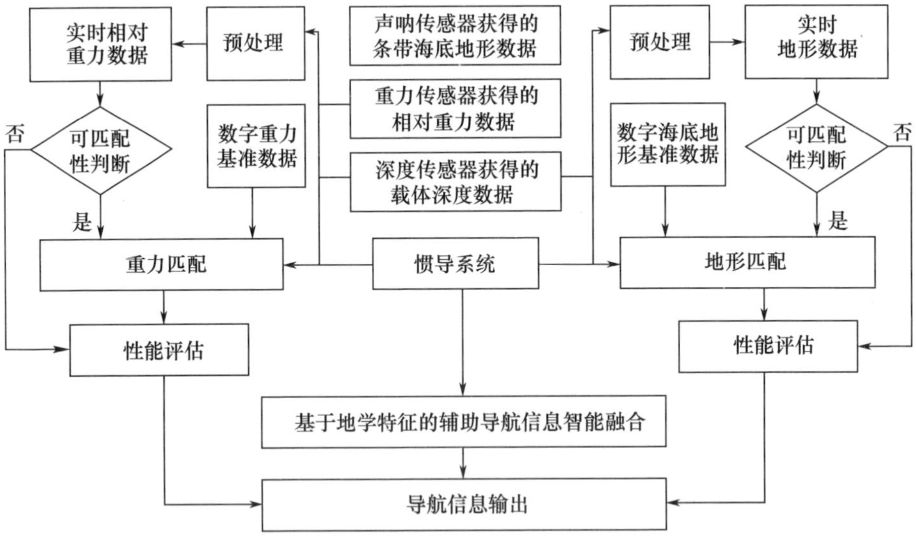

图 1-13　运动载体地学特征参量辅助导航系统基本工作流程框图

第2章　基于遥感控制论的自然地理系统流图表达

本章首先给出控制论基本定义与传递函数流图表达，奠定自然地理系统的控制论基础；对土壤肥力框图与流图的传递函数进行化简，得到土壤肥力的要素一体化表达和各要素对整体效能的影响；结合梅森增益公式定义与土壤肥力传递函数通用表达，给出了直接得到控制论流图的简捷方式；最后对土壤肥力传递函数不同条件下的分解与分析，得到了各要素在整个系统中的作用和效能。

2.1　控制论基本定义与传递函数流图表达

本节主要从介绍控制论的基本定义出发，引出控制论中的基本工具——方框图的概念以及表示方法。然后通过对方框图的等效变换和移动规则说明方框图的重要应用。

2.1.1　控制论的基本概念

控制论是研究动物（包括人类）和机器内部的控制与通信的一般规律的学科，着重于研究过程中的数学关系。

自从1948年诺伯特·维纳发表了著名的《控制论：或关于在动物和机器中控制和通信的科学》一书（图2-1）以来，控制论的思想和方法已经渗透到了几乎所有的自然科学和社会科学等领域。维纳把控制论看作是一门研究机器、生命社会中控制和通信的一般规律的科学，更具体地说，是研究动态系统在变化的环境条件下如何保持平衡状态或稳定状态的科学。

在控制论中，"控制"的定义是：为了"改善"某个或某些受控对象的功能或发展，需要获得并使用信息，以这种信息为基础而选出的、加于该对象上的作用。由此可见，控制的基础是信息，一切信息的传递都是为了控制，进而任何控制又都有赖于信息反馈来实现。信息反馈是控制论的一个极其重要的概念。通俗地说，信息反馈就是指由控制系统把信息输送出去，又把其作用结果返送回来，并对信息的再输出产生影响，起到控制的作用，以达到预定的目的。

图 2-1　诺伯特·维纳的《控制论:或关于在动物和机器中控制和通信的科学》

控制论是具有方法论意义的科学理论,控制论的理论、观点,可以成为研究各门科学问题的科学方法。把它们看作是一个控制系统,分析它们的信息流程、反馈机制和控制原理,往往能够寻找到使系统达到最佳状态的方法,这种方法称为控制论方法。控制论的主要方法有信息方法、反馈方法、功能模拟方法、白箱方法和白箱方法等。

(1) 信息方法——把研究对象看作是一个信息系统,通过分析系统的信息流程来把握事物规律的方法。

(2) 反馈方法——动用反馈控制原理去分析和处理问题的研究方法。所谓反馈控制就是由控制器发出控制信息再输入发生影响,以实现系统预定目标的过程,正反馈放大控制作用,实现自组织控制,但也使偏差愈益加大,导致振荡,控制系统中应当尽量避免出现正反馈。负反馈能纠正偏差,实现稳定控制,但它减弱控制作用,损耗能量,同时各环节相位延迟叠加达到180°时便形成正反馈,导致控制结果发散。

(3) 功能模拟方法——用功能模型来模仿客体原型的功能和行为的方法。所谓功能模型就是只以功能行为为基础而建立的模型。如猎手瞄准猎物的过程与自动火炮系统的功能行为是相似的,但二者的内部结构和物理过程是截然不同的,这就是一种功能模拟。功能模拟法为仿生学、人工智能、价值工程提供了科学方法。

(4) 黑箱方法(又称系统辨识)——通过考察系统的输入与输出关系认识系统功能的研究方法。它是探索复杂大系统的重要工具。系统辨识是在输入、输出的基础上,从一类系统中确定一个与所测系统等价的系统。黑箱就是指那些不能打开箱盖,但又不能从外部观察内部状态的系统。黑箱方法也是控制论的主要方法。具体是:首先给黑箱一系列的刺激(系统输入),再通过观察黑箱的反应(系统输出),从而建立起输入和输出之间的规律性联系,最后把这种联系用数学的语言描述出来,形成黑箱的数学模型。黑箱方法不涉及复杂系统的内部结构和相互作用的大量细节,而只是从总体行为上去描述和把握系统、预测系统的行为,这在研究复杂系统时特别有用。

(5) 白箱方法——研究系统的可观性和可控性,通过定量分析找出两者之间的关系的研究方法。白箱方法的目的在于通过为黑箱建立模型,把黑箱变成白箱。有时黑箱模型不止一个,这种情况下,系统辨识其中最合理的一个。

控制系统在分析和管理系统的时候有其自身的特点,主要包括如下几个:第一,要有一个预定的稳定状态或平衡状态,例如在速度控制系统中,速度的给定值就是预定的稳定状态;第二,从外部环境到系统内部有一种信息的传递,例如,在速度控制系统中,转速的变化引起的离心力的变化,就是一种从外部传递到系统内部的信息;第三,系统具有一种专门设计用来校正行动的装置,例如速度控制系统中,通过调速器旋转杆张开的角度来控制蒸汽机的进汽阀门升降装置;第四,系统为了在不断变化的环境中维持自身的稳定,内部都具有自动调节的机制,换言之,控制系统都是一种动态系统。

维纳在阐述他创立控制论的目的时说:"控制论的目的在于创造一种语言和技术,使我们有效地研究一般的控制和通信问题,同时也寻找一套恰当的思想和技术,以便通讯和控制问题的各种特殊表现都能借助一定的概念以分类"。控制论为其他领域的科学研究提供了一套思想和技术,以致在维纳的《控制论:或关于在动物和机器中控制和通信的科学》一书发表后的几十年中,各种冠以控制论名称的学科如雨后春笋般竞相建立,都用控制论的概念和方法分析管理控制过程,来揭示和描述其内在机理。而本书的主要目的就是利用控制论的概念和方法揭示出遥感信息自动化表达的内在过程和机理。

2.1.2 传递函数的流图表达

1. 方框图基本概念

控制系统的结构图是由具有一定函数关系的若干方框组成,按照系统中各环节之间的联系,将各方框连接起来,并标明信号传递方向的一种图形。在结构图中,方框的一端为相应环节的输入信号,另一端为输出信号,信号传递方向用箭头表示,方框中的函数关系即为相应环节的传递函数。

结构图能简单明了地表达系统的组成、各环节的功能和信号的流向,它既是一种描述系统内各元部件之间信号传递关系的图形，也是系统数学模型结构的图解表示，更是求取复杂系统传递函数的有效工具。

控制系统的结构图一般由四种基本单元组成，通常也称为结构图的四要素：

(1) 信号线：信号线是带有箭头的直线。其中，箭头表示信号的流向，信号的时间函数或相函数（即拉氏变换）标记在直线上，如图2－2(a)所示。信号线标志着系统的变量。

(2) 引出点：引出点又称为分支点或测量点，它把信号分两路或多路输出，表示信号引出或测量的位置，如图2－2(b)所示。同一位置引出的信号大小和性质完全一样。

(3) 比较点：比较点又称为综合点或相加点，是对两个或两个以上的信号进行加减（比较）的运算。"＋"表示相加，"－"表示相减，"＋"号可省略不写，如图2－2(c)所示。注意：进行相加的量，必须具有相同的物理量纲。

(4) 方框：方框表示元件或环节输入量与输出量之间的函数关系，如图2－2(d)所示。在方框中写上元件或环节的传递。

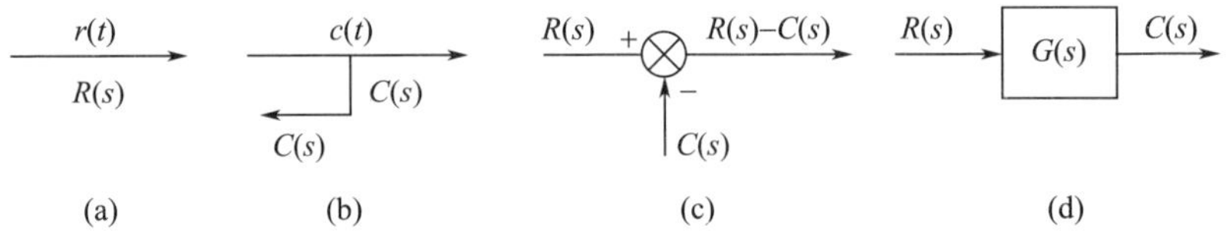

图2－2　结构图四要素

(a)信号线；(b)引出点；(c)比较点；(d)方框。

结构图的绘制步骤如下：

(1) 分别列出组成系统各元件的拉普拉斯变换方程，在有些情况下，可先列写微分方程，再在零初始条件下对方程进行拉氏变换；

(2) 用构成结构图的基本要素表征每个方程，即画出相应的结构单元；

(3) 按照各元件的信号流向，将各结构单元首尾相连，并闭合图形，即可得到系统的结构图。

结构图分为开环和闭环两种类型，下面例举结构图在各领域的广泛应用。

1) 开环控制系统方框图（见图2－3）

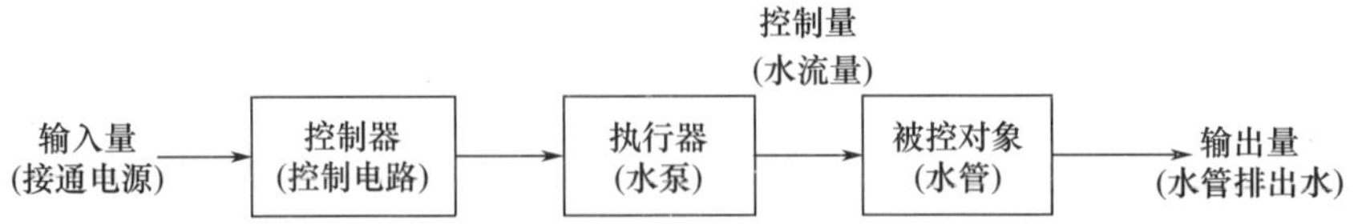

(a)

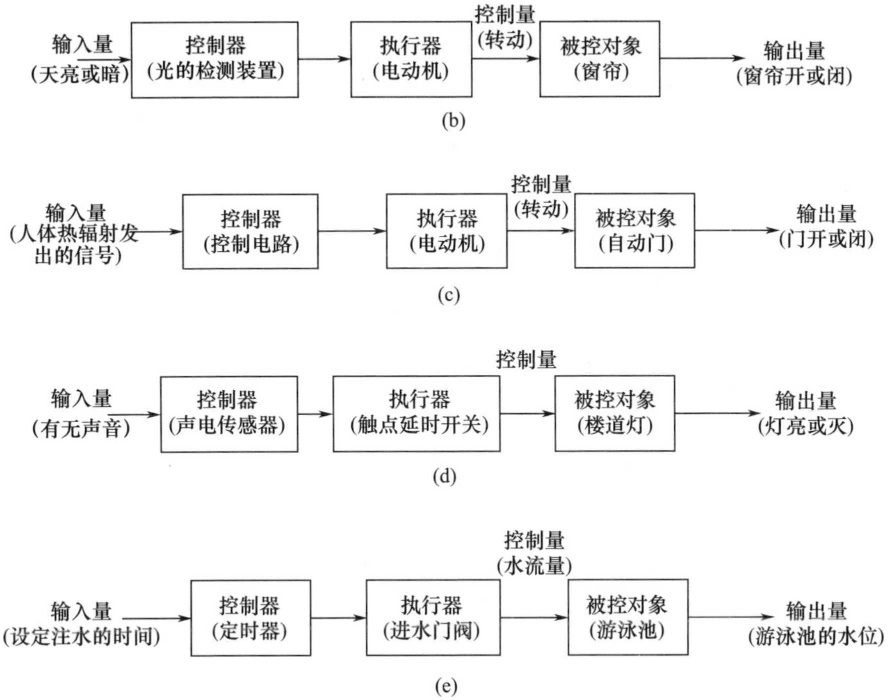

图 2-3 开环控制系统方框图

(a)水泵抽水控制系统方框图；(b)家用窗帘自动控制系统方框图；(c)宾馆自动门控制系统方框图；(d)楼道自动声控灯控制系统方框图；(e)游泳池定时注水控制系统方框图。

2）闭环控制系统方框图(见图 2-4)

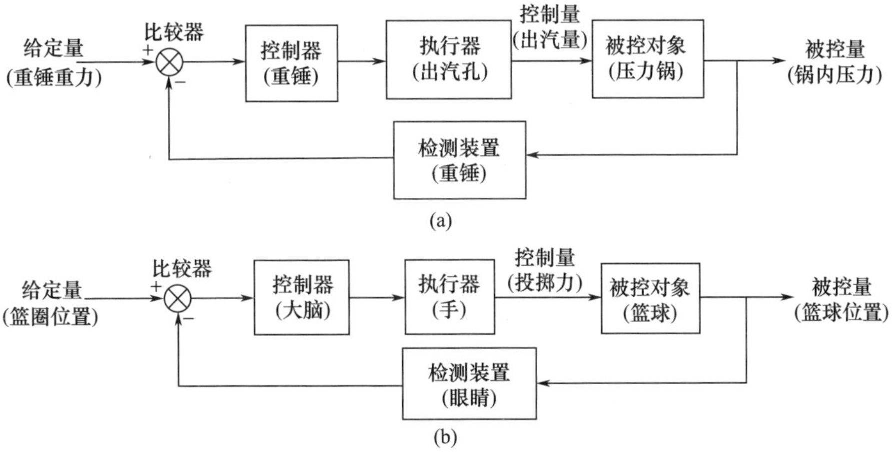

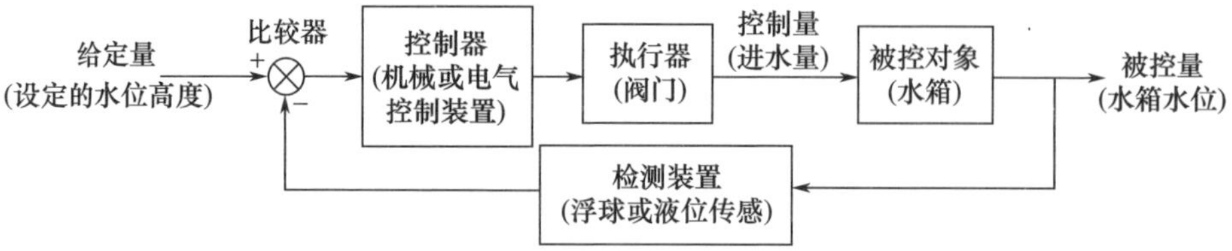

(c)

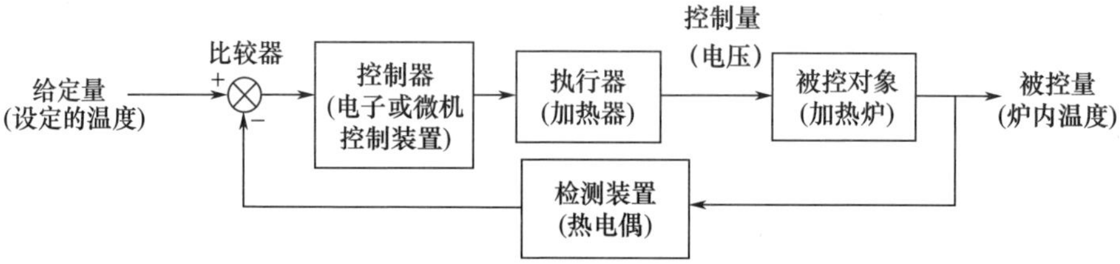

(d)

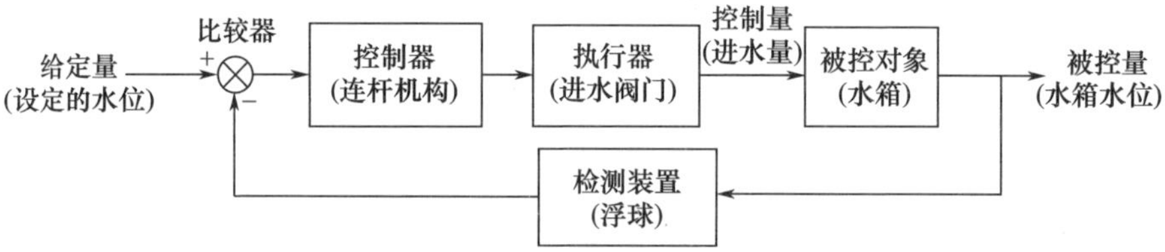

(e)

图 2-4　闭环控制系统方框图

(a)家用压力锅控制系统方框图；(b)投篮控制系统方框图；(c)供水水箱水位控制系统方框图；(d)加热炉温度控制系统方框图；(e)抽水马桶控制系统方框图。

2. 结构图的等效变换与化简

对方框图的等效变换与化简就是在方框图上进行数学方程的运算，变换的原则是要求变换前后各环节的数学关系保持不变。结构图有：串联、并联和反馈连接三种类型，如图 2-5 所示。

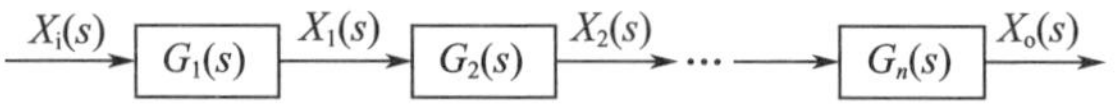

(a)

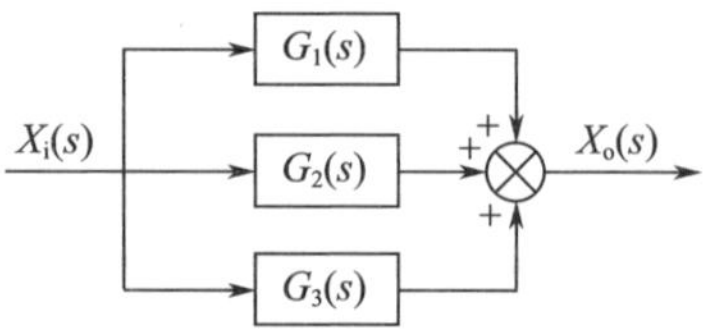

(b)

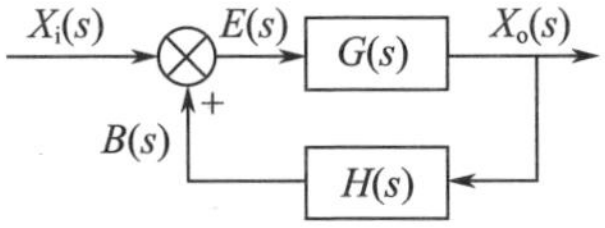

(c)

图 2－5　串联、并联与反馈结构图

(a)串联；(b)并联；(c)反馈。

对于这几种类型的变换规则如下。

(1) 串联变换规则：n 个环节串联，总的传递函数等于每个环节的传递函数的乘积，所以图 2－5(a)的串联可以变换成图 2－6。

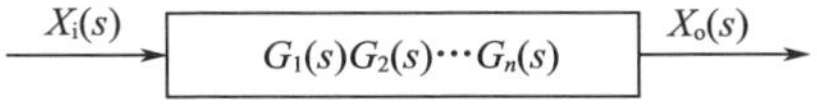

图 2－6　串联变换

(2) 并联变换规则：同向环节并联的传递函数等于所有并联环节的传递函数之和，所以图 2－5(b)的并联可以变换成图 2－7。

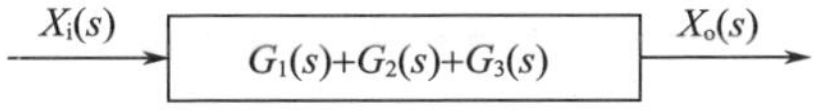

图 2－7　并联变换

(3) 反馈变换规则：如图 2－5(c)所示，其中有以下几个概念：

① 前向通道：从系统输入端 $X_i(s)$ 沿箭头指向走到输出端 $X_o(s)$ 的通路；

② 前馈传递函数：前向通道中的等效传递函数 $G(s)$；

③ 反馈通道：从输出信号 $X_i(s)$ 经中间环节返回输入端相加点为止的通路；

④ 反馈信号：返回输入端相加点前的信号 $B(s)$；

⑤ 反馈传递函数：反馈通道中的等效传递函数 $H(s)$。

计算方法如下：

计算输入端所对应的比较器的输出 $E(s)$ 到输出端 $X_o(s)$ 间的所有传递函数，记为 $G(s)$：

$$G(s)=\frac{X_o(s)}{E(s)} \tag{2-1}$$

计算输出 $X_o(s)$ 到输入端所对应比较器的反馈信号 $B(s)$ 之间的所有传递函数，记为 $H(s)$：

$$H(s)=\frac{B(s)}{X_o(s)} \tag{2-2}$$

计算前向通道与反馈通道传递函数的乘积 $G(s)H(s)$，则：

$$G_k(s)=G(s)H(s) \tag{2-3}$$

最后可得到图 2-8。

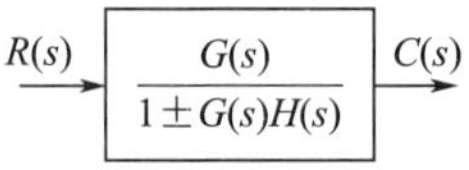

图 2-8 反馈变换

所以，闭环的传递函数为

$$\Phi(s)=\frac{G(s)}{1\pm G(s)H(s)} \tag{2-4}$$

（4）反馈单位等效变换规则：由式（2-4），有 $\phi=\frac{G}{1\pm GH}=\frac{H}{H},\frac{G}{1\pm GH}=\frac{1}{H},\frac{GH}{1\pm GH}$，由此将 GH 看作闭环反馈环节的前向增益，则反馈为单位增益 1，从而得到反馈的单位等效。

我们可以将结构框图的等效变换规则总结为表 2-1。

表 2-1 方框图的等效变换规则

序号	名称	原结构框图	等效结构框图
1	串联等效	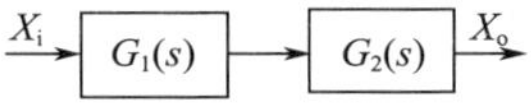	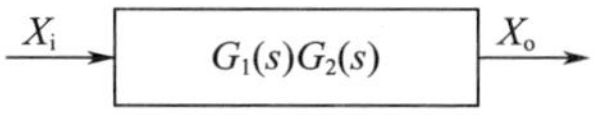
2	并联等效	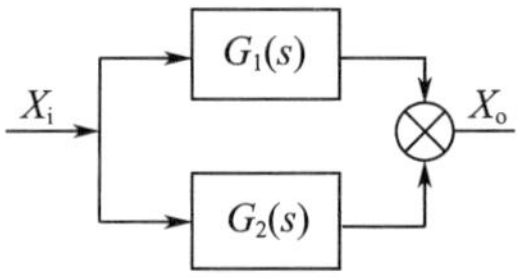	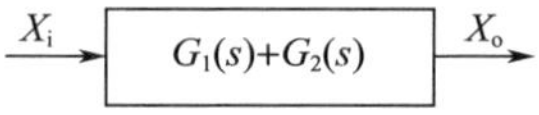
3	反馈等效	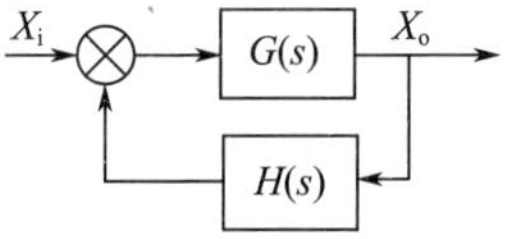	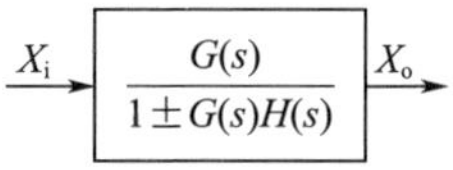
4	反馈单位等效	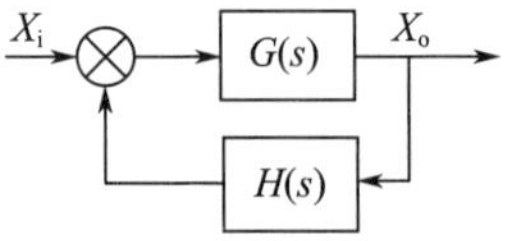	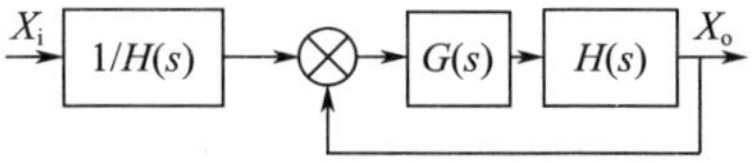

3. 结构图的等效移动规则

等效移动是指框图中各种点的移动，包括引出点和比较点的移动。

1）引出点的移动

引出点在后面，若想把它移到前面，则称为引出点前移，结果见图 2-9。

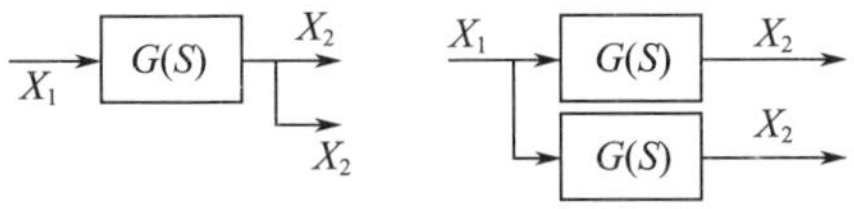

图 2-9　引出点左移

引出点在前面，若想把它移到后面，则称为引出点后移，结果见图 2-10。

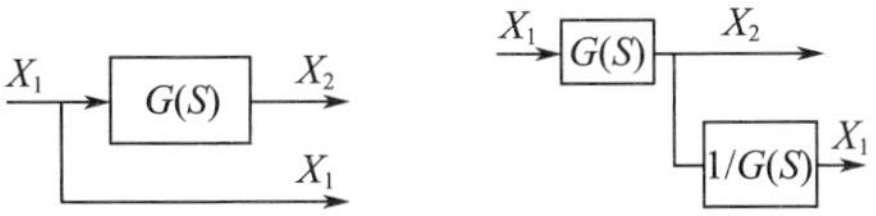

图 2-10　引出点右移

2）比较点的移动

比较点在后面，若想把它移到前面，则称为比较点前移，结果见图 2-11。

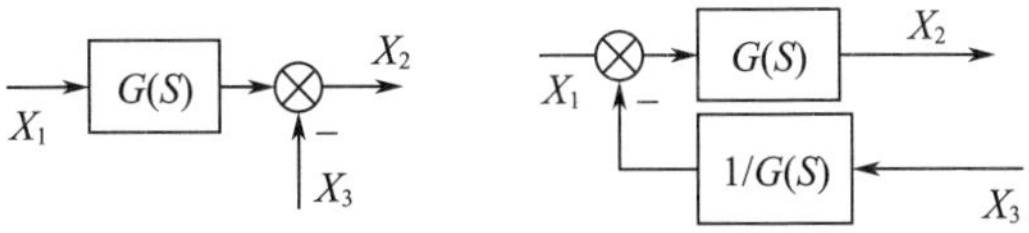

图 2-11　比较点前移

比较点在前面，若想把它移到后面，则称为比较点后移，结果见图 2-12。

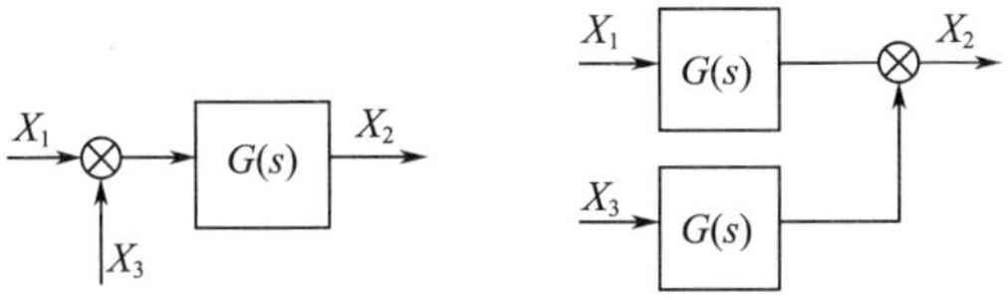

图 2-12　比较点后移

前后有两个比较点，它们的移动变化见图 2-13。

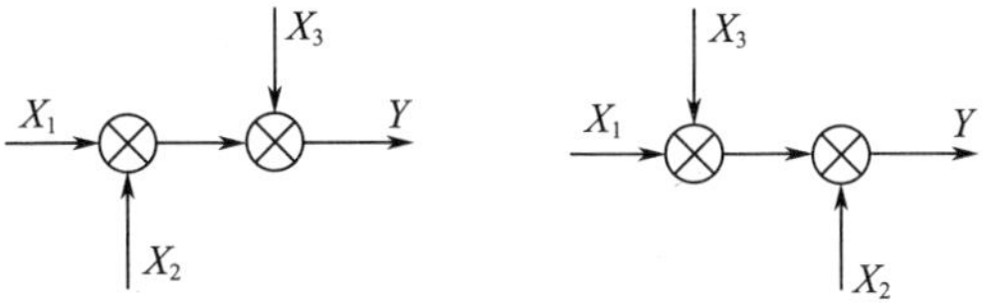

图 2-13　两比较点移动

3）比较点的合并

比较点的合并是指紧连的两个比较点（中间没有增益环节），可以合并为一个比较点，且两个比较点的输入可以成为合并后的一个比较点的对应输入，即直接相加关系。

我们可以将方框图的等效移动规则总结为表 2－2。

表 2－2 方框图的等效移动规则

序号	名称	原结构框图	等效结构框图
1	比较点前移	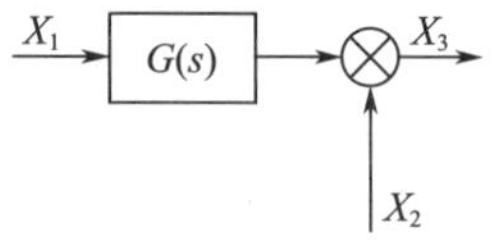	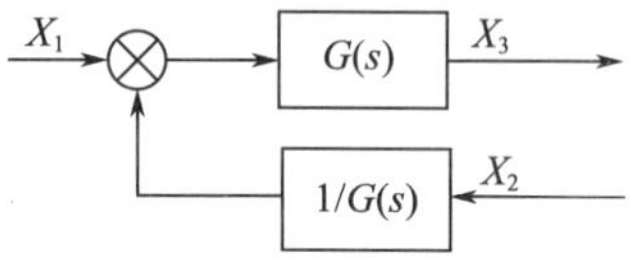
2	比较点后移	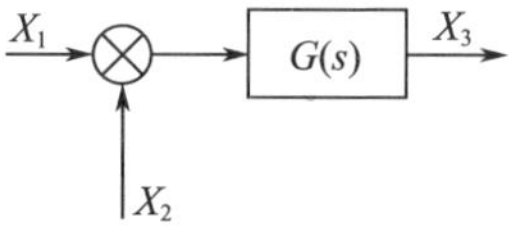	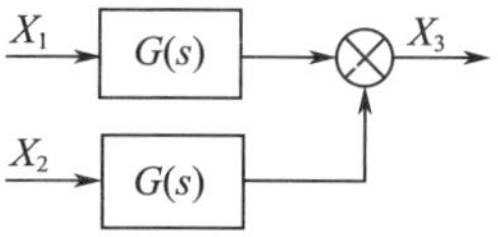
3	分支点前移	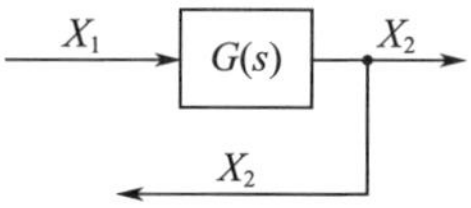	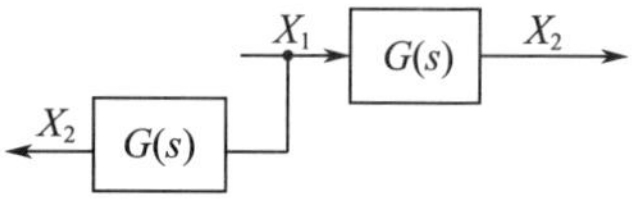
4	分支点后移	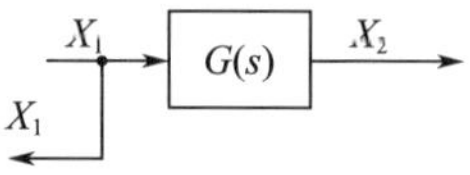	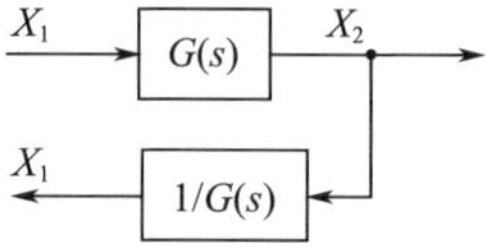
5	比较点合并	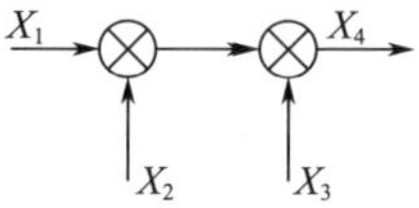	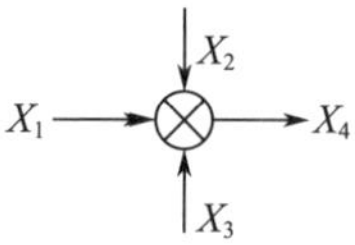

4. 信号流图

信号流图是表示复杂系统的又一种图示方法。信号流图相对于结构图更简便明了，而且不必对图形进行简化，只要根据统一的公式，就能方便地求出系统的传递函数。信号流图一般可以根据方框图进行绘制。

信号流图（图 2－14）由节点和支路组成，一个节点代表系统中的一个变量，用小圆圈"○"表示；连接两个节点之间有箭头的定向线段为支路。支路相当于信号乘法器，乘法因子（或支路增益）标在支路上；信号只能沿箭头单方向传递，经支路传递的信号应乘以乘法因子；只有输出支路无输入支路的节点称为输入节点，代表系统的输入变量；只有输入支路无输出支路的节点称为输出节点，代表系统的输出变量；既有输入支路也有输出支路的节点称为混合节点。信号流图的特征描述还需要以下专用术语。

（1）前向通路：信号从输入节点向输出节点传递时，对任何节点只通过一次

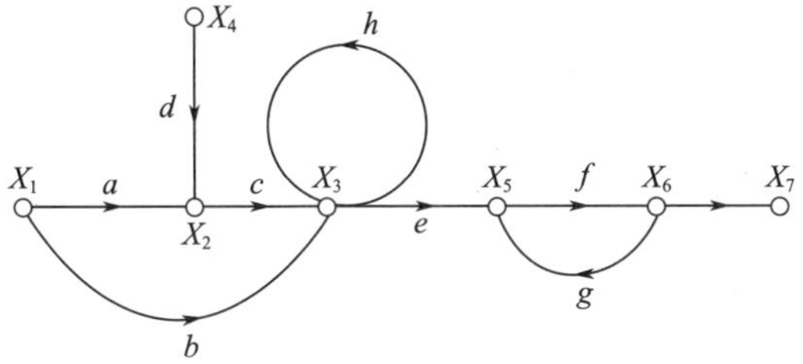

图 2－14　信号流图

的通路称为前向通路。而前向通路上各支路增益之积，为前向通路总增益。

（2）回路：如果信号传递通路的起点和终点在同一节点上，且通过任何一个节点不多于一次的闭合通路称为单独回路，简称回路。回路中各支路增益的乘积称为回路增益。

（3）不接触回路：两个或两个以上回路之间没有任何公共节点，此种回路称为不接触回路。

由图 2－14 的信号流图可以说明以上的基本元素，即：

$X_1, X_2, X_3, \cdots, X_7$ 是节点

$a, b, c, d, \cdots, h, j$ 为支路增益；

X_1, X_4 为输入节点；

X_7 为输出节点；

$x_2x_3x_5x_6$ 为混合节点。

图 2－14 的信号流图共有三条前向通道：第一条是 $x_1 \to x_2 \to x_3 \to x_5 \to x_6 \to x_7$；第二条是 $x_1 \to x_3 \to x_5 \to x_6 \to x_7$；第三条是 $x_4 \to x_2 \to x_3 \to x_5 \to x_6 \to x_7$。

（4）有两个单独回路：一个是 $x_5 \to x_6 \to x_5$，起点和终点是 X_5；另一个起点、终点在 X_3 的自回路。这两个回路无公共节点，是不接触回路。

注意：对于确定的控制系统，其信号流图不是唯一的。

信号流图具有如下的性质：

（1）每一个节点表示一个变量。

（2）支路表示了一个信号对另一个信号的函数关系。支路上的箭头方向表示信号的流向。

（3）混合节点可以通过增加一个增益为 1 的支路变成为输出节点，且两节点的变量相同。

2.2　土壤肥力框图与流图的传递函数化简

土壤是作物的生长基地，是陆地生态系统中物质和能量转换的场所。为了

保障对粮食日益增长的需求，人们十分关注土地的数量和质量。调控土壤肥力，保持和提高土壤肥力水平，以便充分协调地供应作物生长所需要的水分和营养物质，保持环境质量，以维持和提高作物生产力，对农业生产的持续发展具有重要意义。利用控制论的方法科学地调控农业生产的各个环节，使土壤达到农业生产的最高肥力或者达到作物的期望产量是可持续发展和经济效益最大化的最优途径。

首先考虑土壤肥力的构成因素，也是对各环节调控的必要考虑因素。

(1) 土壤酸碱度(pH)：是影响土壤物质转化、土壤肥力和植物营养元素的数量及有效性的重要因素之一。例如对于目前最广泛使用的氮肥来说，如果长期大量使用容易引起 pH 改变以及土壤板结化，这将对土壤的生产能力起到极大副作用，因此该项指标具有参考意义。

(2) 土壤有机质含量：影响土壤的物理、化学性质和肥力水平。对一般作物而言，土壤有机质含量越高，土壤越肥沃，土壤养分含量也越高，肥力性状越好，对作物生长越有利。

(3) 土壤中元素含量：氮素含量状况，既是评价土壤肥力的一个重要指标，又是估算氮肥用量的一个重要参数。土壤氮素有 90% 来自于土壤有机质。而其它如钾、磷、锌、锰、铁、钙等元素的含量都对作物产量具有直接的重要影响。

(4) 土壤中生物含量：土壤中的生物对局部区域的土壤肥力具有极大影响。如蚯蚓可以有助于松软土壤，为植物的根系结构提供氧气以提高作物对于营养成分的吸收和运输效率；又如固氮微生物和分解微生物对于将无机肥和有机肥转化为作物可直接吸收能营养成分，提高植物对营养成分的吸收效率也具有十分重要的意义。

(5) 其它人为影响因素：为了对抗农业害虫、病害以及杂草对作物产量的影响，农业生产广泛使用了农药，而农药虽然对作物年限内的作物产量具有极大提升效果，但农药残余对土壤生物和微生物及土壤的 pH 值等都有直接或者间接的影响，是生产过程中不可忽视的负效应。由于人对自然界的大量改造活动，使得土地表面的植物覆盖量日趋减少，水土流失造成表层肥沃土壤流失，对于土壤肥力直接造成不可估量的损失。影响作物产量的因素还有诸如光照、空气中二氧化碳含量和降水等因素。

为了建立土壤肥力和作物产量之间的关系，对控制流程进行分析，我们引入控制论框图对系统的各分量之间的关系进行说明。利用控制论的观点研究作物的产量与土壤肥力的关系，分析土壤肥力构成因子及其各个影响因素之间存在的相互联系。土壤肥力因子对作物产量的影响可以分为正反馈与负反馈。在实际生产中，由于外界条件(如光照等)和作物本身的基因限制等因素导致不可能存在绝对的正反馈，使得产量无限增大，且由于负反馈等影响因子的存在，作物目标生产量和人工控制本身就存在一个闭合巨系统约束。现假定光照和水分等因素对于作物生产为最适宜条件，考虑到各种影响因子之间的相互关系及其对系统的作用，我们可以列出如下关系：pH 值低呈酸性则容易造成土壤板结，pH 值高则土壤呈盐碱性，很难生长植物；而有机肥增加会引起食腐性生物和微生物的繁衍，可以增加土壤松软度，可以间接影响对土壤养分的利用程度；作为植物生长所必须的氮元素，其含量的增加会增加土壤的肥力，然而氮元素含量过高，则会导致土壤呈酸性，而过酸又会导致土壤板结。因此这是一个互相关联的复杂系统。有些量值之间的相互关系对土壤肥力存在制约，因此该系统的存在本身就存在着制约因素，我们不可能通过无限增加其中某个量而无限增加土壤的肥力。从这个角度而言，土壤肥力可控是相对的。我们只能利用控制论的思维模式去干预土壤肥力的各个影响因子，使得肥力效益最高。由上述关系明显得出，各种影响因子之间的相互作用是可以通过人工干预来实现合理调控的。

当然，控制土壤肥力只是调节作物产量的一种常见有效的方式。但在农业生产中，实际遇到的问题会复杂得多。相比天气和气候而言，水分和病虫害等因素具有相对可控制性，因此在讨论土壤肥力的基础上，可以引入到我们的控制闭环系统中，以使得农业生产方面得到更多的宏观科学把控，能够通过调控相应的影响参量估算粮食产量，为国家粮食战略提供可靠的决策支撑数据。土壤肥力框图如图 2－15 所示。

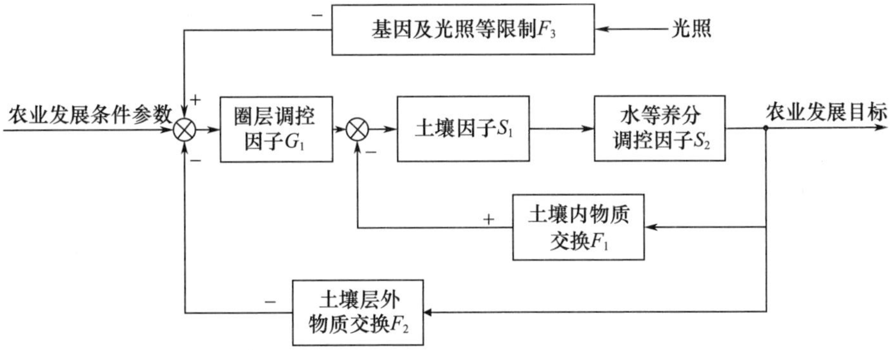

图 2－15　土壤肥力框图

如图 2－15 中所示，土壤因子 S_1 可以作为土壤初始肥力；水等养分调控因子 S_2 可以视为有机肥投放量、无机肥投放量；圈层调控因子 G_1 可视为 pH 值与土壤松软度；土壤内物质交换 F_1 则可以对应为微生物的活动对于土壤肥力的贡献；土壤层外物质交换 F_2 可视为农药施放量，由于农药的化学性质，其对土壤的

pH 值和松软度 G_1 及土壤中微生物含量 F_1 都会产生不利影响，但是对于某些作物而言，由于病虫害等发生频繁，因此其又对作物生产具有正反馈，故此其对于作物生产的反馈无法简单地用正反馈或负反馈来进行标量。由于基因和光合作用的效率等不可控因素 F_2 对粮食增产的极限起到决定性的限制作用，因而在该系统中表现为负反馈，它保证了系统的平衡性，解释了粮食生产中的增产极限。

对结构图 2－15 进行化简，就能更直观地从数学角度去判断各参量对于作物产量的影响，从而实现最优控制：

第一步，如图 2－16 所示，对 S_1，S_2，F_1 所组成的闭环系统传递函数进行串联与反馈的变换，结果可将主通道变为

$$\frac{S_1S_2}{1-S_1S_2F_1} \tag{2-5}$$

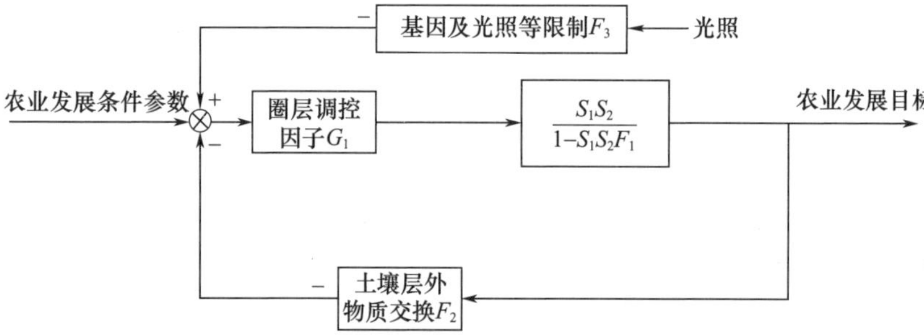

图 2－16 框图化简第一步

第二步，在 G_1，$\frac{S_1S_2}{1-S_1S_2F_1}$，$F_3$ 组成的闭环系统中进行负反馈的变换，结果可将主通道变为如图 2－17 所示，得到传递函数

$$\frac{G_1S_1S_2}{1-S_1S_2F_1+G_1S_1S_2F_3} \tag{2-6}$$

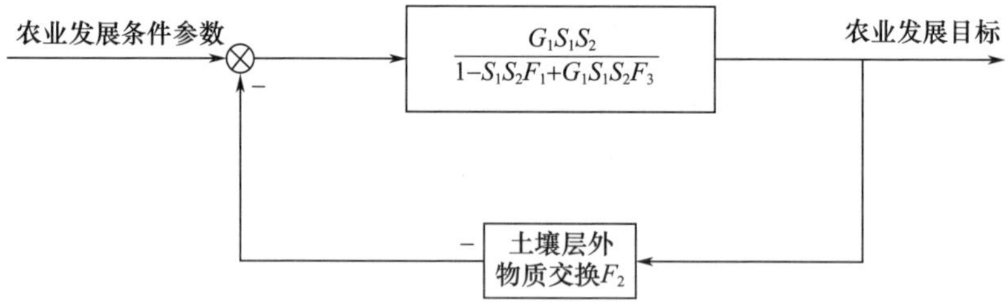

图 2－17 框图化简第二步

第三步，在$\frac{G_1S_1S_2}{1-S_1S_2F_1+G_1S_1S_2F_3}$，$F_2$ 组成的闭环系统中进行负反馈的变换，结果如图 2－18 所示，可得传递函数

$$\frac{G_1S_1S_2}{1-S_1S_2F_1+G_1S_1S_2F_2+G_1S_1S_2F_3} \tag{2-7}$$

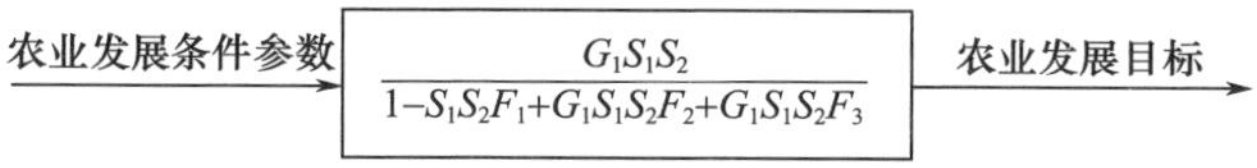

图 2－18　框图化简第三步

所以，运用控制方框图对框图进行化简，最后得到它的传递函数为

$$P=\frac{G_1S_1S_2}{1-S_1S_2F_1+G_1S_1S_2F_2+G_1S_1S_2F_3} \tag{2-8}$$

2.3　基于梅森增益公式对土壤肥力框图化简

本节介绍一种求取传递函数的简便、快捷的方法——梅森增益公式。首先对梅森增益公式进行具体的介绍，然后运用它对上面的土壤肥力方框图进行化简。

2.3.1　梅森增益公式

梅森（Mason）增益公式的来源是按克莱姆（Gramer）规则求解线性联立方程式组时，将解的分子多项式及分母多项式与信号流图（拓扑图）巧妙联系的结果。控制工程中常应用梅森增益公式直接求取从源节点到阱节点的传递函数，而不需简化信号流图，这就为信号流图的广泛应用提供了方便。由于系统结构图与信号流图之间有对应关系，因此，梅森增益公式也可直接用于系统结构图。

由信号流图可以得到任意输入节点之间的传递函数，即任意两个节点之间的总增益。任意两个节点之间传递函数的梅森增益公式为

$$P=\frac{1}{\Delta}\sum_{k=1}^{n}P_k\Delta_k \tag{2-9}$$

式中：P 为从输入节点到输出节点的总增益（或传递函数）；n 为从输入节点到输出节点的前向通道条数；$\Delta=1-\sum L_a+\sum L_bL_c+\sum L_dL_eL_f+\cdots$ 为系统特征式，其中 $\sum L_a$ 为系统流图中所有单独回路的增益之和；$\sum L_bL_c$ 为所有两个互不接触回路的回路增益乘积之和；$\sum L_dL_eL_f$ 为所有三个互不接触回路的回路增

益乘积之和；P_k 为第 k 条的前向通道增益；Δ_k 为第 k 条前向通道的余子式，即在信号流图中，把与第 k 条前向通道相接触的回路除去以后的 Δ 值。

下面列出几个例子，来进一步认识梅森增益公式。

例如图 2－19 所示的系统信号流图中，变量 u_r 和 u_c 分别表示源节点和阱节点，试求系统的传递函数 $u_c(s)/u_r(s)$。

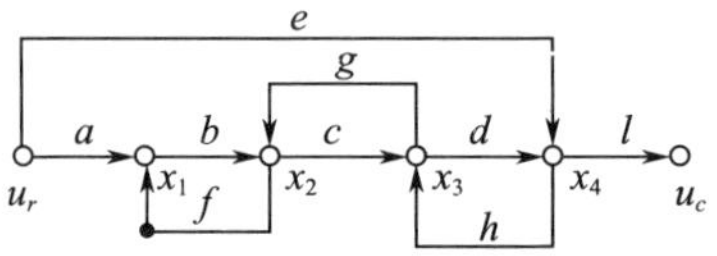

图 2－19　某一系统信号流图

首先使用克莱姆法则求解，过程如下。

由图可得相应的一组代数方程为

$$\begin{cases} x_1 - fx_2 = au_r \\ bx_1 - x_2 + gx_3 = 0 \\ cx_2 - x_3 + hx_4 = 0 \\ -dx_3 + x_4 = eu_r \end{cases} \tag{2-10}$$

可以得到方程组的如下行列式：

$$\Delta = \begin{vmatrix} 1 & -f & 0 & 0 \\ b & -1 & g & 0 \\ 0 & c & -1 & h \\ 0 & 0 & -d & 1 \end{vmatrix} \tag{2-11}$$

$$\Delta_4 = \begin{vmatrix} 1 & -f & 0 & au_r \\ b & -1 & g & 0 \\ 0 & c & -1 & 0 \\ 0 & 0 & -d & eu_r \end{vmatrix} \tag{2-12}$$

求方程组的解，可得系统的传递函数：

$$\begin{cases} x_4 = u_c = \dfrac{\Delta_4}{\Delta} = \dfrac{[abcd + e(1 - gc - bf)]u_r}{1 - (-dh - gc - bf) + bfdh} \\ G(s) = \dfrac{U_c(s)}{U_r(s)} = \dfrac{abcd + e(1 - gc - bf)}{1 - (-dh - gc - bf) + bfdh} \end{cases} \tag{2-13}$$

我们再用梅森增益公式求解，过程如下。

根据梅森增益公式，从输入节点到输出节点之间，有两条前向通道，其增益为

$$P_1 = abcd, P_2 = e \tag{2-14}$$

有三个单独回路，即

$$L_1 = -bf, L_2 = -cg, L_3 = -dh \tag{2-15}$$

其回路之和为

$$\sum L_a = -bf - cg - dh \tag{2-16}$$

存在互不接触电路，即

$$\sum L_b L_c = bfdh \tag{2-17}$$

系统特征式为

$$\Delta = 1 - \sum L_a + \sum L_b L = 1 - (-bf - cg - dh) + bfdh \tag{2-18}$$

通路 1 的余子式为 $\Delta_1 = 1$；通路 2 的余子式为 $\Delta_2 = 1 - (bf + cg)$；

根据梅森增益公式得传递函数的表达公式为

$$G(s) = \frac{U_c(s)}{U_r(s)} = \frac{P_1\Delta_1 + P_2\Delta_2}{\Delta} = \frac{abcd + e(1 - gc - bf)}{1 - (-dh - gc - bf) + bfdh} \tag{2-19}$$

可见用梅森增益求得的传递函数与克莱姆法则求得的是一致的。

再如图 2-20 所示信号流图，求输入节点到输出节点的传递函数。

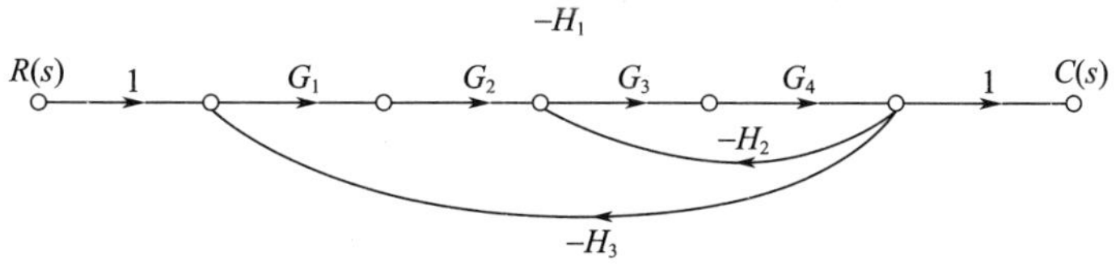

图 2-20　系统信号流图

解：根据梅森增益公式，从输入节点到输出节点之间，只有一条前向通道，其增益为

$$P_1 = G_1 G_2 G_3 G_4 \tag{2-20}$$

有三个单独回路，即

$$L_1 = -G_2 G_3 H_1, L_2 = -G_3 G_4 H_2, L_3 = -G_1 G_2 G_3 G_4 H_3 \tag{2-21}$$

其回路之和为

$$\sum L_a = -G_2 G_3 H_1 - G_3 G_4 H_2 - G_1 G_2 G_3 G_4 H_3 \tag{2-22}$$

这三个回路都有公共点，所以不存在互不接触电路。于是特征式为

$$\Delta = 1 - \sum L_a = 1 + G_2 G_3 H_1 + G_3 G_4 H_2 + G_1 G_2 G_3 G_4 H_3 \tag{2-23}$$

因为这三个回路都和前向通道接触，所以其余因子式为 1，最后得到输入节点到输出节点的总增益 P 即系统传递函数为

$$P = \frac{P_1\Delta_1}{\Delta_1} = \frac{G_1G_2G_3G_4}{1 + G_1G_2H_1 + G_3G_4H_2 + G_1G_2G_3G_4H_3} \tag{2-24}$$

通过上述两个例子熟悉了梅森公式以后，根据它求得系统的增益，就可以对系统进行传递函数的求解。

2.3.2 土壤肥力框图化简

我们对梅森增益公式进行了介绍，并用它对简单的信号流图求传递函数。下面我们用梅森增益公式对上面的土壤肥力框图进行传递函数的求解。

土壤肥力框图如图 2－14 所示，根据梅森增益公式，从输入节点到输出节点之间，只有一条前向通道，其增益为

$$P_1 = G_1S_1S_2 \tag{2-25}$$

有三个单独回路，即

$$L_1 = S_1S_2F_1, L_2 = -G_1S_1S_2F_2, L_3 = -G_1S_1S_2F_3 \tag{2-26}$$

其回路之和为

$$\sum L_a = S_1S_2F_1 - G_1S_1S_2F_2 - G_1S_1S_2F_3 \tag{2-27}$$

这三个回路都有公共点，所以不存在互不接触电路。于是特征式为

$$\Delta = 1 - \sum L_a = 1 - S_1S_2F_1 + G_1S_1S_2F_2 + G_1S_1S_2F_3 \tag{2-28}$$

因为这三个回路都和前向通道接触，所以其余因子式为 1，最后得到输入节点到输出节点的总增益 P 即系统传递函数为

$$P = \frac{P_1\Delta_1}{\Delta} = \frac{G_1S_1S_2}{1 - S_1S_2F_1 + G_1S_1S_2F_2 + G_1S_1S_2F_3} \tag{2-29}$$

结果与上面直接得到的传递函数的结果是一样的，但此方法明显比上面之间化简法要简单，这也验证了梅森增益公式化简的简洁有效性。

下面就图 2－10 中各环节做如下假设：

（1）植物对农药的吸收度因子为$\frac{8}{10}$，残余量对微生物和松软度的影响量相等。

（2）农药残余量对微生物的破坏因子为其 t_1。

（3）农药残余量对土壤松软和 pH 值得综合破坏因子为 t_2，单个生物对土壤松软和 pH 值得增加影响因子为 t_3。

（4）无机肥的单个微生物对土壤肥力的转化为 a_1 且被转化量为施肥量的$\frac{9}{10}$，未转化的部分对微生物增加的影响因子为 t_0。

（5）有机肥的单个微生物对土壤肥力的转化为 a_2 且被转化量为施肥量的 $\frac{9}{10}$，未转化的部分对微生物增加的影响因子为 t_0。

（6）土壤综合肥力为土壤生物量 X_1，无机肥含量 X_2，有机肥含量 X_3，土壤松软度 X_4 简单线性叠加。

（7）农业种植中按照施无机肥（S_1）、有机肥（S_2）、农药（S_3）的顺序。

则初始状态为 $X_1 + X_2 + X_3 + X_4 = G_1$

$$X_2 + a_1 X_1 \frac{9}{10} S_1 = x_2 \tag{2-30}$$

$$X_3 + a_2 X_1 \left(1 + \frac{1}{10} S_1 t_0\right) \frac{9}{10} S_2 = x_3 \tag{2-31}$$

$$\left(1 - \frac{1}{10} t_1 S_3\right)\left(1 + \frac{1}{10} S_1 t_0\right)\left(1 + \frac{1}{10} S_2 t_0\right) X_1 = x_1 \tag{2-32}$$

$$X_4 \frac{1}{10} S_3 t_2 + x_1 t_3 = x_4 \tag{2-33}$$

$$x_1 + x_2 + x_3 + x_4 = G_2 \tag{2-34}$$

若令矩阵

$$\begin{cases} \boldsymbol{A} = \begin{pmatrix} 1 & 0 & 0 & 0 & 0 \\ 0 & 1 & 0 & 0 & 0 \\ 0 & 0 & 1 & 0 & 0 \\ 0 & 0 & 0 & 1 & 0 \\ 1 & 1 & 1 & 1 & -1 \end{pmatrix} \\ \boldsymbol{C} = \begin{pmatrix} \left(1 - \frac{1}{10} t_1 S_3\right)\left(1 + \frac{1}{10} S_1 t_0\right)\left(1 + \frac{1}{10} S_2 t_0\right) X_1 \\ X_2 + a_1 X_1 \frac{9}{10} S_1 \\ X_3 + a_2 X_1 \left(1 + \frac{1}{10} S_1 t_0\right) \frac{9}{10} S_2 \\ X_4 \frac{1}{10} S_3 t_2 + x_1 t_3 \\ 0 \end{pmatrix} \end{cases} \tag{2-35}$$

则 $x = (x_1 \quad x_2 \quad x_3 \quad x_4 \quad G_2)^{\mathrm{T}}$ 可以表示为

$$x = \boldsymbol{A}^{-1} \boldsymbol{C} \tag{2-36}$$

其中 G_2 即为土壤的综合肥力。实际过程中，农药与肥的顺序是多变或者多次交叉进行的，因此需要考虑到一般情况，沿用上述假设（1）~（5）。并结合图 2-21 则可得：

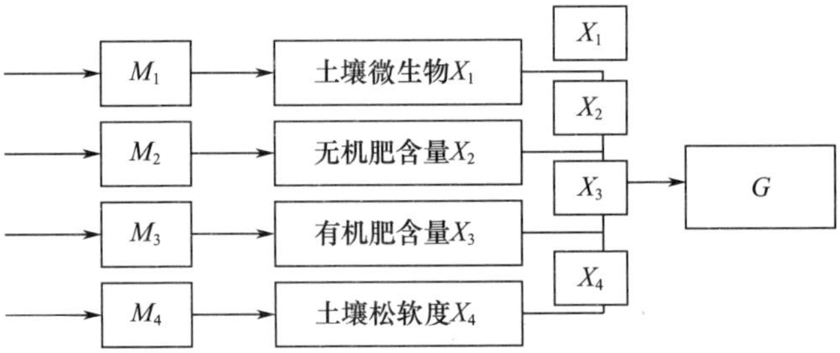

图 2－21　变量框图

注：图中 $M_1=\left(1-\frac{1}{10}t_1S_3\right)$，为农药对土壤微生物变化的函数；$M_2=\dfrac{\frac{9}{10}a_1S_1\int_0^{t_i}\mathrm{d}X_{1t_i}+\int_0^{t_i}\mathrm{d}X_{2t_i}}{\int_0^{t_i}\mathrm{d}X_{2t_i}}$，为施无机肥和生物量对土壤肥力变化函数；$M_3=\dfrac{\frac{9}{10}a_2S_2\int_0^{t_i}\mathrm{d}X_{1t_i}+\int_0^{t_i}\mathrm{d}X_{3t_i}}{\int_0^{t_i}\mathrm{d}X_{3t_i}}$，为施有机肥和生物量对土壤肥力变化函数；$M_4=\dfrac{t_3\int_0^{t_i}\mathrm{d}X_{1t_i}+\frac{1}{10}S_3t_2\int_0^{t_i}\mathrm{d}X_{4t_i}}{\int_0^{t_i}\mathrm{d}X_{4t_i}}$，为生物量及松软度对土壤肥力变化函数。

$$\left(1-\frac{1}{10}t_1S_3\right)\int_0^{t_i}\mathrm{d}X_{1t_i}=x_{1t_i} \tag{2-37}$$

$$\int_0^{t_i}\mathrm{d}X_{2t_i}+\frac{9}{10}a_1S_1\int_0^{t_i}\mathrm{d}X_{1t_i}=x_{2t_i} \tag{2-38}$$

$$\int_0^{t_i}\mathrm{d}X_{3t_i}+\frac{9}{10}a_2S_2\int_0^{t_i}\mathrm{d}X_{1t_i}=x_{3t_i} \tag{2-39}$$

$$\frac{1}{10}S_3t_2\int_0^{t_i}\mathrm{d}X_{4t_i}+t_3\int_0^{t_i}\mathrm{d}X_{1t_i}=x_{4t_i} \tag{2-40}$$

$$x_{1t_i}+x_{2t_i}+x_{3t_i}+x_{4t_i}=G_i \tag{2-41}$$

则

$$\boldsymbol{A}=\begin{pmatrix}1&0&0&0&0\\0&1&0&0&0\\0&0&1&0&0\\0&0&0&1&0\\1&1&1&1&-1\end{pmatrix},\ \boldsymbol{C}=\begin{pmatrix}\left(1-\frac{1}{10}t_1S_3\right)\int_0^{t_i}\mathrm{d}X_{1t_i}\\ \int_0^{t_i}\mathrm{d}X_{2t_i}+\frac{9}{10}a_1S_1\int_0^{t_i}\mathrm{d}X_{1t_i}\\ \int_0^{t_i}\mathrm{d}X_{3t_i}+\frac{9}{10}a_2S_2\int_0^{t_i}\mathrm{d}X_{1t_i}\\ \frac{1}{10}S_3t_2\int_0^{t_i}\mathrm{d}X_{4t_i}+t_3\int_0^{t_i}\mathrm{d}X_{1t_i}\\ 0\end{pmatrix}$$

其中 $\int_0^{t_i} \mathrm{d}X_{jt_i}$ 为 i 时刻土壤肥力影响因子，$(j=1,2,3,4)$。

$x = (x_{1t_i} \quad x_{2t_i} \quad x_{3t_i} \quad x_{4t_i} \quad G_i)^{\mathrm{T}}$ 则可以表示为

$$x = \boldsymbol{A}^{-1}\boldsymbol{C} \tag{2-42}$$

目标土壤肥力为 G_i。

2.4 土壤肥力传递函数不同条件的分解分析

假如有如图 2-22 所示的土壤肥力闭环系统，那么农业发展目标（用 Y 表示）的结果跟什么因素有关呢？

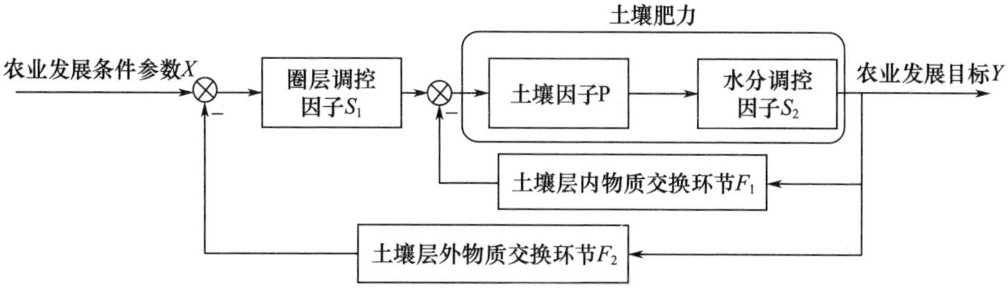

图 2-22 土壤肥力闭环系统

表 2-3 统计的是不同条件下农业发展目标 Y 所依存关系，也表示土壤肥力传递函数在不同条件的分解分析：

表 2-3 不同条件下农业发展目标 Y 所依存关系

变化条件	Y 表达式	解释
持续、平衡发展	$\dfrac{S_1S_2PX}{1+(S_1F_2+F_1)S_2P}$	两个反馈及调节补偿作用均存在
$(S_1F_1+F_1)S_2P \ll 1$	S_1S_2PX	两反馈环节作用过小时系统开环
$S_1F_2S_2P \ll 1$	$\dfrac{S_1S_2FX}{1+F_1S_2P}$	圈层间物质交换过少时，系统闭环稳定性主要由圈层内闭环系统确定
$S_2F_1P \ll 1$	$\dfrac{S_1S_2PX}{1+S_1S_2F_2P}$	圈层内物质交换过少时，系统稳定性主要由圈层间物质交换闭环网络确定
$(S_1F_2+F_1)S_2P \gg 1$	$\dfrac{S_1X}{S_1F_2+F_1}$	圈层内、外反馈强时，系统处于稳定态
$(S_1F_2+F_1)S_2P \gg 1$，且 $S_1F_2 \gg F_1$	$\dfrac{X}{F_2}$	圈层外作用大时，与调节补偿无关，系统函数为圈层外物质交换函数之倒数
$(S_1F_2+F_1)S_2P \gg 1$，且 $F_1 \gg S_1F_2$	$\dfrac{S_1X}{F_1}$	圈层内作用大时，系统函数与圈层内调节及反馈相关

在表2－3中，当土壤持续、平衡发展的时候得到农业发展目标Y的表达式为$\frac{S_1S_2PX}{1+(S_1F_2+F_1)S_2P}$，此时反馈和补偿作用均存在，且使得土壤处于稳定状态。当$(S_1F_1+F_1)S_2P \ll 1$时，Y的表达式为S_1S_2PX，反馈环节作用过小，导致系统开环。当$S_1F_2S_2P \ll 1$时，Y的表达式为$\frac{S_1S_2FX}{1+F_1S_2P}$，此时圈层间物质交换过少时，系统闭环稳定性主要由圈层内闭环系统确定。当$F_1S_2P \ll 1$时，Y的表达式为$\frac{S_1S_2PX}{1+S_1S_2F_2P}$，此时圈层内物质交换过少时，系统稳定性主要由圈层间物质交换闭环网络确定。当$(S_1F_1+F_1)S_2P \gg 1$时，Y的表达式为$\frac{S_1X}{S_1F_2+F_1}$，此时圈层内、外反馈强时，系统处于稳定态。当$(S_1F_1+F_1)S_2P \gg 1$，$S_1F_2 \gg F_1$时，Y的表达式为$\frac{X}{F_2}$，此时圈层外作用大时，与调节补偿无关，系统函数为圈层外物质交换函数之倒数。当$(S_1F_2+F_1)S_2P \gg 1$，$S_1F_2 \ll F_1$时，Y的表达式为$\frac{S_1X}{F_1}$，此时圈层内作用大时，系统函数与圈层内调节及反馈相关。

从另一个角度讲，土壤中的许多因素直接或间接地影响土壤肥力的某一方面或所有方面，这些因素可以归纳如下。

养分因素：指土壤中的养分储量、强度因素和容量因素，主要取决于土壤矿物质及有机质的数量和组成。就世界范围而言，多数矿质土壤中的氮、磷、钾三要素的大致含量分别是0.02%～0.5%、0.01%～0.2%和0.2%～3.3%。中国一般农田的养分含量是：氮0.03%～0.35%；磷0.01%～0.15%；钾0.25%～2.7%。但土壤向植物提供养分的能力并不直接决定于土壤中养分的贮量，而是决定于养分有效性的高低；而某种营养元素在土壤中的化学位又是决定该元素有效性的主要因素。化学位是一个强度因素，从一定意义说，它可以用该营养元素在土壤溶液中的浓度或活度表示。由于土壤溶液中各营养元素的浓度均较低，它们被植物吸收以后，必须迅速地得到补充，方能使其在土壤溶液中的浓度即强度因素维持在一个必要的水平上。所以，土壤养分的有效性还取决于能进入土壤溶液中的固相养分元素的数量，通常称为容量因素。在实用中，养分容量因素指呈代换态的养分的数量（代换性钾、同位素代换态磷等）。土壤养分的实际有效性，即实际被植物吸收的养分数量，还受土壤养分到达植物根系表面的状况，包括植物根系对养分的截获、养分的质流和扩散三方面状况的影响。

物理因素：指土壤的质地、结构状况、孔隙度、水分和温度状况等。它们影响土壤的含氧量、氧化还原性和通气状况，从而影响土壤中养分的转化速率和存在状态、土壤水分的性质和运行规律以及植物根系的生长力和生理活动。物理因素对土壤中水、肥、气、热各个方面的变化有明显的制约作用。

化学因素：指土壤的酸碱度、阳离子吸附及交换性能、土壤还原性物质、土壤含盐量，以及其他有毒物质的含量等。它们直接影响植物的生长和土壤养分的转化、释放及有效性。一般而言，在极端酸、碱环境，有大量可溶性盐类存在或有大量还原性物质及其他有毒物质存在的情况下，大多数作物都难以正常生长和获得高产。土壤阳离子吸附和交换性能的强弱，对于土壤保肥性能有很大影响。土壤酸度通常与土壤养分的有效性之间有一定相关。如：土壤磷素在 pH 为 6 时有效性最高，当介质 pH 值低于或高于 6 时，其有效性明显下降；土壤中锌、铜、锰、铁、硼等营养元素的有效性一般随土壤 pH 值的降低而增高，但钼则相反。土壤中某些离子过多或不足，对土壤肥力也会产生不利的影响。如：钙离子不足会降低土壤团聚体的稳定性，使其结构被破坏，土壤的透水性因而降低；铝、氢离子过多，会使土壤呈酸性反应和产生铝离子毒害；钠离子过多，会使土壤呈碱性反应和产生钠离子毒害，都不利于植物生长。

生物因素：指土壤中的微生物及其生理活性。它们对土壤氮、磷、硫等营养元素的转化和有效性具有明显影响，主要表现在：(1)促进土壤有机质的矿化作用，增加土壤中有效氮、磷、硫的含量；(2)进行腐殖质的合成作用，增加土壤有机质的含量，提高土壤的保水保肥性能；(3)进行生物固氮，增加土壤中有效氮的来源。

那么如何才能保持与提高土壤肥力呢？用地与养地相结合、防止肥力衰退与土壤治理相结合，是保持和提高土壤肥力水平的基本原则。具体措施包括：增施有机肥料、种植绿肥和合理施用化肥，以便不仅有利于绿地植物的旺盛生长，而且有利于土壤肥力的恢复与提高；对于某些低产土壤(酸性土壤、碱土和盐土)要借助化学改良剂和灌溉等手段进行改良，消除障碍因素，以提高肥力水平；此外还要进行合理的耕作和施肥，以调节土壤中的养分和水分，防止某些养分亏缺和水汽失调；防止土壤受重金属、农药以及其它有害物的污染；因地制宜合理安排农、林、牧布局，促进生物物质的循环和再利用；防止水土流失、风蚀、次生盐渍化、沙漠化和沼泽化等各种退化现象的发生，保护森林、草原，维护生态平衡等。

土壤与植物及一切生物一起使地球变得生机勃勃。因此我们在美化环境的同时，了解土壤、改善土壤和保持土壤肥力也显得尤为重要。

事实上，已经有学者试图将控制论引入洪涝灾害管理系统，建立一个闭环控制模式，以实现对灾害的管理和预测。当今遥感获取信息的系统大多是开环的，系统无法根据成像结果的质量对成像系统进行反馈和调整，使之获得的信息质量能够稳定在较好的水平。另外人为因素也在其中起到了很大的作用。遥感信息获取的趋势是自动化和实时性,以避免人为因素的过度干扰,从而节约人力和物力等成本。因此就有必要将控制论引入到遥感获取信息的系统中。本章通过一个自然地理系统流图——土壤肥力框图的表达与化简解释了控制框图的表达和化简步骤。首先,介绍了控制论的基本定义与传递函数流图表达,再以土壤肥力框图作为例子,对它进行解释与化简。然后引入梅森增益公式,并用它对土壤肥力框图进行化简。最后,介绍土壤肥力传递函数在不同条件下的分解分析。本章从整体上大致介绍了控制论的基本定义及表达方式,使得读者对控制论有一个整体的了解。

第3章　自然地理系统状态空间微分方程组构建及传递函数代数求解

自然地理系统中的各自然地理要素不是孤立的,而是作为整体的一部分在发展变化。各自然地理要素在特定地理边界约束下,通过能量流、物质流和信息流的交换和传输,形成具有一定有序结构、在空间分布上相互联系、可完成一定功能的多等级动态开放系统,深刻地认知各物质能量的相互关系是深入研究自然地理系统的关键。

长期以来,我们从自然地理系统中总结出的科学知识在空间域中已经被表达得“淋漓尽致”,然而通过这些表象理论却总不能满足我们对本质探索的需求。究其原因可以发现,空间域中从原始量到目标量的函数表达过于表象,不能刻画系统对象的增长或衰减本质。这主要归咎于空间域表达现实各现象的“透明性”,要研究系统内部的本质联系可以将观测对象纳入到复频域的研究范畴,为遥感地理信息系统本质的探索寻找一条全新的道路。

本章重点讲述:遥感科学问题的状态空间微分方程组表达,以说明状态微分方程的数学表达实现了由原始量到目标量的动态过渡;介绍遥感科学问题由空间域向频率域的数学转换,引出时域与频域之间的经典转换方法;给出针对系统对象增长与衰减本质的传递函数表达形式。

3.1　现态－目标结合的状态空间方程与微分方程组动态表征

从控制论的观点将遥感地理信息系统的实现描述为:根据系统的外部描述构造一个内部结构,要求既保持外部描述的输入输出关系,又要将系统的内部结构确定下来,如图3－1所示为系统的外部描述。

图3－1　系统的外部描述

在现代控制理论中，用系统的状态方程和输出方程来描述系统的动态行为，它们共同称为系统的状态空间表达式或动态方程。因此状态空间表达式就是系统在状态空间中的数学模型。状态空间表达式中状态方程表达了输入对状态的作用关系，输出方程表达了状态与输出的关系。而在遥感地理信息系统中常见的状态动态变化可以进一步地由微分方程加以刻画与求解。

3.1.1 状态空间方程与线性系统的微分形式

1. 状态空间方程

状态空间表达式是以状态、状态变量、状态空间、状态方程等基本概念为基础建立起来的。

状态就是一组变量的集合，在已知未来输入情况下，能够描述系统运动过程最小的一组变量即为状态。对于我们熟知的地理信息所研究的一般地图平面而言，它需要两个独立的状态加以描述，而对于遥感或摄影测量所关心的空间信息而言，则需要 n 个独立状态描述 n 维空间信息。更简单地说，状态就是在空间中的“位置”，是描述系统运行的基本坐标。一个 n 阶系统，如果确定其运动状态，最少应有 n 个独立变量，即 n 个状态变量，用 $x_1(t),x_2(t),x_3(t),\cdots,x_n(t)$ 来表示，可把这 n 个状态变量写成向量的形式：$x(t)=[\,x_1(t)\;\;x_2(t)\;\;x_3(t)\;\;\cdots\;\;x_n(t)\,]^{\mathrm{T}}$，所有状态向量的集合，以状态变量中各元素为坐标所构成的 n 维空间，在几何学上就是状态空间。也即状态空间是由所有的状态向量 $x(t)$ 形成的。

在研究过程中，可以将系统的一个状态看成是状态空间中的一个点，系统的初始状态就是状态空间中的初始点。描述系统状态变量与输入变量之间关系的一阶向量微分或差分方程称为系统的状态方程，它不含输入项的微积分项：

$$\dot{x}=f(x,u,t) \tag{3-1}$$

表征状态变量组 x 与输入变量 u 和输出变量 y 之间的转换关系的输出方程：

$$\dot{y}=g(x,u,t) \tag{3-2}$$

描述系统输入输出关系的微分方程或传递函数可以用实验的方法得到，我们可以从输入－输出关系建立状态空间描述系统，这是建立状态空间描述的一条途径。

2. 线性系统

通过数学模型来研究自动控制系统，可以摆脱各种不同类型系统的外部特征，研究其内在的共性运动规律。因此利用控制理论建立遥感与地理信息科学系统的数学模型是首要工作（或基础工作）。常用的数学模型有微分方程、传递函数、结构图、信号流图、频率特性以及状态空间描述等。我们学用的数学模型有对应于时间域的微分方程、对应于复数域的传递函数以及对应于频率域的频率特性。

线性系统的状态方程是一阶向量线性微分或差分方程，输出方程是向量代数方程。

线性定常系统是指特性不随时间改变的线性系统。它是定常系统的特例，但只要在所考察的范围内定常系统的非线性对系统运动的变化过程影响不大，那么这个定常系统就可看作是线性定常系统。

对于线性定常系统，不管输入在哪一时刻加入，只要输入的状态变量是一样的，则系统输出的响应结果也总是同样的。

3. 控制系统的微分方程

所谓数学模型是指出系统内部物理量（或变量）之间动态关系的数学表达式，它揭示了系统结构、参数与性能特性的内在联系。例如对一个微分方程，若已知初值和输入值，对微分方程求解，就可以得出输出量的时域表达式，据此可对遥感系统进行分析。

微分方程的编写应根据组成遥感系统各元件工作过程中所遵循的物理定理来进行。

3.1.2 传统微分方程组的求解

遥感地理信息系统中各环节组分存在较强的相互联系，为了进一步探讨系统内部成分之间的深层关系，需要将各环节看成具有对外接口的功能模块，至此可以利用控制论中的相关理论对关键环节加以求解。

微分方程是时域中描述系统动态性能的数学模型，在给定外作用和初始条件下，解微分方程可以得到系统的输出响应。

控制论常用的微分方程组的求解方法相比于传统的微分方程求解具有很大优势（详见本章 3.3 节）。此仅列举传统经典求解方法：

任举一例微分方程，其解求方法如下：

$$\frac{d^2y}{dt^2}+3\frac{dy}{dt}+2y=5u(t),y(0)=-1,y'(0)=2$$

在$[0,+\infty]$上 $u(t)=1$，所以原式变为$\frac{d^2y}{dt^2}+3\frac{dy}{dt}+2y=5$，它是一个非齐次二阶线性方程。

方程对应的齐次二阶线性微分方程的特征方程为

$$\lambda^2+3\lambda+2=0$$

解得

$$\lambda_1 = -1, \lambda_2 = -2$$

则方程对应的齐次二阶线性微分方程的通解为

$$Y(x) = C_1 e^{-x} + C_2 e^{-2x}$$

设方程的特解为 $y^* = a$，求一阶导数、二阶导数并代入原方程得 $a = \frac{5}{2}$。得方程的通解为

$$y = Y(x) + y^* = C_1 e^{-x} + C_2 e^{-2x} + \frac{5}{2} \tag{3-3}$$

将原始条件 $y(0) = -1$ 代入式(3-3)，得

$$C_1 + C_2 = -\frac{7}{2} \tag{3-4}$$

对式(3-3)求导，并将原始条件 $y'(0) = 2$ 代入得

$$C_1 + 2C_2 = -2 \tag{3-5}$$

由式(3-4)、式(3-5)解得

$$C_1 = -5, C_2 = \frac{3}{2}$$

所以方程的解为 $y = -5e^{-x} + \frac{3}{2}e^{-2x} + \frac{5}{2}$。

至此可以看出经典的微分方程解答计算量大，并且计算复杂，而控制论通过将系统参量由时空域转变为复数域，利用拉普拉斯变换方法很好地避免了微分方程传统求解的复杂性。

3.2 拉普拉斯时域-复数域正变换基本定义

拉普拉斯变换是工程数学中常用的一种积分变换（简称拉普拉斯变换）。拉普拉斯变换是一个线性变换，可将一个实数 $t(t \geqslant 0)$ 的函数转换为一个复数 s 的函数。

有些情形下一个实变量函数在实数域中进行一些运算并不容易，但若将实变量函数作拉普拉斯变换，并在复数域中做各种运算，再将运算结果作拉普拉斯逆变换来求得实数域中的相应结果，往往在计算上容易得多。拉普拉斯变换的这种运算步骤对于求解线性微分方程尤为有效，它可把微分方程化为容易求解的代数方程来处理，从而使计算简化。在经典控制理论中，对控制系统的分析和综合都是建立在拉普拉斯变换的基础上的。引入拉普拉斯变换的一个主要优点是可采用传递函数代替常系数微分方程来描述系统的特性。这就为采用直观和

简便的图解方法来确定控制系统的特性、分析控制系统的运动过程,以及提供控制系统调整的可能性。

3.2.1 复数域空间

1. 复数空间

复数的定义:对于任意两实数 x,y,我们称 $z=x+y\mathrm{i}$ 或 $z=x+\mathrm{i}y$ 为复数,其中 x,y 分别是称为 z 实部和虚部。记作:$x=\mathrm{Re}(z)$,$y=\mathrm{Im}(z)$。

全体复数构成的空间称为复数域空间。

2. 复数的表示方法——复平面

复数 $z=x+\mathrm{i}y$ 与有序实数对 (x,y) 成一一对应关系,因此,一个建立了笛卡儿坐标系的平面可以用来表示复数,通常将横轴称为实轴或 x 轴,纵轴称为虚轴或 y 轴。这种用来表示复数的平面叫复平面。复数 $z=x+\mathrm{i}y$ 可以用复平面上的点 (x,y) 表示。

3.2.2 拉普拉斯正变换

拉普拉斯变换是求解常系数线性微分方程的工具,用拉普拉斯变换法求解微分方程时,可以得到控制系统在复数域的数学模型——传递函数。它的本质作用是将时域的微分方程转换为复数域的代数方程(图 3-2),它的优点是:

(1) 可以用图解法预测系统性能,便于非专业人士对系统状态的了解控制;

(2) 解微分方程时,可同时获得解的瞬态分量和稳态分量。

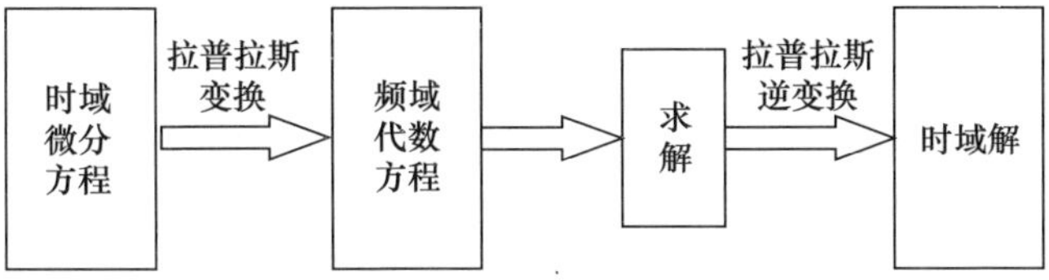

图 3-2 利用拉普拉斯求解线性微分方程的流程

如图 3-2 所示,拉普拉斯变换把线性时不变系统的时域模型简便地进行变换,经求解再还原为时间函数。

1. 拉普拉斯变换的定义

一个定义在 $[0,+\infty]$ 上的函数 $f(t)$,它的拉普拉斯变换定义为

$$L[f(t)] = F(s) = \int_0^{+\infty} f(t)\mathrm{e}^{-st}\mathrm{d}t \tag{3-6}$$

式中:$s=\sigma+\mathrm{j}w$(复数);$f(t)$ 称为原函数,是 t 的函数;$F(s)$ 称为像函数,是 s 的函数。

以二阶微分为例做分步积分如下：

$$
\begin{aligned}
L[y''(t)] = Y''(s) &= \int_0^{+\infty} y''(t)\mathrm{e}^{-st}\mathrm{d}t = \int_0^{+\infty} \mathrm{e}^{-st}\mathrm{d}y'(t) \\
&= \mathrm{e}^{-st}y'(t)\big|_0^{+\infty} - \int_0^{+\infty} y'(t)\mathrm{d}\mathrm{e}^{-st} \\
&= -y'(0) + s\int_0^{+\infty} y'(t)\mathrm{e}^{-st}\mathrm{d}t \\
&= -y'(0) + s\int_0^{+\infty} \mathrm{e}^{-st}\mathrm{d}y(t) \\
&= -y'(0) + s\mathrm{e}^{-st}y(t)\big|_0^{+\infty} + s^2\int_0^{+\infty} y(t)\mathrm{e}^{-st}\mathrm{d}t \\
&= -y'(0) - sy(0) + s^2Y(s)
\end{aligned}
$$

这里我们可以得出一个通式：

$$
\begin{aligned}
L[y^{(n)}(t)] &= Y^{(n)}(s) \\
&= s^nY(s) - s^{n-1}y(0) - s^{n-2}y'(0) - \cdots - sy^{(n-2)}(0) - y^{(n-1)}(0)
\end{aligned}
$$

拉普拉斯变换中常见的 $u(t)$ 为一个单位阶跃函数，它的定义为

$$
u(t) = \begin{cases} 0, t < 0 \\ 1, t \geqslant 0 \end{cases} \tag{3-7}
$$

单位阶跃函数的拉普拉斯变换定义为

$$
L[u(t)] = R(s) = \int_0^{+\infty} 1 \cdot \mathrm{e}^{-st}\mathrm{d}t = -\frac{1}{s}\mathrm{e}^{-st}\big|_0^{+\infty} = \frac{1}{s} \tag{3-8}
$$

2. 常用函数的拉普拉斯变换

（1）单位阶跃函数：

$$
L[u(t)] = \int_0^{\infty} 1 \cdot \mathrm{e}^{-st}\mathrm{d}t = \frac{1}{-s}\mathrm{e}^{-st}\big|_0^{+\infty} = \frac{1}{s}, \sigma > 0
$$

（2）指数函数：

$$
L[\mathrm{e}^{-\alpha t}] = \int_0^{\infty} \mathrm{e}^{-\alpha t}\mathrm{e}^{-st}\mathrm{d}t = \frac{\mathrm{e}^{-(\alpha+s)t}}{-(\alpha+s)}\big|_0^{+\infty} = \frac{1}{s+\alpha}, \sigma > -\alpha
$$

（3）单位冲激信号：

$L[\delta(t)] = \int_0^{\infty} \delta(t) \cdot \mathrm{e}^{-st}\mathrm{d}t = 1$，全 s 域平面收敛

$$
L[\delta(t - t_0)] = \int_0^{\infty} \delta(t - t_0) \cdot \mathrm{e}^{-st}\mathrm{d}t = \mathrm{e}^{-st_0}
$$

（4）幂函数 $t^nu(t)$：

$$
\begin{aligned}
L[t^n] &= \int_0^{\infty} t^n \cdot \mathrm{e}^{-st}\mathrm{d}t \\
&= \frac{t^n}{-s}\mathrm{e}^{-st}\big|_0^{+\infty} + \frac{n}{s}\int_0^{\infty} t^{n-1} \cdot \mathrm{e}^{-st}\mathrm{d}t
\end{aligned}
$$

$$=\frac{n}{s}\int_0^{\infty} t^{n-1}\cdot \mathrm{e}^{-st}\mathrm{d}t$$

所以 $L[t^n]=\frac{n}{s}L[t^{n-1}]$

$n=1$：

$$\begin{aligned} L[t] &= \int_0^{\infty} t\cdot \mathrm{e}^{-st}\mathrm{d}t \\ &= \frac{1}{-s}\int_0^{\infty} t\mathrm{d}\mathrm{e}^{-st} \\ &= \frac{1}{-s}\left[t\cdot \mathrm{e}^{-st}\Big|_0^{+\infty} - \int_0^{\infty}\mathrm{e}^{-st}\mathrm{d}t\right] \\ &= \frac{1}{-s}\left[-\frac{1}{-s}\cdot \mathrm{e}^{-st}\Big|_0^{+\infty}\right] = \frac{1}{s^2} \end{aligned}$$

$n=2$：

$$L[t^2]=\frac{2}{s}L[t]=\frac{2}{s}\cdot\frac{1}{s^2}=\frac{2}{s^3}$$

$n=3$：

$$L[t^3]=\frac{3}{s}L[t^2]=\frac{3}{s}\cdot\frac{2}{s^3}=\frac{6}{s^4}$$

所以 $L[t^n]=\frac{n!}{s^{n+1}}$

（5）正余弦信号：

$$\begin{aligned} L[\sin(\omega_0 t)u(t)] &= L\left[\frac{1}{2\mathrm{j}}(\mathrm{e}^{\mathrm{j}\omega_0 t}-\mathrm{e}^{-\mathrm{j}\omega_0 t})u(t)\right] \\ &= \frac{1}{2\mathrm{j}}\left(\frac{1}{s-\mathrm{j}\omega_0}-\frac{1}{s+\mathrm{j}\omega_0}\right) \\ &= \frac{\omega_0}{s^2+\omega_0{}^2} \end{aligned}$$

收敛域:$\mathrm{Re}[s]>0$

$$\begin{aligned} L[\cos(\omega_0 t)u(t)] &= L\left[\frac{1}{2}(\mathrm{e}^{\mathrm{j}\omega_0 t}-\mathrm{e}^{-\mathrm{j}\omega_0 t})u(t)\right] \\ &= \frac{1}{2}\left(\frac{1}{s-\mathrm{j}\omega_0}-\frac{1}{s+\mathrm{j}\omega_0}\right) \\ &= \frac{s}{s^2+\omega_0{}^2} \end{aligned}$$

收敛域:$\mathrm{Re}[s]>0$

（6）衰减的正余弦信号：

$$L[e^{-\alpha t}\sin(\omega_0 t)u(t)]=L\left[\frac{1}{2j}(e^{(-\alpha+j\omega_0)t}-e^{(-\alpha-j\omega_0)t})u(t)\right]$$
$$=\frac{1}{2j}\left(\frac{1}{s+\alpha-j\omega_0}-\frac{1}{s+\alpha+j\omega_0}\right)$$
$$=\frac{\omega_0}{(s+\alpha)^2+\omega_0{}^2}$$

收敛域：$\mathrm{Re}[s]>-\alpha$

$$L[e^{-\alpha t}\cos(\omega_0 t)u(t)]=L\left[\frac{1}{2}(e^{(-\alpha+j\omega_0)t}-e^{(-\alpha-j\omega_0)t})u(t)\right]$$
$$=\frac{1}{2}\left(\frac{1}{s+\alpha-j\omega_0}-\frac{1}{s+\alpha+j\omega_0}\right)$$
$$=\frac{s+\alpha}{(s+\alpha)^2+\omega_0^2}$$

收敛域：$\mathrm{Re}[s]>-\alpha$

3.2.3 拉普拉斯变换的性质

拉普拉斯变换有许多优良的性质，这使得它在系统控制方面有着不可替代的优越性。具体地，它有以下特性。

（1）线性性质：

$$\begin{cases}L[f_1(t)]=F_1(s)\\ L[f_2(t)]=F_2(s)\\ L[K_1f_1(t)+K_2f_2(t)]=K_1F_1(t)+K_2F_2(t)\end{cases}\tag{3-9}$$

式中：K_1,K_2 为常数。

（2）延时特性（时域平移）：

$$\begin{cases}L[f(t)]=F(s)\\ L[f(t-t_0)u(t-t_0)]=F(s)e^{-st_0}\end{cases}\tag{3-10}$$

时移性质的一个重要应用是求单边周期信号的拉普拉斯变换：

$$\begin{cases}f(t)=f_T(t)u(t)\\ \qquad =f_1(t)u(t)+f_1(t-T)u(t-T)+f_1(t-2T)u(t-2T)+\cdots\\ F(s)=F_1(s)+F_1(s)e^{-Ts}+F_1(s)e^{-2Ts}\\ \qquad =\dfrac{1}{1-e^{-Ts}}F_1(s)\end{cases}\tag{3-11}$$

结论：单边周期信号的拉普拉斯变换等于第一周期波型的拉普拉斯变换乘以$\dfrac{1}{1-e^{-Ts}}$。

3.3 微分方程的拉普拉斯代数方程转换

3.3.1 时间域到复数域转换的必要性

拉普拉斯变换是为简化计算而建立的实变量函数和复变量函数间的一种函数变换。对一个实变量函数作拉普拉斯变换,并在复数域中作各种运算,再将运算结果作拉普拉斯逆变换来求得实数域中的相应结果,往往比直接在实数域中求出同样的结果在计算上容易得多。

拉普拉斯变换在工程学上的应用:应用拉普拉斯变换求解常变量齐次微分方程,可以将微分方程化为代数方程,使问题得以解决。在工程学上,拉普拉斯变换的重大意义在于:将一个信号从时域上转换为复频域(s 域)上来表示,简化计算。

3.3.2 拉普拉斯变换与傅里叶变换的比较

为了更好地理解拉普拉斯变换,我们可以先来分析一下经常使用的傅里叶变换。

傅里叶变换就是把一个信号,分解成无数的正弦波(或者余弦波)信号。也就是说,用无数的正弦波,可以合成任何所需要的信号。

傅里叶变换虽然好用,而且物理意义明确,但有一个最大的问题是其条件要求比较苛刻,比如时域内绝对可积的信号才可能存在傅里叶变换。拉普拉斯变换可以说是推广了这一概念。在自然界,指数信号 $\exp(-x)$ 是衰减最快的信号之一,对某个信号乘上指数信号之后,很容易满足绝对可积的条件。因此将原始信号乘上指数信号之后一般都能满足傅里叶变换的条件,这种变换就是拉普拉斯变换。这种变换能将微分方程转化为代数方程。从上面的分析可以看出,傅里叶变换可以看作是拉普拉斯变换的一种特殊形式,即所乘的指数信号为 $\exp(0)$。也就是说拉普拉斯变换是傅里叶变换的推广,是一种更普遍的表达形式。在进行信号与系统的分析过程中,可以先得到拉普拉斯变换这种更普遍的结果,然后再得到傅里叶变换这种特殊的结果。这种由普遍到特殊的解决办法,已经证明在连续信号与系统的分析中能够带来很大的方便。

傅里叶变换与拉普拉斯变换在数学、物理以及工程技术等领域中有着极其广泛的应用。两种变换的性质有很多相似之处,故两者在求解问题时也会有许多类似。另外,由于傅里叶变换的积分区间为$(-\infty, +\infty)$,拉普拉斯变换的积分区间为$(0, +\infty)$,两者又会在不同的领域中有着各自的应用。

(1) 傅里叶变换与拉普拉斯变换都可以用来求解一些用普通方法难以求解的广义积分。

(2) 两种积分变换均可应用于求解积分、微分方程。

表 3－1 说明两者的不同。

表 3－1　傅里叶变换与拉普拉斯变换的对比

积分变换名称	积分域	积分核	定义公式	逆变换公式
傅里叶变换	$(-\infty, +\infty)$	$e^{-j\omega t}$	$F(\omega) = \int_{-\infty}^{+\infty} f(t)e^{-j\omega t}dt$	$f(t) = \frac{1}{2\pi}\int_{-\infty}^{+\infty} F(\omega)e^{j\omega t}d\omega$
拉普拉斯变换	$[0, +\infty)$	e^{-st}	$F(s) = \int_{0}^{+\infty} f(t)e^{-st}dt$	$f(t) = \frac{1}{2\pi j}\int_{\beta-j\infty}^{\beta+j\infty} F(s)e^{st}ds$

两者之间的差异首先表现在积分域上，积分域的不同限制了拉普拉斯变换在某些问题中的应用，在处理问题时首先应考虑到这一点。两者之间的差异在信号处理中表现得尤为显著：傅里叶变换将时域函数 $f(t)$ 变换为频域函数 $F(\omega)$，时域中的变量 t 和频域中的变量 ω 都是实数且有明确的物理意义；而拉普拉斯变换则是将时域函数 $f(t)$ 变换为复频域函数 $F(s)$。这时，时域变量 t 虽是实数，但 s 却是复数；与 ω 相比较，变量 s 虽称为“复频率”，但其物理意义就不如 ω 明确。但是由于常见函数（例如常数、三角函数、多项式等）大多不满足绝对可积的条件，数学上进行处理时要涉及到抽象的广义函数——δ 函数，故在有些领域如电路理论中，傅里叶变换的应用远不如拉普拉斯变换的应用广泛。

3.3.3　拉普拉斯变换与经典法比较

对比于 3.1.2 节的求二阶线性微分方程的例子，本节给出其拉普拉斯变换的解法。原题如下。

求解二阶线性微分方程：$\frac{d^2y}{dt^2}+3\frac{dy}{dt}+2y=5u(t), y(0)=-1, y'(0)=2$

其中 $u(t)$：单位阶跃函数。

解：根据拉普拉斯变换的定义分别对方程左边的三项进行拉普拉斯变换。

第一步：拉普拉斯变换。

第一项：

$$
\begin{aligned}
L[y''(t)] = Y''(s) &= \int_0^{+\infty} y''(t)e^{-st}dt = \int_0^{+\infty} e^{-st}dy'(t) \\
&= e^{-st}y'(t)\Big|_0^{+\infty} - \int_0^{+\infty} y'(t)de^{-st} \\
&= -y'(0) + s\int_0^{+\infty} y'(t)e^{-st}dt
\end{aligned}
$$

$$= -y'(0) + s\int_0^{+\infty} e^{-st}dy(t)$$

$$= -y'(0) + se^{-st}y(t)\big|_0^{+\infty} + s^2\int_0^{+\infty} y(t)e^{-st}dt$$

$$= -y'(0) - sy(0) + s^2Y(s)$$

同理,可将第二、第三项化为

$$\begin{cases} L[3y'(t)] = 3Y'(s) = 3[-y(0) + sY(s)] \\ L[2y(t)] = 2Y(s) \end{cases} \tag{3-12}$$

方程右边 $u(t)$ 为一个单位阶跃函数,它的定义为

$$u(t) = \begin{cases} 0, t<0 \\ 1, t\geqslant 0 \end{cases} \tag{3-13}$$

所以,原式变换为

$$s^2Y(s) - sy(0) - y'(0) + 3[sY(0) - y(0)] + 2Y(s) = \frac{5}{s} \tag{3-14}$$

第二步:代入初始条件 $y(0) = -1, y'(0) = 2$,得

$$Y(s) = \frac{-s^2 - s + 5}{s(s^2 + 3s + 2)} \tag{3-15}$$

因式分解得

$$Y(s) = \frac{A}{s} + \frac{B}{s+1} + \frac{C}{s+2} \tag{3-16}$$

第三步:求分子 A、B、C。

先求 A,将式(3-16)两边同时乘以 s 得

$$sY(s) = A + \frac{sB}{s+1} + \frac{sC}{s+2} \tag{3-17}$$

当 $s=0$ 时,得 $A = Y(s)s\big|_{s=0} = 5/2$;

同理求 B、C 时,分别将式子(3-16)两边同时乘以 $s+1, s+2$,最后可得:

(1) 当 $s=-1$ 时,$B = Y(s)(s+1)\big|_{s=-1} = -5$;

(2) 当 $s=-2$ 时,$C = Y(s)(s+2)\big|_{s=-2} = 3/2$。

第四步:逆变换得出结果。

最后直接根据 A、B、C 的值及其所对应的 s 值直接写出二阶微分方程的解:

$$y(t) = \frac{5}{2} - 5e^{-t} + \frac{3}{2}e^{-2t} \tag{3-18}$$

以上为利用拉普拉斯变换对微分方程加以求解,对比 3.1.2 节中传统的微分方程求解方法,此方法具有简单、高效的特点,因此拉普拉斯变换在控制理论中发挥着重要作用。

3.4 自然地理系统中微分方程组的构建与求解

为进一步理解拉普拉斯在地理信息系统中的应用,现以自然地理系统中的生态金字塔为例,详细介绍地理信息系统中状态方程的建立思路以及利用拉普拉斯变换求解微分方程的思路。

3.4.1 状态预测方程——人类在生态系统中的能动校正控制

人类生态系统能动校正控制的整体思路如下:

(1) 人处于金字塔不同级别,人与可享用资源量的数量服从 1:10 的关系,由此确立相应数学模型;

(2) 由已知生物量可确定合理人口量;

(3) 已知现有人口量可确定不同级别的合理生物量;

(4) 合理人口量与合理生物量分别需要动态实现,它可用状态方程描述;

(5) 基于现有人口量与生物量,通过状态方程动态过程实现理想的人口量与生态量的过渡。

人类、动物生态位食物金字塔如图 3-3 所示。

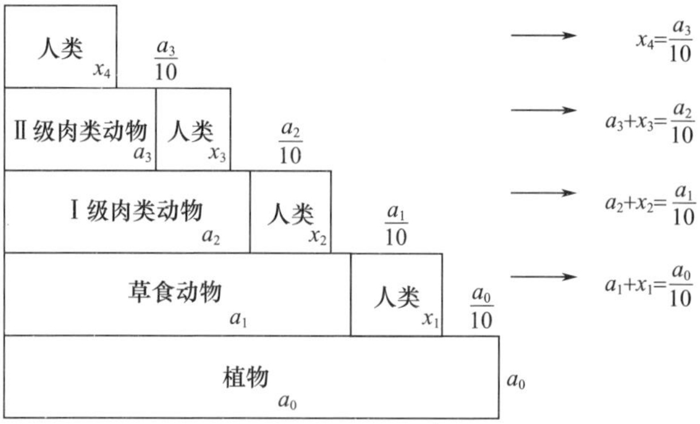

图 3-3 人类、动物生态位食物金字塔

图中:a_0,a_1,a_2,a_3 分别代表植物、草食动物、Ⅰ级肉类动物、Ⅱ级肉类动物在生态金字塔中所占份额;x_1,x_2,x_3,x_4 分别代表在生态金字塔的草食动物级别、Ⅰ级肉类动物、Ⅱ级肉类动物和顶级动物级别上人类所占的份额。显然,由低到高级别的生物数量依然满足 10:1 的生态食物链数量法则,但它们只有在非人类部分有效。而对于人类占有部分来说,其上端级别没有生物量,人类就成为该级别中该部分生态位的终级别占有者。具体来说,就是在 a_0之上满

足 $a_1+x_1=\frac{a_0}{10}$,依此类推。注意 a_3 属于顶级动物层,它只有人这种生物。故人类、动物生态位食物金字塔数学模型为

$$\begin{cases}(a_1+x_1)10=a_0\\(a_2+x_2)10=a_1\\(a_3+x_3)10=a_2\\10x_4=a_3\end{cases}\tag{3-19}$$

根据已知量与未知量的不同可以分为以下研究内容:

(1) 由已知的生物分布量求合理的人口数量;

(2) 由已知人口总量进行人口与生物种群数量比例研究;

(3) 由已知生物分布量预测人口数量分布的动态过程;

(4) 由已知人口总量预测人口与动物种群数量比例分配的动态过程;

(5) 人口总量变化下预测人口与生物种群数量比例分配的动态过程。

现以(1)、(3)为例加以详述。

对于(1)由已知的生物分布量求合理的人口数量,全球生物分布量是可以获得(统计确定)的,即 a_0,a_1,a_2,a_3,那么根据生态食物链 10:1 法则和生态位金字塔数学模型式(3-19),可以得到生态金字塔(见图 3.3)不同级别的人口合理分布量 x_1,x_2,x_3,x_4,进而得到合理的人口总量。这也就是根据现有生物量,可以推导出的人口问题及不同生态级别里人口分布的理想模式。设人口总量为 x_0,则有方程:

$$\begin{cases}(a_1+x_1)10=a_0\\(a_2+x_2)10=a_1\\(a_3+x_3)10=a_2\\10x_4=a_3\\x_1+x_2+x_3+x_4=x_0\end{cases}\tag{3-20}$$

进而有五元一次线性方程矩阵式:

$$\begin{bmatrix}1&0&0&0&0\\0&1&0&0&0\\0&0&1&0&0\\0&0&0&1&0\\-1&-1&-1&-1&1\end{bmatrix}\begin{bmatrix}x_1\\x_2\\x_3\\x_4\\x_0\end{bmatrix}=\begin{bmatrix}a_0-10a_1\\a_1-10a_2\\a_2-10a_3\\a_3\\0\end{bmatrix}\tag{3-21}$$

取

$$
\boldsymbol{A}_1=\begin{bmatrix}1&0&0&0&0&0\\0&1&0&0&0&0\\0&0&1&0&0&0\\0&0&0&1&0&0\\-1&-1&-1&-1&-1&1\end{bmatrix},\boldsymbol{X}_1=\begin{bmatrix}x_1\\x_2\\x_3\\x_4\\x_0\end{bmatrix},\boldsymbol{B}_1=\begin{bmatrix}a_0-10a_1\\a_1-10a_2\\a_2-10a_3\\a_3\\0\end{bmatrix} \tag{3-22}
$$

可得矩阵表达式：$\boldsymbol{A}_1\boldsymbol{X}_1=\boldsymbol{B}_1$

上述研究是根据现有生物量预测理想生态平衡模式下人口总量与生态食物链各级别上人口的分布量。它可以作为人口控制与食物结构调整的某种依据。

需要注意的是，上述研究提供了理想总人口 x_0 条件下不同食物结构的人口比例。这并不是说 x_1 数量的人只能以植物、作物为食，x_2，x_3，x_4 的人数分别只能有一个级别的结构。恰好相反，人是杂食动物，应该也可以获取生态金字塔所有级别的不同生物量。但上述计算却提供了人类饮食结构的一个平均分配比例。即人的饮食结构中，不同种类生物量比应满足：

植物：草食动物：Ⅰ级肉类动物：Ⅱ级肉类动物 $=x_1:x_2:x_3:x_4$。以这样的比例调整人口摄食内容，可以获得生物种群的较佳发展，也是一种实事求是的消费向导。

至于消费绝对量，则要考虑两个方面：一是从人类自身需求出发，确定不同级别下 x_1,x_2,x_3,x_4 人口所需的不同级别里最低食物总量，设为 $S_{i\min}(i=1,2,3,4)$；二是从整个生物角度需要出发，考虑各级别下人口与相应生物需求量比率及相应生态位所能提供的最大食物量，设：

$$
\begin{cases}S_{i\max}=a_{(i-1)\max}\times\dfrac{t_ix_i}{p_ia_i+x_i}, & (i=1,2,3)\\ S_{4\max}=a_{3\max}\times t_4\end{cases} \tag{3-23}
$$

式中：$S_{i\max}(i=1,2,3,4)$ 为不同级别下人口的最高食物总量；$p_i(i=1,2,3)$ 为不同级别下单位人口食量与单位动物平均食量比；$t_i(i=1,\cdots,4)$ 为不同级别下生物量储备因子，$t_i<1$ 一般取 0.8 ~0.9。则有人类在生态金字塔各级别食物量：

$$
S_i\in(S_{i\min},S_{i\max}) \tag{3-24}
$$

一般地说，S_i 应尽量满足式(3-23)，即

$$
S_1:S_2:S_3:S_4=x_1:x_2:x_3:x_4 \tag{3-25}
$$

从而可得全部人口 x_0 总食物量：

$$
S_{总}=\sum_{i=1}^{4}S_i \tag{3-26}
$$

以上确立了已知生物分布量确定理想人口分布数量的方法，但理想人口分

布数量的获得是基于现有人口数量分布下动态渐近实现的。预测这个动态过程即(3)由已知生物分布量预测人口数量分布的动态过程,它需要考虑动态变化因子$\frac{dx_i}{dt}(i=1,2,3,4)$。则式(3-20)成为

$$\begin{cases}10\left(a_i + x_i - T_i\frac{dx_i}{dt}\right) = a_{i-1}, \quad (i = 1,2,3) \\ 10\left(x_4 - T_4\frac{dx_4}{dt}\right) = a_3 \\ \sum_{i-1}^{4}\left(x_i - T_i\frac{dx_i}{dt}\right) = x_0 - T_0\frac{dx_0}{dt} \\ X_{30} = (x_{10}\ x_{20}\ x_{30}\ x_{40}\ x_{00})^{T}\end{cases} \tag{3-27}$$

式中:$T_i>0(i=0,1,2,3,4)$为x_i变化的时间常数,它反映了x_i变化的快慢,X_{30}为初态向量。则有状态方程:

$$\begin{bmatrix}\dot{x}_1\\ \dot{x}_2\\ \dot{x}_3\\ \dot{x}_4\\ \dot{x}_5\end{bmatrix}=\begin{bmatrix}\frac{1}{T_1} & & & & \\ & \frac{1}{T_2} & & & \\ & & \frac{1}{T_3} & & \\ & & & \frac{1}{T_4} & \\ & & & & \frac{1}{T_0}\end{bmatrix}\begin{bmatrix}x_1\\ x_2\\ x_3\\ x_4\\ x_0\end{bmatrix}-\begin{bmatrix}\frac{1}{T_1}\left(\frac{a_0}{10}-a_1\right)\\ \frac{1}{T_2}\left(\frac{a_1}{10}-a_2\right)\\ \frac{1}{T_3}\left(\frac{a_2}{10}-a_3\right)\\ \frac{1}{T_4}\frac{a_3}{10}\\ \frac{1}{T_0}\left(\frac{a_0}{10}-\frac{9}{T_1}\frac{a_1}{10}-\frac{9}{T_2}\frac{a_2}{10}-\frac{9}{T_3}\frac{a_3}{10}\right)\end{bmatrix} \tag{3-28}$$

其中 $\dot{x}_i=\frac{dx_i}{dt}, i=0,1,2,3,4$。

进而得一阶状态方程阵式:

$$\begin{cases}\dot{X}_3 = \boldsymbol{A}_3\boldsymbol{X}_3 + \boldsymbol{B}_3\boldsymbol{U}_3 \\ X_{30} = (x_{10}\ x_{20}\ x_{30}\ x_{40}\ x_{00})^{T}\end{cases} \tag{3-29}$$

$\boldsymbol{U}_3=[-1]$为单位输入负向量,负值是为了状态方程表达式规范化。

在此简单介绍状态方程可微、$\boldsymbol{X}_3$收敛的充要条件(详细内容参见第六章内容):即$\boldsymbol{A}_3$满秩且正定,系统可控。若为了操作方便,系统还要可观测。

考虑线性定常系统:

$$
\begin{cases}\dot{X}=\boldsymbol{A}X+\boldsymbol{B}U\\ Y=\boldsymbol{C}X\end{cases} \tag{3-30}
$$

线性定常系统完全可控$\Leftrightarrow \boldsymbol{Q}\triangleq[\boldsymbol{B}\ \boldsymbol{AB}\ \boldsymbol{A}^2\boldsymbol{B}\ \boldsymbol{A}^3\boldsymbol{B}]$满秩. 即 $r(\boldsymbol{Q})=n$,$\boldsymbol{Q}$ 为可控性矩阵。

线性定常系统完全可观$\Leftrightarrow \boldsymbol{P}\triangleq[\boldsymbol{C}\ \boldsymbol{CA}\ \boldsymbol{CA}^2\ \boldsymbol{CA}^3]^{\mathrm{T}}$ 满秩. 即 $r(\boldsymbol{P})=n$,$\boldsymbol{P}$ 为可观测性矩阵。

为了利用状态方程的系统成果,可将系统(3-30)划为可控、可观标准型. 其依据为:

$$
\begin{cases}
(\boldsymbol{A},\boldsymbol{B})\text{为可控标准型}\Leftrightarrow \boldsymbol{A}=\begin{bmatrix}0&1&\cdots&0&0\\0&0&\cdots&0&0\\\vdots&\vdots&&&\\0&0&\cdots&0&1\\-a_n&-a_{n-1}&\cdots&-a_2&-a_1\end{bmatrix},\boldsymbol{B}=\begin{bmatrix}0\\0\\\vdots\\1\end{bmatrix}\\
(\boldsymbol{A},\boldsymbol{C})\text{为可观测标准型}\Leftrightarrow \boldsymbol{A}=\begin{bmatrix}0&0&\cdots&0&-a_n\\1&0&\cdots&0&-a_{n-1}\\\vdots&&&\vdots&\\0&0&\cdots&0&-a_2\\0&0&\cdots&1&-a_1\end{bmatrix},\boldsymbol{C}=[0\ \ 0\ \ \cdots\ \ 1]
\end{cases} \tag{3-31}
$$

对式(3-29)求解得到一组以负指数衰减的方程 X_3,即为在已知生物分布量条件下,预测人口数量分布的动态过程。

3.4.2 拉普拉斯代数方程求解

以式(3-27)中任一个等式为例进行拉普拉斯变换求解。

假设植物、草食动物、Ⅰ级肉类动物、Ⅱ级肉类动物 $a_0=400000\text{kJ}$、$a_1=30000\text{kJ}$、$a_2=2000\text{kJ}$、$a_3=100\text{kJ}$ 已知,求四个级别人口分布量 x_1,x_2,x_3,x_4。设人口总量 x_0,则有方程:

$$
\begin{cases}(a_1+x_1)10=a_0\\(a_2+x_2)10=a_1\\(a_3+x_3)10=a_2\\10x_4=a_3\\x_1+x_2+x_3+x_4=x_0\end{cases} \tag{3-32}
$$

可以得到四个级别人口分布量 $x_1 = 10000\text{kJ}$、$x_2 = 1000\text{kJ}$、$x_3 = 100\text{kJ}$、$x_4 = 10\text{kJ}$。

已知人口总量来预测人口与种群数量比例分配的动态过程。即人口总量与种群生物总量的数量变化关系,考虑一阶与二阶状态下的人口生物量的变化情况。$T_i > 0(i = 1, 2, \cdots, 8)$为 x 的时间变化常数,它反映了 x 变化的快慢。

一阶状态微分方程:以 X_3 为例, 取值 $T_3 = 1$,具体求解过程如下。

第一步:一阶状态方程统一化。

$$10x_3 - 10T_3 \frac{\mathrm{d}x_3}{\mathrm{d}t} = a_2 \tag{3-33}$$

第二步:拉普拉斯变换。

$$X(s) - sX(s) + x(0) = \frac{200}{s} \tag{3-34}$$

第三步:等式化简。

$$X(s)(1 - s) + 100 = \frac{200}{s}$$

$$\Rightarrow X(s) = \frac{200/s - 100}{1 - s}$$

$$\Rightarrow X(s) = \frac{200}{s} + \frac{100}{1 - s} \tag{3-35}$$

第四步:最终解。

$$x(t) = 200 - 100\mathrm{e}^{t} \tag{3-36}$$

二阶状态微分方程:仍以 X_3 为例,取 $T_3 = 1$,具体求解过程如下。

第一步:一阶状态方程统一化。

$$10x_3 - 10T_3 \frac{\mathrm{d}x_3}{\mathrm{d}t} + 10T_3 \frac{\mathrm{d}}{\mathrm{d}t}\left(\frac{\mathrm{d}x_3}{\mathrm{d}t}\right) = a_2 \tag{3-37}$$

第二步:拉普拉斯变换。

$$4s^2X(s) - 4sx(0) - 4sX(s) + 4x(0) + X(s) = \frac{200}{s} \tag{3-38}$$

第三步:等式化简。

$$X(s)(4s^2 - 4s + 1) + 400 - 400s = \frac{200}{s}$$

$$\Rightarrow X(s) = \frac{200/s + 400s - 400}{4s^2 - 4s + 1} \tag{3-39}$$

第四步:最终解。

$$x(t) = 200 - 100\mathrm{e}^{0.5t} + 50t\mathrm{e}^{0.5t} \tag{3-40}$$

至此，在给定植物、草食动物、Ⅰ级肉类动物、Ⅱ级肉类动物一定的数值就可以计算出已知生物分布量下人口数量分布的变化规律。

3.5 几种典型状态空间信息控制模型案例

3.5.1 水体污染模型

例子：水质的好坏可以用水中含有的各种污染物浓度的大小来表示。水中含有的污染物可能有多种，只考虑其中的某一种。水体是一个连续体 Ω，可以将浓度看成位置和时间的函数 $y(p,t)$，$p\in\Omega, t\in[a,\infty)$。假定水库（湖泊）是一个完全混合器，即水体各点的浓度相等，只是时间的函数 $y(t)$，$t\in[a,\infty)$。

将水体看做一个系统。外界输入量包括大气降雨、河流输入、周边土壤侵入，内部自身生产的如水生物分解、水体底泥释放等，称为内部输入；输出量包括正常排泄、自然蒸发、底泥吸附、生物降解等。内部输入和输出属于河流的自净作用，可以统一为一个沉降量。沉降量是浓度的增函数，浓度越高，沉降量越大，例子取最简单的线性增函数，因为依据泰勒展开定理，任何一个一阶连续可微函数都可以在局部用线性函数近似表达。

1. 模型建立

假设水体体积不变为 V，排放浓度与当前水体浓度相同，排入污染物浓度、单位时间排入量分别记做 $y_i(t)$，$V_i(t)$，与排入量相比内部输入量可先不考虑。单位时间排出量为 $V_0(t)$。在 $[t,t+\Delta t]$ 时间段内水体中污染物的质量改变为

$$(y(t+\Delta t)-y(t))V=(y_i(t)V_i(t)-y(t)V_0(t)-ky(t)V)\Delta t \quad (3-41)$$

进一步假定 $y(t)$ 是连续可微的，令 $\Delta t\to 0$，则有

$$\frac{\mathrm{d}y(t)}{\mathrm{d}t}=\frac{V_i(t)}{V}y_i(t)-\left(\frac{V_0(t)}{V}+k\right)y(t) \quad (3-42)$$

给定初始条件：$y(t_0)=y_0$

模型也可以写成

$$\frac{\mathrm{d}y(t)}{\mathrm{d}t}+p(t)y(t)=Q(t) \quad (3-43)$$

式中：$Q(t)=\dfrac{V_i(t)}{V}y_i(t)$ 是外部环境刺激所引起系统的改变率；$p(t)y(t)=\left(\dfrac{V_0(t)}{V}+k\right)y(t)$ 是系统自身变化所引起的改变率。

2. 将模型转为控制函数

已知上述式子为

$$\frac{\mathrm{d}y(t)}{\mathrm{d}t}+p(t)y(t)=Q(t) \tag{3-44}$$

对每一项分别进行拉普拉斯变换为

$$Y_1(s)+Y_2(s)+Y_3(s)=0 \tag{3-45}$$

由时域变为频域的上述式子可以得到其传递函数,画出其控制框图。

然后对频域函数 $Y(s)$ 进行拉普拉斯逆变换到时域中,得到

$$y(t)=f(t) \tag{3-46}$$

通过对时域转化为频域,可以建立传递函数表达式,可以对水体污染物的浓度进行控制和实时观测。

我们假定 $p(t)$、$Q(t)$ 为一个常数,$p(t)=0.1\mathrm{mg/L\cdot s}$,$Q(t)=0.5\mathrm{mg/L\cdot s}$,$y_0(t)=0$。

原式(3-44)可以化为

$$\frac{\mathrm{d}y(t)}{\mathrm{d}t}+0.1y(t)=0.5 \tag{3-47}$$

代入式(3-45)

$$x(t)=\frac{n_1}{m_1}-\frac{n_1-m_1x(0)}{m_1}\mathrm{e}^{-m_1t} \tag{3-48}$$

可以解得

$$y(t)=5-5\mathrm{e}^{-0.1t} \tag{3-49}$$

3.5.2 土地利用动态变化预测

土地是人类赖以生存和社会发展的物质基础,耕地是最基本的自然资源,是人类赖以生存的基本条件。土地变化预测研究是在历史数据的基础上建立模型以了解未来土地的变化趋势及需求状况,可有效地进行土地利用的调整、优化,合理而高效地利用有限的土地资源。土地利用变化的定量化、空间化建模是土地利用变化研究中的关键问题。

在已有的众多预测模型中,灰色系统理论(GM)表现出独特的性质:灰色系统是由已知的信息和未知的、非确知的信息混合构成的一种复杂系统,它介于一无所知的黑色系统与全部确知的白色系统之间。灰色系统理论就是一种能够充分利用已知信息来淡化系统的灰色性,最终客观、真实地反映系统本质的系统分析方法。灰色动态预测模型的基本原理是:摈弃直接在历史数据中寻求统计规律和概率分布的传统方法,将无规律的原始数据通过一定的处理方式(比如1次或多次累加),使其成为较有规律的时间序列,建立预测模型。其中,灰色模型 GM(1,1)是最常用的一种模型,它是由一个只含单变量一阶微分方程构成的

模型。通过建立灰色模型 GM(1,1)。可以反映单变量对于因变量一阶线性导数的影响。

GM(1,1)模型的建立过程如下。

1. 原始数据的一次累加

一次累加 GM(1,1)模型由一个单变量的一阶微分方程构成,建模过程如下。

设原始非负数据列为

$$X^0 = \left\{ x^0_{(1)} \quad x^0_{(2)} \quad x^0_{(3)} \quad \cdots \quad x^0_{(n)} \right\}$$

其中 $X^0_{(1)} > 0, i = N_+$。

对原始数据作一次累加:

$$X^1 = \left\{ x^1_{(1)} \quad x^1_{(2)} \quad x^1_{(3)} \quad \cdots \quad x^1_{(n)} \right\}$$

其中 $x_j^1 = \sum_{i=1}^{j} x_i^0,\ j = N_+$。

2. GM(1,1)预测模型的建立

由一阶生成模块 X^1 建立模型 GM(1,1),对应的微分方程为

$$\frac{\mathrm{d}x^1}{\mathrm{d}t} + ax^1 = b$$

其中 a 和 b 为待辨识常数。

现在对微分方程进行拉普拉斯变换求解。

(1) 拉普拉斯变换

$$\frac{\mathrm{d}x^1}{\mathrm{d}t} \to sX(s) - X^0,\ ax^1 \to X(s),\ b \to \frac{b}{s}$$

(2) 代入原方程得

$$\begin{cases} (sX(s) - X^0) + X(s) = \dfrac{b}{s} \\ X(s) = \dfrac{b + X^0 s}{s(s+a)} \\ X(s) = \dfrac{A}{s} + \dfrac{B}{s+a} \end{cases} \tag{3-50}$$

(3) 求解 A、B。先求 A,将上式两边同乘 s 得

$$sX(s) = A + \frac{sB}{s+a} \tag{3-51}$$

当 $s=0$ 时,得 $A = sX(s)\big|_{s=0} = \dfrac{b}{a}$。

同理

$$B = X^0 - \frac{b}{a} \tag{3-52}$$

（4）由拉普拉斯逆变换得时间响应函数：

$$X^1(t+1) = \left[X^0(1) - \frac{b}{a}\right]e^{-at} + \frac{b}{a} \tag{3-53}$$

对于 a 与 b 的求解，可以利用已有数据（表 3－2）。

表 3－2　已知土地利用数据

土地利用类型	1988 年	1992 年	1996 年	2000 年	2004 年	2008 年
水域	12.624	15.881	16.159	12.816	6.344	8.729
林地	156.774	151.277	152.149	154.458	158.9280	159.032
未利用地	16.844	16.501	14.600	14.154	12.943	9.655
耕地	30.610	34.541	32.225	33.017	35.642	36.045
草地	0.621	0.605	0.580	0.474	0.330	0.309
居民地及工矿用地	4.246	5.914	6.006	6.800	7.532	7.949

可解得

$$\begin{bmatrix} a \\ b \end{bmatrix} = \begin{bmatrix} -0.0823 \\ 5.1759 \end{bmatrix}$$

故最终土地变化的预测模型为

$$X^1(t+1) = 67.1366e^{0.0823} - 62.8906 \tag{3-54}$$

土地利用受多种因素的制约，这些因素本身又相互影响，关系复杂，很难定量精确描述它们对土地利用的作用机理与作用，因此，土地利用是一个典型的灰色系统。灰色动态预测模型建立在历史数据基础之上，即利用过去的土地利用变化规律来预测未来的土地利用变化趋势。

第4章　传递函数、控制流图与状态空间微分方程组的反向变换

从控制论的角度看，任何一个遥感系统或自然地理信息系统的平衡均在闭环的驱动与反馈的作用下实现。通过第二、三章的介绍，我们引入了控制流图、状态空间微分方程组与传递函数的概念，它们之间存在十分密切的关系。同时一个“健康”的系统也可由它们之间的相互转换实现，具体包括：传递函数与流图的联系，引出了函数表达与流图串联、并联表达的相同本质；传递函数、流图转换为状态空间微分方程组，重点介绍了由频域到时域的拉普拉斯反变换方法；针对稳健系统的实现，探讨控制论反馈闭环对系统的影响本质。

4.1　传递函数因式分解后的不同流图表达方式

传递函数描述的是零初始条件下系统输出量的拉普拉斯变换与输入量的拉普拉斯变换之比，它表征了系统内容的实现机理。由第二章的传递函数与梅森增益公式之间的关系可以看出传递函数与控制流图的基本关系。这里将讨论传递函数与不同流图表达之间的深层含义。

通过前几章的学习，我们知道传递函数与遥感地理信息系统的空间状态微分方程之间通过特定对应关系是可以相互转换的，如下所示：

$$\text{传递函数} \Leftrightarrow \text{微分方程}$$

$$S \Leftrightarrow \frac{\mathrm{d}}{\mathrm{d}t}$$

由上可以对一般元件和系统进行传递函数的求解：

(1) 列出元件或系统的微分方程；

(2) 在零初始条件下对方程进行拉普拉斯变换；

(3) 取输出与输入的拉普拉斯变换之比。

通过以上步骤，我们就可以由微分方程通过拉普拉斯变换求解得到传递函数，但对于更进一步的探索：为何传递函数能够表达系统的深层机理？这就要从传递函数自身的结构组成上加以分析。

设线性时不变系统的微分方程为

$$a_0\frac{d^n c}{dt^n}+a_1\frac{d^{n-1}c}{dt^{n-1}}+\cdots+a_{n-1}\frac{dc}{dt}+a_n c$$

$$=b_0\frac{d^m r}{dt^m}+b_1\frac{d^{m-1}r}{dt^{m-1}}+\cdots+b_{m-1}\frac{dr}{dt}+b_m r \tag{4-1}$$

在零初始条件下，即

$$\begin{cases}c(0^-)=c'(0^-)=c''(0^-)=\cdots=c^{(n-1)}(0^-)=0\\ r(0^-)=r'(0^-)=r''(0^-)=\cdots=r^{(n-1)}(0^-)=0\end{cases}$$

对上述微分方程两边同时求拉普拉斯变换得到：

$$(a_0s^n+a_1s^{n-1}+\cdots+a_{n-1}s+a_n)C(s)=(b_0s^m+b_1s^{m-1}+\cdots+b_{m-1}s+b_m)R(s) \tag{4-2}$$

1. 有理分式形式

求得传递函数：

$$G(s)=\frac{C(s)}{R(s)}=\frac{b_0s^m+b_1s^{m-1}+\cdots+b_{m-1}s+b_m}{a_0s^n+a_1s^{n-1}+\cdots+a_{n-1}s+a_n}$$

式中：a_i,b_j 为实常数（$i=0,1,\cdots,n;j=0,1,\cdots,m$），一般 $n\geqslant m$。上式称为 n 阶传递函数，相应的系统为 n 阶系统。

2. 零点、极点形式

分母中 s 的最高阶次 n 即为系统的阶次。

$$R(s)=a_0s^n+a_1s^{n-1}+\cdots+a_{n-1}s+a_n \tag{4-3}$$

$R(s)=0$ 即是系统的特征方程。

原传递函数公式经因式分解后得

$$G(s)=\frac{b_0(s-z_1)(s-z_2)\cdots(s-z_m)}{a_0(s-p_1)(s-p_2)\cdots(s-p_n)}=K_g\frac{\prod_{i=1}^{m}(s-z_i)}{\prod_{j=1}^{n}(s-p_j)} \tag{4-4}$$

式中：$s=z_i$ 为传递函数的零点；$s=p_i$ 为传递函数的极点；$K_g=\dfrac{b_0}{a_0}$为传递系数（根轨迹增益）。

3. 归一化（时间常数）表达式

根据多项式分解理论，可以将多项式分解为一次因子和（或）二次因子的连乘形式，于是传递函数可以表示为

$$G(s)=\frac{b_0s^m+b_1s^{m-1}+\cdots+b_{m-1}s+b_m}{a_0s^n+a_1s^{n-1}+\cdots+a_{n-1}s+a_n}$$

$$=K\frac{(\tau_1s+1)(\tau_2^2s^2+2\tau_2\varsigma_2s+1)\cdots}{(T_1s+1)(T_2^2s^2+2T_2\xi_2s+1)\cdots} \tag{4-5}$$

式中 $K=b_m/a_n$ 称为系统传递函数的静态(稳态)放大系数。它与 K_g 之间的关系如下:

$$K = K_g \frac{(-z_1)(-z_2)\cdots(-z_m)}{(-p_1)(-p_2)\cdots(-p_n)} = K_g \frac{\prod_{i=1}^{m}(-1)^m z_i}{\prod_{j=1}^{n}(-1)^n p_j} \tag{4-6}$$

4.2 传递函数流图逆变换为状态空间微分方程组

由第二章与第三章的知识,认识到微分方程通过拉普拉斯变换可以变为传递函数,所以我们可以很自然地想到,由已知传递函数可以通过拉普拉斯逆变换为微分方程及其相应的解。所以这里我们要重点介绍拉普拉斯逆变换的定义及其一系列特性。

4.2.1 拉普拉斯逆变换

为了由传递函数反变换到空间域的微分方程,需要进行拉普拉斯逆变换。图 4-1 是求解微分方程时域解的过程。微分方程经拉普拉斯变换后转换为复数域的简单代数方程求解,然后又利用拉普拉斯逆变换将复数域的解转换到时域解。

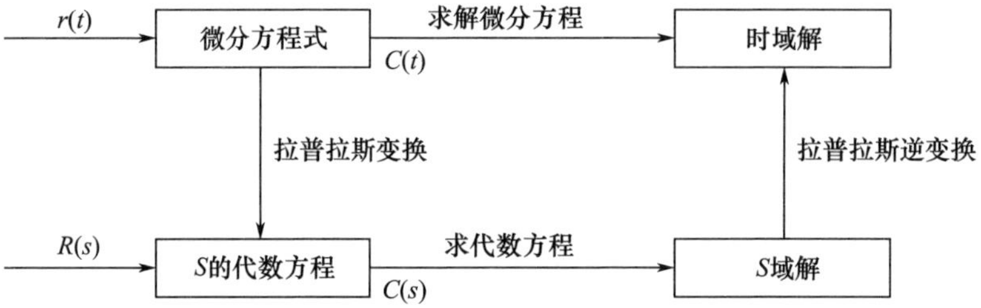

图 4-1 拉普拉斯变换与拉普拉斯逆变换之间的关系

具体地,拉普拉斯逆变换的定义如下:

$$f(t) = \frac{1}{2\pi \mathrm{j}} \int_{\sigma-\mathrm{j}\infty}^{\sigma+\mathrm{j}\infty} F(s)\mathrm{e}^{st}\mathrm{d}s \tag{4-7}$$

或

$$L^{-1}[F(s)] = f(t) \tag{4-8}$$

由上式可以看到拉普拉斯逆变换实质上是由象函数到原函数的求解方法,具体求解拉普拉斯逆变换时,一般采用如图 4-2 所示解算流程:

图 4-2　求解拉普拉斯逆变换的流程

由象函数求解原函数时，一般采用如下方法：

（1）部分分式法；

（2）利用留数定理——围线积分法；

（3）数值计算方法——利用计算机。

4.2.2　传递函数、流图、状态空间方程表达的等价性

1. 四种基本传递函数的实现

讨论单变量的系统传递函数 $g(s)$ 的流图与状态空间方程实现。

（1）

$$g(s)=\frac{1}{s+\alpha},\alpha\in R$$

将 $g(s)$ 改写成

$$g(s)=\frac{s^{-1}}{1+\alpha s^{-1}}=\frac{s^{-1}}{1-(-\alpha)s^{-1}}=\frac{y(s)}{u(s)} \tag{4-9}$$

将式(4-9)画出信号流图，如图 4-3 所示。令系统的输入为 $sx(s)$ 或 $\dot{x}(t)$，输出为 $y(s)$ 或 $y(t)$，可得到动态方程

$$\dot{x}(t)=-\alpha x(t)+u(t),y(t)=x(t) \tag{4-10}$$

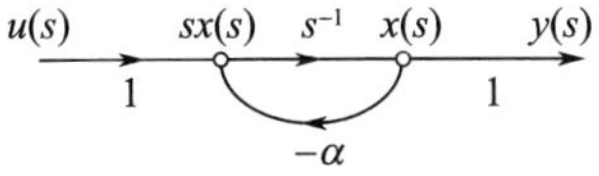

图 4-3　式(4-9)信号流图

（2）

$$g(s)=\frac{s+\beta}{s+\alpha},\alpha,\beta\in R$$

将 $g(s)$ 改写成式(4-11)，类似情况(1)，并画出信号流图见图 4-4。由图可得动态方程

$$g(s)=\frac{s+\beta}{s+\alpha}=1+\frac{(\beta-\alpha)s^{-1}}{1+\alpha s^{-1}}=\frac{y(s)}{u(s)} \tag{4-11}$$

由图可得动态方程

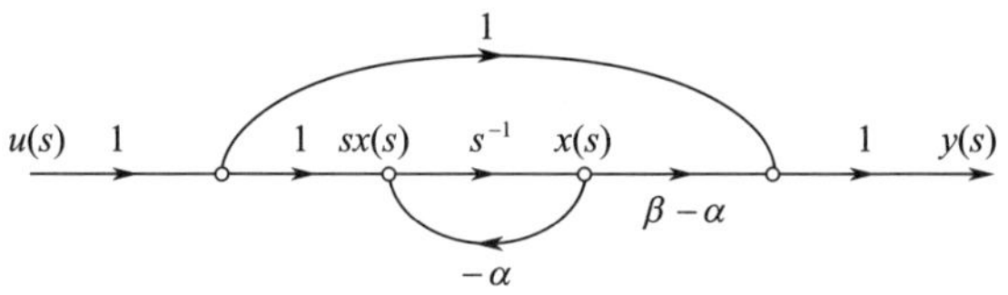

图 4-4　式(4-11)信号流图

$$
\begin{cases}\dot{x}(t) = -\alpha x(t) + u(t) \\ y(t) = (\beta - \alpha) x(t) + u(t)\end{cases} \tag{4-12}
$$

(3)

$$
g(s) = \frac{s+\beta}{s^2 + 2\xi\omega s + \omega^2}, \zeta, \omega \in R
$$

为了便于画出信号流图(见图 4-5),将上式改写成

$$
g(s) = \frac{s^{-1} + \beta s^{-2}}{1 + 2\xi\omega s^{-1} + \omega^2 s^{-2}} = \frac{y(s)}{u(s)} \tag{4-13}
$$

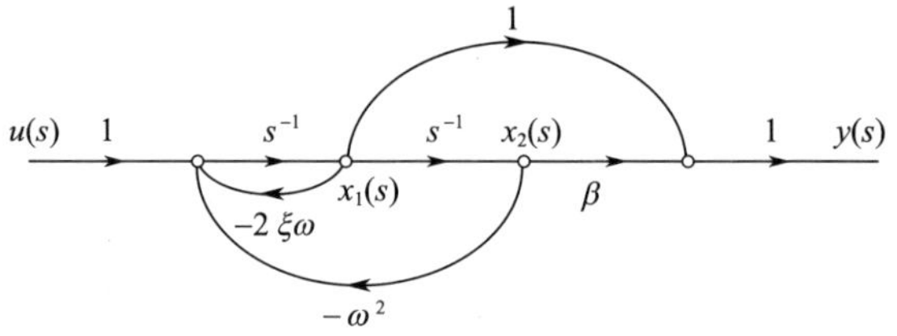

图 4-5　式(4-13)信号流图

由图可知,在频域中有

$$
sx_2(s) = x_1(s), sx_1(s) = -\omega^2 x_2(s) - 2\xi\omega x_1(s) + u(s), y(s) = \beta x_2(s) + x_1(s)
$$

在时域中有动态方程

$$
\begin{cases}\begin{bmatrix}\dot{x}_1(t) \\ \dot{x}_2(t)\end{bmatrix} = \begin{bmatrix}-2\xi\omega & -\omega^2 \\ 1 & 0\end{bmatrix}\begin{bmatrix}x_1(t) \\ x_2(t)\end{bmatrix} + \begin{bmatrix}1 \\ 0\end{bmatrix}u(t) \\ y(t) = (1 \quad \beta)\begin{bmatrix}x_1(t) \\ x_2(t)\end{bmatrix}\end{cases} \tag{4-14}
$$

(4)

$$
g(s) = \frac{s^2 + 2\xi_1\omega_1 s + \omega_1^2}{s^2 + 2\xi_2\omega_2 s + \omega_2^2}
$$

同理,将 $g(s)$ 改写成式(4-15),并画出信号流图(见图 4-6)。

$$g(s)=\frac{1+2\xi_1\omega_1 s^{-1}+\omega_1^2 s^{-2}}{1+2\xi_2\omega_2 s^{-1}+\omega_2^2 s^{-2}}=\frac{y(s)}{u(s)} \tag{4-15}$$

并由图得到动态方程

$$\begin{cases}\begin{bmatrix}\dot{x}_1(t)\\ \dot{x}_2(t)\end{bmatrix}=\begin{bmatrix}0 & -\omega_2^2\\ 1 & -2\xi_2\omega_2\end{bmatrix}\begin{bmatrix}x_1(t)\\ x_2(t)\end{bmatrix}+\begin{bmatrix}\omega_1^2-\omega_2^2\\ 2(\xi_1\omega_1-\xi_2\omega_2)\end{bmatrix}u(t)\\ y(t)=(0\quad 1)\begin{bmatrix}x_1(t)\\ x_2(t)\end{bmatrix}+u(t)\end{cases} \tag{4-16}$$

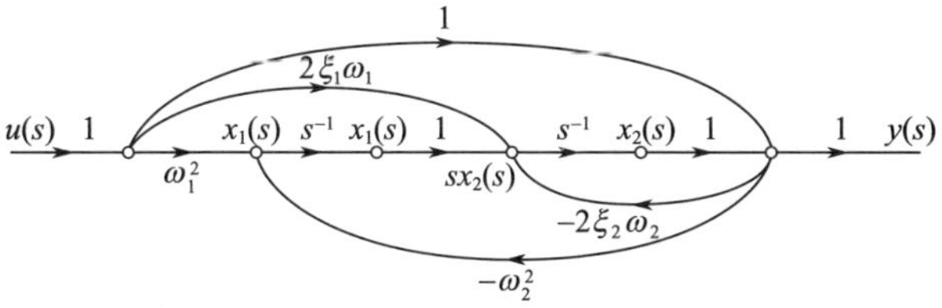

图 4-6　式(4-15)信号流图

2. 串联实现和并联实现

现将上述四种关于一阶、二阶传递函数的最小实现方式综合起来用于式(4-17)中的一般 n 阶有理函数 $g(s)$ 的串联实现、并联实现，完成传递函数变换成状态方程的逆过程。

$$g(s)=\frac{b_{n-1}s^{n-1}+b_{n-2}s^{n-2}+\cdots+b_1 s+b_0}{s^n+a_{n-1}s^{n-1}+\cdots+a_1 s+a_0} \tag{4-17}$$

将 $g(s)$ 的分子多项式和分母多项式分别进行因式分解，从而将 $g(s)$ 表达成前述四种基本环节的乘积。

1）串联实现

例如，$g(s)$ 可能被表达成一阶子系统串联如式(4-18)或者多阶系统串联。

(1) 一阶子系统串联

$$g(s)=\frac{\beta_1}{s+\alpha_1}\prod_{i=2}^{n}\frac{s+\beta_i}{s+\alpha_i} \tag{4-18}$$

令式(4-18)中

$$g_1(s)=\frac{\beta_1}{s+\alpha_1},g_i(s)=\frac{s+\beta_i}{s+\alpha_i}\quad(i=2,3,\cdots,n)$$

分别按图 4-3 和图 4-4 中方式实现每一个子系统 $g_i(s)$，$(i=2,3,\cdots,n)$，再将它们串联起来得到图 4-7 中实现式(4-18)的信号流图。

由图可写出动态方程

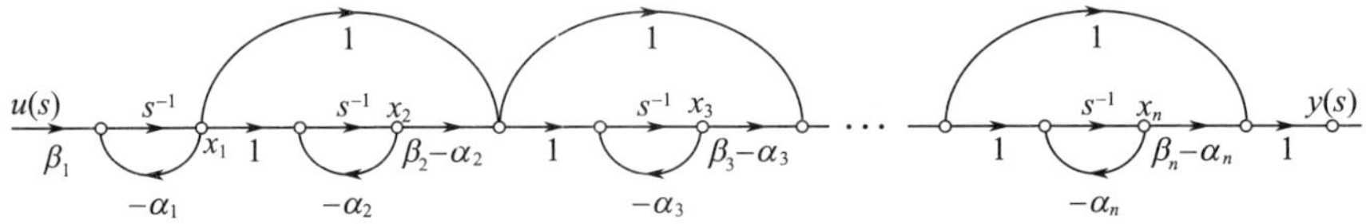

图 4-7　式(4-18)中 n 阶 $g(s)$ 实现的信号流图

$$\begin{bmatrix}\dot{x}_1\\ \dot{x}_2\\ \dot{x}_3\\ \dot{x}_4\\ \vdots\\ \\ \dot{x}_n\end{bmatrix}=\begin{bmatrix}-\alpha_1 & & & & & \\ 1 & -\alpha_2 & & & & \\ 1 & \beta_2-\alpha_2 & -\alpha_3 & & & \\ 1 & \beta_2-\alpha_2 & \beta_3-\alpha_3 & -\alpha_4 & & \\ \vdots & \vdots & \vdots & \vdots & \ddots & \\ & & & & & \\ 1 & \beta_2-\alpha_2 & \beta_3-\alpha_3 & \beta_4-\alpha_4 & \cdots & -\alpha_n\end{bmatrix}\begin{bmatrix}x_1\\ x_2\\ x_3\\ x_4\\ \vdots\\ \\ x_n\end{bmatrix}+\begin{bmatrix}\beta_1\\ 0\\ 0\\ 0\\ \vdots\\ \\ 0\end{bmatrix}u(t) \quad (4-19a)$$

$$y(t)=[1\quad \beta_2-\alpha_2\quad \beta_3-\alpha_3\quad \cdots\quad \beta_n-\alpha_n]x(t) \quad (4-19b)$$

（2）多阶系统串联

$$\begin{aligned}g(s)&=\frac{\beta_1}{s+\alpha_1}\cdot\frac{s+\beta_2}{s+\alpha_2}\cdot\frac{s+\beta_3}{s^2+2\xi_1\omega_1 s+\omega_1^2}\cdot\frac{s^2+2\xi_2\omega_2 s+\omega_2^2}{s^2+2\xi_3\omega_3 s+\omega_3^2}\\ &=g_1(s)g_2(s)g_3(s)g_4(s)\end{aligned} \quad (4-20)$$

对于式(4-20)中的 $g(s)$ 由图 4-8 表示，其中四个子系统可分别用图 4-7 中的信号流图和动态方程表示。

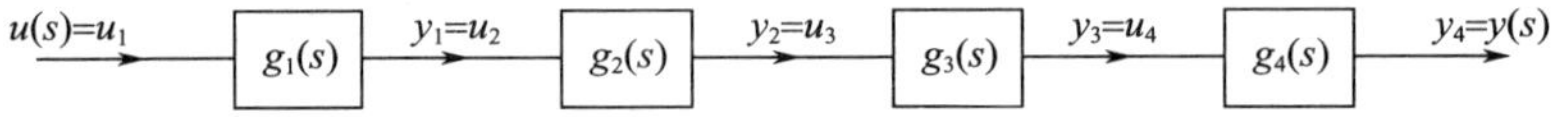

图 4-8　式(4-20)中 $g(s)$ 的串联连接

$$g_1(s):\dot{x}_1(t)=-\alpha_1 x_1(t)+\beta_1 u_1(t)$$
$$y_1(t)=x_1(t)$$

$$g_2(s):\dot{x}_2(t)=-\alpha_2 x_2(t)+u_2(t)=-\alpha_2 x_2(t)+y_1(t)=x_1(t)-\alpha_2 x_2(t)$$
$$y_2(t)=(\beta_2-\alpha_2)x_2(t)+u_2(t)=x_1(t)+(\beta_2-\alpha_2)x_2(t)$$

$$g_3(s):\begin{bmatrix}\dot{x}_3(t)\\ \dot{x}_4(t)\end{bmatrix}=\begin{bmatrix}-2\xi_1\omega_1 & -\omega_1^2\\ 1 & 0\end{bmatrix}\begin{bmatrix}x_3(t)\\ x_4(t)\end{bmatrix}+\begin{bmatrix}1\\ 0\end{bmatrix}u_3(t)$$

将 $u_3(t)=y_2(t)=x_1(t)+(\beta_2-\alpha_2)x_2(t)$ 代入状态方程，得到：

$$\begin{bmatrix}\dot{x}_3(t)\\ \dot{x}_4(t)\end{bmatrix}=\begin{bmatrix}1 & \beta_2-\alpha_2 & -2\xi_1\omega_1 & -\omega_1^2\\ 0 & 0 & 1 & 0\end{bmatrix}\begin{bmatrix}x_1(t)\\ x_2(t)\\ x_3(t)\\ x_4(t)\end{bmatrix}$$

$$y_3(t)=[1\quad \beta_3]\begin{bmatrix}x_3(t)\\ x_4(t)\end{bmatrix}$$

$$g_4(s):\begin{bmatrix}\dot{x}_5(t)\\ \dot{x}_6(t)\end{bmatrix}=\begin{bmatrix}0 & -\omega_3^2\\ 1 & -2\xi_3\omega_3\end{bmatrix}\begin{bmatrix}x_5(t)\\ x_6(t)\end{bmatrix}+\begin{bmatrix}\omega_2^2-\omega_3^2\\ 2(\xi_2\omega_2-\xi_3\omega_3)\end{bmatrix}y_3(t)$$

$$=\begin{bmatrix}\omega_2^2-\omega_3^2 & \beta_3(\omega_2^2-\omega_3^2) & 0 & -\omega_3^2\\ 2(\xi_2\omega_2-\xi_3\omega_3) & 2\beta_3(\omega_2^2-\omega_3^2) & 1 & -2\xi_3\omega_3\end{bmatrix}\begin{bmatrix}x_3(t)\\ x_4(t)\\ x_5(t)\\ x_6(t)\end{bmatrix}$$

$$y_4(x)=x_6(t)+y_3(t)=x_3(t)+\beta_3x_4(t)+x_6(t)=y(x)$$

将各子系统的动态方程组合起来得到总系统动态方程(4-21)式：

$$\dot{x}(t)=\begin{bmatrix}-\alpha_1 & 0 & 0 & 0 & 0 & 0\\ 1 & -\alpha_2 & 0 & 0 & 0 & 0\\ 1 & \beta_2-\alpha_2 & -2\xi_1\omega_1 & -\omega_1^2 & 0 & 0\\ 0 & 0 & 1 & 0 & 0 & 0\\ 0 & 0 & \omega_2^2-\omega_3^2 & \beta_3(\omega_2^2-\omega_3^2) & 0 & -\omega_3^2\\ 0 & 0 & 2(\xi_2\omega_2-\xi_3\omega_3) & 2\beta_3(\omega_2^2-\omega_3^2) & 1 & -2\xi_3\omega_3\end{bmatrix}x(t)+\begin{bmatrix}\beta_1\\ 0\\ 0\\ 0\\ 0\\ 0\end{bmatrix}u(t) \tag{4-21a}$$

$$y(t)=(0\quad 0\quad 1\quad \beta_3\quad 0\quad 1)x(t) \tag{4-21b}$$

2）并联实现

若用部分分式法将 $g(s)$ 分解成四种基本形式之和，就得到 $g(s)$ 的并联实现。例如将四阶有理函数分解成式(4-22)：

$$g(s)=\frac{\beta_1}{s+\alpha_1}\cdot\frac{s+\beta_2}{s+\alpha_2}\cdot\frac{s+\beta_3}{s^2+2\xi_1\omega_1s+\omega_1^2} \tag{4-22}$$

得到 $g(s)$ 的信号流图如图 4-9 所示，由图可写出动态方程。

$$\dot{x}(t)=\begin{bmatrix}-\alpha_1 & 0 & 0 & 0\\ 0 & -\alpha_2 & 0 & 0\\ 0 & 0 & -2\xi\omega & -\omega^2\\ 0 & 0 & 1 & 0\end{bmatrix}x(t)+\begin{bmatrix}1\\ 1\\ 1\\ 0\end{bmatrix}u(t) \tag{4-23}$$

$$y(t)=(\beta_1 \quad \beta_2-\alpha_2 \quad 1 \quad \beta_3)x(t)+u(t) \tag{4-24}$$

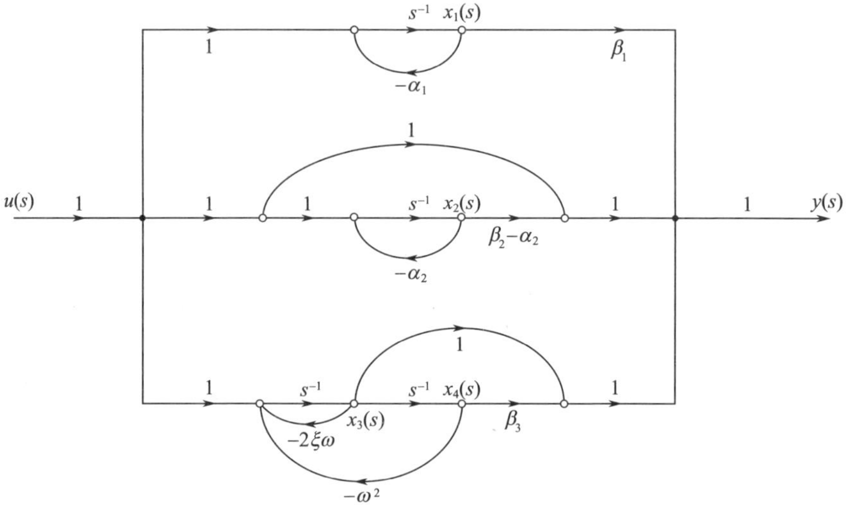

图 4-9　式(4-24)中 $g(s)$ 的信号流图

4.3　自然地理信息系统中拉普拉斯逆变换的应用

4.3.1　状态空间方程——人类在生态系统中的能动校正控制

大量的现代工业和空间技术中存在着多变量线性系统。而线性系统的状态空间模型可归结为微分方程组,在第三章中已给出自然地理信息系统中微分方程组的构建与求解方法与过程。并以自然地理信息系统中的生态金字塔为例,介绍了拉普拉斯变换的问题解决思路。在假设人处于金字塔不同级别,人与可享用资源量的数量服从 1:10 的关系,由此确立相应数学模型成立的前提下分析并解决了:

(1) 由已知的生物分布量求合理的人口数量;

(2) 由已知生物分布量预测人口数量分布的动态过程。

在本章节中拟考虑并解决以下问题:

(1) 由已知人口总量进行人口与生物种群数量比例研究;

(2) 由已知人口总量预测人口与动物种群数量比例分配的动态过程;

(3) 人口总量变化下预测人口与生物种群数量比例分配的动态过程及微分方程组的构建。

1. 由已知人口总量进行人口与生物种群数量比例研究

事实上,人口问题是可以知道的,取为 x_0。那么利用图 4-10 及数学模型式(4-25),可以进行生态金字塔不同级别人口数量比例分配研究及相应级别人口与生物数量研究。这就是在现有人口总数 x_0 下,根据人类发展需求确定不同种类生物量摄取 $S_1:S_2:S_3:S_4$,并根据式(4-27)得到 $x_i(i = 1,2,3,4)$,并确定生态金字塔种群数 x_5,x_6,x_7,x_8作为生态平衡与物种培育的指标。

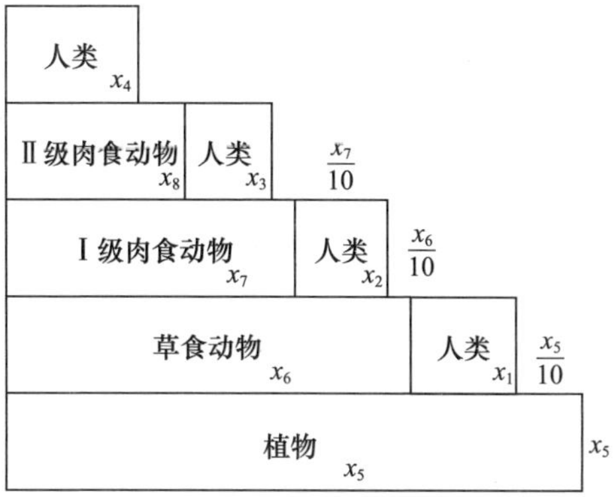

图 4-10　已知人口总数求生物量金字塔结构

设人口总数已知为 x_0,则求解图 4-10 的四个级别分布量 $x_i(i=1,2,3,4)$ 及植物、草食动物、Ⅰ级肉食动物、Ⅱ级肉食动物保护培育数 x_5,x_6,x_7,x_8,得方程

$$\begin{cases} x_1+x_2+x_3+x_4=x_0 \\ x_2k_1=x_1 \\ x_3k_2=x_2 \\ x_4k_3=x_3 \\ 10(x_1+x_6)=x_5 \\ 10(x_2+x_7)=x_6 \\ 10(x_3+x_8)=x_7 \\ 10x_4=x_8 \end{cases} \tag{4-25}$$

其中 k_1,k_2,k_3为人口选择因子,取决于人类所属的不同种类生物量摄取比,同时还取决于有关生物级大概现存量 a_0,a_1,a_2,a_3,因为尽管 x_5,x_6,x_7,x_8是需要求取的,但在面对实际生态系统时,它们的值不能偏离大概现存量 $a_i(i=0,1,2,3)$太

多,否则难以实施。或者说,k_1, k_2, k_3的选取,需要以 $a_i(i=1,2,3)$及人类所需生物量摄取比 S_1, S_2, S_3, S_4的协调为依据。则有八元一次线性矩阵方程:

$$\begin{bmatrix} 1 & 1 & 1 & 1 & 0 & 0 & 0 & 0 \\ 1 & -k_1 & 0 & 0 & 0 & 0 & 0 & 0 \\ 0 & 1 & -k_2 & 0 & 0 & 0 & 0 & 0 \\ 0 & 0 & 1 & -k_3 & 0 & 0 & 0 & 0 \\ 10 & 0 & 0 & 0 & -1 & 10 & 0 & 0 \\ 0 & 10 & 0 & 0 & 0 & -1 & 10 & 0 \\ 0 & 0 & 10 & 0 & 0 & 0 & -1 & 10 \\ 0 & 0 & 0 & 10 & 0 & 0 & 0 & -1 \end{bmatrix} \begin{bmatrix} x_1 \\ x_2 \\ x_3 \\ x_4 \\ x_5 \\ x_6 \\ x_7 \\ x_8 \end{bmatrix} = \begin{bmatrix} x_0 \\ 0 \\ 0 \\ 0 \\ 0 \\ 0 \\ 0 \\ 0 \end{bmatrix} \tag{4-26}$$

令

$$\boldsymbol{A}_2 = \begin{bmatrix} 1 & 1 & 1 & 1 & 0 & 0 & 0 & 0 \\ 1 & -k_1 & 0 & 0 & 0 & 0 & 0 & 0 \\ 0 & 1 & -k_2 & 0 & 0 & 0 & 0 & 0 \\ 0 & 0 & 1 & -k_3 & 0 & 0 & 0 & 0 \\ 10 & 0 & 0 & 0 & -1 & 10 & 0 & 0 \\ 0 & 10 & 0 & 0 & 0 & -1 & 10 & 0 \\ 0 & 0 & 10 & 0 & 0 & 0 & -1 & 10 \\ 0 & 0 & 0 & 10 & 0 & 0 & 0 & -1 \end{bmatrix}, X_2 = \begin{bmatrix} x_1 \\ x_2 \\ x_3 \\ x_4 \\ x_5 \\ x_6 \\ x_7 \\ x_8 \end{bmatrix}, \boldsymbol{B}_2 = \begin{bmatrix} x_0 \\ 0 \\ 0 \\ 0 \\ 0 \\ 0 \\ 0 \\ 0 \end{bmatrix} \tag{4-27}$$

则有矩阵表达式:

$$\boldsymbol{A}_2 X_2 = \boldsymbol{B}_2 \tag{4-28}$$

则利用矩阵求解法则,可求得不同 k_1, k_2, k_3取值下,X_2 向量中的各个值。

显然,一组不同的 k_1, k_2, k_3值可获得不同的 $X_2(x_1, x_2, \cdots, x_8)$解。这些解经过比较,选取人类和生态系统较易接受的解值,就可作为现行人口及有关条件下,动物种群数量规模培育发展的目标体系,该目标体系的最终确定需考虑:

(1) X_2 解中的 4 个量 x_5, x_6, x_7, x_8,需与估计现有的 a_0, a_1, a_2, a_3相比较,使之差别在人类努力下可以消除。

(2) 人类饮食结构的指标,当然它们的求取与最终确定可参考第三章相关公式与结论。

由此,实现了已知人口数量条件下,人类饮食结构与生物种群培育数目的深化研究与规划。

2. 由已知人口总量预测人口与动物种群数量比例分配的动态过程

第三章中，我们确定了由已知人口总量，获得生物种群数量及其与相应等级人口比例的方法。但其目标的获得是基于现有人口数量分布和动物种群数量分布条件下动态完成的。预测这个动态过程需要考虑动态变化因子。$\frac{dx_i}{dt}(i=1,2,\cdots,8)$

则式(4－25)成为

$$\begin{cases}\sum_{i=1}^{4}(x_i - T_i\dot{x}_i) = x_0 \\ k_1(x_2 - T_2\dot{x}_2) = (x_1 - T_1\dot{x}_1) \\ k_2(x_3 - T_3\dot{x}_3) = (x_2 - T_2\dot{x}_2) \\ k_3(x_4 - T_4\dot{x}_4) = (x_3 - T_3\dot{x}_3) \\ 10(x_1 + x_6 - T_1\dot{x}_1 - T_6\dot{x}_6) = x_5 - T_5\dot{x}_5 \\ 10(x_2 + x_7 - T_2\dot{x}_2 - T_7\dot{x}_7) = x_6 - T_6\dot{x}_6 \\ 10(x_3 + x_8 - T_3\dot{x}_3 - T_8\dot{x}_8) = x_7 - T_7\dot{x}_7 \\ 10(x_4 - T_4\dot{x}_4) = x_8 - T_8\dot{x}_8 \\ \boldsymbol{X}_{40} = (x_{10}\ x_{20}\ x_{30}\ x_{40}\ a_0\ a_1\ a_2\ a_3)^{\mathrm{T}}\end{cases} \tag{4-29}$$

式中：k_1,k_2,k_3在式(4－25)中已确定，$T_i>0(i=1,2,\cdots,8)$为 x 的时间变化常数，它反映了 x 变化的快慢；$\boldsymbol{X}_{40}$为变量 $x_i(i=1,2,\cdots,8)$的初态向量，则经过化简式(4－29)，可得一阶状态方程：

$$\dot{\boldsymbol{X}}_4 = \boldsymbol{A}_4\boldsymbol{X}_4 - \boldsymbol{B}_4\boldsymbol{U}_4 \tag{4-30}$$

其中：$\dot{\boldsymbol{X}}_4=(\dot{x}_1\ \dot{x}_2\cdots\ \dot{x}_7\ \dot{x}_8)^{\mathrm{T}}$；$\boldsymbol{X}_4=(x_1\ x_2\cdots\ x_7\ x_8)^{\mathrm{T}}$；$\boldsymbol{X}_4$ 为 8×1 的列向量；$\boldsymbol{A}_4$为 8×8满秩正定阵；$\boldsymbol{B}_4$为 8×1 列向量矩阵；$\boldsymbol{U}_4$为单位输入负向量，取负值是为了状态方程表达式规范化。

3. 人口总量变化下预测人口与生物种群数量比例分配的动态过程

在第三章中实现了已知人口总量来预测人口与种群数量比例分配的动态过程。实际上人口总量也是在变化的。因此，在式(4－29)的 8 个动态方程基础上，还需加入人口总量变量 x_0和一个新的约束方程，即人口总量与种群生物总量的数量变化关系，因此即有状态方程：

$$
\begin{cases}
\boldsymbol{X}_{50} = (x_{00}\ x_{10}\ x_{20}\ x_{30}\ x_{40}\ a_0\ a_1\ a_2\ a_3)^{\mathrm{T}} \\
\sum_{i=1}^{4}(x_i - T_i\dot{x}_i) = x_0 - T_0\dot{x}_0 \\
\sum_{i=5}^{8} k_i\dot{x}_i = x\ {\cdot}_0 \\
k_i(x_{i+1} - T_{i+1}\dot{x}_{i+1}) = (x_i - T_i\dot{x}_i)\ (i = 1,2,3) \\
10(x_i + x_{i+5} - T_i\dot{x}_i - T_{i+5}\dot{x}_{i+5}) = x_{i+4} - T_{i+4}\dot{x}_{i+4} \\
10(x_4 - T_4\dot{x}_4) = x_8 - T_8\dot{x}_8
\end{cases}
\tag{4-31}
$$

式中,k_1,k_2,k_3在求解式(4-25)、式(4-31)中已确定,k_5,k_6,k_7,k_8为变量x_5,x_6,x_7,x_8和与x_0的等效生物量系数,需根据实际情况加以确定,它们均大于0;$T_i>0(i=0,1,\cdots,8)$为x_i的变化时间常数,它反映了x_i变化的快慢;X_{50}为变量$x_i(i=0,1,\cdots,8)$的初态向量,则经过简化式(4-28),可得九维一阶状态空间方程:

$$
\dot{\boldsymbol{X}}_5 = \boldsymbol{A}_5\boldsymbol{X}_5 + \boldsymbol{B}_5\boldsymbol{U}_5 \tag{4-32}
$$

其中:$\dot{\boldsymbol{X}}_5 = (\dot{x}_0\ \dot{x}_1 \cdots \dot{x}_8)^{\mathrm{T}}$;$\boldsymbol{X}_5 = (x_0\ x_1 \cdots x_8)^{\mathrm{T}}$;$\dot{\boldsymbol{X}}_5,\boldsymbol{X}_5$为$9\times1$向量;$\boldsymbol{A}_5$为$9\times9$满秩正定阵;$\boldsymbol{B}_5$为$9\times1$列向量;$\boldsymbol{U}_5$为单位输入负向量,取负值是为了状态方程表达式规范化。

据此完成了人口总量变化下,预测生物种群数量比例分配动态实现过程。

至此,通过第3章与第4章的描述,已经将人类在生态系统中的能动校正控制机理阐述完毕,它们之间的关系也通过相关章节加以细化与联系。最后给出能动校正控制五部分之间的状态预测方程关系(图4-11):

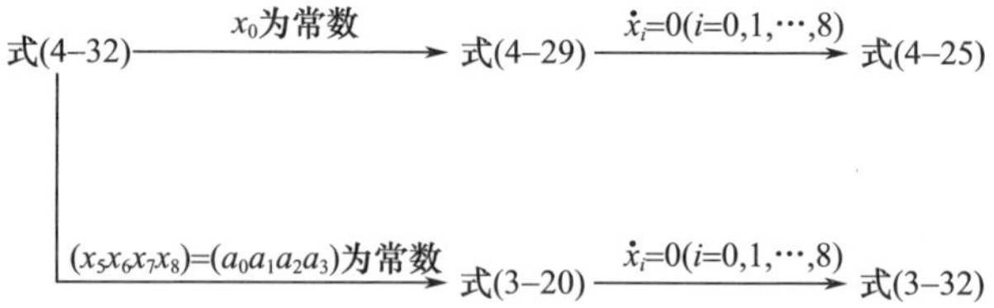

图4-11 能动校正控制状态预测方程关系图

4.3.2 拉普拉斯变换代数方程求解

二阶状态微分方程$10\left(x_4 - T_4\left(\frac{\mathrm{d}x_4}{\mathrm{d}t} - \frac{\mathrm{d}}{\mathrm{d}t}\left(\frac{\mathrm{d}x_4}{\mathrm{d}t}\right)\right)\right) = a_3$,转换过程如下。

第一步:一阶状态方程统一化。

$$10x_4-10T_4\frac{\mathrm{d}x_4}{\mathrm{d}t}+10T_4\frac{\mathrm{d}}{\mathrm{d}t}\left(\frac{\mathrm{d}x_4}{\mathrm{d}t}\right)=a_3 \tag{4-33}$$

$$\frac{\mathrm{d}^2x}{\mathrm{d}t^2}+m_2\frac{\mathrm{d}x}{\mathrm{d}t}+n_2x=c_2 \tag{4-34}$$

第二步:拉普拉斯变换。

$$s^2X(s)-sx(0)-x'(0)+a_2(sX(s)-x(0))+b_2X(s)=\frac{c_2}{s} \tag{4-35}$$

第三步:等式化简。

$$X(s)=\frac{c_2+m_2x(0)+(sx(0)-x'(10))}{(s^2+a_2s+b_2)}$$

$$\Rightarrow X(s)=\frac{d_2}{s(s+a)(s+b)}$$

$$\Rightarrow\frac{g_2}{s}+\frac{e_2}{(s+a)}+\frac{f_2}{(s+b)} \tag{4-36}$$

第四步:最终解。

$$x(t)=h+p_2\mathrm{e}^{-at}+q_2\mathrm{e}^{-bt} \tag{4-37}$$

由此对于任意给定一定的数值,可以计算出已知生物分布量下人口数量分布的增量值。

4.4 遥感稳健系统实现的本质启迪

所谓遥感稳健系统,是指控制论中一种闭环控制在遥感地理信息科学中的特殊应用。这种系统是将作为被控的输出以一定方式返回到作为控制的输入端,并对输入端施加控制影响的一种控制关系(图4-12)。在控制论中,闭环通常指输出端通过“旁链”方式回馈到输入端,即闭环控制。输出端回馈到输入端并参与对输出端再控制,这才是闭环控制的目的,通过反馈使得遥感系统即使在受外界干扰的情况下也能趋于稳定。

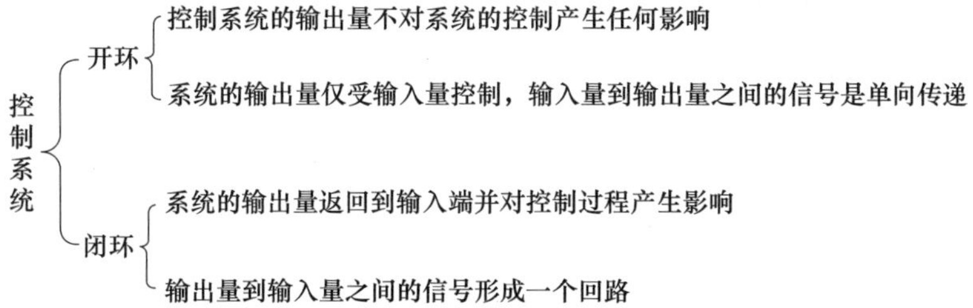

图4-12 控制系统的开环与闭环环节

4.4.1 控制系统的干扰

1. 干扰因素

在控制系统中,除输入量(给定值)以外,引起被控制量变化的各种因素成为干扰因素。有的干扰因素是由于环境造成的,比如影响自行车行驶速度变化的风、斜坡等;而有的干扰因素是人为原因所致,比如影响飞机导航信号的手机信号等。另一方面在控制系统中,干扰因素可能有一个,也可能有若干个。

控制系统在工作过程中必须要克服各类干扰因素,使被控制量趋于稳定。以下列出两个简单案例,以加深对控制系统干扰的认识。

比如在飞机上,使用手机等电子装置可能会干扰飞机的通信、导航、操纵系统,会干扰飞机与地面的无线信号联系,尤其是在起飞和着陆时,即使这些干扰只造成飞机很小角度的航向偏离,也可能导致机毁人亡的结果。1999 年 7 月 11 日,某航班准备在广州白云机场降落时,出现了 8°的航迹偏离,机长发现后,立即通知乘务员检查,结果发现有四五位旅客在使用移动电话。乘务员制止后才在着陆时恢复了正常航迹。因此在飞机上禁止使用手机及其他电子产品。

电视机有时在正常工作时,突然出现图像闪烁厉害或画面紊乱等情况,这是由于它受到外界磁场干扰所导致。比如在电视机周围放置一台电冰箱,当电冰箱启动工作时,会形成一定范围的磁场,将对电视机的图像造成干扰,使其画面紊乱。又如空调器在工作时也会向周围空间发射大量的电磁波,如果电视机与空调器的距离很近,电磁波将对电视机图像造成干扰。此外,电风扇、日光灯等电器也会对电视机产生不同程度的磁场干扰,从而导致电视机的图像出现抖动,波纹等现象。

其它控制系统中也通常含有干扰因素,如表 4-1 所列。

表 4-1 控制系统中各样的干扰因素

控制系统	干扰因素
自动扶梯的升降控制系统	电机输出电压的波动等、齿轮间的摩擦力等
利用滑轮组提升重物的控制装置	滑轮组的摩擦力等
蔬菜大棚的温度控制	外部环境温度变化,大棚保湿材料的保湿性能改变等

2. 干扰因素的特点

(1) 干扰既存在于闭环控制中,又存在于开环控制中。声控灯开环控制,除输入声音以外的其他声音就是其干扰因素;空调房的温度控制属于闭环控制,室外环境温度的变化就是它的干扰因素;生物金字塔模型中除人口数量对金字塔能量分布的影响外,其他因素就是干扰因素。

(2) 通常情况下,所遇到的干扰因素都是作用在控制对象上,其作用是破坏控制系统的平衡——使被控量偏离预定值。

(3) 一个系统中的干扰因素一般不止一个。比如对生物金字塔模型系统的控制除人、动物与自然环境外,还可能有一些突发的疾病与灾害等。

(4) 在进行控制系统设计时,必须对可能的干扰进行全面的调查和分析,如果干扰比较频繁和严重,对控制目标影响产生了严重的后果,就必须考虑使用一些抗干扰的措施,以保证控制系统的正常工作;如果可能存在的干扰不是很严重,对系统工作影响不大,就可能忽略。因为任何抗干扰措施的实现,都意味着系统结构的复杂和成本的增加。

(5) 对干扰的利用,是指有意对控制系统施加干扰,使控制系统无法达到控制的目标,而不是控制系统本身需要干扰。这从另一方面给我们以启示,即干扰因素并非一无是处,干扰因素有时要克服,有时还可加以利用。如在军事学习中,甲方利用一定频率的电磁波对乙方的信息指挥系统进行干扰,使之不能正常工作。但是在实际的生产生活中,我们还是需要以谨慎、严谨的态度对待干扰因素的利用。

3. 干扰因素的克服

一般在不考虑少数利用干扰因素的情况下,控制系统在工作过程中必须克服干扰,使被控量稳定。

克服干扰的基本方法一般分为三类:

(1) 消除干扰:例如杜绝飞机飞行中使用通信设备的行为。

(2) 减弱干扰:例如电器在使用过程中,其它电子设备要与之保持适当距离。

(3) 提高控制系统性能:采用闭环控制系统,让输出量反作用到输入端实现再控制,该过程使我们的系统能够产生“自我调节”的能力,一起保持稳定状态,该目标的实现是通过(负)反馈机制来实现的。

4.4.2 开环控制和闭环控制

1. 开环控制

开环控制(图4-13)是指控制器与被控对象间只有顺序作用而无反向联系且控制单方向进行。开环控制系统的优点是简单、稳定、可靠。若组成系统的元件特性和参数值比较稳定,且外界干扰较少,则开环控制能够保持一定的精度。但是其缺点是开环系统精度通常较低、无自动纠偏能力。

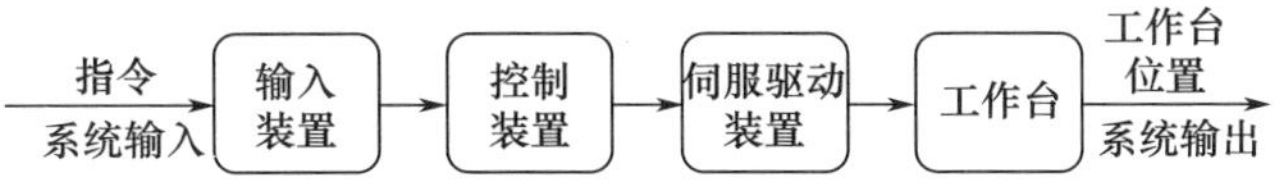

图4-13 开环控制机制

2. 闭环控制

闭环控制(图 4 – 14)系统是将输出量直接或间接反馈到输入端,形成闭环并参与控制的控制方式。若由于干扰的存在,使得系统实际输出偏离期望输出,系统自身便利用负反馈产生的偏差所取得的控制作用再去消除偏差,使系统输出量恢复到期望值上,这正是反馈工作原理。可见,闭环控制具有较强的抗干扰能力。

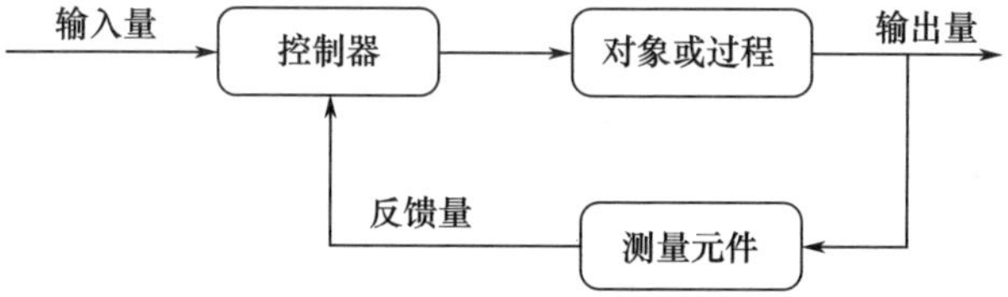

图 4 – 14　闭环控制机制

闭环控制是可以将控制的结果反馈回来与希望值比较,并根据它们的误差调整控制作用的系统。它能够应用反馈,减少偏差量的影响。如图 4 – 15 所示为抽象化的闭环系统反馈机制,它通过对噪声(干扰)的抑制,可以使系统达到稳定状态。

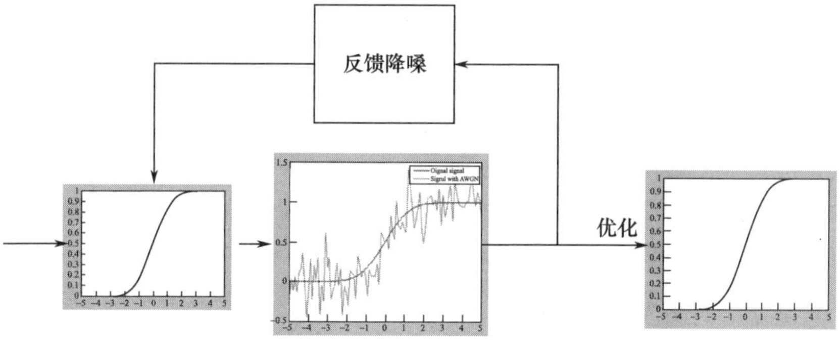

图 4 – 15　抽象化的闭环系统反馈机制

闭环控制的优点是精度较高,对外部振动和系统参数变化不敏感。同时它存在的缺点是系统存在稳定、振荡和超调等问题,系统复杂度大大增加,对性能分析和设计提高难度。

同开环控制系统相比,闭环控制具有一系列优点。在反馈控制系统中,不管出于什么原因(外部扰动或系统内部变化),只要被控制量偏离规定值,就会产生相应的控制作用去消除偏差。因此,它具有抑制干扰的能力,对元件特性变化不敏感,并能改善系统的响应特性。但反馈回路的引入增加了系统的复杂性,而且增益选择不当会引起系统的不稳定。为提高控制精度,在扰动变量可以测量时,也常同时采用根据扰动的控制(即前馈控制)作为反馈控制的补充而构成复合控制系统的方法。

以下给出几则闭环控制系统的实例。

(1) 电冰箱(图4-16)。

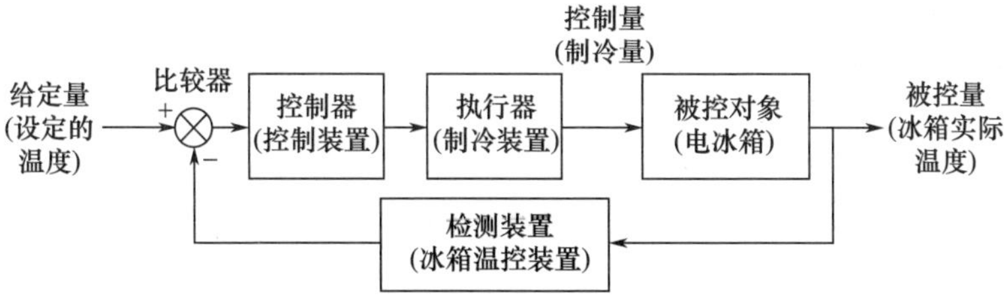

图4-16 电冰箱闭环控制系统

(2) 交通路灯(图4-17)。

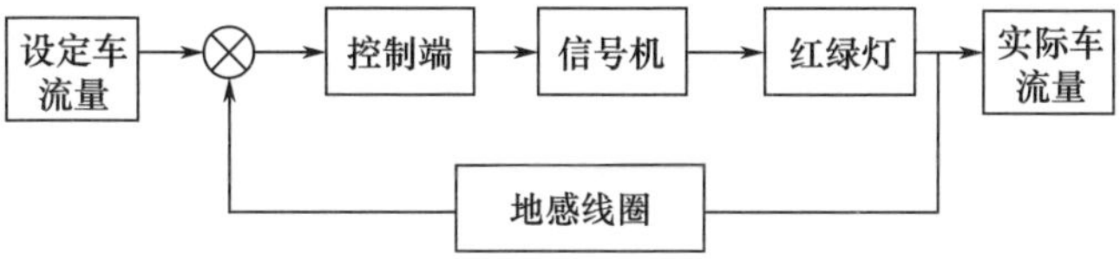

图4-17 交通路灯闭环控制系统

4.4.3 稳健系统的实现

1. 系统是通过反馈机制保持稳定与平衡的

开环控制不包含反馈环节,系统的稳定性不高,响应时间短,但精确度不高,使用于对系统稳定性精确度要求不高的简单的系统。开环控制是指控制装置与被控对象之间只有按顺序工作,没有反向联系的控制过程,按这种方式组成的系统称为开环控制系统,其特点是系统的输出量不会对系统的控制作用发生影响,没有自动修正或补偿的能力。

闭环控制有反馈环节,通过反馈系统使系统的精确度提高,适合于对系统稳定性要求较高的系统。正反馈与负反馈是闭环控制常见的两种基本形式,其中负反馈与正反馈从达到目的的角度讲具有相同的意义。从反馈实现具体方式来看,正反馈与负反馈属于代数或者算术意义上的"加减"反馈方式,即输出量回馈至输入端后,和输入量进行加减的统一性整合后,作为新控制输出,去进一步控制输出量。实际上,输出量对输入量回馈远不止这些方式。这表现为:运算上,不仅仅是加减运算,还包括了更广域的数学运算;回馈方式上,输出量对输入量回馈,也不一定和输入量进行综合运算形成统一的控制输出,输出量能通过控制链直接施控于输入量等。

为了实现闭环控制,必须对输出量进行测量,并将测量的结果反馈到输入端与输入量进行相减得到偏差,再由偏差产生直接控制作用去消除偏差。整个系统形成一个闭环。对于自动控制系统而言,闭环系统,在方框图中,任何一个环节的输入都可以受到输出的反馈作用。控制装置的输入受到输出的反馈作用时,该系统就称为全闭环系统,或简称为闭环系统。一个闭环的自动控制系统主要由控制部分和被控部分组成。控制部分的功能是接受指令信号和被控部分的反馈信号,并对被控部分发出控制信号。被控部分的功能则是接受控制信号,发出反馈信号,并在控制信号的作用下实现被控运动。图 4 - 18 以投篮动作系统为例,给出闭环的能动作用效果。

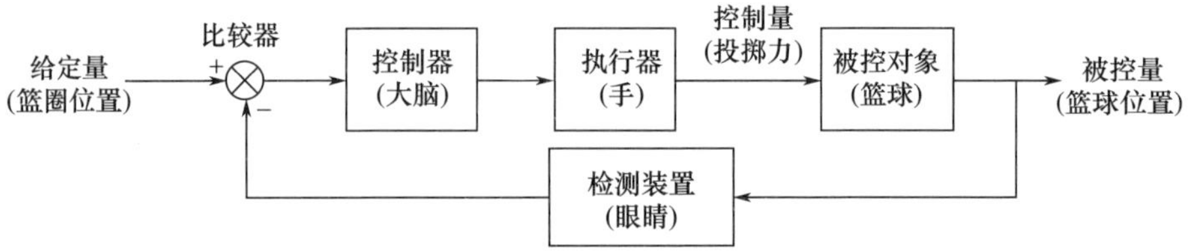

图 4 - 18　投篮过程中的闭环控制

从以上的闭环控制系统可以看出:即使有干扰,各系统也能通过自己的调节作用保持原来的状态。实施闭环控制的抗干扰能力来自于反馈作用。因为在组织形式上增设了一个反馈机构,能把造成偏离目标的原因以及一贯干扰的因素及时地反馈给控制者,使决策控制层做出正确的决策,随时修正目标。至此我们实现了利用闭环负反馈机制对一个自然地理信息系统能动控制的目的。

2. 闭环控制系统应用实例

以下给出自然地理信息系统中闭环反馈环节的实现与应用,其中图 4 - 19 为夏季室内空调温度调节系统,图 4 - 20 为保温水壶的闭环保温系统,图 4 - 21 为遥感传感器定标与数据应用闭环反馈,图 4 - 22 为飞行器位姿闭环控制系统。

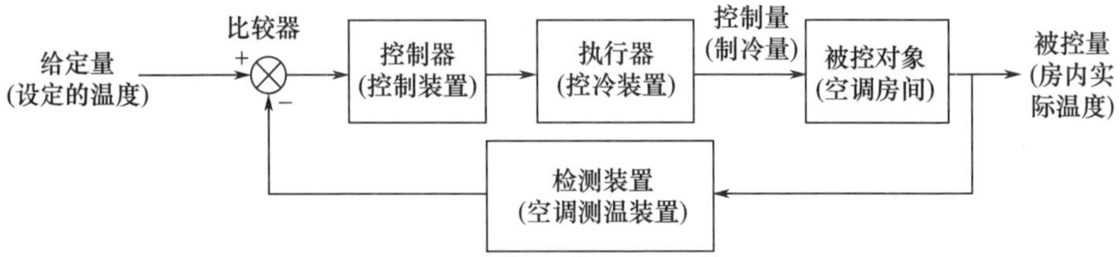

图 4 - 19　室内空调温度调节系统

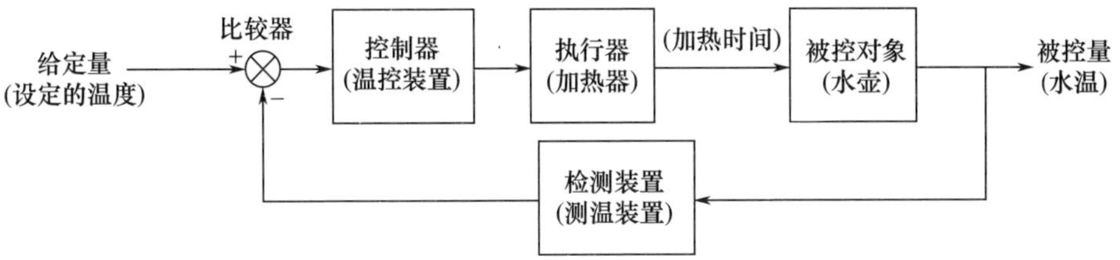

图 4－20　保温水壶的闭环保温系统

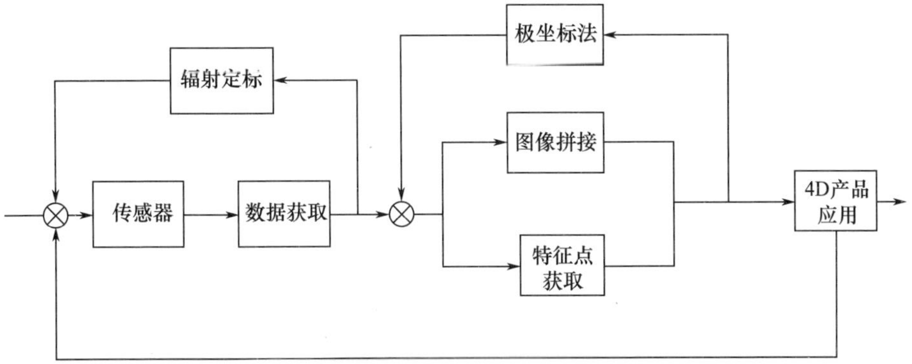

图 4－21　遥感传感器定标与数据应用闭环反馈

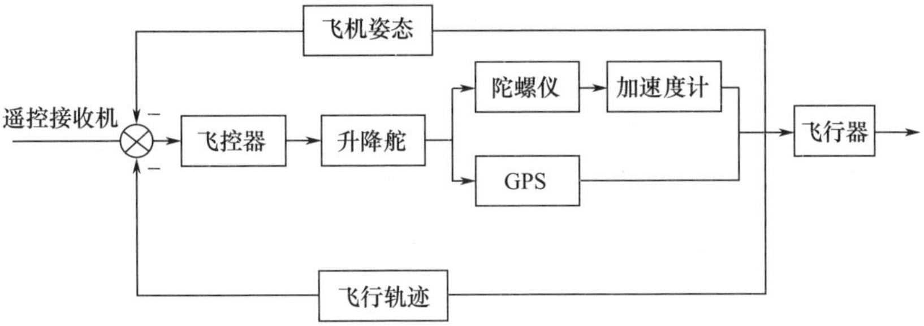

图 4－22　飞行器位姿闭环控制系统

第5章　线性系统的可控性和可观性

采用状态空间法描述系统的特点是给出了系统内部的动态结构。可控性与可观测性是说明系统内部结构特征的两个基本的概念，也是现代控制理论的最重要概念之一，是卡尔曼(R. E. Kalman)在20世纪60年代初最先提出来的，它是系统分析和设计的理论基础。系统的可控性是反映控制输入对系统状态的制约能力；而可观测性则反映输出对系统状态的判断能力。这是状态空间描述系统所带来的新概念。

遥感是集天空、地面一体的大系统，对其系统的可控性可观性研究将有利于深入了解其运行机制。本章将在详细讨论可控性和可观性定义的基础上，讨论系统可控性和可观性的准则，揭示系统可控性与可观性之间的对偶关系。最后介绍如何通过非奇异变换把可控系统和可观系统的一般方程转化成可控标准型和可观标准型。具体包括：问题的提出；系统状态的可控性，主要介绍系统可控性的定义及其判据；系统的可观性，主要介绍系统可观性的定义及其判据；系统可控性与可观性之间的对偶关系，分析线性系统的能控性和能观测性之间存在着一种内在的联系；可控性、可观性和传递函数矩阵的关系，主要讨论可观性可控性和传递函数矩阵间的关系；线性定常系统的规范分解；控制论在遥感学科中的应用实例分析，主要分析了系统的可控性可观性在遥感中的应用实例。

5.1　问　　题

经典控制理论中用传递函数描述系统的输入输出特性，输出量即被控量，只要系统是因果系统并且是稳定的，输出量便可以受控，且输出量总是可以被测量的，因而不需要考虑可控和可观的性质。

现代控制理论是建立在用状态空间法描述系统的基础上的。状态方程描述输入$u(t)$引起状态$x(t)$的变化过程；输出方程描述由状态变化所引起的输出$y(t)$的变化。可控性和可观性正是定性地分别描述输入$u(t)$对状态$x(t)$的控制能力，输出$y(t)$对状态$x(t)$的反应能力。它们分别回答："输入能否控制状态的变化"——可控性；"状态的变化能否由输出反映出来"——可观性。

可控性和可观性是卡尔曼在1960年首先提出来的。可控性和可观性的概念在现代控制理论中无论是理论上还是实践上都是非常重要的。例如:在最优控制问题中,其任务是寻找输入 $u(t)$,使状态达到预期的轨线。就定常系统而言,如果系统的状态不受控于输入 $u(t)$,当然就无法实现最优控制。另外,为了改善系统的品质,在工程上常用状态变量作为反馈信息。可是状态 $x(t)$ 的值通常是难以测取的,往往需要从测量到的 $y(t)$ 中估计出状态 $x(t)$;如果输出 $y(t)$ 不能完全反映系统的状态 $x(t)$,那么就无法实现对状态的估计。

状态空间表达式是对系统的一种完全的描述。判别系统的可控性和可观性的主要依据就是状态空间表达式。例如:

(1) $$\dot{x}=\begin{bmatrix}1 & 0\\0 & 2\end{bmatrix}x+\begin{bmatrix}0\\2\end{bmatrix}u,\quad y=\begin{bmatrix}1 & 0\end{bmatrix}x$$

分析:上述动态方程写成方程组形式:

$$\begin{cases}\dot{x}_1=x_1\\ \dot{x}_2=2x_2+2u\\ y=x_1\end{cases}$$

从状态方程来看,输入 u 不能控制状态变量 x_1,所以状态变量 x_1 是不可控的;从输出方程看,输出 y 不能反映状态变量 x_2,所以状态变量 x_2 是不能观测的。即状态变量 x_1 不可控、可观测;状态变量 x_2 可控、不可观测。

(2) $$\dot{x}=\begin{bmatrix}1 & 0\\0 & 2\end{bmatrix}x+\begin{bmatrix}1\\1\end{bmatrix}u,\quad y=\begin{bmatrix}1 & 1\end{bmatrix}x$$

分析:上述动态方程写成方程组形式:

$$\begin{cases}\dot{x}_1=x_1+u\\ \dot{x}_2=2x_2+u\\ y=x_1+x_2\end{cases}$$

由于状态变量 x_1、x_2 都受控于输入 u,所以系统是可控的;输出 y 能反映状态变量 x_1,又能反映状态变量 x_2 的变化,所以系统是可观测的。即状态变量 x_1 可控、可观测;状态变量 x_2 可控、可观测。

5.2 线性定常连续系统的可控性

5.2.1 线性定常连续系统状态可控性的定义

定义 5.1(状态可控性定义):对于线性定常系统 $\dot{x}=\boldsymbol{A}x+\boldsymbol{B}u$,如果存在一个分

段连续的输入 $u(t)$，能在 $[t_0, t_f]$ 有限时间间隔内，使得系统从某一初始状态 $x(t_0)$ 转移到指定的任一终端状态 $x(t_f)$，则称此状态是可控的。若系统的所有状态都是可控的，则称此系统是状态完全可控的，简称系统是可控的。

关于可控性定义的说明：

(1) 上述定义可以在二阶系统的相平面上来说明(图 5-1)。假如相平面中的 P 点能在输入的作用下转移到任一指定状态 $P_1, P_2, \cdots, P_n$，那么相平面上的 P 点是可控状态。假如可控状态“充满”整个状态空间，即对于任意初始状态都能找到相应的控制输入 $u(t)$，使得在有限时间间隔内，将此状态转移到状态空间中的任一指定状态，则该系统称为状态完全可控。

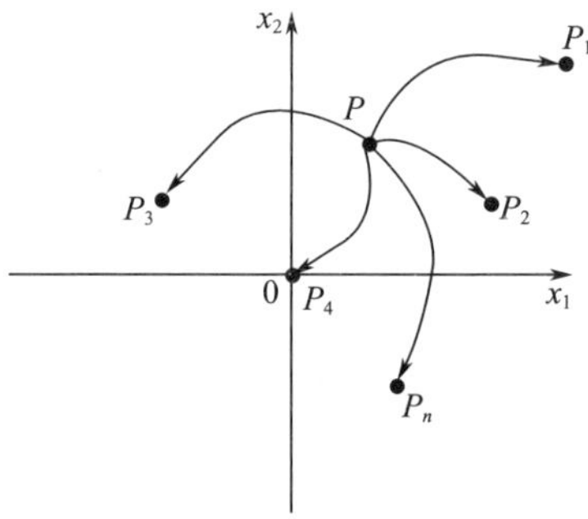

图 5-1　可控状态的图形

(2) 在可控性定义中，把系统的初始状态取为状态空间中的任意有限点 $x(t_0)$，而终端状态也规定为状态空间中的任意点 $x(t_f)$，这种定义方式不便于写成解析形式。为了便于数学处理，而又不失一般性，我们把上面的可控性定义分两种情况叙述：

(1) 把系统的初始状态规定为状态空间中的任意非零点，而终端目标规定为状态空间中的原点。于是原可控性定义可表述为：对于给定的线性定常系统 $\dot{x} = \boldsymbol{A}x + \boldsymbol{B}u$，如果存在一个分段连续的输入 $u(t)$，能在 $[t_0, t_f]$ 有限时间间隔内，将系统由任意非零初始状态 $x(t_0)$ 转移到零状态 $x(t_f)$，则称此系统是状态完全可控的，简称系统是可控的。

(2) 把系统的初始状态规定为状态空间的原点，即 $x(t_0) = 0$，终端状态规定为任意非零有限点，则系统可达性定义表述为：对于给定的线性定常系统 $\dot{x} = \boldsymbol{A}x + \boldsymbol{B}u$，如果存在一个分段连续的输入 $u(t)$，能在 $[t_0, t_f]$ 有限时间间隔内，将系统由零初始状态 $x(t_0)$ 转移到任一指定的非零终端状态 $x(t_f)$，则称此系统是状态完全可达的，简称系统是可达的(能达的)。

对于线性定常系统，可控性和可达性是等价的；在以后对可控性的讨论中，均规定目标状态为状态空间中的原点，并且我们所关心的，只是是否存在某个分段连续的输入，能否把任意初始状态转移到零状态，并不要求算出具体的输入和状态轨线。

5.2.2 可控性的判别准则

定理 5.1（可控性秩判据）：对于 n 阶线性定常系统 $\dot{x}=\boldsymbol{A}x+\boldsymbol{B}u$，其系统状态完全可控的充分必要条件是由 $\boldsymbol{A}$、$\boldsymbol{B}$ 构成的可控性判别矩阵

$$\boldsymbol{Q}_c=[\boldsymbol{B}\quad \boldsymbol{AB}\quad \boldsymbol{A}^2\boldsymbol{B}\quad \cdots\quad \boldsymbol{A}^{n-1}\boldsymbol{B}] \tag{5-1}$$

满秩，即

$$\mathrm{rank}\boldsymbol{Q}_c=n$$

其中，n 为该系统的维数。

【例 5.1】判别下列状态方程的可控性。

(1) $\dot{x}=\begin{bmatrix}-2 & 1\\ 0 & -1\end{bmatrix}x+\begin{bmatrix}1\\0\end{bmatrix}u$　　(2) $\dot{x}=\begin{bmatrix}1 & 0\\ 0 & 1\end{bmatrix}x+\begin{bmatrix}1\\1\end{bmatrix}u$

(3) $\dot{x}=\begin{bmatrix}0 & 1\\ -1 & 0\end{bmatrix}x+\begin{bmatrix}0\\1\end{bmatrix}u$　　(4) $\dot{x}=\begin{bmatrix}1 & 1 & 0\\ 0 & 1 & 0\\ 0 & 1 & 1\end{bmatrix}x+\begin{bmatrix}0 & 1\\ 1 & 0\\ 0 & 1\end{bmatrix}u$

解：(1) $\boldsymbol{Q}_c=[\boldsymbol{B}\quad \boldsymbol{AB}]=\begin{bmatrix}1 & -2\\ 0 & 0\end{bmatrix}$，$\mathrm{rank}\boldsymbol{Q}_c=1<n$，所以系统不可控。

(2) $\boldsymbol{Q}_c=[\boldsymbol{B}\quad \boldsymbol{AB}]=\begin{bmatrix}1 & 1\\ 1 & 1\end{bmatrix}$，$\mathrm{rank}\boldsymbol{Q}_c=1<n$，所以系统不可控。

(3) $\boldsymbol{Q}_c=[\boldsymbol{B}\quad \boldsymbol{AB}]=\begin{bmatrix}0 & 1\\ 1 & 0\end{bmatrix}$，$\mathrm{rank}\boldsymbol{Q}_c=2=n$，所以系统可控。

(4) $\boldsymbol{Q}_c=[\boldsymbol{B}\quad \boldsymbol{AB}\quad \boldsymbol{A}^2\boldsymbol{B}]=\begin{bmatrix}0 & 1 & 1 & 1 & 2 & 1\\ 1 & 0 & 1 & 0 & 1 & 0\\ 0 & 1 & 1 & 1 & 2 & 1\end{bmatrix}$，$\mathrm{rank}\boldsymbol{Q}_c=2<n$，所以系统不可控。

定理 5.2：设线性定常系统 $\dot{x}=\boldsymbol{A}x+\boldsymbol{B}u$，具有互不相同的实特征值，则其状态完全可控的充分必要条件是系统经非奇异变换后的对角标准型

$$\dot{\bar{x}}=\begin{bmatrix}\lambda_1 & \cdots & 0\\ \vdots & & \\ 0 & & \lambda_n\end{bmatrix}\bar{x}+\bar{\boldsymbol{B}}u \tag{5-2}$$

中，$\bar{\boldsymbol{B}}$ 阵不存在全零行。

非奇异线性变换的不变特性：$x=P\bar{x}$

（1）线性变换后，可控性不变；

（2）线性变换后，可观性不变。

【例 5.2】判别下列系统的状态可控性。

（1）$\dot{x}=\begin{bmatrix}-7&0&0\\0&-5&0\\0&0&-1\end{bmatrix}x+\begin{bmatrix}2\\5\\7\end{bmatrix}u$

（2）$\dot{x}=\begin{bmatrix}-7&0&0\\0&-5&0\\0&0&-1\end{bmatrix}x+\begin{bmatrix}0\\5\\7\end{bmatrix}u$

（3）$\dot{x}=\begin{bmatrix}-7&0&0\\0&-5&0\\0&0&-1\end{bmatrix}x+\begin{bmatrix}0&1\\4&0\\7&5\end{bmatrix}u$

（4）$\dot{x}=\begin{bmatrix}-7&0&0\\0&-5&0\\0&0&-1\end{bmatrix}x+\begin{bmatrix}0&1\\0&0\\7&5\end{bmatrix}u$

解：（1）状态方程为对角标准型，$\boldsymbol{B}$ 阵中不含有元素全为零的行，故系统是可控的。

（2）状态方程为对角标准型，$\boldsymbol{B}$ 阵中含有元素全为零的行，故系统是不可控的。

（3）系统可控。

（4）系统不可控。

【例 5.3】判别下列系统的状态可控性。

$$\dot{x}=\begin{bmatrix}2&0&0\\0&2&0\\0&0&2\end{bmatrix}x+\begin{bmatrix}1\\1\\1\end{bmatrix}u \tag{5-3}$$

解：在应用定理 5.2 这个判别准则时，应注意到“特征值互不相同”这个条件，如果特征值不是互不相同的，即对角阵 $\bar{A}$ 中含有相同元素时，上述判据不适用。应根据定理 5.1 的可控性秩判据来判断。对于本题：

$\boldsymbol{Q}_c=[\boldsymbol{B}\quad \boldsymbol{AB}\quad \boldsymbol{A}^2\boldsymbol{B}]=\begin{bmatrix}1&2&4\\1&2&4\\1&2&4\end{bmatrix}$，$\mathrm{rank}\boldsymbol{Q}_c=1<3$，即系统是不可控的。

定理 5.3：若线性定常系统 $\dot{x}=\boldsymbol{A}x+\boldsymbol{B}u$，具有重实特征值，且每一个重特征值只

对应一个独立特征向量，则系统状态完全可控的充分必要条件是系统经非奇异变换后的约当标准型

$$\dot{\bar{x}} = \begin{bmatrix} J_1 & \cdots & 0 \\ \vdots & & \\ 0 & & J_k \end{bmatrix} \bar{x} + \bar{\boldsymbol{B}} u \tag{5-4}$$

中，每个约当小块 $J_i(i=1,2,\cdots,k)$ 最后一行所对应的 $\bar{\boldsymbol{B}}$ 阵中的各行元素不全为零。

【例 5.4】判别下列系统的状态可控性。

(1) $\dot{x} = \begin{bmatrix} -4 & 1 \\ 0 & -4 \end{bmatrix} x + \begin{bmatrix} 0 \\ 2 \end{bmatrix} u$

(2) $\dot{x} = \begin{bmatrix} -4 & 1 \\ 0 & -4 \end{bmatrix} x + \begin{bmatrix} 2 \\ 0 \end{bmatrix} u$

(3) $\dot{x} = \begin{bmatrix} -4 & 1 & & \\ 0 & -4 & & \\ & & -3 & 1 \\ & & 0 & -3 \end{bmatrix} x + \begin{bmatrix} 0 & 0 \\ 0 & 1 \\ 0 & 0 \\ 2 & 0 \end{bmatrix} u$（空白处为 $\boldsymbol{0}$）

(4) $\dot{x} = \begin{bmatrix} -4 & 1 & & \\ 0 & -4 & & \\ & & -3 & 1 \\ & & 0 & -3 \end{bmatrix} x + \begin{bmatrix} 0 & 1 \\ 0 & 0 \\ 2 & 0 \\ 0 & 1 \end{bmatrix} u$（空白处为 $\boldsymbol{0}$）

(5) $\dot{x} = \begin{bmatrix} 2 & 1 & 0 \\ 0 & 2 & 0 \\ 0 & 0 & 3 \end{bmatrix} x + \begin{bmatrix} 0 \\ 1 \\ 0 \end{bmatrix} u$

(6) $\dot{x} = \begin{bmatrix} 2 & 1 & 0 \\ 0 & 2 & 0 \\ 0 & 0 & 2 \end{bmatrix} x + \begin{bmatrix} 0 \\ 1 \\ 1 \end{bmatrix} u$

解：(1)系统是可控的。

(2)系统是不可控的。

(3)系统是可控的。

(4)系统是不可控的。

(5)系统是不可控的。

(6)系统不可控（注意定理 5.3 中“且每一个重特征值只对应一个独立特征向量”这一关键点）。当不满足定理 5.3 中的条件时，应根据定理 5.1 的可

控性秩判据来判别。

$$\boldsymbol{Q}_c=[\boldsymbol{B}\quad \boldsymbol{AB}\quad \boldsymbol{A}^2\boldsymbol{B}]=\begin{bmatrix}0&1&4\\1&2&4\\1&2&4\end{bmatrix},\mathrm{rank}\boldsymbol{Q}_c=2<3,\text{即系统是不可控的。}$$

关于定理5.3的小结：

(1) 输入矩阵中与约当块最后一行所对应的行不存在全零行。

(2) $\boldsymbol{B}$ 阵中与互异特征值所对应的行不存在全零行。

(3) 当 $\boldsymbol{A}$ 阵的相同特征值分布在 $\boldsymbol{B}$ 阵的两个或更多的约当块时，如 $\begin{bmatrix}\lambda_1&1&\\&\lambda_1&\\&&\lambda_1\end{bmatrix}$，以上判据不适用，可根据定理5.1的可控性秩判据来判别。

5.2.3 可控标准型问题

1. 可控标准型

我们称如下SISO系统或MIMO系统的状态方程为可控标准型。

$$\dot{x}=\begin{bmatrix}0&1&0&\cdots&0\\0&0&1&\cdots&0\\\vdots&\vdots&\vdots&&\vdots\\0&0&0&\cdots&1\\-a_0&-a_1&-a_2&\cdots&-a_{n-1}\end{bmatrix}x+\begin{bmatrix}0\\0\\\vdots\\0\\1\end{bmatrix}u \tag{5-5}$$

原因是与此状态方程相对应的可控性判别矩阵

$$\boldsymbol{Q}_c=[\boldsymbol{b}\quad \boldsymbol{Ab}\quad \boldsymbol{A}^2\boldsymbol{b}\quad\cdots\quad \boldsymbol{A}^{n-1}\boldsymbol{b}]=\begin{bmatrix}0&0&0&\cdots&0&1\\0&0&0&\cdots&1&-a_{n-1}\\\vdots&\vdots&\vdots&&\vdots&\vdots\\0&0&1&\cdots&\times&\times\\0&1&-a_{n-1}&\cdots&\times&\times\\1&-a_{n-1}&\times&\cdots&\times&\times\end{bmatrix} \tag{5-6}$$

$\mathrm{rank}\boldsymbol{Q}_c=n$，所以系统是可控的。

2. 如何将可控系统的状态方程化为可控标准型

一个可控系统，当 $\boldsymbol{A},\boldsymbol{b}$ 不具有可控标准型时，可以选择适当的变换化为可控标准型。设系统状态方程为

$$\dot{x} = \boldsymbol{A}x + \boldsymbol{b}u$$

进行非奇异变换：$x = \boldsymbol{P}\bar{x}$，变换为

$$\dot{\bar{x}} = \bar{\boldsymbol{A}}\bar{x} + \bar{\boldsymbol{b}}u$$

其中：

$$\bar{\boldsymbol{A}} = \boldsymbol{P}^{-1}\boldsymbol{A}\boldsymbol{P} = \begin{bmatrix} 0 & 1 & 0 & \cdots & 0 \\ 0 & 0 & 1 & \cdots & 0 \\ \vdots & \vdots & \vdots & & \vdots \\ 0 & 0 & 0 & \cdots & 1 \\ -a_0 & -a_1 & -a_2 & \cdots & -a_{n-1} \end{bmatrix}, \quad \bar{\boldsymbol{b}} = \boldsymbol{P}^{-1}\boldsymbol{b} = \begin{bmatrix} 0 \\ 0 \\ \vdots \\ 0 \\ 1 \end{bmatrix} \tag{5-7}$$

可控标准型变换阵 $\boldsymbol{P}$ 的确定方法：

（1）计算可控性判别矩阵：$\boldsymbol{Q}_c = [\boldsymbol{b} \quad \boldsymbol{A}\boldsymbol{b} \quad \boldsymbol{A}^2\boldsymbol{b} \quad \cdots \quad \boldsymbol{A}^{n-1}\boldsymbol{b}]$

（2）计算 $\boldsymbol{Q}_c^{-1}$，并设 $\boldsymbol{Q}_c^{-1}$ 的一般形式为：

$$\boldsymbol{Q}_c^{-1} = \begin{bmatrix} q_{11} & \cdots & q_{1n} \\ \vdots & & \vdots \\ q_{n1} & \cdots & q_{nn} \end{bmatrix}$$

（3）取 $\boldsymbol{Q}_c^{-1}$ 的最后一行，构成 $\boldsymbol{P}_1^{-1}$

$$\boldsymbol{P}_1^{-1} = [q_{n1} \quad \cdots \quad q_{nn}]$$

（4）按下列方式构造 $\boldsymbol{P}^{-1}$

$$\boldsymbol{P}^{-1} = \begin{bmatrix} \boldsymbol{P}_1^{-1} \\ \boldsymbol{P}_1^{-1}\boldsymbol{A} \\ \vdots \\ \boldsymbol{P}_1^{-1}\boldsymbol{A}^{n-1} \end{bmatrix}$$

（5）$\boldsymbol{P} = (\boldsymbol{P}^{-1})^{-1}$，$\boldsymbol{P}$ 便是化可控标准型的非奇异变换阵。

【例 5.5】已知系统的状态方程为

$$\dot{x} = \begin{bmatrix} 1 & 0 \\ 0 & 2 \end{bmatrix}x + \begin{bmatrix} 1 \\ 1 \end{bmatrix}u$$

试判别状态可控性，如何将可控状态方程化为可控标准型。

解：（1）首先判别可控性：

$\boldsymbol{Q}_c = [\boldsymbol{b} \quad \boldsymbol{A}\boldsymbol{b}] = \begin{bmatrix} 1 & 1 \\ 1 & 2 \end{bmatrix}$，$\mathrm{rank}\boldsymbol{Q}_c = 2$，故系统是可控的。

(2) 化为可控标准型：

① $\boldsymbol{Q}_c=\begin{bmatrix}1 & 1\\ 1 & 2\end{bmatrix}$　② $\boldsymbol{Q}_c^{-1}=\begin{bmatrix}2 & -1\\ -1 & 1\end{bmatrix}$　③ $\boldsymbol{P}_1^{-1}=[-1\quad 1]$

④ $\boldsymbol{P}^{-1}=\begin{bmatrix}\boldsymbol{P}_1^{-1}\\ \boldsymbol{P}_1^{-1}\boldsymbol{A}\end{bmatrix}=\begin{bmatrix}-1 & 1\\ -1 & 2\end{bmatrix}$　⑤ $\boldsymbol{P}=(\boldsymbol{P}^{-1})^{-1}=\begin{bmatrix}-2 & 1\\ -1 & 1\end{bmatrix}$

$$\bar{\boldsymbol{A}}=\boldsymbol{P}^{-1}\boldsymbol{A}\boldsymbol{P}=\begin{bmatrix}-1 & 1\\ -1 & 2\end{bmatrix}\begin{bmatrix}1 & 0\\ 0 & 2\end{bmatrix}\begin{bmatrix}-2 & 1\\ -1 & 1\end{bmatrix}=\begin{bmatrix}0 & 1\\ -2 & 3\end{bmatrix}$$

$$\bar{\boldsymbol{b}}=\boldsymbol{P}^{-1}\boldsymbol{b}=\begin{bmatrix}-1 & 1\\ -1 & 2\end{bmatrix}\begin{bmatrix}1\\ 1\end{bmatrix}=\begin{bmatrix}0\\ 1\end{bmatrix}$$

即有可控标准型

$$\dot{\bar{x}}=\begin{bmatrix}0 & 1\\ -2 & 3\end{bmatrix}\bar{x}+\begin{bmatrix}0\\ 1\end{bmatrix}u$$

5.2.4 输出可控性

定义 5.2(输出可控性定义)：

对于线性定常系统 $\dot{x}=\boldsymbol{A}x+\boldsymbol{B}u$ $y=\boldsymbol{C}x+\boldsymbol{D}u$，如果存在一个分段连续的输入 $u(t)$，能在$[t_0,t_f]$有限时间间隔内，使得系统从任意初始输出 $y(t_0)$转移到指定的任意最终输出 $y(t_f)$，则称该系统是输出完全可控的，简称系统输出可控。

定理 5.4(系统输出可控性判据)：设线性定常连续系统 $\dot{x}=\boldsymbol{A}x+\boldsymbol{B}u$，$y=\boldsymbol{C}x+\boldsymbol{D}u$，其输出可控的充分必要条件是由 $\boldsymbol{A}$、$\boldsymbol{B}$、$\boldsymbol{C}$、$\boldsymbol{D}$ 构成的输出可控性判别矩阵

$$\boldsymbol{Q}_{yc}=[\boldsymbol{CB}\quad \boldsymbol{CAB}\quad \boldsymbol{CA}^2\boldsymbol{B}\quad \cdots\quad \boldsymbol{CA}^{n-1}\boldsymbol{B}\quad \boldsymbol{D}] \tag{5-8}$$

的秩等于输出变量的维数 q，即

$$\text{rank}\boldsymbol{Q}_{yc}=q$$

【例 5.6】判断下列系统的状态、输出可控性。

$$\dot{x}=\begin{bmatrix}0 & 1\\ -1 & -2\end{bmatrix}x+\begin{bmatrix}1\\ -1\end{bmatrix}u$$

$$y=[1\quad 0]x$$

解：(1) 状态可控性判别矩阵

$\boldsymbol{Q}_c=[\boldsymbol{b}\quad \boldsymbol{Ab}]=\begin{bmatrix}1 & -1\\ -1 & 1\end{bmatrix}$，$\text{rank}\boldsymbol{Q}_c=1<2$，故状态不可控。

(2) 输出可控性判别矩阵

$$\boldsymbol{Q}_{yc}=[\boldsymbol{cb}\quad \boldsymbol{cAb}\quad \boldsymbol{d}]=[1\quad -1\quad 0]$$

$\text{rank}\boldsymbol{Q}_{yc}=1=q$，所以系统输出可控。

5.3 线性定常连续系统的可观测性

5.3.1 可观测性的定义

定义 5.3(可观测性定义):设线性定常连续系统的状态方程和输出方程为 $\dot{x} = \boldsymbol{A}x + \boldsymbol{B}u, y = \boldsymbol{C}x$,如果对于任一给定的输入 $u(t)$,存在一有限观测时间 $t_f > t_0$,使得在 $[t_0, t_f]$ 期间测量到的 $y(t)$,能唯一地确定系统的初始状态 $x(t_0)$,则称此状态是可观测的。若系统的每一个状态都是可观测的,则称系统是状态完全可观测的,简称系统是可观测的。

说明:

在定义中之所以把可观测性规定为对初始状态的确定,这是因为一旦确定了初始状态,便可根据给定输入,利用状态方程的解

$$x(t) = \phi(t - t_0)x(t_0) + \int_{t_0}^{t} \phi(t - \tau)\boldsymbol{B}u(\tau)\mathrm{d}\tau$$

就可以求出各个瞬间状态。

5.3.2 线性定常连续系统可观测性的判别准则

定理 5.5(可观测性判别准则 Ⅰ):线性定常连续系统 $\dot{x} = \boldsymbol{A}x + \boldsymbol{B}u, y = \boldsymbol{C}x$,其状态完全可观测的充分必要条件是:由 $\boldsymbol{A}$、$\boldsymbol{C}$ 构成的可观测性判别矩阵

$$\boldsymbol{Q}_o = \begin{bmatrix} \boldsymbol{C} \\ \boldsymbol{CA} \\ \vdots \\ \boldsymbol{CA}^{n-1} \end{bmatrix} \tag{5-9}$$

满秩,即

$$\mathrm{rank}\boldsymbol{Q}_o = n$$

【例 5.7】判别可观测性

(1) $\dot{x} = \begin{bmatrix} -4 & 5 \\ 1 & 0 \end{bmatrix}x + \begin{bmatrix} 1 \\ 1 \end{bmatrix}u, y = \begin{bmatrix} 1 & -1 \end{bmatrix}x$

(2) $\dot{x} = \begin{bmatrix} 2 & -1 \\ 1 & -3 \end{bmatrix}x + \begin{bmatrix} -1 \\ 1 \end{bmatrix}u, y = \begin{bmatrix} 1 & 0 \\ -1 & 0 \end{bmatrix}x$

(3) $\dot{x} = \begin{bmatrix} 1 & 0 \\ 0 & 1 \end{bmatrix}x + \begin{bmatrix} 1 \\ 1 \end{bmatrix}u, y = \begin{bmatrix} 1 & 1 \end{bmatrix}x$

解:(1) $\boldsymbol{Q}_o=\begin{bmatrix}\boldsymbol{C}\\ \boldsymbol{CA}\end{bmatrix}=\begin{bmatrix}1 & -1\\ -5 & 5\end{bmatrix}$,rank$\boldsymbol{Q}_o=1<2$,故系统是不可观测的。

(2) $\boldsymbol{Q}_o=\begin{bmatrix}\boldsymbol{C}\\ \boldsymbol{CA}\end{bmatrix}=\begin{bmatrix}1 & 0\\ -1 & 0\\ 2 & -1\\ -2 & 1\end{bmatrix}$,rank$\boldsymbol{Q}_o=2=2$,故系统是可观测的。

(3) $\boldsymbol{Q}_o=\begin{bmatrix}\boldsymbol{C}\\ \boldsymbol{CA}\end{bmatrix}=\begin{bmatrix}1 & 1\\ 1 & 1\end{bmatrix}$,rank$\boldsymbol{Q}_o=1<2$,故系统是不可观测的。

定理 5.6(可观测性判别准则Ⅱ):设线性定常连续系统 $\dot{x}=\boldsymbol{A}x+\boldsymbol{B}u, y=\boldsymbol{C}x$,$\boldsymbol{A}$ 具有互不相同的特征值,则其状态完全可观测的充分必要条件是系统经非奇异变换后的对角标准型

$$\dot{\bar{x}}=\begin{bmatrix}\lambda_1 & & 0\\ & \ddots & \\ 0 & & \lambda_n\end{bmatrix}\bar{x}+\bar{B}u,\quad y=\bar{C}\bar{x} \tag{5-10}$$

中的矩阵 $\bar{\boldsymbol{C}}$ 中不含元素全为零的列。

【**例 5.8**】判别可观测性。

(1) $\dot{x}=\begin{bmatrix}1 & 0 & 0\\ 0 & 2 & 0\\ 0 & 0 & 3\end{bmatrix}x+\begin{bmatrix}0\\ 0\\ 1\end{bmatrix}u, y=[5\quad 3\quad 2]x$

(2) $\dot{x}=\begin{bmatrix}1 & 0 & 0\\ 0 & 2 & 0\\ 0 & 0 & 3\end{bmatrix}x+\begin{bmatrix}0\\ 0\\ 1\end{bmatrix}u, y=[5\quad 3\quad 0]x$

解:(1) 系统可观测。

(2)系统不可观测。

特别说明:当 $\bar{\boldsymbol{A}}$ 为对角阵但含有相同元素时,上述判据不适用,可根据可观测性判别矩阵的秩来判别。

定理 5.7(可观测性判别准则Ⅲ):设线性定常连续系统 $\dot{x}=\boldsymbol{A}x+\boldsymbol{B}u, y=\boldsymbol{C}x$,$\boldsymbol{A}$ 具有重特征值,且每一个特征值只对应一个独立特征向量,则系统状态完全可观测的充分必要条件是系统经非奇异变换后的约当标准型

$$\dot{\bar{x}}=\begin{bmatrix}J_1 & & 0\\ & \ddots & \\ 0 & & J_K\end{bmatrix}\bar{x}+\bar{\boldsymbol{B}}u,\quad y=\bar{\boldsymbol{C}}\bar{x} \tag{5-11}$$

中的矩阵 $\bar{C}$ 中与每个约当小块 $J_i(i=1,2,\cdots,k)$ 首列相对应的那些列的元素不全为零。

【**例 5.9**】判别可观测性。

(1) $\dot{x}=\begin{bmatrix}-2 & 1\\ 0 & -2\end{bmatrix}x,\quad y=[1\quad 0]x$

(2) $\dot{x}=\begin{bmatrix}-2 & 1\\ 0 & -2\end{bmatrix}x,\quad y=[0\quad 1]x$

(3) $\dot{x}=\begin{bmatrix}-2 & 1 & 0\\ 0 & -2 & 0\\ 0 & 0 & 5\end{bmatrix}x,\ y=\begin{bmatrix}2 & 0 & 0\\ 0 & 0 & -1\end{bmatrix}x$

(4) $\dot{x}=\begin{bmatrix}-1 & 1 & 0 & 0 & 0\\ 0 & -1 & 0 & 0 & 0\\ 0 & 0 & -2 & 1 & 0\\ 0 & 0 & 0 & -2 & 1\\ 0 & 0 & 0 & 0 & -2\end{bmatrix}x,y=[5\quad 0\quad 2\quad 0\quad 0]x$

解:(1)系统状态可观测。(2)系统状态不可观测。(3)可观测。(4)可观测。

5.3.3 可观测标准型

一个可观测系统,当 $\boldsymbol{A}$、$\boldsymbol{C}$ 阵不具有可观测标准型时,可选择适当的变换化为可观测标准型。

动态方程中,$\boldsymbol{A}$、$\boldsymbol{C}$ 阵具有如下形式,称为可观测标准型:

$$\boldsymbol{A}=\begin{bmatrix}0 & \cdots & 0 & -a_0\\ 1 & \cdots & 0 & -a_1\\ \vdots & \ddots & \vdots & \vdots\\ 0 & \cdots & 1 & -a_{n-1}\end{bmatrix},\boldsymbol{C}=[0\quad 0\quad \cdots\quad 0\quad 1] \qquad (5-12)$$

5.4 线性系统可控性与可观测性的对偶关系

线性系统的可控性与可观测性不是两个相互独立的概念,它们之间存在着一种内在的联系。

定义 5.4(线性定常系统的对偶关系):对于线性定常系统 $\sum_1$ 和 $\sum_2$,其状态空间表达式为:

$$\sum_1: \begin{aligned} \dot{x} &= \boldsymbol{A}x + \boldsymbol{B}u \\ y &= \boldsymbol{C}x \end{aligned}$$

$$\sum_2: \begin{aligned} \dot{x}^* &= \boldsymbol{A}^* x^* + \boldsymbol{B}^* u^* \\ y^* &= \boldsymbol{C}^* x^* \end{aligned}$$

若满足下列关系:$\boldsymbol{A}^* = \boldsymbol{A}^{\mathrm{T}}, \boldsymbol{B}^* = \boldsymbol{C}^{\mathrm{T}}, \boldsymbol{C}^* = \boldsymbol{B}^{\mathrm{T}}$,则称 $\sum_1$ 和 $\sum_2$ 是互为对偶的。

定理 5.8(对偶原理):设 $\sum_1(\boldsymbol{A},\boldsymbol{B},\boldsymbol{C})$ 和 $\sum_2(\boldsymbol{A}^*,\boldsymbol{B}^*,\boldsymbol{C}^*)$ 是互为对偶的两个系统,则 $\sum_1$ 的可控性等价于 $\sum_2$ 的可观测性。或者说,若 $\sum_1$ 是状态完全可控的(完全可观测的),则 $\sum_2$ 是状态完全可观测的(完全可控的)。

利用对偶原理,可以把可观测的 SISO 系统化为可观测标准型的问题转化为将其对偶系统化为可控标准型的问题。若一个系统 $\sum_1(\boldsymbol{A},\boldsymbol{B},\boldsymbol{C})$ 可观测,但 $\boldsymbol{A}$、$\boldsymbol{C}$ 不是可观测标准型,其对偶系统 $\sum_2(\boldsymbol{A}^*,\boldsymbol{B}^*,\boldsymbol{C}^*)$ 一定可控,但不具有可控标准型。可利用已知的化为可控标准型的原理和步骤,先将 $\sum_2$ 化为可控标准型,再根据对偶原理,便可获得 $\sum_1$ 的可观测标准型。具体步骤如下:

(1) 写出对偶系统 $\sum_2$ 的可控性判别矩阵

$$\boldsymbol{Q}_c^* = [\boldsymbol{B}^* \quad \boldsymbol{A}^*\boldsymbol{B}^* \quad \cdots \quad \boldsymbol{A}^{*n-1}\boldsymbol{B}^*]$$

(2) 求 $\boldsymbol{Q}_c^{*-1}$,设一般形式为

$$\boldsymbol{Q}_c^{*-1} = \begin{bmatrix} q_{11}^* & \cdots & q_{1n}^* \\ \vdots & & \vdots \\ q_{n1}^* & \cdots & q_{nn}^* \end{bmatrix}$$

(3) 取 $\boldsymbol{Q}_c^{*-1}$ 的最后一行,构成 $\boldsymbol{P}_1^{*-1}$,并构造 $\boldsymbol{P}^{*-1}$。

$$\boldsymbol{P}^{*-1} = \begin{bmatrix} \boldsymbol{P}_1^{*-1} \\ \boldsymbol{P}_1^{*-1}\boldsymbol{A}^* \\ \vdots \\ \boldsymbol{P}_1^{*-1}\boldsymbol{A}^{*n-1} \end{bmatrix}$$

(4) 求 $\boldsymbol{P}^{*-1}$的逆阵 $\boldsymbol{P}^*$,$\boldsymbol{P}^*$ 阵便是把 $\sum_2$ 化为可控标准型的变换阵。

$$\dot{\bar{x}}^* = (\boldsymbol{P}^{*-1}\boldsymbol{A}^*\boldsymbol{P}^*)\bar{x}^* + (\boldsymbol{P}^{*-1}\boldsymbol{B}^*)u^*$$

$$y^* = (\boldsymbol{C}^*\boldsymbol{P}^*)\bar{x}^*$$

(5) 对 $\sum_2(\boldsymbol{A}^*,\boldsymbol{B}^*,\boldsymbol{C}^*)$ 再利用对偶原理,便可将 $\sum_1(\boldsymbol{A},\boldsymbol{B},\boldsymbol{C})$ 化为可

观测标准型。

$$\dot{\bar{x}} = (\boldsymbol{P}^{*-1}\boldsymbol{A}^*\boldsymbol{P}^*)^{\mathrm{T}}\bar{x} + (\boldsymbol{C}^*\boldsymbol{P}^*)^{\mathrm{T}}u = (\boldsymbol{P}^{*\mathrm{T}}\boldsymbol{A}\boldsymbol{P}^{*-\mathrm{T}})\bar{x} + (\boldsymbol{P}^{*\mathrm{T}}\boldsymbol{B})u$$

$$y = (\boldsymbol{P}^{*-1}\boldsymbol{B}^*)^{\mathrm{T}}\bar{x} = (\boldsymbol{C}\boldsymbol{P}^{*-\mathrm{T}})\bar{x}$$

【例 5.10】已知线性定常系统的动态方程为

$$\dot{x} = \begin{bmatrix} 2 & 0 \\ 0 & 1 \end{bmatrix} x + \begin{bmatrix} 0 \\ 1 \end{bmatrix} u, y = [1 \quad 1] x$$

试判别可观测性。如可观测,写出可观测标准型。

解:(1) $\boldsymbol{Q}_o = \begin{bmatrix} \boldsymbol{C} \\ \boldsymbol{CA} \end{bmatrix} = \begin{bmatrix} 1 & 1 \\ 2 & 1 \end{bmatrix}$, $\mathrm{rank}\boldsymbol{Q}_o = 2$,故系统状态完全可观测。

(2) 求可观测标准型:

① 列写其对偶系统的可控性判别矩阵:

$$\boldsymbol{A}^* = \boldsymbol{A}^{\mathrm{T}} = \begin{bmatrix} 2 & 0 \\ 0 & 1 \end{bmatrix}, \boldsymbol{B}^* = \boldsymbol{C}^{\mathrm{T}} = \begin{bmatrix} 1 \\ 1 \end{bmatrix}, \boldsymbol{C}^* = \boldsymbol{B}^{\mathrm{T}} = [0 \quad 1]$$

$$\boldsymbol{Q}_c^* = [\boldsymbol{B}^* \quad \boldsymbol{A}^*\boldsymbol{B}^*] = \begin{bmatrix} 1 & 2 \\ 1 & 1 \end{bmatrix}$$

② 求 $\boldsymbol{Q}_c^{*-1}$:

$$\boldsymbol{Q}_c^{*-1} = \begin{bmatrix} -1 & 2 \\ 1 & -1 \end{bmatrix}$$

③ 构造 $\boldsymbol{P}^{*-1}$:

$$\boldsymbol{P}^{*-1} = \begin{bmatrix} \boldsymbol{P}_1^{*-1} \\ \boldsymbol{P}_1^{*-1}\boldsymbol{A}^* \end{bmatrix} = \begin{bmatrix} 1 & -1 \\ 2 & -1 \end{bmatrix}$$

④ 求 $\boldsymbol{P}^*$:

$$\boldsymbol{P}^* = (\boldsymbol{P}^{*-1})^{-1} = \begin{bmatrix} -1 & 1 \\ -2 & 1 \end{bmatrix}$$

⑤ 可观测标准型为

$$\dot{\bar{x}} = (\boldsymbol{P}^{*\mathrm{T}}\boldsymbol{A}\boldsymbol{P}^{*-\mathrm{T}})\bar{x} + (\boldsymbol{P}^{*\mathrm{T}}\boldsymbol{B})u$$

$$y = (\boldsymbol{C}\boldsymbol{P}^{*-\mathrm{T}})\bar{x}$$

其中:$\boldsymbol{P}^{*\mathrm{T}}\boldsymbol{A}\boldsymbol{P}^{*-\mathrm{T}} = \begin{bmatrix} 0 & -2 \\ 1 & 3 \end{bmatrix}$, $\boldsymbol{P}^{*\mathrm{T}}\boldsymbol{B} = \begin{bmatrix} -2 \\ 1 \end{bmatrix}$, $\boldsymbol{C}\boldsymbol{P}^{*-\mathrm{T}} = [0 \quad 1]$

即

$$\dot{\bar{x}} = \begin{bmatrix} 0 & -2 \\ 1 & 3 \end{bmatrix}\bar{x} + \begin{bmatrix} -2 \\ 1 \end{bmatrix} u, y = [0 \quad 1]\bar{x}$$

5.5 可控性、可观测性与传递函数矩阵

5.5.1 传递函数矩阵

定义 5.5(传递函数矩阵的定义):设系统动态方程为 $\dot{x}=\boldsymbol{A}x+\boldsymbol{B}u, y=\boldsymbol{C}x+\boldsymbol{D}u$,在初始条件为零时,输出向量的拉氏变换式 $Y(s)$ 与输入向量的拉氏变换式 $U(s)$ 之间的传递关系,称为传递函数矩阵,简称传递矩阵。

$$x(s)=(s\boldsymbol{I}-\boldsymbol{A})^{-1}\boldsymbol{B}U(s)$$

$$Y(s)=\boldsymbol{C}x(s)+\boldsymbol{D}U(s)=[\boldsymbol{C}(s\boldsymbol{I}-\boldsymbol{A})^{-1}\boldsymbol{B}+\boldsymbol{D}]U(s)$$

所以

$$\boldsymbol{G}(s)=\frac{Y(s)}{U(s)}=\boldsymbol{C}(s\boldsymbol{I}-\boldsymbol{A})^{-1}\boldsymbol{B}+\boldsymbol{D}$$

【例 5.11】已知线性系统动态方程中各矩阵如下,试求传递函数矩阵。

$$\boldsymbol{A}=\begin{bmatrix}0 & 1\\0 & -2\end{bmatrix},\boldsymbol{B}=\begin{bmatrix}1 & 0\\0 & 1\end{bmatrix},\boldsymbol{C}=\begin{bmatrix}1 & 0\\0 & 1\end{bmatrix},\boldsymbol{D}=0$$

解:
$$\begin{aligned}\boldsymbol{G}(s)&=\boldsymbol{C}(s\boldsymbol{I}-\boldsymbol{A})^{-1}\boldsymbol{B}+\boldsymbol{D}\\&=(s\boldsymbol{I}-\boldsymbol{A})^{-1}\\&=\begin{bmatrix}s & -1\\0 & s+2\end{bmatrix}^{-1}=\frac{1}{s(s+2)}\begin{bmatrix}s+2 & 1\\0 & s\end{bmatrix}\end{aligned}$$

5.5.2 MIMO 系统的开环传递函数矩阵和闭环传递函数矩阵

图 5-2 中 U、E、Y、Z 分别为输入向量、偏差向量、输出向量和反馈向量。

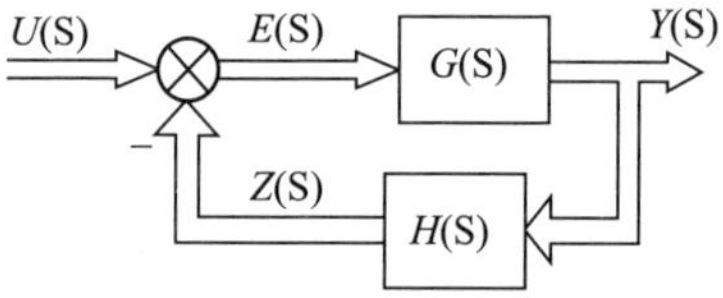

图 5-2 MIMO 系统图

(1) 开环传递函数矩阵:输入向量至反馈向量之间的传递函数矩阵。

$$\boldsymbol{W}_K=\boldsymbol{H}(s)\boldsymbol{G}(s)$$

(2) 闭环传递函数矩阵:输入向量至输出向量之间的传递函数矩阵。

$$\boldsymbol{\Phi}=[\boldsymbol{I}+\boldsymbol{G}(s)\boldsymbol{H}(s)]^{-1}\boldsymbol{G}(s)$$

(3) 偏差传递函数矩阵:输入向量至偏差向量之间的传递函数矩阵。

$$\boldsymbol{\phi}_e=\boldsymbol{I}-\boldsymbol{G}(s)\boldsymbol{H}(s)$$

5.5.3 传递函数矩阵的实现问题

定义 5.6(传递矩阵的实现):给定一传递函数矩阵 $\boldsymbol{G}(s)$,若有一状态空间表达式 $\sum(\boldsymbol{A},\boldsymbol{B},\boldsymbol{C},\boldsymbol{D})$

$$\dot{x}=\boldsymbol{A}x+\boldsymbol{B}u$$
$$y=\boldsymbol{C}x+\boldsymbol{D}u$$

使 $\boldsymbol{C}(s\boldsymbol{I}-\boldsymbol{A})^{-1}\boldsymbol{B}+\boldsymbol{D}=\boldsymbol{G}(s)$ 成立,则称此状态空间表达式 $\sum(\boldsymbol{A},\boldsymbol{B},\boldsymbol{C},\boldsymbol{D})$ 为传递函数矩阵 $\boldsymbol{G}(s)$ 的一个实现。

说明:

(1) 并不是任意一个传递函数矩阵 $\boldsymbol{G}(s)$ 都可以找到其实现,通常它必须满足物理可实现条件,即

传递函数矩阵 $\boldsymbol{G}(s)$ 中的每一个元素 $\boldsymbol{G}_{ik}(s)(i=1,2,\cdots,m;k=1,2,\cdots,r)$ 的分子分母多项式系数均为实常数。传递函数矩阵 $\boldsymbol{G}(s)$ 中的每一个元素 $\boldsymbol{G}_{ik}(s)$ 均为 s 的有理真分式函数。

(2) 对应某一传递函数矩阵的实现是不唯一的。

由于传递函数矩阵只能反映系统中可控且可观测的子系统的动力学行为。因而,对于某一传递函数矩阵有任意维数的状态空间表达式与之对应。

1. SISO 系统的可控标准型实现和可观测标准型实现

1) 可控标准型实现

$$\boldsymbol{A}_c=\begin{bmatrix}0&1&0&\cdots&0\\0&0&1&\cdots&0\\\vdots&\vdots&\vdots&&\vdots\\0&0&0&\cdots&1\\-a_0&-a_1&-a_2&\cdots&-a_{n-1}\end{bmatrix},\boldsymbol{b}_c=\begin{bmatrix}0\\0\\\vdots\\0\\1\end{bmatrix},\boldsymbol{C}_c=[\beta_0\quad\beta_1\quad\beta_2\quad\cdots\quad\beta_{n-1}]\tag{5-13}$$

2) 可观测标准型实现

$$\boldsymbol{A}_o=\begin{bmatrix}0&\cdots&0&-a_0\\1&\cdots&0&-a_1\\\vdots&\ddots&\vdots&\vdots\\0&\cdots&1&-a_{n-1}\end{bmatrix},\boldsymbol{b}_o=\begin{bmatrix}\beta_0\\\beta_1\\\vdots\\\beta_{n-1}\end{bmatrix},\boldsymbol{C}_o=[0\quad0\quad\cdots\quad0\quad1]\tag{5-14}$$

并且有

$$\boldsymbol{C}_c(s\boldsymbol{I}-\boldsymbol{A}_c)^{-1}\boldsymbol{b}_c=\boldsymbol{C}_o(s\boldsymbol{I}-\boldsymbol{A}_o)^{-1}\boldsymbol{b}_o=\frac{\beta_{n-1}s^{n-1}+\cdots+\beta_1 s+\beta_0}{s^n+a_{n-1}s^{n-1}+\cdots+a_1 s+a_0}$$

【例 5.12】已知线性系统的传递函数为

$$\boldsymbol{G}(s)=\frac{s^2+4s+5}{s^3+6s^2+11s+6}$$

试写出系统可控标准型实现和可观测标准型实现。

解：可控标准型实现

$$\dot{x}=\begin{bmatrix}0 & 1 & 0\\ 0 & 0 & 1\\ -6 & -11 & -6\end{bmatrix}x+\begin{bmatrix}0\\0\\1\end{bmatrix}u,\ y=[5\quad 4\quad 1]x$$

可观测标准型实现

$$\dot{x}=\begin{bmatrix}0 & 0 & -6\\ 1 & 0 & -11\\ 0 & 1 & -6\end{bmatrix}x+\begin{bmatrix}5\\4\\1\end{bmatrix}u,\ y=[0\quad 0\quad 1]x$$

2. MIMO 系统的可控标准型实现和可观测标准型实现

设 MIMO 系统的传递函数矩阵为 $m\times r$ 维，并有如下形式：

$$\boldsymbol{G}(s)_{m\times r}=\frac{\boldsymbol{\beta}_{n-1}s^{n-1}+\cdots+\boldsymbol{\beta}_1 s+\boldsymbol{\beta}_0}{s^n+a_{n-1}s^{n-1}+\cdots+a_1 s+a_0}\tag{5-15}$$

式中：$\boldsymbol{\beta}_{n-1},\cdots,\boldsymbol{\beta}_1,\boldsymbol{\beta}_0$ 均为 $m\times r$ 维实数矩阵；分母多项式为该传递函数矩阵的特征多项式；m 为输出变量的维数；r 为输入变量的维数。

1）可控标准型实现

$$\boldsymbol{A}_c=\begin{bmatrix}\boldsymbol{0}_r & \boldsymbol{I}_r & \boldsymbol{0}_r & \cdots & \boldsymbol{0}_r\\ \boldsymbol{0}_r & \boldsymbol{0}_r & \boldsymbol{I}_r & \cdots & \boldsymbol{0}_r\\ \vdots & \vdots & \vdots & & \vdots\\ \boldsymbol{0}_r & \boldsymbol{0}_r & \boldsymbol{0}_r & \cdots & \boldsymbol{I}_r\\ -a_0\boldsymbol{I}_r & -a_1\boldsymbol{I}_r & -a_2\boldsymbol{I}_r & \cdots & -a_{n-1}\boldsymbol{I}_r\end{bmatrix}$$

$$\boldsymbol{B}_c=\begin{bmatrix}\boldsymbol{0}_r\\ \boldsymbol{0}_r\\ \vdots\\ \boldsymbol{0}_r\\ \boldsymbol{I}_r\end{bmatrix},\boldsymbol{C}_c=[\boldsymbol{\beta}_0\quad \boldsymbol{\beta}_1\quad \boldsymbol{\beta}_2\quad \cdots\quad \boldsymbol{\beta}_{n-1}]\tag{5-16}$$

式中：$\boldsymbol{0}_r$ 和 $\boldsymbol{I}_r$ 分别表示 $r\times r$ 阶零矩阵和单位矩阵，n 为分母多项式的阶数。

2）可观测标准型实现

$$A_o=\begin{bmatrix}\mathbf{0}_m & \cdots & \mathbf{0}_m & -a_0\boldsymbol{I}_m\\ \boldsymbol{I}_m & \cdots & \mathbf{0}_m & -a_1\boldsymbol{I}_m\\ \vdots & \ddots & \vdots & \vdots\\ \mathbf{0}_m & \cdots & \boldsymbol{I}_m & -a_{n-1}\boldsymbol{I}_m\end{bmatrix},\boldsymbol{B}_o=\begin{bmatrix}\boldsymbol{\beta}_0\\ \boldsymbol{\beta}_1\\ \vdots\\ \boldsymbol{\beta}_{n-1}\end{bmatrix},\boldsymbol{C}_o=[\mathbf{0}_m\quad \mathbf{0}_m\quad \cdots\quad \mathbf{0}_m\quad \boldsymbol{I}_m] \tag{5-17}$$

式中：$\mathbf{0}_m$ 和 $\boldsymbol{I}_m$ 分别表示 $m\times m$ 阶零矩阵和单位矩阵。

注意：MIMO 系统的可观测标准型并不是可控标准型的简单的转置。

【例 5.13】试求 $\boldsymbol{G}(s)=\begin{bmatrix}\frac{s+2}{s+1} & \frac{1}{s+3}\\ \frac{s}{s+1} & \frac{s+1}{s+2}\end{bmatrix}$的可控标准型实现和可观测标准型实现。

解：首先将 $\boldsymbol{G}(s)$化成严格有理真分式

$$\boldsymbol{G}(s)=\begin{bmatrix}\frac{s+2}{s+1} & \frac{1}{s+3}\\ \frac{s}{s+1} & \frac{s+1}{s+2}\end{bmatrix}=\begin{bmatrix}\frac{1}{s+1} & \frac{1}{s+3}\\ -\frac{1}{s+1} & -\frac{1}{s+2}\end{bmatrix}+\begin{bmatrix}1 & 0\\ 1 & 1\end{bmatrix}=\boldsymbol{C}(s\boldsymbol{I}-\boldsymbol{A})^{-1}\boldsymbol{B}+\boldsymbol{D}$$

比较有

$$\boldsymbol{C}(s\boldsymbol{I}-\boldsymbol{A})^{-1}\boldsymbol{B}=\begin{bmatrix}\frac{1}{s+1} & \frac{1}{s+3}\\ -\frac{1}{s+1} & -\frac{1}{s+2}\end{bmatrix}$$

然后将 $\boldsymbol{C}(\mathrm{s}\boldsymbol{I}-\boldsymbol{A})^{-1}\boldsymbol{B}$ 写成标准格式：

$$\begin{aligned}\boldsymbol{C}(s\boldsymbol{I}-\boldsymbol{A})^{-1}\boldsymbol{B}&=\begin{bmatrix}\frac{1}{s+1} & \frac{1}{s+3}\\ -\frac{1}{s+1} & -\frac{1}{s+2}\end{bmatrix}\\ &=\begin{bmatrix}\frac{(s+2)(s+3)}{(s+1)(s+2)(s+3)} & \frac{(s+1)(s+2)}{(s+1)(s+2)(s+3)}\\ \frac{-(s+2)(s+3)}{(s+1)(s+2)(s+3)} & \frac{-(s+1)(s+3)}{(s+1)(s+2)(s+3)}\end{bmatrix}\\ &=\frac{1}{(s+1)(s+2)(s+3)}\begin{bmatrix}s^2+5s+6 & s^2+3s+2\\ -(s^2+5s+6) & -(s^2+4s+3)\end{bmatrix}\\ &=\frac{1}{s^3+6s^2+11s+6}\left\{\begin{bmatrix}1 & 1\\ -1 & -1\end{bmatrix}s^2+\begin{bmatrix}5 & 3\\ -5 & -4\end{bmatrix}s+\begin{bmatrix}6 & 2\\ -6 & -3\end{bmatrix}\right\}\end{aligned}$$

与式(5－15)对照：

$$a_0=6, a_1=11, a_2=6$$

$$\boldsymbol{\beta}_0=\begin{bmatrix}6 & 2\\ -6 & -3\end{bmatrix}, \boldsymbol{\beta}_1=\begin{bmatrix}5 & 3\\ -5 & -4\end{bmatrix}, \boldsymbol{\beta}_2=\begin{bmatrix}1 & 1\\ -1 & -1\end{bmatrix}$$

所以有如下 MIMO 系统可控标准型实现：

$$\boldsymbol{A}_c=\begin{bmatrix}\boldsymbol{0}_r & \boldsymbol{I}_r & \boldsymbol{0}_r\\ \boldsymbol{0}_r & \boldsymbol{0}_r & \boldsymbol{I}_r\\ -a_0\boldsymbol{I}_r & -a_1\boldsymbol{I}_r & -a_2\boldsymbol{I}_r\end{bmatrix}_{r=2}=\begin{bmatrix}0 & 0 & 1 & 0 & 0 & 0\\ 0 & 0 & 0 & 1 & 0 & 0\\ 0 & 0 & 0 & 0 & 1 & 0\\ 0 & 0 & 0 & 0 & 0 & 1\\ -6 & 0 & -11 & 0 & -6 & 0\\ 0 & -6 & 0 & -11 & 0 & -6\end{bmatrix}$$

$$\boldsymbol{B}_c=\begin{bmatrix}\boldsymbol{0}_r\\ \boldsymbol{0}_r\\ \boldsymbol{I}_r\end{bmatrix}_{r=2}=\begin{bmatrix}0 & 0\\ 0 & 0\\ 0 & 0\\ 0 & 0\\ 1 & 0\\ 0 & 1\end{bmatrix}, \boldsymbol{C}_c=[\boldsymbol{\beta}_0 \quad \boldsymbol{\beta}_1 \quad \boldsymbol{\beta}_2]$$

$$=\begin{bmatrix}6 & 2 & 5 & 3 & 1 & 1\\ -6 & -3 & -5 & -4 & -1 & -1\end{bmatrix}, \boldsymbol{D}_c=\begin{bmatrix}1 & 0\\ 1 & 1\end{bmatrix}$$

同理 MIMO 可观测标准型实现为：

$$\boldsymbol{A}_o=\begin{bmatrix}\boldsymbol{0}_m & \boldsymbol{0}_m & -a_0\boldsymbol{I}_m\\ \boldsymbol{I}_m & \boldsymbol{0}_m & -a_1\boldsymbol{I}_m\\ \boldsymbol{0}_m & \boldsymbol{I}_m & -a_2\boldsymbol{I}_m\end{bmatrix}_{m=2}=\begin{bmatrix}0 & 0 & 0 & 0 & -6 & 0\\ 0 & 0 & 0 & 0 & 0 & -6\\ 1 & 0 & 0 & 0 & -11 & 0\\ 0 & 1 & 0 & 0 & 0 & -11\\ 0 & 0 & 1 & 0 & -6 & 0\\ 0 & 0 & 0 & 1 & 0 & -6\end{bmatrix}$$

$$\boldsymbol{B}_o=\begin{bmatrix}\boldsymbol{\beta}_0\\ \boldsymbol{\beta}_1\\ \boldsymbol{\beta}_2\end{bmatrix}=\begin{bmatrix}6 & 2\\ -6 & -3\\ 5 & 3\\ -5 & -4\\ 1 & 1\\ -1 & -1\end{bmatrix}, \boldsymbol{C}_o=[\boldsymbol{0}_m \quad \boldsymbol{0}_m \quad \boldsymbol{I}_m]_{m=2}$$

$$=\begin{bmatrix}0 & 0 & 0 & 0 & 1 & 0\\ 0 & 0 & 0 & 0 & 0 & 1\end{bmatrix}, \boldsymbol{D}_o=\begin{bmatrix}1 & 0\\ 1 & 1\end{bmatrix}$$

3. 最小实现

定义 5.7(最小实现定义):

定理 5.9:由描述系统输入输出动态关系的运动方程或传递函数,建立系统的状态空间表达式的过程称为实现过程。若函数没有零极点对消的情况,则传递函数的实现称为最小实现。

传递函数矩阵 $\boldsymbol{G}(s)$ 的一个实现 $\sum(\boldsymbol{A},\boldsymbol{B},\boldsymbol{C})$

$$\dot{x}=\boldsymbol{A}x+\boldsymbol{B}u$$
$$y=\boldsymbol{C}x$$

为最小实现的充分必要条件是 $\sum(\boldsymbol{A},\boldsymbol{B},\boldsymbol{C})$ 既是可控的又是可观测的。

说明:

设传递函数矩阵为 $\boldsymbol{G}(s)_{m\times r}$,在求其最小实现时,先初选一种实现(可控标准型实现或可观测标准型实现)。r 为输入变量的维数,m 为输出变量的维数。

初选规则是:

(1) $r>m$ 时,先初选可观测标准型实现。

(2) $r<m$ 时,先初选可控标准型实现。

【**例 5.14**】试求如下传递函数矩阵的最小实现。

$$\boldsymbol{G}(s)=\begin{bmatrix}\dfrac{1}{(s+1)(s+2)} & \dfrac{1}{(s+2)(s+3)}\end{bmatrix}$$

解:(1)

$$\begin{aligned}\boldsymbol{G}(s)_{1\times 2}&=\begin{bmatrix}\dfrac{s+3}{(s+1)(s+2)(s+3)} & \dfrac{s+1}{(s+1)(s+2)(s+3)}\end{bmatrix}\\&=\frac{1}{(s+1)(s+2)(s+3)}\begin{bmatrix}s+3 & s+1\end{bmatrix}\\&=\frac{1}{s^3+6s^2+11s+6}\{\begin{bmatrix}1 & 1\end{bmatrix}s+\begin{bmatrix}3 & 1\end{bmatrix}\}\end{aligned}$$

即

$$a_0=6,a_1=11,a_2=6$$
$$\boldsymbol{\beta}_0=\begin{bmatrix}3 & 1\end{bmatrix},\boldsymbol{\beta}_1=\begin{bmatrix}1 & 1\end{bmatrix},\boldsymbol{\beta}_2=\begin{bmatrix}0 & 0\end{bmatrix}$$

由 $\boldsymbol{G}(s)_{m\times r}=\boldsymbol{G}(s)_{1\times 2}, r=2, m=1, r>m$,故先选可观测标准型。

$$\boldsymbol{A}_o=\begin{bmatrix}\boldsymbol{0}_m & \boldsymbol{0}_m & -a_0\boldsymbol{I}_m\\ \boldsymbol{I}_m & \boldsymbol{0}_m & -a_1\boldsymbol{I}_m\\ \boldsymbol{0}_m & \boldsymbol{I}_m & -a_2\boldsymbol{I}_m\end{bmatrix}_{m=1}=\begin{bmatrix}0 & 0 & -6\\ 1 & 0 & -11\\ 0 & 1 & -6\end{bmatrix}$$

$$\boldsymbol{B}_o=\begin{bmatrix}\beta_0\\ \beta_1\\ \beta_2\end{bmatrix}=\begin{bmatrix}3&1\\1&1\\0&0\end{bmatrix},\boldsymbol{C}_o=[\boldsymbol{0}_m\quad \boldsymbol{0}_m\quad \boldsymbol{I}_m]_{m=1}=[0\quad 0\quad 1]$$

(2) 检验可观测标准型实现 $\sum(\boldsymbol{A}_o,\boldsymbol{B}_o,\boldsymbol{C}_o)$是否可控。

$$\boldsymbol{Q}_c=[\boldsymbol{B}_o\quad \boldsymbol{A}_o\boldsymbol{B}_o\quad \boldsymbol{A}_o^2\boldsymbol{B}_o]=\begin{bmatrix}3&1&0&0&-6&-6\\1&1&3&1&-11&-11\\0&0&1&1&-3&-5\end{bmatrix}$$

$\mathrm{rank}\boldsymbol{Q}_c=3=n$,故 $\sum(\boldsymbol{A}_o,\boldsymbol{B}_o,\boldsymbol{C}_o)$ 可控可观测，$\sum(\boldsymbol{A}_o,\boldsymbol{B}_o,\boldsymbol{C}_o)$ 为最小实现。

5.5.4 可控性、可观测性与传递函数矩阵的关系

通过线性系统的状态方程可以判别系统的可控性与可观性。在实际应用中,我们通常通过判断系统的可控性来评估整套系统的稳定性。当系统输入信号较为复杂时,具有可观性的系统能够更方便地分析系统的输入信号,由此可以推测一些噪声及错误的输入。线性系统的可控性与可观测性不是两个相互独立的概念,它们之间存在着一种内在的联系,本节将对此展开描述。

定理 5.10:SISO 系统可控且可观测的充分必要条件是:由动态方程导出的传递函数不存在零极点对消(即传递函数不可约)。

SISO 系统可控的充分必要条件是:$(s\boldsymbol{I}-\boldsymbol{A})^{-1}\boldsymbol{b}$ 不存在零极点对消。

SISO 系统可观测的充分必要条件是:$\boldsymbol{c}(s\boldsymbol{I}-\boldsymbol{A})^{-1}$不存在零极点对消。

【例 5.15】试分析下列系统的可控性、可观测性与传递函数的关系。

(1) $\dot{x}=\begin{bmatrix}0&1\\2.5&-1.5\end{bmatrix}x+\begin{bmatrix}0\\1\end{bmatrix}u,y=[2.5\quad 1]x$

(2) $\dot{x}=\begin{bmatrix}0&2.5\\1&-1.5\end{bmatrix}x+\begin{bmatrix}2.5\\1\end{bmatrix}u,y=[0\quad 1]x$

(3) $\dot{x}=\begin{bmatrix}1&0\\0&-2.5\end{bmatrix}x+\begin{bmatrix}1\\0\end{bmatrix}u,y=[1\quad 0]x$

解:三个系统的传递函数均为

$$\boldsymbol{G}(s)=\frac{Y(s)}{U(s)}=\frac{s+2.5}{(s-1)(s+2.5)}$$

显然存在零极点对消。

(1) $\boldsymbol{A}$、$\boldsymbol{b}$ 为可控标准型,故此系统可控不可观测。

(2) $\boldsymbol{A}$、$\boldsymbol{c}$ 为可观测标准型,故此系统可观测不可控。

(3) 系统不可控、不可观测。

【例 5.16】设二阶系统如下图。试用状态空间及传递函数描述判别系统的可控性和可观测性,并说明传递函数描述的不完全性。

解:由结构图有

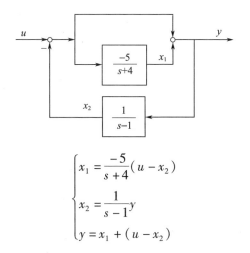

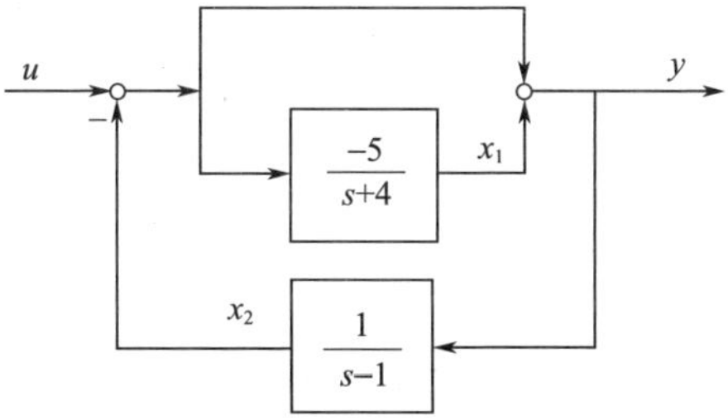

$$\begin{cases} x_1 = \dfrac{-5}{s+4}(u - x_2) \\ x_2 = \dfrac{1}{s-1}y \\ y = x_1 + (u - x_2) \end{cases}$$

整理后,有:

$$\dot{x} = \begin{bmatrix} -4 & 5 \\ 1 & 0 \end{bmatrix} x + \begin{bmatrix} -5 \\ 1 \end{bmatrix} u,\ y = [1 \quad -1] x + u$$

$$(s\boldsymbol{I} - \boldsymbol{A})^{-1}\boldsymbol{b} = \begin{bmatrix} s+4 & -5 \\ -1 & s \end{bmatrix}^{-1} \begin{bmatrix} -5 \\ 1 \end{bmatrix} = \frac{s-1}{(s-1)(s+5)} \begin{bmatrix} -5 \\ 1 \end{bmatrix}$$

$$\boldsymbol{c}(s\boldsymbol{I} - \boldsymbol{A})^{-1} = [1 \quad -1] \begin{bmatrix} s+4 & -5 \\ -1 & s \end{bmatrix}^{-1} = \frac{s-1}{(s-1)(s+5)} [1 \quad -1]$$

显然,都出现零极点对消,故系统不可控、不可观测。

分析:系统的特征多项式为 $|\lambda \boldsymbol{I} - \boldsymbol{A}| = (\lambda + 5)(\lambda - 1)$,二阶系统的特征多项式应是二次多项式,但对消的结果是使二阶系统降为一阶。

$$\boldsymbol{G}(s) = \boldsymbol{c}(s\boldsymbol{I} - \boldsymbol{A})^{-1}\boldsymbol{b} = \frac{-6(s-1)}{(s+5)(s-1)} = \frac{-6}{s+5}$$

原系统是不稳定的,含有一个右特征值 $\lambda = 1$。但用对消后的传递函数描述系统时,会误认为系统是稳定的。因此说传递函数描述是不完全的。

定理 5.11:多输入系统可控的充要条件是:$(s\boldsymbol{I} - \boldsymbol{A})^{-1}\boldsymbol{B}$ 的 n 行线性无关。多输出系统可观测的充要条件是:$\boldsymbol{C}(s\boldsymbol{I} - \boldsymbol{A})^{-1}$ 的 n 列线性无关。

【例 5.17】试用传递函数矩阵判别下列 MIMO 系统的可控性、可观测性。

$$\dot{x} = \boldsymbol{A}x + \boldsymbol{B}u, y = \boldsymbol{C}x$$

$$A=\begin{bmatrix}1&3&2\\0&4&2\\0&0&1\end{bmatrix},B=\begin{bmatrix}0&1\\0&0\\1&0\end{bmatrix},C=\begin{bmatrix}1&0&0\\0&0&1\end{bmatrix}$$

解：$(s\boldsymbol{I}-\boldsymbol{A})^{-1}=\begin{bmatrix}s-1&-3&-2\\0&s-4&-2\\0&0&s-1\end{bmatrix}^{-1}=\dfrac{s-1}{(s-1)^2(s-4)}\begin{bmatrix}s-4&3&2\\0&s-1&2\\0&0&s-4\end{bmatrix}$

(1) 判别可控性：

$$(s\boldsymbol{I}-\boldsymbol{A})^{-1}\boldsymbol{B}=\frac{s-1}{(s-1)^2(s-4)}\begin{bmatrix}2&s-4\\2&0\\s-4&0\end{bmatrix}$$

令

$$a_1[2\quad s-4]+a_2[2\quad 0]+a_3[s-4\quad 0]=0$$

解此方程组，有 $a_1=a_2=a_3=0$，故$(s\boldsymbol{I}-\boldsymbol{A})^{-1}\boldsymbol{B}$ 三行线性无关，系统可控。

(2) 判别可观测性：

$$\boldsymbol{C}(s\boldsymbol{I}-\boldsymbol{A})^{-1}=\frac{s-1}{(s-1)^2(s-4)}\begin{bmatrix}s-4&3&2\\0&0&s-4\end{bmatrix}$$

令

$$a_1\begin{bmatrix}s-4\\0\end{bmatrix}+a_2\begin{bmatrix}3\\0\end{bmatrix}+a_3\begin{bmatrix}2\\s-4\end{bmatrix}=0$$

解此方程组，有 $a_1=a_2=a_3=0$，故 $\boldsymbol{C}(s\boldsymbol{I}-\boldsymbol{A})^{-1}$ 三列线性无关，系统可观测。

5.6 线性定常系统的规范分解

系统中只要有一个状态变量不可控便称系统不可控，那么不可控系统便含有可控和不可控两种状态变量；只要有一个状态变量不可观测便称系统不可观测，那么不可观测系统便含有可观测和不可观测两种状态变量。从可控性、可观测性角度出发，状态变量可分解成可控可观测状态变量 x_{co}、可控不可观测状态变量 $x_{c\bar{o}}$、不可控可观测状态变量 $x_{\bar{c}o}$、不可控不可观测状态变量 $x_{\bar{c}\bar{o}}$ 四类。由相应状态变量作坐标轴构成的子空间也分成四类，并把系统也相应分成四类子系统，称为系统的规范分解。

5.6.1 系统按可控性的结构分解

设不可控线性定常系统为 $\dot{x}=\boldsymbol{A}x+\boldsymbol{B}u,y=\boldsymbol{C}x$，其可控性判别矩阵的秩为 r

$(r<n)$，即 $\operatorname{rank}\boldsymbol{Q}_c=r<n$，则存在非奇异变换

$$x=\boldsymbol{R}_c\bar{x} \tag{5-18}$$

将状态空间表达式变换为 $\dot{\bar{x}}=\bar{\boldsymbol{A}}\bar{x}+\bar{\boldsymbol{B}}u, y=\bar{\boldsymbol{C}}\bar{x}$。其中

$$\bar{x}=\begin{bmatrix} x_c \\ \vdots \\ x_{\bar{c}c} \end{bmatrix}\begin{matrix}\}r \\ \\ \}(n-r)\end{matrix},\bar{\boldsymbol{A}}=\boldsymbol{R}_c^{-1}\boldsymbol{A}\boldsymbol{R}_c=\underbrace{\begin{bmatrix} \bar{A}_{11} & \cdots & \bar{A}_{12} \\ \vdots & & \vdots \\ 0 & \cdots & \bar{A}_{22} \end{bmatrix}}_{r\qquad(n-r)}\begin{matrix}\}r \\ \\ \}(n-r)\end{matrix} \tag{5-19}$$

其非奇异变换阵 $\boldsymbol{R}_c=[R_1\quad R_2\quad\cdots\quad R_r\quad R_{r+1}\quad\cdots\quad R_n]$

$\left(\bar{\boldsymbol{B}}=\boldsymbol{R}_c^{-1}\boldsymbol{B}\begin{bmatrix} \bar{B}_1 \\ \vdots \\ 0 \end{bmatrix}\begin{matrix}\}r \\ \}(n-r)\end{matrix},\quad \bar{\boldsymbol{C}}=\boldsymbol{C}\boldsymbol{R}_c=[\underbrace{\bar{\boldsymbol{C}}_1}_{r}\quad\cdots\quad\underbrace{\bar{\boldsymbol{C}}_2}_{(n-r)}]\right)$中的 n 个列向量可按如下方法构造：

前 r 个列向量 $R_1,R_2,\cdots,R_r$ 是可控性判别矩阵 $\boldsymbol{Q}_c=[\boldsymbol{B}\quad \boldsymbol{AB}\quad\cdots\quad \boldsymbol{A}^{n-1}\boldsymbol{B}]$ 中的 r 个线性无关的列；另外 $(n-r)$ 个列向量 $R_{r+1},\cdots,R_n$ 在确保 $\boldsymbol{R}_c$ 为非奇异的条件下任意选择。

将变换后的动态方程展开，有

$$\begin{cases} \dot{x}_c=\bar{A}_{11}x_c+\bar{A}_{12}x_{\bar{c}}+\bar{B}_1u \\ \dot{x}_{\bar{c}}=\bar{A}_{22}x_{\bar{c}} \\ y=\bar{C}_1x_c+\bar{C}_2x_{\bar{c}} \end{cases} \tag{5-20}$$

即可控子系统动态方程为：

$$\dot{x}_c=\bar{A}_{11}x_c+\bar{A}_{12}x_{\bar{c}}+\bar{B}_1u$$

$$y_1=\bar{C}_1x_c$$

不可控子系统动态方程为：

$$\dot{x}_{\bar{c}}=\bar{A}_{22}x_{\bar{c}}$$

$$y_2=\bar{C}_2x_{\bar{c}}$$

图 5-3 所示为系统按可控性进行结构分解。

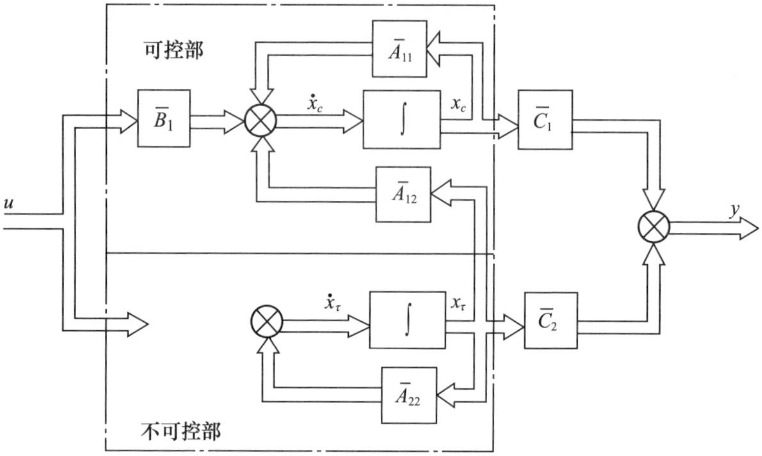

图 5－3　按可控性进行结构分解示意图

【例 5.18】设线性定常系统

$$\dot{x} = \begin{bmatrix} 0 & 0 & -1 \\ 1 & 0 & -3 \\ 0 & 1 & -3 \end{bmatrix} x + \begin{bmatrix} 1 \\ 1 \\ 0 \end{bmatrix} u,\ y = [0 \quad 1 \quad -2]x$$

判别可控性。若系统不可控,将系统按可控性进行规范分解。

解:

(1) 判别可控性。

$$\boldsymbol{Q}_c = [\boldsymbol{b} \quad \boldsymbol{Ab} \quad \boldsymbol{A}^2\boldsymbol{b}] = \begin{bmatrix} 1 & 0 & -1 \\ 1 & 1 & -3 \\ 0 & 1 & -2 \end{bmatrix}, \text{rank}\boldsymbol{Q}_c = 2 < n, \text{故系统不完全可控。}$$

(2) 构造按可控性进行规范分解的非奇异变换阵 $\boldsymbol{R}_c$。

$$\boldsymbol{R}_c = [R_1 \quad R_2 \quad R_3]$$

$$R_1 = \begin{bmatrix} 1 \\ 1 \\ 0 \end{bmatrix}, R_2 = \begin{bmatrix} 0 \\ 1 \\ 1 \end{bmatrix}, R_3 = \begin{bmatrix} 0 \\ 0 \\ 1 \end{bmatrix}, \text{故而 } \boldsymbol{R}_c = \begin{bmatrix} 1 & 0 & 0 \\ 1 & 1 & 0 \\ 0 & 1 & 1 \end{bmatrix}$$

变换后系统的动态方程为

$$\dot{\bar{x}} = \bar{\boldsymbol{A}}\bar{x} + \bar{\boldsymbol{B}}u, y = \bar{\boldsymbol{C}}\bar{x}$$

式中:

$$\bar{x} = \begin{bmatrix} x_c \\ x_{\bar{c}} \end{bmatrix}$$

$$\bar{A} = R_c^{-1}AR_c = \begin{bmatrix}1 & 0 & 0\\1 & 1 & 0\\0 & 1 & 1\end{bmatrix}^{-1}\begin{bmatrix}0 & 0 & -1\\1 & 0 & -3\\0 & 1 & -3\end{bmatrix}\begin{bmatrix}1 & 0 & 0\\1 & 1 & 0\\0 & 1 & 1\end{bmatrix} = \left[\begin{array}{cc:c}0 & -1 & -1\\1 & -2 & -2\\ \hdashline 0 & 0 & -1\end{array}\right]$$

$$\bar{B} = R_c^{-1}B = \begin{bmatrix}1 & 0 & 0\\1 & 1 & 0\\0 & 1 & 1\end{bmatrix}^{-1}\begin{bmatrix}1\\1\\0\end{bmatrix} = \begin{bmatrix}1\\0\\ \hdashline 0\end{bmatrix}$$

$$\bar{C} = CR_c = [0 \quad 1 \quad -2]\begin{bmatrix}1 & 0 & 0\\1 & 1 & 0\\0 & 1 & 1\end{bmatrix} = [1 \quad -1 \;\vdots\; -2]$$

可控子系统动态方程：

$$\dot{x}_c = \begin{bmatrix}0 & -1\\1 & -2\end{bmatrix}x_c + \begin{bmatrix}-1\\-2\end{bmatrix}\bar{x}_{\bar{c}} + \begin{bmatrix}1\\0\end{bmatrix}u,\ y_1 = [1 \quad -1]x_c$$

不可控子系统动态方程：

$$\dot{x}_{\bar{c}} = -x_{\bar{c}},\ y_2 = -2x_{\bar{c}}$$

为了说明在构造变换阵 $\boldsymbol{R}_c$ 时，$R_{r+1},\cdots,R_n$ 列是任意选取的（当然必须保证 $\boldsymbol{R}_c$ 为非奇异），现取 $\boldsymbol{R}_c=[R_1 \quad R_2 \quad R_3]$ 中的 $R_3=[1 \quad 0 \quad 1]^{\mathrm{T}}$，即

$$R_c = \begin{bmatrix}1 & 0 & 1\\1 & 1 & 0\\0 & 1 & 1\end{bmatrix},\quad \dot{\bar{x}} = \bar{A}\bar{x} + \bar{B}u,\ y = \bar{C}\bar{x}$$

式中：$\bar{x} = \begin{bmatrix}x_c\\x_{\bar{c}}\end{bmatrix}$

$$\bar{A} = R_c^{-1}AR_c = \begin{bmatrix}1 & 0 & 1\\1 & 1 & 0\\0 & 1 & 1\end{bmatrix}^{-1}\begin{bmatrix}0 & 0 & -1\\1 & 0 & -3\\0 & 1 & -3\end{bmatrix}\begin{bmatrix}1 & 0 & 1\\1 & 1 & 0\\0 & 1 & 1\end{bmatrix} = \left[\begin{array}{cc:c}0 & -1 & 0\\1 & -2 & -2\\ \hdashline 0 & 0 & -1\end{array}\right]$$

$$\bar{B} = R_c^{-1}B = \begin{bmatrix}1 & 0 & 1\\1 & 1 & 0\\0 & 1 & 1\end{bmatrix}^{-1}\begin{bmatrix}1\\1\\0\end{bmatrix} = \begin{bmatrix}1\\0\\ \hdashline 0\end{bmatrix}$$

$$\bar{C} = CR_c = [0 \quad 1 \quad -2]\begin{bmatrix}1 & 0 & 1\\1 & 1 & 0\\0 & 1 & 1\end{bmatrix} = [1 \quad -1 \;\vdots\; -2]$$

即有

$$\begin{bmatrix}\dot{x}_c\\ \dot{x}_{\bar{c}}\end{bmatrix} = \begin{bmatrix}0 & -1 & 0\\1 & -2 & -2\\0 & 0 & -1\end{bmatrix}\begin{bmatrix}x_c\\x_{\bar{c}}\end{bmatrix} + \begin{bmatrix}1\\0\\0\end{bmatrix}u,\quad y = [1 \quad -1 \quad -2]\begin{bmatrix}x_c\\x_{\bar{c}}\end{bmatrix}$$

5.6.2 系统按可观测性的结构分解

设不可观测线性定常系统为 $\dot{x} = \boldsymbol{A}x + \boldsymbol{B}u, y = \boldsymbol{C}x$,其可观测性判别矩阵 $\boldsymbol{Q}_o$ 的秩为 $r(r<n)$,即 $\mathrm{rank}\boldsymbol{Q}_o = r < n$,则存在非奇异变换

$$x = \boldsymbol{R}_o \bar{x} \tag{5-21}$$

将状态空间表达式变换为 $\dot{\bar{x}} = \bar{A}\bar{x} + \bar{B}u, y = \bar{C}\bar{x}$。其中

$$\bar{x} = \begin{bmatrix} x_o \\ \vdots \\ x_{\bar{o}} \end{bmatrix} \begin{matrix} \}r \\ \\ \}(n-r) \end{matrix}, \quad \bar{\boldsymbol{A}} = \boldsymbol{R}_o^{-1}\boldsymbol{A}\boldsymbol{R}_o = \begin{bmatrix} \bar{A}_{11} & \cdots & 0 \\ \vdots & & \vdots \\ \bar{A}_{21} & \cdots & \bar{A}_{22} \end{bmatrix} \begin{matrix} \}r \\ \\ \}(n-r) \end{matrix}$$

$$\qquad\qquad\qquad\qquad\qquad\qquad\qquad\qquad \underbrace{\qquad}_{r} \quad \underbrace{\qquad}_{(n-r)}$$

$$\bar{\boldsymbol{B}} = \boldsymbol{R}_o^{-1}\boldsymbol{B} \begin{bmatrix} \bar{B}_1 \\ \vdots \\ \bar{B}_2 \end{bmatrix} \begin{matrix} \}r \\ \\ \}(n-r) \end{matrix}, \quad \bar{\boldsymbol{C}} = \boldsymbol{C}\boldsymbol{R}_o = [\underbrace{\bar{\boldsymbol{C}}_1}_{r} \quad \cdots \quad \underbrace{0}_{(n-r)}]$$

非奇异线性变换阵可这样构造:$\boldsymbol{R}_o^{-1} = \begin{bmatrix} R_1^{\mathrm{T}} \\ \vdots \\ R_r^{\mathrm{T}} \\ R_{r+1}^{\mathrm{T}} \\ \vdots \\ R_n^{\mathrm{T}} \end{bmatrix}$

$\boldsymbol{R}_o^{-1}$ 中的前 r 个向量 $R_1^{\mathrm{T}}, \cdots, R_r^{\mathrm{T}}$ 为可观测性判别矩阵 $\boldsymbol{Q}_o$ 中的 r 个线性无关的行。另外$(n-r)$个行向量 $R_{r+1}^{\mathrm{T}}, \cdots, R_n^{\mathrm{T}}$ 在确保 $\boldsymbol{R}_o^{-1}$ 是非奇异的条件下完全是任意选取的。

可见,经上述变换后系统的分解为可观测的 r 维子系统和不可观测的$(n-r)$维子系统。

可观测子系统:$\dot{x}_o = \bar{A}_{11}x_o + \bar{B}_1 u, y_1 = \bar{C}_1 x_o$

不可观测子系统:$\dot{x}_{\bar{o}} = \bar{A}_{21}x_o + \bar{A}_{22}x_{\bar{o}} + \bar{B}_2 u, y_2 = 0$

图 5.4 所示为系统按可观测性进行结构分解。

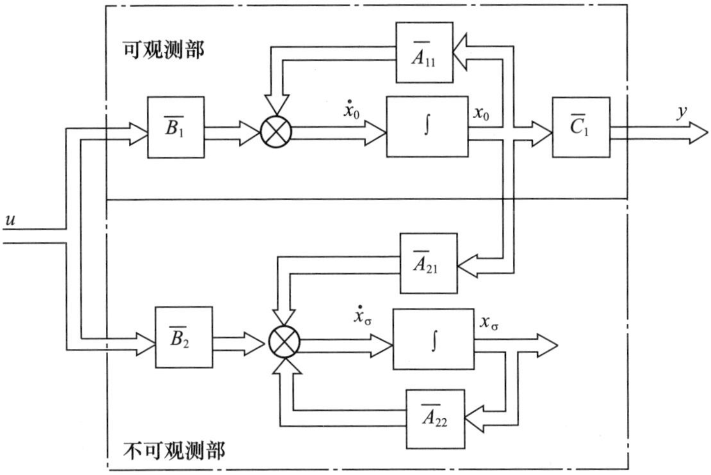

图 5-4　系统按可观测性进行结构分解示意图

【例 5.19】设线性定常系统

$$\dot{x}=\begin{bmatrix}0&0&-1\\1&0&-3\\0&1&-3\end{bmatrix}x+\begin{bmatrix}1\\1\\0\end{bmatrix}u,\ y=[0\quad 1\quad -2]x$$

判别可观测性。若系统不可观测,将系统按可观测性进行规范分解。

解:(1) 判别可观测性。

$$\boldsymbol{Q}_o=\begin{bmatrix}\boldsymbol{C}\\\boldsymbol{CA}\\\boldsymbol{CA}^2\end{bmatrix}=\begin{bmatrix}0&1&-2\\1&-2&3\\-2&3&-4\end{bmatrix},\text{rank}\boldsymbol{Q}_o=2<n,\text{故系统不可观测。}$$

(2) 构造非奇异变换阵 $\boldsymbol{R}_o$。取 $\boldsymbol{R}_o^{-1}=\begin{bmatrix}R_1^{\mathrm{T}}\\R_2^{\mathrm{T}}\\R_3^{\mathrm{T}}\end{bmatrix}$, $R_1^{\mathrm{T}}=[0\quad 1\quad -2]$, $R_2^{\mathrm{T}}=[1\quad -2\quad 3]$在保证 $\boldsymbol{R}_o^{-1}$ 非奇异的条件下,任取 $R_3^{\mathrm{T}}=[0\quad 0\quad 1]$,所以

$$\boldsymbol{R}_o^{-1}=\begin{bmatrix}R_1^{\mathrm{T}}\\R_2^{\mathrm{T}}\\R_3^{\mathrm{T}}\end{bmatrix}=\begin{bmatrix}0&1&-2\\1&-2&3\\0&0&1\end{bmatrix},\boldsymbol{R}_o=(R_o^{-1})^{-1}=\begin{bmatrix}2&1&1\\1&0&2\\0&0&1\end{bmatrix}$$

于是 $\dot{\bar{x}}=\bar{\boldsymbol{A}}\bar{x}+\bar{\boldsymbol{B}}u,y=\bar{\boldsymbol{C}}\bar{x}$。即

$$\begin{bmatrix}\dot{x}_o\\\dot{x}_{\bar{o}}\end{bmatrix}=\boldsymbol{R}_o^{-1}\boldsymbol{A}\boldsymbol{R}_o\begin{bmatrix}\dot{x}_o\\\dot{x}_{\bar{o}}\end{bmatrix}+\boldsymbol{R}_o^{-1}\boldsymbol{B}u=\left[\begin{array}{cc:c}0&1&0\\-1&-2&0\\\hdashline 1&0&-1\end{array}\right]\begin{bmatrix}\dot{x}_o\\\dot{x}_{\bar{o}}\end{bmatrix}+\left[\begin{array}{c}1\\-1\\\hdashline 0\end{array}\right]u$$

可观测子系统为：

$$\dot{x}_o=\begin{bmatrix}0 & 1\\ -1 & -2\end{bmatrix}x_o+\begin{bmatrix}1\\ -1\end{bmatrix}u,\ y=[1\quad 0]x_o$$

不可观测子系统为：

$$\dot{x}_{\bar{o}}=[1\quad 0]x_o-x_{\bar{o}}$$

5.6.3 系统按可控性和可观测性的结构分解

若线性定常系统 $\dot{x}=\boldsymbol{A}x+\boldsymbol{B}u, y=\boldsymbol{C}x$，其状态不完全可控、不完全可观测，则存在非奇异变换

$$x=\boldsymbol{R}\bar{x} \tag{5-22}$$

将原状态空间表达式变换为 $\dot{\bar{x}}=\bar{\boldsymbol{A}}\bar{x}+\bar{\boldsymbol{B}}u, y=\bar{\boldsymbol{C}}\bar{x}$。其中

$$\bar{x}=\begin{bmatrix}x_{co}\\ x_{c\bar{o}}\\ x_{\bar{c}o}\\ x_{\bar{c}\bar{o}}\end{bmatrix},\quad \bar{\boldsymbol{A}}=\boldsymbol{R}^{-1}\boldsymbol{A}\boldsymbol{R}=\begin{bmatrix}A_{11} & 0 & A_{13} & 0\\ A_{21} & A_{22} & A_{23} & A_{24}\\ 0 & 0 & A_{33} & 0\\ 0 & 0 & A_{43} & A_{44}\end{bmatrix}$$

$$\bar{\boldsymbol{B}}=\boldsymbol{R}^{-1}\boldsymbol{B}=\begin{bmatrix}B_1\\ B_2\\ 0\\ 0\end{bmatrix},\quad \bar{\boldsymbol{C}}=\boldsymbol{C}\boldsymbol{R}=[C_1\quad 0\quad C_2\quad 0]$$

即

$$\begin{bmatrix}\dot{x}_{co}\\ \dot{x}_{c\bar{o}}\\ \dot{x}_{\bar{c}o}\\ \dot{x}_{\bar{c}\bar{o}}\end{bmatrix}=\begin{bmatrix}A_{11} & 0 & A_{13} & 0\\ A_{21} & A_{22} & A_{23} & A_{24}\\ 0 & 0 & A_{33} & 0\\ 0 & 0 & A_{43} & A_{44}\end{bmatrix}\begin{bmatrix}x_{co}\\ x_{c\bar{o}}\\ x_{\bar{c}o}\\ x_{\bar{c}\bar{o}}\end{bmatrix}+\begin{bmatrix}B_1\\ B_2\\ 0\\ 0\end{bmatrix}u$$

$$y=[C_1\quad 0\quad C_2\quad 0]\begin{bmatrix}x_{co}\\ x_{c\bar{o}}\\ x_{\bar{c}o}\\ x_{\bar{c}\bar{o}}\end{bmatrix}$$

可见,只要确定了变换矩阵 $\boldsymbol{R}$,只需经过一次变换便可对系统同时按可控性和可观测性进行结构分解。但 $\boldsymbol{R}$ 的构造涉及较多线性空间的概念,比较麻烦,可用如下步骤分解:

第一步:将系统 $\sum(\boldsymbol{A},\boldsymbol{B},\boldsymbol{C})$ 按可控性分解。

第二步:把可控子系统 $\sum_c$ 按可观测性分解。

第三步:把不可控子系统 $\sum_{\bar{c}}$ 按可观测性分解。

第四步:综合上述三次变换,导出系统同时按可控性和可观测性进行结构分解的表达式。

5.7 控制论在无人机稳定系统中的应用

无人机要在空中完成对目标的探测成像任务,需要一个机载的平台和搭载一个在该平台上有探测设备组成的集成系统,在硬件表现形式上称之为"吊舱"。

其中吊舱陀螺稳定系统框图如图 5-6 所示。

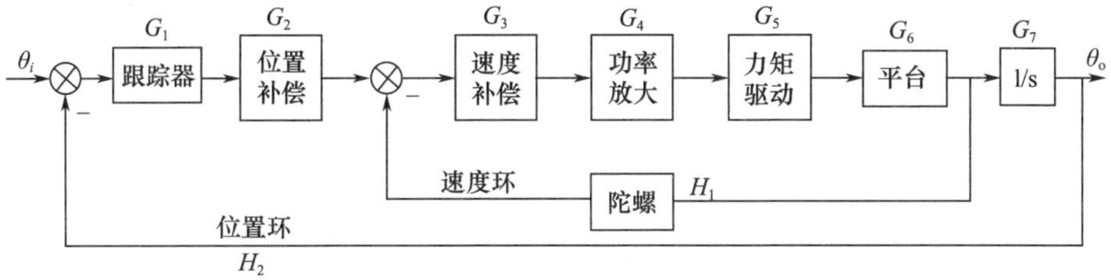

图 5-6　吊舱陀螺稳定系统框图

图中:θ_i,θ_o 分别表示输入量(input)和输出量(output),主要通路上分别用 $G_i(i=1,2,\cdots,7)$ 表示,速度反馈和位置反馈分别用 H_1、H_2 表示。

跟踪器 G_1 和位置补偿 G_2 二者的叠加符合线性方程 $y=kx+b$,在频率域里

$$G_1(s)G_2(s)=\int_0^{+\infty}(kx+b)\mathrm{e}^{-sx}\mathrm{d}x=\frac{k}{s^2}\Gamma(2)+\frac{b}{s}\Gamma(1)$$

$$=\frac{k+bs}{s^2}$$

对于速度补偿 G_3,假设路径 $f(x,y,z;t)$,则

$$\boldsymbol{v}^{\mathrm{T}}=\left(\frac{\partial f_x}{\partial t},\frac{\partial f_y}{\partial t},\frac{\partial f_z}{\partial t}\right)$$

$$\hat{v} = v' \mathrm{d}v + v_{\text{error}}$$

有

$$G_3(s) = \int_0^{+\infty} f'(t) \mathrm{e}^{-st} \mathrm{d}t = s\int_0^{+\infty} f(t) \mathrm{e}^{-st} \mathrm{d}t + f(t) \mathrm{e}^{-st} \Big|_0^{+\infty}$$

$$= \frac{k + bs}{s} - f(0) \xrightarrow{\text{起始位置设为}0} \frac{k + bs}{s}$$

对于放大功率G_4，有多种功率放大的波形，如方波、sinc 函数等，这里讨论方波（图 5 – 7）。

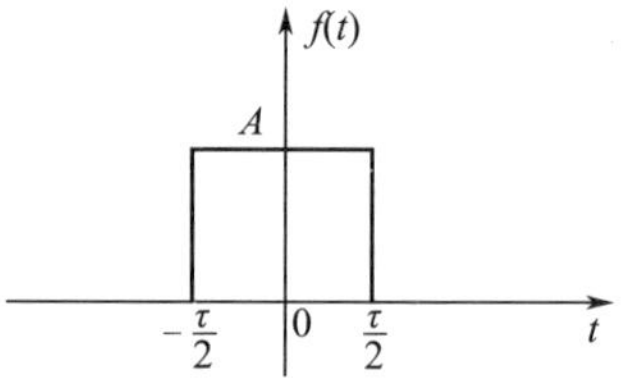

图 5 – 7　功率放大波形（方波）

假设时域内$f(t) = A$，则

$$G_4(s) = A$$

力矩平台G_5、平台G_6属于显示层，这里取$G_5(s)$、$G_6(s)$。而功率还原（与功率放大为相反过程）G_7，为

$$G_7(s) = \frac{1}{A}$$

整个系统的传递函数为

$$\frac{\theta_{\mathrm{o}}}{\theta_{\mathrm{i}}} = \frac{\prod_{i=1}^{7} G_i}{H_2 \prod_{i=1}^{7} G_i + H_1 \prod_{i=3}^{4} G_i + 1}$$

分别代入，得

$$\frac{\theta_{\mathrm{o}}}{\theta_{\mathrm{i}}} = \frac{\frac{(k + bs)^2}{s^3} G_5 G_6}{H_2 \frac{(k + bs)^2}{s^3} G_5 G_6 + H_1 \frac{A(k + bs)}{s} + 1}$$

由此可以得到如下结论：

（1）由传递函数可知，速度调节 H_1系数少于位置调节 H_2，在G_1，…，G_7固定的时候，改变速度调节 H_1对整体变化的贡献，要小于改变位置调节 H_2 对整体变化的贡献。

（2）速度是反应位置变化率的物理量，且由于惯性的存在，对速度的调节总是比直接调整位置慢一些，也更精细一些，所以控制论框图中，位置调节反馈要包括速度调节反馈。

（3）由于位置调节包括了速度调节，所以对陀螺粗调的时候，采用位置调节；对陀螺细调的时候，采用速度调节，这与结论中第一点不谋而合。

（4）在位置调节和速度调节有限的条件下，也可以从硬件角度对本陀螺系统进行优化，也就是适当改变$G_1,\cdots,G_7$的值，使得系统工作更好。

第6章　遥感观测目标信息的自动化表达及趋势估计

本章在详细介绍遥感观测系统及其目标信息的自动化表达的基础上,着重讨论目标信息的平滑与滤波方法,最后研究目标信息的预测与估计。

状态空间模型已成为一种有力的遥感观测目标信息系统建模工具。遥感观测目标信息系统中的诸多问题,如可变参数模型、时间序列分析模型、不可观测变量的估计等都能转化为状态空间模型的形式,从而可以利用卡尔曼滤波来得出相应的估计及进行预测。

本章的首要任务就是引出系统的状态空间表达,具体包括:介绍遥感观测目标信息自动化表达的基础理论;介绍遥感观测目标信息的平滑;介绍遥感观测目标信息的滤波;讨论遥感观测目标信息的估计理论。

6.1　遥感观测目标信息的自动化表达

人们对于随机时间序列的平滑、滤波和预测问题十分关注,并取得了优异成果。1908年,德国数学家高斯在他的经典著作《运动理论》中讨论根据已知测量数据来确定天体轨道元素的问题时指出:“若作为轨道计算基础的天文观测和其它数据是绝对正确的,则从三次观测或四次观测推演出来的元素就会是完全精确的(当然假定运动完全按开卜勒定律发生)。”在使用其它观测数据时,只是为了验证结果的正确性,而不是为了校正。但任何测量和观测都不可能是绝对精确的,以这些观测为基础的所有计算只可能做到近似于真实,完成这一任务的途径无非是把多个(多于确定未知量所绝对必需的数量)观测数据适当地结合起来。

高斯成功地采用了经典的最小平方法来确定未知量的估算问题。在平滑和预测中,两点多项式内插法是一种常用的简单方法。这种方法的精度与所取的多项式项数有关,且机动性能较差。随着概率论、数理统计学和矩阵论的发展,出现了用统计法来解决平滑、滤波和预测的近代方法。

1927年,Yuler在研究太阳斑点时引用了回归序列的概念。1938年,Wald导出了平稳时间序列的一般表达式和定理。1941年,A. H. Клмогорв提出了滤波和预测的解，同期，Cramer 引用了平稳时间序列的频谱表达式。1943 年，Mann 和 Wald 解决了平稳自回归序列中未知参数的估值问题。

1949 年，Wiener 对具有一个输入和一个输出的系统，寻找出了最优（在最小均方误差的意义上）线性滤波器。这种最优性的主要条件是满足 Wiener - Holp 方程。Wiener 还导出了解决这个问题的方法——频谱因子分解。这种方法只适用于具有平稳有理谱的信号和具有已知平稳白噪声的情况。在 Wiener 之后，不少学者推广了他的结果。

然而，对于非平稳多维信号存在非平稳多维噪声问题，在工程上到了 1960—1961 年，卡尔曼（1960）以及卡尔曼与 Bucy（1961）的两篇著作发表后这个问题才解决。卡尔曼引用了 Hilbert 空间正交投影概念，并与动态系统的状态变量相结合来解决线性滤波，获得了时域中的直接解。

卡尔曼和 Bucy 根据求解 Riccati 型的微分方程和差分方程，得到了一组递推滤波方程。J. M. Mendel 详细分析了离散卡尔曼滤波器递推过程所需的计算时间和存储量。为了减少递推过程的运算量，采用矩阵快速分块法。R. A. Singer 和 R. G. Sea 提出了迭代处理技术，可提高计算效率。这种技术在理论上能使协方差更新方程的计算量降低约 50%，实际上可节约 30% 的计算量。这一点在实时跟踪处理中有极大的意义。

1973 年，T. Kailath 提出以 Chandrasekhar 型方程取代 Riccati 方程，结果是二者等效，但递推滤波的运算量减少，尤其在几种重要情况下，运算次数显著下降。用这种方法所获得的时间离散模型在结构上不同于离散时间卡尔曼滤波器的算法，但在潜在数字化上却比卡尔曼的优越。

卡尔曼滤波过程是状态估值和误差协方差矩阵逐步传递的过程。为了改善卡尔曼滤波的数字性能（尤其在恶劣的条件下），Potter 提出了在无过程噪声情况下按平方根形式传递误差协方差矩阵。这种方法能成功地使误差协方差保持为半正定，而且能在条件差的情况下使一般滤波器的有效精度提高两倍。Bellantoni 和 Dodge 推广了 Potter 的结果，用来解决向量测量。Androws 把 Potter 结果推广到将协方差矩阵对角化来处理向量测量，且提出不用对角化处理向量测量的新方法。

方根滤波器和卡尔曼滤波器是等效的，不同之处是以方根协方差矩阵取代协方差矩阵。这种滤波器在计算机字长有限或估值条件很差的情况下特别有意义。

在 20 世纪 50 年代，H. S. Shapiro 建立了递推最小二乘平滑技术的理论基础。N. Levine 发展了 Shapiro 的结果。利用近似最小二乘系数法可以大大节省计算时间，尤其对于实时处理的系统，对数字计算机的运算速度要求可大大降低。

控制理论中的一个重要课题就是随机控制问题。这里要求设计出给定对象但又不知其状态变量 $X(t)$ 的精确消息的最优控制器。随机统计法是根据如下条件解决最优控制器问题的：

(1) 某些状态变量的观测不适用；

(2) 观测包含着噪声；

(3) 对象的输入是随机扰动。

目前，平滑、滤波和预测技术已渗透到许多技术领域中。在医学上用滤波技术处理生理过程，例如心电过程；在物理学上，用来处理被测的各种物理参量估值；在无线电通信、导航、雷达、声纳、激光、地震数据处理、遥感数据处理以及控制工程中，也正在日益广泛被采用。

6.2 遥感观测目标信息的平滑

仪器采集的原始光谱中除包含与样品组成有关的信息外，同时也包含来自各方面因素所产生的噪声信号。这些噪声信号会对图谱信息产生干扰，有些情况下还非常严重，从而影响校正模型的建立和对未知样品组成或性质的预测。因此，光谱数据预处理主要解决光谱噪声的滤除、数据的筛选、光谱范围的优化及消除其它因素对数据信息的影响，为下一步校正模型的建立和未知样品的准确预测打下基础。常用的数据预处理方法有光谱数据的平滑、基线校正、求导、归一化处理等。

信号平滑是消除噪声最常用的一种方法，其基本假设是光谱含有的噪声为零均随机白噪声，若多次测量取平均值可降低噪声提高信噪比。平滑处理常用方法有邻近点比较法、移动平均法、指数平均法等。

6.2.1 邻近点比较法

对于许多干扰性的脉冲信号，将每一个数据点和它旁边邻近的数据点的值进行比较可以测得其存在。如果与邻近点的数值相差太大，超过给定的阈值，便可认为该数据是一个脉冲干扰，并通过邻近数据点的平均值来取代这一数据点值，就可以把这一干扰脉冲去掉，这样不影响信号的其它部分。在这一数据点处理过程中，需注意选择调节参数，也就是考虑邻近数据点值，以及判断一个数据点和邻近数据点之间不同的阈值。这个阈值一般定义为噪声测量偏差的倍数，以免把必要的有用信号去掉。这一方法有时也称为邻近点平滑法，也叫做单点平滑法。

6.2.2 移动平均法

由于平滑是通过对信号进行平均而减小噪声，因而多点平滑效果更好。移动平均法是多点平滑中最简单的一种。先选择在数据序列中相邻的奇数个数据点,这奇数个数据点即构成一个窗口。计算在窗口内奇数个数据点的平均值,然后用求得的平均值代替奇数个数据点中的中心数据点的数据值,这样我们就得到了数据平滑后的一个新的数据点。接着去掉窗口内的第一个数据点,并添加上紧接着窗口的下一个数据点,形成移动后的一个新窗口,其中的总数据个数不变。同样地,用窗口内的奇数个数据点求平均值,并用它来代替窗口中心的一个数据点。如此移动并平均直到最后。

1. 基本原理

通过移动平均消除时间序列中的不规则变动和其他变动,从而揭示出时间序列的长期趋势。

2. 计算方法

将时间数列的各时期指标值,根据确定的时间长度,用逐项移动方法计算序时平均数形成一个消除了偶然因素影响的时间数列。

3. 特点

(1) 移动的项数越多,对原数列波动的曲线修匀得越光滑,也就越能显示出现象的长期发展趋势。移动平均法可以对短期不规则变动修匀(在某种现象的发展变化中,当要突出现象的长期发展趋势时,可以把短期变动看成是受偶然因素影响的结果,通过简单算术平均将其修匀)。

(2) 移动的项数越多,首尾丢失的项数也就越多,进行趋势外推测时的误差也就越大。

(3) 移动项数的多少要依据现象发展的特点和统计分析的要求确定。实际应用中,移动平均法主要用来有效地消除不规则变动和季节变动对原数列的影响。

(4) 移动平均采用奇数项移动能一次对准被移动数据的中间位置,若采用偶数项移动平均,一次移动平均后的数值将置于居中的两项数值之间。

(5) 移动周期至少为一个周期,并且是对不同时间的观察值进行修匀。

表 6-1 所示为移动平均法的目的和方法。

表 6-1　移动平均法的目的和方法

目的	方法
消除短期偶然因素影响	采用三项移动或五项移动
消除原数列中季节变动影响	采用四项移动平均或十二项移动平均
消除循环波动影响	分析现象的循环周期长度是否与移动平均的项数相同,若相同,移动平均后的数列能消除循环波动的影响,较好显示现象的长期趋势

4. 缺点

(1) 不能很好预测长期趋势。

(2) 简单移动平均,各期观察值的权数相同。

(3) 加大移动平均法的期数(即加大 n 值)会使平滑波动效果更好,但会使预测值对数据实际变动更不敏感。

(4) 移动平均值并不能总是很好地反映出趋势。由于是平均值,预测值总是停留在过去的水平上而无法预计会导致将来更高或更低的波动。

(5) 移动平均法要有大量的过去数据的记录。

(6) 它通过引进不断更新的数据,不断修改平均值,以之作为预测值。

注:统计中的移动平均法则是对动态数列修匀的一种方法,是将动态数列的时距扩大。所不同的是采用逐期推移简单的算术平均法,计算出扩大时距的各个平均值,这些列的推移的序时平均数就形成了一个新的数列,通过移动平均,现象短期不规则变动的影响被消除。如果扩大的时距能与现象周期波动的时距相一致或为其倍数,就能进一步削弱季节变动和循环变动的影响,更好地反应现象发展的基本趋势。

6.2.3 指数平均法

指数平均法是计算具有 m 个数据点的移动窗口中的各数据点的加权平均。窗口的最后一个点 p_1 即为要平滑的点,它的权重最大,而前面的每个点分配到的权重依次递减。权重系数由平滑时间常数为 T 的指数函数 e^{-ji}(j 标志 i 前面第 j 个点,即 $j=-(m-1),-(m-2),\cdots,-1,0$(要平滑的点 i 的 $j=0$)的形状来决定。p_1 后点的权重为 0,这一过滤函数是用点 i 前面的点对第 i 个数据点进行平滑。这一过程和用电子 RC 滤波器(阻容滤波器)的实时平滑类似。由于该平滑函数是不对称的,故在平滑后的数据中引入了单向失真,这一点也和实时 RC 滤波器一样。除了获得期望的信噪比外,指数平均的结果是峰的最大值下降,同时发生移动。由于用平滑常数 T 对峰值进行指数平滑和具有时间常数 $T_x=T$ 的仪器测量该峰的效果相同,因此 T 和峰宽比值函数的强度下降值从实验测量和理论计算都可得到。

指数平滑法是指对不同时期的观测值用递减加权的方法修匀时间数列的波动,从而对现象的发展趋势进行预测的方法。

指数平滑法是对移动平均法的改进。指数平滑法对每期的资料分别给予大小不同的权数,越是近期资料给的权数越大,越是远期资料给的权数越小。指数平滑法的优点是计算简单,实用。

1. 一次指数平滑法

基本公式:

$$S_{t+1} = \alpha y_t + (1 - \alpha) S_t \tag{6-1}$$

$$S_t = \alpha y_{t-1} + (1 - \alpha) S_{t-1} \tag{6-2}$$

$$S_t = \alpha y_{t-1} + (1 - \alpha) S_{t-1} \tag{6-3}$$

$$S_{t-1} = \alpha y_{t-2} + (1 - \alpha) S_{t-2} \tag{6-4}$$

式中:S 为预测值;y 为实际观测值;t 为不同时期(t 为当期,$t+1$ 为下一期或预测期,$t-1$ 为上一期);α 为平滑系数或比重权数($0 \leqslant \alpha \leqslant 5$)。

特点:

(1) 指数平滑法是 ·种以 α 为权数的特殊加权平均数,它对不同时期的数据资料分别给予不同的权数。如果远期资料的权数太小,可以忽略不计。

(2) α 的取值人为决定(表 6-2)。

表 6-2　α 的取值

α 的取值大	近期资料对预测值的影响强,远期资料的影响弱
α 的取值小	长期资料对预测值的影响强

若数列表现为明显的线性趋势,且数列项数不多,或取值不太大,则可用如下估计公式推算初始预测值:

$$S_1 = y_1 - \frac{b}{a}$$

式中:y_1 为第一期观测值;$b = (y_n - y_1)/(n-1)$;y_n 为最近一次的观察值(n 为数据项数)。

一次指数平滑法容易造成预测值偏小,且仅适用于分析呈水平状态波动且无明显趋势变动的资料。

2. 二次指数平滑

当原始数列有较明显的长期线性趋势时,需在一次指数平滑的基础上进行二次、三次指数平滑。适用于建立直线趋势方程,有效克服一次指数平滑的缺点,但是计算量较大。

计算公式

$$S'_{t+1} = \alpha S_t + (1 - \alpha) S'_t \tag{6-5}$$

式中:S 为一次指数平滑预测值;S'_t 为二次指数平滑预测值;t、$t+1$ 为不同预测期。

估计公式推算二次指数平滑的初始预测值:

$$\begin{cases} S'_1 = 2S_1 - \sum \dfrac{y}{n} + \dfrac{(n+1)b}{2} \\ b = \dfrac{y_n - y_1}{n-1} \end{cases} \tag{6-6}$$

表 6-3 列出了各种指数平滑法的适用情况。

表 6-3　各种指数平滑法的适用情况

一次指数平滑法	适用于当时间数列无明显的趋势变化时
二次指数平滑法	二次指数平滑是对一次指数平滑的再平滑。它适用于具线性趋势的时间数列
三次指数平滑法	三次指数平滑预测是二次平滑基础上的再平滑

6.2.4　空间平滑法

与移动平均法计算一个时间段的平均值(例如:五日平均温度)相似,空间平滑法是将某点周围地区(定义为一个空间窗口)的平均值作为该点的平滑值,以此减少空间变异。空间平滑法适用面很广。其中一种应用是处理小样本问题,我们在第八章会详细讨论。对于那些人口较少的地区,由于小样本事件中随机误差的影响,癌症或谋杀等稀有事件发生率的估算不够可靠。对于某些地区,这样的事情发生一次就可导致一个高发生率,而对于另外许多地区,没有发生这种事情的结果是零发生率。另外一种应用是将离散的点数据转化为连续的密度图,从而考察点数据的空间分布模式。本节介绍 4 种空间平滑法(移动搜索法及核密度估计法)。

1. 移动搜索法

移动搜索(FCA)法是以某点为中心画一个圆或正方形作为滤波窗口,用窗口内的平均值(或数值密度)作为该点的值。将窗口在研究区内移动,直到得到所有位置的平均值。平均值的变动性较小,从而实现空间上的平滑效果。FCA 也可以用于可达性测量等其他研究中。

2. 核密度估计法

核密度估计法与 FCA 法类似。两种方法都要用一个滤波窗口来定义近邻对象。所不同的是,在 FCA 法中,所有对象的权重相同,而在核密度估计法中,距离较近的对象,权重较大。这种方法在分析和显示点数据时尤其有用。离散点的数据直接用图表示,空间趋势往往不明显。核密度估计可以得到研究对象的一个连续密度图示,即以“波峰”和“波谷”的方式强化的空间分布模式。这种方法也可以用于空间插值。

核密度方程的几何意义为:密度分布在每个 x_i 点中心处最高,向外不断降低,当距离中心达到一定阈值范围(窗口的边缘)处密度为 0。网格中心 x 处的核密度为窗口范围内的密度和:

$$\hat{f}(x) = \frac{1}{nh^d}\sum_{i=1}^{n} K\left(\frac{x - x_i}{h}\right) \tag{6-7}$$

式中:$K(\cdot)$ 为核密度方程;h 为阈值;n 为阈值范围内的点数;d 为数据的维数。

参见相关文献中(Silverman,1986)常用的核密度方程。例如,当 $d=2$ 时,一个常用的核密度方程可以定义为

$$\hat{f}(x) = \frac{1}{nh^2\pi}\sum_{i=1}^{n}\left[1-\frac{(x-x_i)^2+(y-y_i)^2}{h^2}\right]^2 \tag{6-8}$$

式中,$(x-x_i)^2+(y-y_i)^2$ 为点(x_i,y_i)与(x,y)之间的离差。

与 FCA 法中窗口的作用类似,这里较大的阈值揭示一种区域分布态势,而较小的阈值则强调局部分布差异。

3. 基于核估计的空间平滑

1) 基于点的空间插值

基于点的空间插值包括整体和局部两种方法。整体插值借助所有已知点(控制点)的数据来估计未知值。局部插值借助未知点周边的样本来估计未知值。正如托布罗第一地理定律(Tobler,1970)所述:"所有事物彼此相关,距离越近关系越强"。是用整体插值还是局部插值,取决于远处的控制点是否对未知待估数据点有作用。究竟选取哪一种方法并没有明确的规律可循。可以认为,从整体到局部的尺度是连续的。如果数值主要受邻近的控制点影响,可以用局部插值法。局部插值法的计算量要比整体插值法小得多(Chang,2004)。我们也可以用检验技术来比较不同的方法。例如,控制点可以分成两个样本:一个用于构建模型,另一个用于检验已经构建的模型的准确性。本节在简单介绍两个整体插值法之后,重点讲解三种局部插值法。

2) 整体插值法

整体插值法包括趋势面分析和回归模型分析两种。趋势面分析是用多项式模型拟合已知数据点:

$$z=f(x,y)$$

式中,属性数值 z 被认为是坐标 x 和 y 的函数(Bailey and Gatrell,1995)。例如,一个三次趋势面模型可以表作:

$$z(x,y)=b_0+b_1x+b_2y+b_3x^2+b_4xy+b_5y^2+b_6x^3+b_7x^2y+b_8xy^2+b_9y^3 \tag{6-9}$$

上述方程通常用最小二乘法进行估计,然后将拟合所得方程用于估算其他点的值。

一般来说,高阶模型可用于描述复杂表面,从而得到较高的拟合优度 R^2 或较低的均方根(RMS)。其中 RMS 的计算方法为:$\mathrm{RMS}=\sqrt{\sum_{i=1}^{n}(z_{i,obs}-z_{i,est})^2/n}$。但是,对控制点拟合较好的模型并不一定是估计未知数值的好模型。有必要对不同模型进行比较检验。如果因变量(即待估属性)是二值变量(即 0 和 1),则模型为一逻辑斯蒂趋势面模型,表征一个概率曲面。局部趋势面分析是用一个

未知点周边的控制样本来估计该点的未知数值，通常称为局部多项式插值。

ArcGIS 提供了最高 12 阶的趋势面模型。为了实现这种方法，需要打开 Geostatistical Analyst 扩展模块。在 ArcMap 中，操作过程为：Geostatistical Analyst > Explore Data > Trend Analysis。

回归模型是用线性回归法来得到因变量与自变量之间的方程，然后用来估计未知点的数值（Flowerdew and Green，1992）。回归模型既可以用空间变量（不一定是上述趋势面模型中用到的 $x-y$ 坐标），也可以用属性变量，而趋势面分析只能用 $x-y$ 坐标进行预测。

3）局部插值法

下面讨论三种局部插值法：反距离加权法、薄片样条插值法、克里金法。

反距离加权（IDW）法用周边点的加权平均值作为未知点的估计值，这里的权重按距离的幂次衰减（Chang，2004）。因此，IDW 法是托布罗第一地理定律的例证。IDW 法模型可以表示为

$$z_u = \frac{\sum_{i=1}^{s} z_i d_{iu}^{-k}}{\sum_{i=1}^{s} d_{iu}^{-k}} \tag{6-10}$$

式中：z_u 为待估 u 点的未知值；z_i 为控制点 i 的属性值；d_{iu} 是点 i 与 u 之间的距离；s 为所用控制点的数目；k 为幂次。幂次越高，距离衰减作用越强（越快）（即近邻点的权重比远处点的权重高得多）。换言之，距离的幂次越高，局部作用越强。

薄片样条插值是通过拟合得到一个曲面，对所有控制点的预测值完全拟合，并在所有点的变化率最小（Franke，1982）。其模型可表示为

$$z(x,y) = \sum_{i=1}^{n} A_i d_i^2 \ln d_i + a + bx + cy \tag{6-11}$$

式中：x 和 y 是未知数据点的坐标；$d_i = \sqrt{(x-x_i)^2 + (y-y_i)^2}$ 是到控制点（x_i，y_i）的距离；A_i，a，b 和 c 是待估的 $n+3$ 个参数。这些参数可以通过解由 $n+3$ 个线性方程组成的方程组来得到（参见第十一章），则有

$$\begin{cases} \sum_{i=1}^{n} A_i d_i^2 \ln d_i + a + bx_i + cy_i = z_i \\ \sum_{i=1}^{n} A_i = 0, \sum_{i=1}^{n} A_i x_i = 0, \sum_{i=1}^{n} A_i y_i = 0 \end{cases} \tag{6-12}$$

需要注意的是，上面第一个方程实际上代表了 $i=1,2,\cdots,n$ 取值时的 n 个方程，z_i 为已知 i 点的属性值。

薄片样条插值法在数据稀少的区域将产生陡峭的梯度值,可以用张力薄片样条插值、规则样条插值、紧缩规则样条插值来减轻这个问题(Chang,2004)。这些高级插值法都可归为径向基函数。

克里金法(Krige,1966)认为空间变异包含三个部分:空间相关组分,代表区域化变量;"漂移"或结构,代表趋势;随机误差。克里金法借助半方差函数(1/2方差)来检验自相关:

$$\gamma(h) = \frac{1}{2n}\sum_{i=1}^{n}\left[z(x_i) - z(x_i + h)\right]^2 \tag{6-13}$$

式中:n 为相距(或称空间滞后)h 的控制点对的数目,z 为属性值。由于空间依赖关系,$\gamma(h)$ 随 h 增加而增大,即近邻物体之间的相似性大于远距离物体。可以用半方差图来显示 $\gamma(h)$ 随 h 变化的情况。

克里金法通过拟合半方差图得到一个数学模型,以此来估计任意给定距离的半方差函数,从而用之计算空间权重。这里所用空间权重的效果与 IDW 法相似,即近邻控制点的权重比远点的权重高。例如,对于某个未知点 s(需要插值的点),控制点 i 的权重为 W_{is},则 s 点的插值为

$$z_s = \sum_{i=1}^{n_s} W_{is} z_i \tag{6-14}$$

式中:ns 为 s 周围样本控制点数;z_s 和 z_i 分别为 s 和 i 点的属性值。与核密度估计法相似,克里金法可以基于点数据得到一个连续的面。

在 ArcGIS 中,三种局部插值都可以在 Geostatistical Analyst 扩展模块中实现。在 ArcMap 里,单击 Geostatistical Analyst 下拉箭头 > Geostatistical Wizard > 选择 Inverse Distance Weighting、Radial Basis Functions 或 Kriging 来分别调用 IDW 法、各种薄片样条插值法或克里金法。这三种局部插值法也可以用 Spatial Analyst 或 3D Analyst 来实现。这里推荐 Geostatistical Analyst 法,因为它提供更多信息和更好的交互界面。

4) 基于面域的空间插值

基于面域的插值(面域插值)也称为交叉面域聚合,它是将数据从一种面域单元系统(源区域)转换到另一种面域系统(目标区域)。点插值中用到的一些方法如克里金法或多阶趋势面分析也可用于栅格表面的插值,原始栅格单元的值转化为目标区域的值。换言之,假设面状单元可以用它的质心代替,基于点的插值方法可以近似地用于面状单元的属性插值。

面域插值的方法有很多种,其中最简单也最常用的是面积权重插值。这种方法假设属性值在每个源区域内均匀分布,将源区域的属性值按面积比例分配到目标区域。

如果研究区的信息较多,我们还可以用一些更高级的方法来改进插值。下面介绍一种对美国人口普查数据进行插值时尤其有用的方法。利用美国统计局TIGER数据中的路网数据,谢一春发展了一些网络-覆盖算法将人口或其他基于居民的属性数据从一个面域单元投影到另一个面域单元。居民住房通常沿街道或道路分布,从而人口分布与街道网络紧密相关。在“网络长度”“网络等级权重”和“网络住房载荷”三种算法中,网络等级权重(NHW)法得到的结果最为理想。

6.3 遥感观测目标信息的滤波

6.3.1 卡尔曼滤波的定义

当一个模型被表示成状态空间形式(State Space Form,SSF)就可以对之应用一些重要的算法来求解。这些算法的核心是卡尔曼滤波。卡尔曼滤波是在时刻 t 基于所有可得到的信息计算状态向量的最理想的递推过程。卡尔曼滤波的主要作用是,当扰动项和初始状态向量服从正态分布时,能够通过预测误差分解来计算似然函数,从而可以对模型中的所有未知参数进行估计,并且一旦得到新的观测值,就可以利用卡尔曼滤波连续地修正状态向量的估计。

设 Y_T表示在时刻 T 所有可利用信息的集合,即 $Y_T=\{y_T,y_{T-1},\cdots,y_1\}$。状态向量的估计问题根据信息的多少分为 3 种类型:

(1) 当 $t>T$ 时,超出样本的观测区间,是对未来状态的估计问题,称为预测;

(2) 当 $t=T$ 时,估计观测区间的最终时点,即对现在状态的估计问题,称为滤波;

(3) 当 $t<T$ 时,是基于利用现在为止的观测值对过去状态的估计问题,称为光滑。

进一步,假定 $a_{t|t-1}$和 $\boldsymbol{P}_{t|t-1}$分别表示以利用到 $t-1$ 为止的信息集合 Y_{T-1}为条件的状态向量 a_t 的条件均值和条件误差协方差矩阵,即

$$a_{t|t-1}=\mathrm{E}(\alpha_t|Y_{T-1}) \quad (6-15)$$

$$\boldsymbol{P}_{t|t-1}=\mathrm{var}(\alpha_t|Y_{T-1}) \quad (6-16)$$

在本节假定系统矩阵 $\boldsymbol{Z}_t$、$\boldsymbol{H}_t$、$\boldsymbol{T}_t$、$\boldsymbol{R}_t$、$\boldsymbol{Q}_t$ 是已知的,设初始状态向量 α_0 的均值和误差协方差矩阵的初值为 a_0 和 $\boldsymbol{P}_0$,并假定 a_0 和 $\boldsymbol{P}_0$ 也是已知的。

考虑状态空间模型(5.3.1)、(5.3.3)节,设 a_{t-1}表示基于信息集合 Y_{T-1}的 α_{t-1}的估计量,$\boldsymbol{P}_{t-1}$表示估计误差的 $m\times m$ 协方差矩阵,即

$$\boldsymbol{P}_{t-1}=E[(\alpha_{t-1}-a_{t-1})(\alpha_{t-1}-a_{t-1})^{\mathrm{T}}] \tag{6-17}$$

当给定 a_{t-1} 和 P_{t-1} 时，α_t 的条件分布的均值由下式给定，即

$$a_{t|t-1}=T_t a_{t-1}+c_t \tag{6-18}$$

在扰动项和初始状态向量服从正态分布的假设下，α_t 的条件分布的均值 $a_{t|t-1}$ 是在最小均方误差意义下的一个最优估计量。估计误差的协方差矩阵是

$$\boldsymbol{P}_{t|t-1}=\boldsymbol{T}_t\boldsymbol{P}_{t-1}\boldsymbol{T}_t'+\boldsymbol{R}_t\boldsymbol{Q}_t\boldsymbol{R}_t'(t=1,\cdots,T) \tag{6-19}$$

方程(6－18)、(6－19)叫做预测方程(Prediction Equations)。

一旦得到新的观测值 y_t，就能够修正 α_t 的估计 $a_{t|t-1}$，更新方程(Updating Equations)为

$$a_t=a_{t|t-1}+\boldsymbol{P}_{t|t-1}\boldsymbol{Z}_t'\boldsymbol{F}_t^{-1}(y_t-\boldsymbol{Z}_t a_{t|t-1}-d_t)(t=1,\cdots,T) \tag{6-20}$$

和

$$\boldsymbol{P}_t=\boldsymbol{P}_{t|t-1}-\boldsymbol{P}_{t|t-1}\boldsymbol{Z}_t'\boldsymbol{F}_t^{-1}\boldsymbol{Z}_t\boldsymbol{P}_{t|t-1}(t=1,\cdots,T) \tag{6-21}$$

其中

$$\boldsymbol{F}_t=\boldsymbol{Z}_t\boldsymbol{P}_{t|t-1}\boldsymbol{Z}_t'+\boldsymbol{H}_t \tag{6-22}$$

上述式(6－18)～式(6－22)一起构成卡尔曼滤波的公式。

卡尔曼滤波的初值可以按 a_0 和 $\boldsymbol{P}_0$ 或 $a_{1|0}$ 和 $\boldsymbol{P}_{1|0}$ 来指定。这样每当得到一个观测值时，卡尔曼滤波提供了状态向量的最优估计。当所有的 T 个观测值都已处理，卡尔曼滤波基于信息集合 Y_T，产生当前状态向量和下一时间期间状态向量的最优估计。这个估计包含了产生未来状态向量的最优预测所需的所有信息。

预测误差：

$$v_t=y_t-\tilde{y}_{t|t-1}=\boldsymbol{Z}_t(\alpha_t-a_{t|t-1})+\varepsilon_t \tag{6-23}$$

被称为新息(Innovations)，因为它代表了最后观测的新信息。从更新方程(6－23)中可以看出，新息 v_t 对修正状态向量的估计量起到了关键的作用。

在正态假定下，根据 $\tilde{y}_{t|t-1}$ 是最小均方误差意义下的最优估计量，可以推断 v_t 的均值是零向量。进一步地，从式(6－22)容易看出

$$\mathrm{var}(v_t)=\boldsymbol{F}_t \tag{6-24}$$

式中 $\boldsymbol{F}_t$ 由式(6－21)给定。在不同的时间区间，新息 v_t 是不相关的，即

$$E(v_t v_s')=0 \qquad (t\neq s;t,s=1,\cdots,T) \tag{6-25}$$

6.3.2 卡尔曼滤波的推导

卡尔曼滤波算法最早由卡尔曼在 1960 年提出，该种算法有几种不同的推导方法(Harvey,1989;Tanizaki,1996)。在线性高斯假设下，随机变量可以完全由

其均值和方差所描述，下面我们利用高斯分布的有关性质和递归贝叶斯滤波理论进行推导，这种表达比较直观。

由模型假设，即 x_0、ε_t 和 $\boldsymbol{\varepsilon}_t$ 服从正态分布，则可以推出 x_t 和 y_t 也服从正态分布。而且条件密度函数 $p(x_t|y_{1:s})$，$p(y_t|x_t)$ 和 $p(x_t|x_{t-1})$ 也是正态密度函数，$s=t,t-1$。分别写为

$$p(x_t|y_{1:s})=N(x_{t|s},p_{t|s})\equiv\boldsymbol{\Phi}(x_t-x_{t|s},p_{t|s})\tag{6-26}$$

$$p(y_t|x_t)=N(\boldsymbol{H}_t x_t,\boldsymbol{R})\equiv\boldsymbol{\Phi}(y_t-\boldsymbol{H}_t x_t,\boldsymbol{R})\tag{6-27}$$

$$p(x_t|x_{t-1})=N(\boldsymbol{F}_t x_{t-1},\boldsymbol{Q})\equiv\boldsymbol{\Phi}(x_t-\boldsymbol{F}_t x_{t-1},\boldsymbol{Q})\tag{6-28}$$

$$p(x_0|y_0)=N(x_{0|0},\boldsymbol{P}_{0|0})\equiv\boldsymbol{\Phi}(x_0-x_{0|0},\boldsymbol{P}_{0|0})\tag{6-29}$$

这里 $\boldsymbol{\Phi}(x_t-x_{t|s},p_{t|s})$ 表示均值为 $x_{t|s}$、方差为 $p_{t|s}$ 的正态密度。即

$$\boldsymbol{\Phi}(x_t-x_{t|s},p_{t|s})=(2\pi)^{\frac{m}{2}}|\boldsymbol{P}_{t|s}|^{\frac{1}{2}}\exp\left\{-\frac{1}{2}(x_t-x_{t|s})^{\mathrm{T}}\boldsymbol{P}_{t|s}^{-1}(x_t-x_{t|s})\right\}\tag{6-30}$$

而

$$x_{t|s}\equiv\mathrm{E}[x_t|y_{1:s}]$$

$$\boldsymbol{P}_{t|s}\equiv\mathrm{E}[(x_t-x_{t|s})(x_t-x_{t|s})^{\mathrm{T}}|y_{1:s}]\tag{6-31}$$

假设，在 $t-1$ 时刻，已知

$$p(x_{t-1}|y_{1:t-1})\equiv N(x_{t-1|t-1},\boldsymbol{P}_{t-1|t-1})\equiv\boldsymbol{\Phi}(x_{t-1}-x_{t-1|t-1},P_{t-1|t-1})\tag{6-32}$$

卡尔曼滤波的目标是要对 t 时刻的状态进行观测：

$$\begin{cases}x_{t|t-1}\equiv\mathrm{E}[x_t|y_{1:t-1}]\\P_{t|t-1}\equiv\mathrm{E}[(x_t-x_{t|t-1})(x_t-x_{t|t-1})^{\mathrm{T}}|y_{1:t-1}]\end{cases}\tag{6-33}$$

并且在获得 t 时刻的观测信息 y_t 时，对 t 时刻的状态进行更新估计：

$$\begin{aligned}x_{t|t}&\equiv\mathrm{E}[x_t|y_{1:t}]\\\boldsymbol{P}_{t|t}&\equiv\mathrm{E}[(x_t-x_{t|t})(x_t-x_{t|t})^{\mathrm{T}}|y_{1:t}]\end{aligned}\tag{6-34}$$

根据递归贝叶斯滤波公式：

$$p(x_t\mid y_{1:t-1})=\int p(x_t\mid x_{t-1})p(x_{t-1}\mid y_{1:t-1})\mathrm{d}x_{t-1}\tag{6-35}$$

$$p(x_t\mid y_{1:t})=\frac{p(y_t\mid x_t)p(x_t\mid y_{1:t-1})}{\int p(y_t\mid x_t)p(x_t\mid y_{1:t-1})\mathrm{d}x_t}\tag{6-36}$$

则线性高斯状态空间模型的递归贝叶斯估计的预测与更新为：

预测：

$$p(x_t\mid y_{1:t-1})=\int p(x_t\mid x_{t-1})p(x_{t-1}\mid y_{1:t-1})\mathrm{d}x_{t-1}$$

$$
\begin{aligned}
&= \int \Phi(x_t - \boldsymbol{F}_t x_{t-1}, \boldsymbol{Q}) \Phi(x_{t-1} - x_{t-1|t-1}, \boldsymbol{P}_{t-1|t-1}) \mathrm{d}x_{t-1} \\
&= \Phi(x_t - \boldsymbol{F}_t x_{t-1|t-1}, \boldsymbol{F}_t \boldsymbol{P}_{t-1|t-1} \boldsymbol{F}_t^{\mathrm{T}} + \boldsymbol{Q}) \\
&= \Phi(x_t - x_{t|t-1}, \boldsymbol{P}_{t|t-1})
\end{aligned} \tag{6-37}
$$

更新：

$$
\begin{aligned}
p(x_t \mid y_{1;t}) &= \frac{p(y_t \mid x_t) p(x_t \mid y_{1;t-1})}{\int p(y_t \mid x_t) p(x_t \mid y_{1;t-1}) \mathrm{d}x_t} \\
&= \frac{\Phi(y_t - \boldsymbol{H}_t x_t, \boldsymbol{R}) \Phi(x_t - x_{t|t-1}, \boldsymbol{P}_{t|t-1})}{\int \Phi(y_t - \boldsymbol{H}_t x_t, \boldsymbol{R}) \Phi(x_t - x_{t|t-1}, \boldsymbol{P}_{t|t-1}) \mathrm{d}x_{t-1}} \\
&= \Phi(x_t - x_{t|t-1} - \boldsymbol{K}_t(y_t - y_{t|t-1}), \boldsymbol{P}_{t|t-1} - \boldsymbol{K}_t \boldsymbol{H}_t \boldsymbol{P}_{t|t-1}) \\
&= \Phi(x_t - x_{t|t}, \boldsymbol{P}_{t|t})
\end{aligned} \tag{6-38}
$$

$$
\begin{aligned}
y_{t|t-1} &= \mathrm{E}[y_t | y_{1;t-1}] = \boldsymbol{H}_t x_{t|t-1} \\
\boldsymbol{\nu}_t &= y_t - y_{t|t-1} \\
\boldsymbol{S}_t &= \mathrm{E}(\boldsymbol{\nu}_t \boldsymbol{\nu}_t') = \boldsymbol{H}_t \boldsymbol{P}_{t|t-1} \boldsymbol{H}_t^{\mathrm{T}} + \boldsymbol{R} \\
\boldsymbol{K}_t &= \boldsymbol{P}_{t|t-1} \boldsymbol{H}_t^{\mathrm{T}} \boldsymbol{S}_t^{-1}
\end{aligned} \tag{6-39}
$$

预测与更新的第三个等式推导相对复杂。分别比较预测与更新的第三步与第四步，得到：

$$
\begin{aligned}
&x_{t|t-1} = \mathrm{E}[x_t | y_{1;t-1}] = \boldsymbol{F}_t x_{t-1|t-1} \\
&\boldsymbol{P}_{t|t-1} = \mathrm{E}[(x_t - x_{t|t-1})(x_t - x_{t|t-1})^{\mathrm{T}} | y_{1;t-1}] = \boldsymbol{F}_t \boldsymbol{P}_{t-1|t-1} \boldsymbol{F}_t^{\mathrm{T}} + Q \\
&x_{t|t} = \mathrm{E}[x_t | y_{1;t}] = x_{t|t-1} + \boldsymbol{K}_t \boldsymbol{\nu}_t \\
&\boldsymbol{P}_{t|t} = \mathrm{E}[(x_t - x_{t|t})(x_t - x_{t|t})^{\mathrm{T}} | y_{1;t}] = \boldsymbol{P}_{t|t-1} - \boldsymbol{K}_t \boldsymbol{H}_t \boldsymbol{P}_{t|t-1}
\end{aligned} \tag{6-40}
$$

其中：前面两个称为预测公式，最后两个称为更新（滤波）公式。$Y_{t|t-1}$ 为观测变量的单步预测，v_t 为预测误差，$\boldsymbol{S}_t$ 为预测误差的协方差，K_t 为卡尔曼增益阵。

6.3.3 卡尔曼滤波的研究进展

1960 年，卡尔曼发表了用递归方法解决离散数据线性滤波问题的论文（A New Approach To Linear Fittering and Prediction Problems）。在这篇文章里，一种克服了维纳滤波缺点的新方法被提出来，这就是我们今天称之为卡尔曼滤波的方法。卡尔曼滤波应用广泛且功能强大，它可以估计信号的过去和当前状态，甚至能估计将来的状态，即使并不知道模型的确切性质。本质上来讲，滤波就是一个信号处理与变换（去除或减弱不想要的成分，增强所需成分）的过程，这个过程既可以通过硬件来实现，也可以通过软件来实现。卡尔曼滤波属于一种软件滤波方法，其基本思想是：以最小均方误差为最佳估计准则，采用信号与噪声的状态空间模型,利用前一时刻的估计值和当前时刻的观测值来更新对状态变量的估计,求出当前时刻的估计值,算法根据建立的系统方程和观测方程对需要处理的信号做出满足最小均方误差的估计。

卡尔曼滤波器是一个最优化自回归数据处理算法(Optimal Recursive Data Processing Algorithm),它的广泛应用已经超过30年,包括航空器轨道修正、机器人系统控制、雷达系统与导弹追踪等。近年来更被应用于组合导航与动态定位、传感器数据融合、微观经济学等应用研究领域。特别是在图像处理领域如人脸识别、图像分割、图像边缘检测等当前热门研究领域占有重要地位。

卡尔曼滤波作为一种数值估计优化方法,与应用领域的背景结合性很强。因此在应用卡尔曼滤波解决实际问题时,重要的不仅仅是算法的实现与优化问题,更重要的是利用获取的领域知识对被认识系统进行形式化描述,建立起精确的数学模型,再从这个模型出发,进行滤波器的设计与实现工作。

滤波器实际实现时,测量噪声协方差 $\boldsymbol{R}$ 一般可以观测得到,是滤波器的已知条件。它可以通过离线获取一些系统观测值计算出来。通常,难确定的是过程激励噪声协方差的 $\boldsymbol{Q}$ 值,因为我们无法直接观测到过程信号。一种方法是通过设定一个合适的 $\boldsymbol{Q}$,给过程信号"注入"足够的不确定性来建立一个简单的可以产生可接受结果的过程模型。为了提高滤波器的性能,通常要按一定标准进行系数的选择与调整。

基本卡尔曼滤波器限定在线性的条件下,在大多数的非线性情形下,我们使用扩展的卡尔曼滤波器(EKF)来对系统状态进行估计。为了更直观理解卡尔曼滤波,给出卡尔曼滤波应用示意图如图6-1所示。

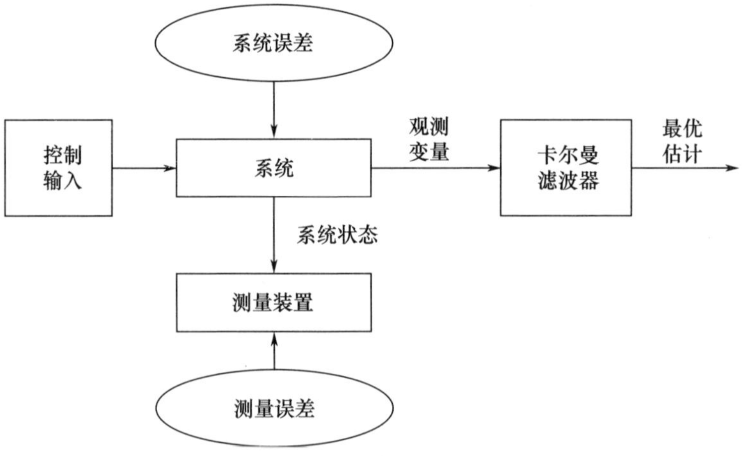

图6-1 卡尔曼滤波应用示意图

随着卡尔曼滤波理论的发展,一些实用卡尔曼滤波技术被提出来,如自适应滤波,次优滤波以及滤波发散抑制技术等逐渐得到广泛应用。其它的滤波理论也迅速发展,如线性离散系统的分解滤波(信息平方根滤波,序列平方根滤波,UD 分解滤波),鲁棒滤波(H∞ 波),等等。

6.4 遥感观测目标信息的估计理论

基于现代的时间序列分析方法,提出了一个新的时域维纳(Wiener)滤波方法。针对离散线性随机描述系统提出了渐进稳定的 Wiener 状态估计。它们可以通过自回归滑动平均(ARMA)递归滤波器来实现。它们可以完成最佳状态的滤波器,平滑器,并在统一的框架预测问题,还可以在 ARMA 模型的基础上获得创新模型。可以避免进行 Diophantine 方程和 Riccati 方程的计算,所以大大减少了运算负担。

6.4.1 维纳状态估计

由于电路、经济学和机器人等的广泛应用,描述符(单数)系统的状态估计问题得到高度重视。目前为止,广义系统的最优递推状态估计仅限于卡尔曼过滤框架。

在频域,Wiener 滤波器的多项式方式是解决最佳信号估计问题的重要工具。近年来,这种方式也被用于解决非奇异系统的状态估计问题。然而,为了获得清晰和可靠的 Wiener 滤波器的信号或状态,丢潘图方程的解是必需的,但它会产生更大的运算负担。

这里基于现代时间序列分析方法,提出了一个针对 Wiener 滤波器的新的时域方法。并且这种方法已经用于解决描述系统的状态估计问题。

渐进稳定描述 Wiener 状态估计是第一次提出,它具有作为输入测量信号的传递函数矩阵形式,并可以通过 ARMA 递归滤波器实现。它们的传递函数矩阵可基于 ARMA 创新模式来实现,对丢潘图方程和 Riccati 方程的计算是可以避免的,这样就减少了计算的负担。它们对最佳状态的递归滤波器、平滑器和预测器有一个统一的形式,卡尔曼滤波法和多项式方法的缺点都被克服了。这种新方法的主要中心思想是:(1)找到与白噪声估计和测量的预测器的非递归最优状态估计;(2)在 ARMA 创新模式的基础上,给出 Wiener 滤波器的白噪声估计;(3)非递归状态估计的递归形式产生描述 Wiener 的状态估计。状态估计问题基本上被转移到了白噪声估计问题上。

1. 制定和引理问题

以线性离散随机广义系统作为考虑对象：

$$\boldsymbol{M}x(t+1)=\boldsymbol{\phi}\chi(t)+\boldsymbol{\Gamma}\omega(t) \tag{6-41}$$

$$y(t)=\boldsymbol{H}\chi(t)+v(t) \tag{6-42}$$

其中状态$\chi(t)\in\mathfrak{R}^n$，参数$y(t)\in\mathfrak{R}^m$，$\boldsymbol{M},\boldsymbol{\phi},\boldsymbol{\Gamma}$和$\boldsymbol{H}$是连续矩阵。

假设6.1：$w(t)\in\mathfrak{R}^r$和$v(t)\in\mathfrak{R}^m$具有零均值和相关白噪声，并且

$$\mathrm{E}\left\{\begin{bmatrix}\omega(t)\\ v(t)\end{bmatrix}\begin{bmatrix}\omega^{\mathrm{T}}(j) & v^{\mathrm{T}}(j)\end{bmatrix}\right\}=\begin{bmatrix}Q_w & S\\ S' & Q_v\end{bmatrix}\delta_{tj},\begin{bmatrix}Q_w & S\\ S' & Q_v\end{bmatrix}>0 \tag{6-43}$$

式中：E是期望；T表示转置；$\delta_{tt}=1,\delta_{tj}=0(t\neq j)$。

假设6.2：$\boldsymbol{M}$是一个奇异方阵，即行列式$\boldsymbol{M}=0$。

假设6.3：系统是有规律的，即$\forall z\in C.\ \det(z\boldsymbol{M}-\boldsymbol{\phi})\neq 0$。

假设6.4：该系统是完全可观测的，即$\forall z\in C$，

$$\mathrm{rank}\begin{bmatrix}z\boldsymbol{M}-\phi\\ \boldsymbol{H}\end{bmatrix}=n,\mathrm{rank}\begin{bmatrix}\boldsymbol{M}\\ \boldsymbol{H}\end{bmatrix}=n \tag{6-44}$$

假设6.4产生以下的基矩阵$\boldsymbol{\Omega}$且其是满列秩：

$$\boldsymbol{\Omega}\begin{bmatrix}-\boldsymbol{\phi} & \boldsymbol{M} & \cdots & 0 & 0\\ \vdots & \vdots & & \vdots & \vdots\\ 0 & 0 & \cdots & -\boldsymbol{\phi} & \boldsymbol{M}\\ \boldsymbol{H} & 0 & \cdots & 0 & 0\\ \vdots & \vdots & & \vdots & \vdots\\ 0 & 0 & \cdots & 0 & \boldsymbol{H}\end{bmatrix} \tag{6-45}$$

上方矩阵为$(\beta-1)n$列，下方矩阵为n列。总共有βn列。其中β是可观性指数，它也是最小的整数且$\boldsymbol{\Omega}$有完整的列秩。它对减少状态估计的运算负担有重要的作用。

对于描述系统式(6-41)、式(6-42)，Wiener状态估计问题是为了找到稳定的最优(即线性方差最小)递推状态估计。$\hat{\chi}(t|t+N)$的状态$\chi(t)$基于测量$(y(t+N),y(t+N-1)\cdots)$，并且$\hat{\chi}(t|t+N)$有一个作为输入测量信号$y(t+N)$的传递函数矩阵形式。对于N=0，N>0或者N<0，

它被分别称为描述Wiener的状态滤波器，平滑器或者预测器。

从式(6-41)到式(6-42)我们有

$$y(t)=\boldsymbol{H}(\boldsymbol{M}-q^{-1}\boldsymbol{\phi})^{-1}\boldsymbol{\Gamma}q^{-1}\omega(t)+v(t) \tag{6-46}$$

其中q^{-1}是落后的移位运算，$q^{-1}w(t)=\chi(t-1)$。假设6.2和6.3产生左互质分解。

$$\boldsymbol{H}(\boldsymbol{M}-q^{-1}\boldsymbol{\phi})^{-1}\boldsymbol{\Gamma}q^{-1}=\boldsymbol{A}^{-1}\boldsymbol{B}q^{r0} \tag{6-47}$$

其中 $\boldsymbol{A}$ 和 $\boldsymbol{B}$ 是具有形如

$$X = X(q^{-1}) = X_0 + X_1 q^{-1} + \cdots + X_{n_x} q^{-n_x} \tag{6-48}$$

的多项式矩阵，系数矩阵x_i和度 $n_x = \deg(X)$，并且 $\boldsymbol{A}_0 = \boldsymbol{I}_m, \boldsymbol{B}_0 \neq 0$。$\boldsymbol{I}_m$ 是 $m \times m$ 单位矩阵。q 是向前移位运算符，$qx(t) = x(t+1)$。整数 $r_0 = 0, r_0 > 0$ 或者 $r_0 < 0$。将式(6－47)代入式(6－46)得到

$$\boldsymbol{A}y(t) = \boldsymbol{B}\, q^{r0} w(t) + \boldsymbol{A}v(t) \tag{6-49}$$

从假设6.1来看，由于$(\boldsymbol{A}, \boldsymbol{B})$是左互质，应用谱分解定理，存在一个移动平均(MA)过程 $\boldsymbol{D}\varepsilon(t)$，例如：

$$\boldsymbol{D}\varepsilon(t) = \boldsymbol{B}q^{r0} w(t) + \boldsymbol{A}v(t) \tag{6-50}$$

其中，$\boldsymbol{D}$ 是稳定的(即 $\boldsymbol{D}(q)$ 行列式的所有零点都在单位圆外)，$\boldsymbol{D}_0 = \boldsymbol{I}_m$，$\varepsilon(t) \in \Re_m$，是具有零均值和方差矩阵$\boldsymbol{Q}_t$的白噪声。式(6－49)和式(6－50)产生 ARMA 创新模型

$$\boldsymbol{A}y(t) = \boldsymbol{D}\varepsilon(t) \tag{6-51}$$

根据所采用的投影特性，很容易证明 $\varepsilon(t)$ 是 $y(t)$ 的创新过程。

$\boldsymbol{D}$ 和$\boldsymbol{Q}_t$可以通过使用下面的 Gevers 和沃特斯算法得出：

$$\begin{cases} \boldsymbol{Q}_t = \lim \quad R_{r\varepsilon}(t,t) \\ \boldsymbol{D}_i = \lim \quad R_{r\varepsilon}(t,t-i) Q_t^{-1} \text{ 随着 } t \to \infty \end{cases} \tag{6-52}$$

其中 $t = 0,1,\cdots; i = 0,1,\cdots; n_d, n_d = \max(i \mid R_i \neq 0)$。且

$$R_{r\varepsilon}(t,t-i) = R_r(i) - \sum_{j=i+1}^{n_d} R_{r\varepsilon}(t,t-i) R_{\varepsilon}^{-1}(t-j,t-j) R_{r\varepsilon}^{\mathrm{T}} \times (t-i,t-j) \tag{6-53}$$

其中$R_r(i) = \mathrm{E}[r(t) r^{\mathrm{T}}(t-i)]$，$\mathrm{r}(t) = \boldsymbol{B}\, \mathrm{q}^{r0} w(t) + \boldsymbol{A}\mathrm{v}(t)$，且定义

$$\begin{cases} R_z(0,0) = R_{r\varepsilon}(0,0) = R_r(0) \\ R_\varepsilon(t,t) = R_{r\varepsilon}(t,t), R_{r\varepsilon}(t,t-j) = 0 \\ R_\varepsilon(t-j,t-j) = 0 (t < j) \end{cases} \tag{6-54}$$

值得注意的是一些仿真实例显示出 Gevers 和 Wouters 算法具有快速收敛性能。一般地，当 $50 \leqslant \mathrm{t} \leqslant 100$ 时，最合适的 $\boldsymbol{Q}_\varepsilon$ 和 $\boldsymbol{D}_{\mathrm{i}}$ 估计可以得到低于 10^{-4}的估计误差。

引理6.1：对任意整数 N，最理想的白噪声估计是在维纳滤波器阵列中插入

$$\hat{w}(t \mid t+N) = \boldsymbol{L}_N \tilde{\boldsymbol{A}} \tilde{\boldsymbol{D}}^{-1} y(t+N) \tag{6-55}$$

$$\hat{v}(t \mid t+N) = \boldsymbol{M}_N \tilde{\boldsymbol{A}} \tilde{\boldsymbol{D}} y(t+N) \tag{6-56}$$

这里 $\boldsymbol{A}$ 和 $\boldsymbol{D}$ 在公式(6－51)中给出了定义，$\tilde{\boldsymbol{A}}$ 和 $\tilde{\boldsymbol{D}}$ 由下面的右互质的因式分解来定义：

$$\boldsymbol{D}^{-1}\boldsymbol{A}=\tilde{\boldsymbol{A}}\tilde{\boldsymbol{D}}^{-1} \tag{6-57}$$

这里$\tilde{\boldsymbol{D}}_0=\boldsymbol{I}_m$,$\boldsymbol{L}_N$ 和 $\boldsymbol{M}_N$ 由

$$\boldsymbol{L}_N=[\boldsymbol{Q}_w\boldsymbol{F}_N^{\mathrm{T}}(q)+\boldsymbol{S}\boldsymbol{G}_N^{\mathrm{T}}(q)]\boldsymbol{Q}_\varepsilon^{-1}q^{-N} \tag{6-58}$$

$$\boldsymbol{M}_N=[\boldsymbol{Q}_v\boldsymbol{G}_N^{\mathrm{T}}(q)+\boldsymbol{S}^{\mathrm{T}}\boldsymbol{F}_N^{\mathrm{T}}(q)]\boldsymbol{Q}_\varepsilon^{-1}q^{-N} \tag{6-59}$$

定义,$(a\vee b)=\max(a,b)$,$(a\wedge b)=\min(a,b)$,并且

$$\begin{cases}\boldsymbol{F}_N^{\mathrm{T}}(q)=\sum\limits_{i=-(r_0\vee 0)}^{N}F_{i+(r\vee 0)}^{\mathrm{T}}q^i\\ \boldsymbol{G}_N^{\mathrm{T}}(q)=\sum\limits_{i=-(r_0\vee o)}^{N}G_{i+(r_0\vee 0)}^{\mathrm{T}}q^i\end{cases} \tag{6-60}$$

最终当 $N<-(r_0\vee 0)$时,$\boldsymbol{F}_N^{\mathrm{T}}(q)=0$,$\boldsymbol{G}_N^{\mathrm{T}}(q)=0$,此时 $\boldsymbol{F}_i$和 $\boldsymbol{G}_i$可以由递归的方法计算出:

$$\begin{cases}\boldsymbol{F}_i=-\boldsymbol{D}_1\boldsymbol{F}_{i-1}-\cdots-\boldsymbol{D}_{n_d}\boldsymbol{F}_{i-n_d}+\bar{\boldsymbol{B}}_i\\ \boldsymbol{F}_i=0(i<0);\bar{\boldsymbol{B}}_i=0(i>n_\delta)\end{cases} \tag{6-61}$$

$$\begin{cases}\boldsymbol{G}_i=-\boldsymbol{D}_1\boldsymbol{G}_{i-1}-\cdots-\boldsymbol{D}_{n_d}\boldsymbol{G}_{i-n_d}+\bar{\boldsymbol{A}}_i\\ \boldsymbol{G}_i=0(i<0);\bar{\boldsymbol{A}}_i=0(i>n_\delta)\end{cases} \tag{6-62}$$

这里 $\bar{\boldsymbol{B}}=\boldsymbol{B}q^{(r_0\wedge 0)}$,$\bar{\boldsymbol{A}}=\boldsymbol{A}q^{(-r_0\wedge 0)}$。

$$\begin{cases}\hat{w}(t|t+N)=\boldsymbol{L}_N\boldsymbol{\varepsilon}(t+N)\\ \hat{v}(t|t+N)=\boldsymbol{M}_N\boldsymbol{\varepsilon}(t+N)\end{cases} \tag{6-63}$$

从式(6-51)中我们可以得到 $\boldsymbol{\varepsilon}(t+N)=\boldsymbol{D}^{-1}\boldsymbol{A}y(t+N)$。把它代入式(6-63),就可以得到式(6-55)和式(6-56)。

引理 6.2:最理想的预测是由下式给出:

$$\hat{y}(t+i|t)=\boldsymbol{J}_i\tilde{\boldsymbol{D}}^{-1}y(t) \tag{6-64}$$

当 $\tilde{\boldsymbol{A}}$ 和 $\tilde{\boldsymbol{D}}$ 由式(6-57)定义时,J_i 由下式定义:

$$\tilde{\boldsymbol{D}}=\boldsymbol{E}_i\tilde{\boldsymbol{A}}+q^{-i}\boldsymbol{J}_i\quad(i>0) \tag{6-65}$$

$$\boldsymbol{J}_i=\tilde{D}q^i(i\leqslant 0) \tag{6-66}$$

同时,$\deg(\boldsymbol{E}_i)=i-1$,$\deg(\boldsymbol{J}_i)\max(n_{\tilde{a}}-1,n_{\tilde{d}}-i)$。

2. 维纳状态估计的描述

定理 6.1:为了描述包含假设 6.1 ~6.4 的系统式(6-41)和式(6-42),一个不

均匀稳定的描述维纳状态估计的方法：

$$\hat{x}(t|t+N)=\bar{\boldsymbol{D}}_N^{-1}\bar{\boldsymbol{K}}_N y(t+N) \tag{6-67}$$

传递函数阵$\bar{\boldsymbol{D}}_N^{-1}\bar{\boldsymbol{K}}_N$和输入 $y(t+N)$ 中含有 ARMA 递归滤波形式：

$$\bar{\boldsymbol{D}}_N\hat{x}(t|t+N)=\bar{\boldsymbol{K}}_N y(t+N) \tag{6-68}$$

这里的$\bar{\boldsymbol{D}}_N$和$\bar{\boldsymbol{K}}_N$由下面的因式分解可以定义：

$$\bar{\boldsymbol{D}}_N^{-1}\bar{\boldsymbol{K}}_N=\boldsymbol{K}_N\tilde{D}^{-1} \tag{6-69}$$

这里$\bar{\boldsymbol{D}}_{N0}=\boldsymbol{I}_n$，$\tilde{\boldsymbol{D}}$ 和 $\tilde{\boldsymbol{A}}$ 由式(6－57)定义，$\boldsymbol{K}_N$ 由下式定义：

$$\boldsymbol{K}_N=\sum_{i=0}^{\beta-1}\boldsymbol{\Omega}_i^{(1)}\Gamma L_{N-i}\tilde{A}+\sum_{i=0}^{\beta-1}\boldsymbol{\Omega}_i^{(2)}[J_{i-N}-M_{N-i}\tilde{A}] \tag{6-70}$$

这里 $\boldsymbol{L}_i$、$\boldsymbol{M}_i$和 $\boldsymbol{J}_i$是由式(6－58)、式(6－59)和式(6－66)给出的。

假定逆阵 $\boldsymbol{\Omega}^{\#}=(\boldsymbol{\Omega}^{\mathrm{T}}\boldsymbol{\Omega})^{-1}\boldsymbol{\Omega}^{\mathrm{T}}$ 由下式划分

$$\boldsymbol{\Omega}^{\#}=\begin{bmatrix}\boldsymbol{\Omega}_0^{(1)} & \cdots & \boldsymbol{\Omega}_{\beta-2}^{(1)} & \boldsymbol{\Omega}_0^{(2)} & \cdots & \boldsymbol{\Omega}_{\beta-1}^{(2)}\\ X & \cdots & X & X & \cdots & X\\ \vdots & & \vdots & \vdots & & \vdots\\ X & \cdots & X & X & \cdots & X\end{bmatrix} \tag{6-71}$$

这里的 $\boldsymbol{\Omega}_i^{(1)}$ 是 $n\times n$ 矩阵，$\boldsymbol{\Omega}_i^{(2)}$ 是 $n\times m$ 矩阵。特殊情况当 $\beta=1$ 时，可以形成定义式 $\boldsymbol{\Omega}_i^{(1)}=0(i\leqslant 0)$。

证明：从式(6－67)和式(6－70)中我们可以得到关系式：

$$\boldsymbol{\Omega}\begin{bmatrix}x(t)\\ x(t+1)\\ \vdots\\ x(t+\beta-1)\end{bmatrix}=\begin{bmatrix}\boldsymbol{\Gamma}w(t)\\ \vdots\\ \boldsymbol{\Gamma}w(t+\beta-2)\\ y(t)-v(t)\\ \vdots\\ y(t+\beta-1)-v(t+\beta-1)\end{bmatrix} \tag{6-72}$$

从式(6－71)和式(6－72)，我们可以得到 $x(t)$：

$$x(t)=\sum_{i=0}^{\beta-2}\boldsymbol{\Omega}_i^{(1)}\boldsymbol{\Gamma}w(t+i)+\sum_{i=0}^{\beta-1}\boldsymbol{\Omega}_i^{(2)}[y(t+i)-v(t+i)] \tag{6-73}$$

用学术上的推测（爱迪生和摩尔，1979）在上式的两边进行线性空间逼近，逼近方法用$(y(t+N), y(t+N-1), \cdots)$，最理想的无递归状态估计 $\hat{x}(t|t+N)$ 可以用下式得出：

$$\hat{x}(t|t+N)=\sum_{i=0}^{\beta-2}\boldsymbol{\Omega}_i^{(1)}\boldsymbol{\Gamma}\hat{w}(t+i|t+N)+\sum_{i=0}^{\beta-1}\boldsymbol{\Omega}_i^{(2)}[\hat{y}(t+i|t+N)+\hat{v}(t+i|t+N)]$$

$$(6-74)$$

把式(6-55)、式(6-56)和式(6-64)代入式(6-74)可以得到描述维纳状态估计式：

$$\hat{x}(t|t+N)=\boldsymbol{K}_N\tilde{\boldsymbol{D}}^{-1}y(t+N) \tag{6-75}$$

$\boldsymbol{K}_N$ 由式(6-70)给出，把式(6-69)代入(6-75)可以得到式(6-67)或者式(6-68)。当 $\boldsymbol{D}$ 处于稳定状态时通过式(6-57)得到 $\tilde{\boldsymbol{D}}$ 也是处于稳定状态的，同时通过式(6-69)可以得到 $\bar{\boldsymbol{D}}_N$ 也是稳定的，因此，维纳状态估计式(6-67)或式(6-68)是非对称稳定的。

证明完毕。

推论 6.1：为了描述包含假设 6.1～6.4 的系统式(6-41)和式(6-42)，一个不均匀稳定的描述维纳状态估计的方法：

$$\det\tilde{\boldsymbol{D}}\hat{x}(t|t+N)=\boldsymbol{K}_N\mathrm{adj}\tilde{\boldsymbol{D}}y(t+N) \tag{6-76}$$

证明：把 $\tilde{\boldsymbol{D}}^{-1}=\mathrm{adj}\tilde{\boldsymbol{D}}/\det\tilde{\boldsymbol{D}}$ 代入式(6-75)可以得到式(6-76)，由 $\tilde{D}$ 的稳定可知估计式(6-76)是非均匀稳定状态。

推论 6.2：用假设 6.1～6.4 对单一信号输出系统式(6-41)和式(6-42)进行描述，维纳状态估计的描述可以由下式给出：

$$\boldsymbol{D}\hat{x}(t|t+N)=\boldsymbol{K}_N y(t+N) \tag{6-77}$$

这里的 $\boldsymbol{A}$ 和 $\boldsymbol{D}$ 由式(6-51)中给出。

证明：当 $m=1$ 的情况下，我们可以知道 $\beta=n$，$\boldsymbol{\Omega}^{\#}=\boldsymbol{\Omega}^{-1}$，$\tilde{\boldsymbol{A}}=\boldsymbol{A}$，$\tilde{\boldsymbol{D}}=\boldsymbol{D}$。式(6-30)和式(6-35)得到式(6-37)。

推论 6.3：当 $\boldsymbol{M}=\boldsymbol{I}_N$ 时在假设 6.1,6.3 和 6.4 成立的情况下，对一个无符号系统式(6-41)和式(6-42)，那么定理 6.1 也是成立的。

要注意的是：式(6-76)的好处在于左边的因式分解式(6-69)可以被避免，同时提高了估计的精度。

假设 6.4 可以得到下面含有满秩的矩阵：

$$\boldsymbol{\Theta}=\begin{bmatrix}\boldsymbol{M} & -\boldsymbol{\Phi} & \cdots & 0 & 0\\ \vdots & \vdots & & \vdots & \vdots\\ 0 & 0 & \cdots & \boldsymbol{M} & -\boldsymbol{\Phi}\\ \boldsymbol{H} & 0 & \cdots & 0 & 0\\ \vdots & \vdots & & \vdots & \vdots\\ 0 & 0 & \cdots & 0 & \boldsymbol{H}\end{bmatrix}\begin{matrix}\left.\begin{matrix}\\ \\ \\ \end{matrix}\right\}(\beta-1)n\text{ 行}\\ \left.\begin{matrix}\\ \\ \\ \end{matrix}\right\}\beta m\text{ 行}\end{matrix} \tag{6-78}$$

类似于定理 6.1，我们可以验证定理 6.2。

定理 6.2：在假设 6.1 ~6.4 的前提下，描述系统式(6 - 41)和式(6 - 42)非均匀稳定描述的维纳状态估计可由下式给出：

$$\bar{\boldsymbol{D}}_N \hat{x}(t|t+N) = \bar{\boldsymbol{K}}_N y(t+N) \tag{6-79}$$

用因式分解得到

$$\bar{\boldsymbol{D}}_N^{-1} \bar{\boldsymbol{K}}_N = \boldsymbol{K}_N \tilde{\boldsymbol{D}}^{-1} \tag{6-80}$$

这里 $\bar{\boldsymbol{D}}_{N0} = \boldsymbol{I}_N$，$\tilde{\boldsymbol{D}}$ 和 $\tilde{\boldsymbol{A}}$ 由式(6 - 57)给出，$\boldsymbol{K}_N$ 由下式给出：

$$\boldsymbol{K}_N = \sum_{i=0}^{\beta-1} \boldsymbol{\Theta}_i^{(1)} \boldsymbol{\Gamma} L_{N+i} \tilde{\boldsymbol{A}} + \sum_{i=0}^{\beta-1} \boldsymbol{\Theta}_i^{(2)} [\boldsymbol{J}_{-i-N} - \boldsymbol{M}_{N+i} \tilde{\boldsymbol{A}}] \tag{6-81}$$

这里的 $\boldsymbol{L}_i$，$\boldsymbol{M}_i$ 和 $\boldsymbol{J}_i$ 由式(6 - 58)、式(6 - 59)、式(6 - 65)和式(6 - 66)给出，并且定义

$$[\boldsymbol{\Theta}_1^{(1)} \quad \cdots \quad \boldsymbol{\Theta}_{\beta-1}^{(1)} \quad \boldsymbol{\Theta}_0^{(2)} \quad \cdots \quad \boldsymbol{\Theta}_{\beta-1}^{(2)}] = [\boldsymbol{I}_n \quad 0 \quad \cdots \quad 0] \boldsymbol{\Theta}^{\#} \tag{6-82}$$

这里 $\boldsymbol{\Theta}^{\#} = (\boldsymbol{\Theta}^{\mathrm{T}} \boldsymbol{\Theta})^{-1} \boldsymbol{\Theta}^{\mathrm{T}}$，维纳状态估计仍旧可以用式(6 - 76)来描述。

一个基于时间次序分析的新时域维纳滤波方法已经被提出来了，它避免了 Riccati 丢番图方程的解答。

与卡尔曼滤波器的方法相比，Riccati 方程已经被 ARMA 创新模型取代了。在 1992 年，Nikoukhah，Willsky and Bernard 已经利用 Riccati 方程的迭代算法来计算 $(2n+m) \times (2n+m)$ 对称矩阵在每个迭代时期的伪逆矩阵，但是，我们知道，在 1978 年，已经获得 ARMA 创新模型的 Gevers 和 Wouters 迭代算法仅仅只能计算 $m \times m$ 矩阵在每个迭代时期的逆矩阵。因此，我们认为后者算法比前者算法简单。

与多项式算法相比，多项式的方法需要谱分解，包括左和右互质矩阵分解和解丢番图方程，但这种新方法只需要创新构建 ARMA 模型和左、右互质分解矩阵。邓等人已经在 1996 年证明了这个创新模式，构建了相当于 ARMA 谱分解。这种新方法避免了丢番图方程解的计算量，因此，计算量大大减少了。

Wiener 形式估计的描述式使用了新的时域估计方法，尽管 Kucera 在 1986 年解决了一个在信号输入输出连续时间系统的固定 LQG 控制问题，但是他没有解决在状态估计和 LQG 控制之间的持续问题。因此维纳状态估计问题没有被 Kucera 的多项式方法解决。

6.4.2 最小二乘法及其应用

最小二乘法是用于数据处理和误差估计中的一个很得力的数学工具。对于从事精密科学实验的人们来说，应用最小乘法来解决一些实际问题，仍是目前必不可少的手段。例如，取重复测量数据的算术平均值作为测量的结果，就是依据

残差的平方和为最小的原则；又如，本章将用最小二乘法来解决一类组合测量的问题。另外，常遇到用实验方法来拟合经验公式，这是后面一章回归分析方法的内容，它也是以最小二乘法原理为基础。

最小二乘法的发展已经经历了 200 多年的历史，它最先起源于天文和大地测量的需要，其后在许多科学领域里获得了广泛应用，特别是近代矩阵理论与电子计算机相结合，使最小二乘法不断地发展而久盛不衰。

1. 最小二乘法原理

最小二乘法的产生是为了解决从一组测量值中寻求最可信赖值的问题。对某量 x 测量一组数据 $x_1,x_2,\cdots,x_n$，假设数据中不存在系统误差和粗大误差，相互独立，服从正态分布，它们的标准偏差依次为 $\sigma_1,\sigma_2,\cdots,\sigma_n$。记最可信赖值为 $\bar{x}$，相应的残差 $v_i=x_i-\bar{x}$。测值落入 $(x_i,x_i+\mathrm{d}x)$ 的概率

$$P_i=\frac{1}{\sigma_i\sqrt{2\pi}}\exp\left(-\frac{v_i^2}{2\sigma_i^2}\right)\mathrm{d}x$$

根据概率乘法定理，测量 $x_1,x_2,\cdots,x_n$ 同时出现的概率为

$$P=\prod P_i=\frac{1}{\prod\sigma_i(\sqrt{2\pi})^n}\exp\left[-\frac{1}{2}\sum_i\left(\frac{v_i}{\sigma_i}\right)^2\right](\mathrm{d}x)^n$$

显然，最可信赖值应使出现的概率 P 为最大，即使上式中页指数中的因子达最小，即

$$\sum_i\frac{v_i^2}{\sigma_i^2}=\min$$

权因子 $w_i=\dfrac{\sigma_o^2}{\sigma_i^2}$，即权因子 $w_i\propto\dfrac{1}{\sigma_i^2}$，则

$$[wvv]=\sum w_iv_i^2=\min$$

再用微分法，得最可信赖值 $\bar{x}$

$$\bar{x}=\frac{\sum_{i=1}^{n}w_ix_i}{\sum_{i=1}^{n}w_i}$$

即加权算术平均值。这里为了与概率符号区别，以 ω_i 表示权因子。

特别是等权测量条件下，有：

$$[vv]=\sum v_i^2=\min$$

以上最可信赖值是在残差平方和或加权残差平方和为最小的意义下求得的，称之为最小二乘法原理。它是以最小二乘方而得名。

为从一组测量数据中求得最佳结果,还可使用其它原理。

例如:

(1) 最小绝对残差和法: $\sum |v_i| = \min$

(2) 最小最大残差法: $\max|v_i| = \min$

(3) 最小广义权差法: $\max v_i - \min v_i = \min$

以上方法随着电子计算机的应用才逐渐引起注意,但最小二乘法便于解析,至今仍用得最广泛。

2. 线性参数最小二乘法

1) 正规方程组

设线性测量方程组的一般形式为

$$y_i = a_{i1}x_1 + a_{i2}x_2 + \cdots + a_{it}x_t \quad (i = 1, 2, \cdots, n)$$

即:

$$\begin{aligned} y_1 &= a_{11}x_1 + a_{12}x_2 + \cdots + a_{1t}x_t \\ y_2 &= a_{21}x_1 + a_{22}x_2 + \cdots + a_{2t}x_t \\ &\vdots \\ y_n &= a_{n1}x_1 + a_{n2}x_2 + \cdots + a_{nt}x_t \end{aligned}$$

式中,有 n 个直接测得值 $y_1, y_2, \cdots, y_n$,t 个待求量 $x_1, x_2, \cdots, x_t$。$n > t$,各 y_i 等权,无系统误差和粗大误差。

因 y_i 含有测量误差,每个测量方程都不严格成立,故有相应的测量残差方程组

$$v_i = y_i - \sum_{j=1}^{t} a_{ij}x_j \quad (i = 1, 2, \cdots, n)$$

式中:y_i 为实测值;x_j 为待估计量(最佳估计值,最可信赖值);$\sum\limits_{j=1}^{t} a_{ij}x_j$ 为最可信赖的"y"值。

按最小二乘法原理,待求的 x_j 应满足:

$$[vv] = \sum_{i=1}^{n} v_i^2 = \sum_{i=1}^{n} \left[y_i - \sum_{j=1}^{t} a_{ij}x_j \right]^2 = \min$$

上式分别对 x_j 求偏导数,且令其等于零,经推导得正规方程组:

$$\begin{cases} [a_1a_1]x_1 + [a_1a_2]x_2 + \cdots + [a_1a_t]x_t = [a_1y] \\ [a_2a_1]x_1 + [a_2a_2]x_2 + \cdots + [a_2a_t]x_t = [a_2y] \\ \vdots \\ [a_ta_1]x_1 + [a_ta_2]x_2 + \cdots + [a_ta_t]x_t = [a_ty] \end{cases}$$

式中,a_j,y 分别为如下列向量:

$$a_j=\begin{pmatrix}a_{1j}\\a_{2j}\\\vdots\\a_{nj}\end{pmatrix}\quad y=\begin{pmatrix}y_1\\y_2\\\vdots\\y_n\end{pmatrix}$$

$[a_l a_k]$ 和 $[a_j y]$ 分别为如下两列向量的内积:

$$[a_l a_k]=a_{1l}a_{1k}+a_{2l}a_{2k}+\cdots+a_{nl}a_{nk}$$

$$[a_j y]=a_{1j}y_1+a_{2j}y_2+\cdots+a_{nj}y_n$$

正规方程组有如下特点:

(1) 主对角线系数是测量方程组各列系数的平方和,全为正数;

(2) 其它系数关于主对角线对称;

(3) 方程个数等于待求量个数,有唯一解。

由此可见,线性测量方程组的最小二乘解归结为对线性正规方程组的求解。为了便于进一步讨论问题,下面借助矩阵工具给出正规方程组的矩阵形式。

记列向量

$$\boldsymbol{Y}=\begin{pmatrix}y_1\\y_2\\\vdots\\y_n\end{pmatrix},\boldsymbol{X}=\begin{pmatrix}x_1\\x_2\\\vdots\\x_t\end{pmatrix},\boldsymbol{V}=\begin{pmatrix}v_1\\v_2\\\vdots\\v_n\end{pmatrix},\boldsymbol{L}=\begin{pmatrix}l_1\\l_2\\\vdots\\l_n\end{pmatrix}$$

和 $n\times t$ 阶矩阵

$$\boldsymbol{A}=\begin{pmatrix}a_{11}&a_{12}&\cdots&a_{1t}\\a_{21}&a_{22}&\cdots&a_{2t}\\a_{n1}&a_{n2}&\cdots&a_{nt}\end{pmatrix}$$

则一般意义下的测量方程组可记为

$$\boldsymbol{AX}=\boldsymbol{Y}$$

测量残差方程组记为

$$\boldsymbol{L}=\begin{pmatrix}L_1\\L_2\\\vdots\\L_n\end{pmatrix}$$

当估计出的 x_j 已经是最可信赖的值,则 $\boldsymbol{AX}$ 是 y_i 的最佳结果。

最小二乘原理记为

$$(\boldsymbol{L}-\boldsymbol{AX})^{\mathrm{T}}(\boldsymbol{L}-\boldsymbol{AX})=\min$$

利用矩阵的导数及其性质有：

$$\begin{aligned}
\frac{\partial}{\partial x}(V^{\mathrm{T}}V) &= 2\,\frac{\partial V^{\mathrm{T}}}{\partial x}V\cdots\cdots\cdots\cdots\cdots\cdots\cdots\cdots\cdots\text{①}\\
&= 2\left(\frac{\partial L^{\mathrm{T}}}{\partial x}-\frac{\partial(X^{\mathrm{T}}\boldsymbol{A}^{\mathrm{T}})}{\partial x}\right)(L-\boldsymbol{A}X)\cdots\cdots\text{②}\\
&= 2\boldsymbol{A}^{\mathrm{T}}(L-\boldsymbol{A}X)\\
&= 2\boldsymbol{A}^{\mathrm{T}}L-2\boldsymbol{A}^{\mathrm{T}}AX
\end{aligned}\tag{6-83}$$

令$\frac{\partial}{\partial x}(V^{\mathrm{T}}V)=0$,得正规方程组的矩阵形式。

$$\boldsymbol{A}^{\mathrm{T}}\boldsymbol{A}X=\boldsymbol{A}L$$

展开系数矩阵 $\boldsymbol{A}^{\mathrm{T}}\boldsymbol{A}$ 和列向量 $\boldsymbol{A}^{\mathrm{T}}L$,可得代数形式的正规方程组。

式(6－83)中①、②和矩阵的导数有关,因此,我们来分析“矩阵最小二乘法”。

2）矩阵最小二乘法

(1）矩阵的导数

设 $n\times t$ 阶矩阵。

$$\boldsymbol{A}_i=\begin{pmatrix} a_{11} & a_{12} & \cdots & a_{1t}\\ a_{21} & a_{22} & \cdots & a_{2t}\\ a_{ni} & a_{n2} & \cdots & a_{nt}\end{pmatrix}=(a_{ij})=(A_1\quad A_2\quad\cdots\quad A_t)$$

n 阶列向量($n+1$ 阶矩阵)V 和 t 阶列向量 X

$$V=\begin{pmatrix} v_1\\ v_2\\ \vdots\\ v_n\end{pmatrix},X=\begin{pmatrix} x_1\\ x_2\\ \vdots\\ x_t\end{pmatrix}$$

V 与 X 的转置(行向量)记为 V^{T} 与 X^{T}。

关于向量 X 的标量函数

$$\varphi(X)=\varphi(x_1,x_2,\cdots,x_t)$$

定义如下几个导数：

① 矩阵对标量 x 的导数

矩阵内 $\boldsymbol{A}$ 元素 a_{ij}是 x 的函数,对矩阵 $\boldsymbol{A}X$ 的导数,定义为各元素对 x 的导数,构成新的导数矩阵。

若 a_{ij}是变量 x 的函数,则定义

$$\frac{\mathrm{d}\boldsymbol{A}}{\mathrm{d}x}=\left(\frac{\mathrm{d}a_{ij}}{\mathrm{d}x}\right)\tag{6-84}$$

② 标量函数对向量的导数

标量函数 φ,对列向量 X 的导数,等于标量函数 φ 对向量 X 的组成元素

$x_i(i=1,2,\cdots,t)$的导数组成的列向量(行向量的转置)

$$\frac{\partial y}{\partial x}=\begin{pmatrix}\frac{\partial y}{\partial x_1} & \frac{\partial y}{\partial x_2} & \cdots & \frac{\partial y}{\partial x_t}\end{pmatrix}^{\mathrm{T}}$$

标量函数 φ,对行向量 X^{T} 的导数,等于标量函数 φ 对向量 X 的组成元素 $x_i(i=1,2,\cdots,t)$的导数组成的行向量。

$$\frac{\partial y}{\partial x_i}=\begin{pmatrix}\frac{\partial y}{\partial x_1} & \frac{\partial y}{\partial x_2} & \cdots & \frac{\partial y}{\partial x_t}\end{pmatrix}=\left(\frac{\partial y}{\partial x}\right)^{\mathrm{T}} \tag{6-85}$$

③ 行(列)向量对列(行)向量的导数

$$V^{\mathrm{T}}=(v_1 \quad v_2 \quad \cdots \quad v_n)$$

行向量 V^{T} 对列向量 X 的导数等于行向量各组成元素,对列向量各组成元素分别求得

$$\frac{\partial V^{\mathrm{T}}}{\partial x}=\begin{pmatrix}\frac{\partial v_1}{\partial x} & \frac{\partial v_2}{\partial x} & \cdots & \frac{\partial v_n}{\partial x}\end{pmatrix}=\begin{pmatrix}\frac{\partial v_1}{\partial x_1} & \cdots & \frac{\partial v_n}{\partial x_1}\\ \frac{\partial v_1}{\partial x_2} & \cdots & \frac{\partial v_n}{\partial x_2}\\ \vdots & \cdots & \vdots\\ \frac{\partial v_1}{\partial x_t} & \cdots & \frac{\partial v_n}{\partial x_t}\end{pmatrix} \tag{6-86}$$

$$\frac{\partial V}{\partial X^{\mathrm{T}}}=\begin{pmatrix}\frac{\partial v_1}{\partial x^{\mathrm{T}}} & \frac{\partial v_2}{\partial x^{\mathrm{T}}} & \cdots & \frac{\partial v_n}{\partial x^{\mathrm{T}}}\end{pmatrix}^{\mathrm{T}}=\begin{pmatrix}\frac{\partial v_1}{\partial x_1} & \cdots & \frac{\partial v_1}{\partial x_t}\\ \frac{\partial v_2}{\partial x_1} & \cdots & \frac{\partial v_2}{\partial x_t}\\ \vdots & \cdots & \vdots\\ \frac{\partial v_n}{\partial x_i} & \cdots & \frac{\partial v_n}{\partial x_t}\end{pmatrix}=\left(\frac{\partial V^{\mathrm{T}}}{\partial X}\right)^{\mathrm{T}} \tag{6-87}$$

关于矩阵的导数有如下性质:

① 矩阵 $\boldsymbol{A}$ 和 $\boldsymbol{B}$ 乘积对标量 x 的导数

$$\frac{\mathrm{d}(AB)}{\mathrm{d}x}=A\frac{\mathrm{d}B}{\mathrm{d}x}+\frac{\mathrm{d}A}{\mathrm{d}x}B \tag{6-88}$$

② 常数阵的导数为零矩阵。

$$\frac{\mathrm{d}A}{\mathrm{d}x}=\boldsymbol{0} \tag{6-89}$$

③ 向量关于自身转置向量的导数为单位方阵。

$$\frac{\partial X^{\mathrm{T}}}{\partial X}=\frac{\mathrm{d}X}{\mathrm{d}X^{\mathrm{T}}}=\boldsymbol{I} \tag{6-90}$$

④ 向量与向量转置乘积的导数：

$$\frac{\partial(V^{\mathrm{T}}V)}{\partial x}=2\frac{\partial V^{\mathrm{T}}}{\partial x}V \tag{6-91}$$

$$\frac{\partial(V^{\mathrm{T}}V)}{\partial X^{\mathrm{T}}}=2V^{\mathrm{T}}\frac{\partial V}{\partial X^{\mathrm{T}}} \tag{6-92}$$

⑤ 关于常数矩阵与向量乘积的导数

$$\frac{\partial}{\partial X}(X^{\mathrm{T}}\boldsymbol{A})=\boldsymbol{A} \tag{6-93}$$

$$\frac{\partial}{\partial X^{\mathrm{T}}}(\boldsymbol{A}^{\mathrm{T}}X)=\boldsymbol{A}^{\mathrm{T}} \tag{6-94}$$

$$\frac{\partial}{\partial X}(V^{\mathrm{T}}\boldsymbol{A}V)=2\frac{\partial V^{\mathrm{T}}}{\partial X}\boldsymbol{A}V \tag{6-95}$$

$$\frac{\partial}{\partial X^{\mathrm{T}}}(V^{\mathrm{T}}\boldsymbol{A}V)=2V^{\mathrm{T}}\boldsymbol{A}\frac{\partial}{\partial X^{\mathrm{T}}} \tag{6-96}$$

利用式(6-83)、式(6-86)和式(6-87)三个定义式，容易证明式(6-88)、式(6-89)、式(6-90)和式(6-91)、式(6-93)。

① 证明式(6-91)

注意到式(6-84)和式(6-86)，即

$$\frac{\partial\varphi}{\partial x}=\begin{pmatrix}\frac{\partial\varphi}{\partial x_1} & \frac{\partial\varphi}{\partial x_2} & \cdots & \frac{\partial\varphi}{\partial x_t}\end{pmatrix}^{\mathrm{T}}$$

和

$$\frac{\partial V^{\mathrm{T}}}{\partial X}=\begin{pmatrix}\frac{\partial v_1}{\partial X} & \frac{\partial v_2}{\partial X} & \cdots & \frac{\partial v_n}{\partial X}\end{pmatrix}=\begin{pmatrix}\frac{\partial v_1}{\partial x_1} & \cdots & \frac{\partial v_n}{\partial x_1}\\ \frac{\partial v_1}{\partial x_2} & \cdots & \frac{\partial v_n}{\partial x_2}\\ \vdots & \cdots & \vdots\\ \frac{\partial v_1}{\partial x_t} & \cdots & \frac{\partial v_n}{\partial x_t}\end{pmatrix}$$

$$式(6-91)左=\frac{\partial}{\partial x}\left(\sum v_i^2\right)=\begin{pmatrix}2v_1\frac{\partial v_1}{\partial x_1}+\cdots+2v_n\frac{\partial v_n}{\partial x_1}\\ \vdots\\ 2v_1\frac{\partial v_i}{\partial x_t}+\cdots+2v_n\frac{\partial v_n}{\partial x_t}\end{pmatrix}=2\begin{pmatrix}\frac{\partial v_1}{\partial x_1}\cdots\frac{\partial v_n}{\partial x_1}\\ \vdots\\ \frac{\partial v_1}{\partial x_t}\cdots\frac{\partial v_n}{\partial x_t}\end{pmatrix}\begin{pmatrix}v_1\\ v_2\\ \vdots\\ v_n\end{pmatrix}=$$

$$2\frac{\partial V^{\mathrm{T}}}{\partial x}V=右$$

类似地，可以证得式(6－92)成立。

② 证明式(6－95)

注意到 $V^{\mathrm{T}}\boldsymbol{A}V$ 是关于 x 的标量函数，由式(6－90)知，只需证明

$$\frac{\partial}{\partial x_i}(V^{\mathrm{T}}\boldsymbol{A}V)=2\frac{\partial V^{\mathrm{T}}}{\partial x_i}\boldsymbol{A}V$$

由于 $V^T\dfrac{\partial(\boldsymbol{A}V)}{\partial x_i}=(v_1\quad v_2\quad\cdots\quad v_n)\begin{pmatrix}a_{11}\dfrac{\partial v_1}{\partial x_i} & a_{12}\dfrac{\partial v_2}{\partial x_i} & \cdots & a_{1n}\dfrac{\partial v_n}{\partial x_i}\\ & \vdots & & \\ a_{n1}\dfrac{\partial v_1}{\partial x_i} & \cdots\ a_{n2}\dfrac{\partial v_2}{\partial x_i} & \cdots & a_{nn}\dfrac{\partial v_{in}}{\partial x_i}\end{pmatrix}$

$$=\begin{pmatrix}a_{11}\dfrac{\partial v_1}{\partial x_i}v_1+\cdots+a_{1n}\dfrac{\partial v_n}{\partial x_i}v_1\\ \vdots\\ a_{n1}\dfrac{\partial v_1}{\partial x_i}v_n+\cdots+a_{nn}\dfrac{\alpha v_n}{a x_i}v_n\end{pmatrix}=\begin{pmatrix}\dfrac{\partial v_1}{\partial x_i}a_{11}v_1+\cdots+\dfrac{\partial v_n}{\partial x_i}a_{1n}v_1\\ \vdots\\ \dfrac{\partial v_1}{\partial x_i}a_{n1}v_n+\cdots+\dfrac{\partial v_n}{\partial x_n}a_{nn}v_n\end{pmatrix}$$

$$=\left(\frac{\partial v_i}{\partial x_1}\quad\frac{\partial v_2}{\partial x_i}\quad\cdots\quad\frac{\partial v_n}{\partial x_i}\right)\begin{pmatrix}a_{11}v_1+\cdots+a_{1n}v_1\\ \vdots\\ an_1v_n+\cdots+a_{nn}v_n\end{pmatrix}$$

$$=\frac{\partial V^{\mathrm{T}}}{\partial x_i}\boldsymbol{A}V$$

所以

$$\text{式(6－95)左}=\frac{\partial V^{\mathrm{T}}}{\partial x_i}\boldsymbol{A}V+V^{\mathrm{T}}\frac{\partial(\boldsymbol{A}V)}{\partial x_i}=2\frac{\partial V^{\mathrm{T}}}{\partial x_i}\boldsymbol{A}V=\text{右}$$

(2) 正规方程

设线性测量方程组与基残差方程组分别为

$$\boldsymbol{AX}=Y\tag{6－97}$$

$$L-\boldsymbol{AX}=V\tag{6－98}$$

式中：$\boldsymbol{A}$ 为 $n\times t$ 阶常数矩阵；X 为 t 阶待求向量；L 是已知的 n 阶测量向量（注意 $l_1,l_2,\cdots l_n$ 均是已测量所得）；V 是 n 阶残差向量。

由最小二乘原理

$$V^{\mathrm{T}}V=(L-\boldsymbol{AX})^{\mathrm{T}}(L-\boldsymbol{AX})=\min$$

求下式

$$\frac{\partial}{\partial X}(V^{\mathrm{T}}V)=2\frac{\partial V^{\mathrm{T}}}{\partial X}V=2\left(\frac{\partial L}{\partial X}-\frac{\partial(X^{\mathrm{T}}\boldsymbol{A}^{\mathrm{T}})}{\partial X}\right)(L-\boldsymbol{AX})$$

注意到式(6-89)即常数阵的导数为零矩阵。

$$\frac{\partial L^{\mathrm{T}}}{\partial X}=0$$

注意到式(6-93)即$\frac{\partial}{\partial X}(X^{\mathrm{T}}\boldsymbol{A})=\boldsymbol{A}$,故

$$\partial\left(\frac{X^{\mathrm{T}}\boldsymbol{A}^{\mathrm{T}}}{\partial X}\right)=\boldsymbol{A}^{\mathrm{T}} \tag{6-99}$$

所以

$$\frac{\partial}{\partial X}(V^{\mathrm{T}}V)=-2\boldsymbol{A}^{\mathrm{T}}(L-\boldsymbol{A})=-2(\boldsymbol{A}^{\mathrm{T}}L-\boldsymbol{A}^{\mathrm{T}}\boldsymbol{A}X)$$

令$\frac{\partial}{\partial X}(V^{\mathrm{T}}V)=0$得正规方程组的矩阵形式

$$\boldsymbol{A}^{\mathrm{T}}\boldsymbol{A}\cdot X=\boldsymbol{A}^{\mathrm{T}}L \tag{6-100}$$

当$\boldsymbol{A}^{\mathrm{T}}\boldsymbol{A}$满秩的情形,可求出

$$X=(\boldsymbol{A}^{\mathrm{T}}\boldsymbol{A})^{-1}\boldsymbol{A}^{\mathrm{T}}L \tag{6-101}$$

一般地,可从式(6-97)出发,用稳定的数值解法,计算$\boldsymbol{A}$的广义逆阵$\boldsymbol{A}^{-1}$得

$$X=\boldsymbol{A}^{-1}L \tag{6-102}$$

要进一步去研究此问题,可参阅有关近代矩阵分析及其数值方法的专著

(3) 待求量X的协方差

已知测量向量L协方差。

$$\mathrm{D}L=\mathrm{E}(L-\mathrm{E}L)(L-\mathrm{E}L)^{\mathrm{T}}=\begin{pmatrix}\mathrm{D}l_{11} & \mathrm{D}l_{12} & \cdots & \mathrm{D}l_{1n}\\ \mathrm{D}l_{21} & \mathrm{D}l_{22} & \cdots & \mathrm{D}l_{2n}\\ & \cdots\cdots & & \\ \mathrm{D}l_{n1} & \mathrm{D}l_{n2} & \cdots & \mathrm{D}l_{nn}\end{pmatrix}$$

式中:$\mathrm{D}l_{ii}$为l_{ii}的方差,$\mathrm{D}l_{ii}=\mathrm{E}(l_i-\mathrm{E}(l_i))^2=\sigma_i^2$;$\mathrm{D}l_{ij}$为$l_i$与$l_j$的协方差,$\mathrm{D}l_{ij}=\rho_{ij}\sigma_i\sigma_j$。

这里,假设$l_1,l_2,\cdots,l_n$为等精度、独立测量的结果,有

$$\mathrm{D}L=\sigma^2\boldsymbol{I}$$

利用式(6-101)待求量X的协方差

$$\begin{aligned}&\mathrm{E}(X-\mathrm{E}X)(X-\mathrm{E}X)^{\mathrm{T}}\\ &=\mathrm{E}[(\boldsymbol{A}^{\mathrm{T}}\boldsymbol{A})^{-1}\boldsymbol{A}^{\mathrm{T}}L-\mathrm{E}((\boldsymbol{A}^{\mathrm{T}}\boldsymbol{A})^{-1}\boldsymbol{A}^{\mathrm{T}}L)][(\boldsymbol{A}^{\mathrm{T}}\boldsymbol{A})^{-1}\boldsymbol{A}^{\mathrm{T}}L-\mathrm{E}((\boldsymbol{A}^{\mathrm{T}}\boldsymbol{A})^{-1}\boldsymbol{A}^{\mathrm{T}}L)]^{\mathrm{T}}\\ &=(\boldsymbol{A}^{\mathrm{T}}\boldsymbol{A})^{-1}(\boldsymbol{A}^{\mathrm{T}}\mathrm{E}(L-\mathrm{E}L))(L-\mathrm{E}L)^{\mathrm{T}}[(\boldsymbol{A}^{\mathrm{T}}\boldsymbol{A})^{-1}\boldsymbol{A}^{\mathrm{T}}]^{\mathrm{T}}\\ &=(\boldsymbol{A}^{\mathrm{T}}\boldsymbol{A})^{-1}\boldsymbol{A}^{\mathrm{T}}\mathrm{D}L\boldsymbol{A}((\boldsymbol{A}^{\mathrm{T}}\boldsymbol{A})^{-1})^{\mathrm{T}}\end{aligned}$$

$$= (\boldsymbol{A}^{\mathrm{T}}\boldsymbol{A})^{-1}\boldsymbol{A}^{\mathrm{T}}\mathrm{D}\boldsymbol{LA}(\boldsymbol{A}^{\mathrm{T}}\boldsymbol{A})^{-1} = (\boldsymbol{A}^{\mathrm{T}}\boldsymbol{A})^{-1}\boldsymbol{A}^{\mathrm{T}}\sigma^2\boldsymbol{IA}(\boldsymbol{A}^{\mathrm{T}}\boldsymbol{A})^{-1}$$

所以

$$DX = (\boldsymbol{A}^{\mathrm{T}}\boldsymbol{A})^{-1}\sigma^2 \tag{6-103}$$

3）精度估计

对测量数据的最小二乘法处理，其最终结果不仅要给出待求量的最可信赖值，还要确定其可信赖程度，即估计其精度。具体内容包含有两方面：一是估计直接测量结果 $y_1, y_2, \cdots, y_n$ 的精度；二是估计待求量 $x_1, x_2, \cdots, x_t$ 的精度。

（1）直接测量结果的精度估计

对 t 个未知量的线性测量方程组 $\boldsymbol{A}X = Y$ 进行 n 次独立的等精度测量，得 $l_1, l_2, \cdots, l_n$。其残余误差 $v_1, v_2, \cdots, v_n$，标准偏差 σ。如果 v_i 服从正态分布，那么 $[vv]\sigma^2$ 服从 χ^2 分布，其自由度为 $n-t$，有 χ^2 变量的数学期望 $\mathrm{E}\{[vv]/\sigma^2\} = n-t$。以 S 代 σ，即有

$$S = \sqrt{\frac{[vv]}{n-t}}$$

令 $t=1$，由上式又导出了 Bessel 公式。

（2）待求量的精度估计

按照误差传播的观点，估计量 $x_1, x_2, \cdots, x_t$ 的精度取决于直接测量数据 $l_1, l_2, \cdots, l_n$ 的精度以及建立它们之间联系的测量方程组。

可求待求量的协方差

$$\mathrm{D}X = (A^{\mathrm{T}}A)^{-1}\sigma^2$$

矩阵

$$(A^{\mathrm{T}}A)^{-1} = \begin{bmatrix} d_{11} & d_{12} & \cdots & d_{1t} \\ d_{21} & d_{22} & \cdots & d_{2t} \\ \vdots & \vdots & & \vdots \\ d_{t1} & d_{t2} & \cdots & d_{tt} \end{bmatrix}$$

各元素 d_{ij} 可由矩阵 $A^{\mathrm{T}}A$ 求逆得，也可由下列各方程组分别解得。

$$\begin{cases} [a_1a_1]d_{11} + [a_1a_2]d_{12} + \cdots + [a_1a_t]d_{1t} = 1 \\ [a_2a_1]d_{11} + [a_2a_2]d_{12} + \cdots + [a_2a_t]d_{1t} = 0 \\ \qquad\vdots \\ [a_ta_1]d_{11} + [a_ta_2]d_{12} + \cdots + [a_ta_t]d_{1t} = 0 \end{cases} \tag{6-104}$$

$$\begin{cases} [a_1a_1]d_{21} + [a_1a_2]d_{22} + \cdots + [a_1a_t]d_{2t} = 1 \\ [a_2a_1]d_{21} + [a_2a_2]d_{22} + \cdots + [a_2a_t]d_{2t} = 0 \\ \qquad\vdots \\ [a_ta_1]d_{21} + [a_ta_2]d_{22} + \cdots + [a_ta_t]d_{2t} = 0 \end{cases} \tag{6-105}$$

$$
\begin{cases}
[a_1a_1]d_{t1}+[a_1a_2]d_{t2}+\cdots+[a_1a_t]d_{tt}=1\\
[a_2a_1]d_{t1}+[a_2a_2]d_{t2}+\cdots+[a_2a_t]d_{tt}=0\\
\vdots\\
[a_ta_1]d_{t1}+[a_ta_2]d_{t2}+\cdots+[a_ta_t]d_{tt}=0
\end{cases}
\tag{6-106}
$$

σ 是直接测量数据的标准差,可按 $S=\sqrt{\dfrac{[vv]}{n-t}}$ 估计。

待求量 x_j 的方差

$$\sigma_{xj}^2=d_{jj}\sigma^2 \quad (j=1,2,\cdots,t) \tag{6-107}$$

矩阵$(A^{\mathrm{T}}A)^{-1}$中对角元素 d_{jj}就是误差传播系数。

待求量 x_i 与 x_j 的相关系数

$$\rho_{ij}=\frac{d_{ij}}{\sqrt{d_{ii}d_{jj}}}(i,j=1,2,\cdots,t)$$

6.4.3 极大似然估计及其应用

1. 极大似然估计原理

费歇引进的极大似然法,至今仍然是参数点估计中最重要的方法。从理论观点来看,是利用总体 ξ 的分布函数 $F(X;\theta)$ 的表达式及样本所提供的信息,建立未知参数 θ 的估计量 $\theta(\xi_1,\xi_2,\cdots,\xi_n)$。

设总体 ξ 的概率函数为 $F(x;\theta_1,\theta_2,\cdots,\theta_l)$,其中,$\theta_1,\theta_2,\cdots,\theta_l$ 为未知参数,参数空间 Θ 是一维的.$\xi_1,\xi_2,\cdots,\xi_n$ 为简单随机样本,它的联合概率函数为

$$F(X_1,X_2,\cdots,X_n;\theta_1,\theta_2,\cdots,\theta_l)$$

称 $L(\theta_1,\theta_2,\cdots,\theta_l)=\prod_{i=1}^{n}f(\xi_i;\theta_1,\theta_2,\cdots,\theta_l)$ 为 $\theta_1,\theta_2,\cdots,\theta_n$ 的似然函数。若有$\hat{\theta}_1,\hat{\theta}_2,\cdots,\hat{\theta}_l$ 使得 $L(\hat{\theta}_1,\hat{\theta}_2,\cdots,\hat{\theta}_l)=\max\{L(\theta_1,\theta_2,\cdots,\theta_l)\}$ 成立,则称$\hat{\theta}_j=\hat{\theta}_j(\xi_1,\xi_2,\cdots,\xi_n)$ 为 θ_j 的极大似然估计量。

2. 估计的求法

常见的极大似然估计求法有微分法、定义法和比值法。

1)微分法

当似然函数为 ξ 的连续函数,且关于 θ 的各分量的偏导数存在时,可用微分法求极大似然估计。设 θ 是 k 维的,Θ 是 R^k 中的开区域,则由极值的必要条件知极大似然估计应满足似然方程

$$\frac{\partial^L(\theta,x)}{\partial^{\theta_i}}=0 \quad (i=1,2,\cdots,k)$$

为了方便，常对似然函数取对数，易知 $L(\theta,x)$ 与 $\ln L(\theta,x)$ 在 Θ 上有相同的最大值点，因此，似然方程可写成 $\frac{\partial \ln L(\theta,x)}{\partial^{\theta_i}}=0(i=1,2,\cdots,k)$。值得注意的是，由极值的必要条件知极大似然估计一定是似然方程的解，但未必似然方程的所有解都是极大似然估计，严格讲对似然方程的解要经过验证才能确定是极大似然估计。

2）定义法

似然函数若关于 θ 有间断点，或似然方程无解或解不在 Θ 内，这时由似然函数的形式，利用定义直接判断出极大值点。

3）比值法

这种方法适用于参数是离散型的情形。为求极大似然估计，经常考虑参数取相邻两项值时，用所得的似然函数的比值或差来找似然函数的最大值点。

第 7 章　基于变权重泛函的多源信息智能融合及并行计算

空间移动信息的获取、处理、传送与应用通过遥感、遥测、遥控技术实现；空间移动信息实用化的最重要特征是具有时间与空间尺度即时空特性，它通过导航定位定向而加以获得，这其中涉及到组合导航和“三遥”技术。组合导航及“三遥”技术的应用，使系统信息源增多、信息处理量增大。因此如何最充分有效地利用组合导航提供的多源信息，就成为确保导航精度的关键，因此我们就需要采用遥感信息融合技术。

空间数据融合涉及信息多源性问题，信息的物理含义不同，不同条件下对系统的影响也不同。例如对路口交通信息，晴天视频信息更有效，雾天微波信息更有效，因此存在信息控制精度（准确性）问题，为此，我们提出对信息进行智能化融合。而多源信息是从不同渠道获得的，存在实时性处理问题，因此我们又需采用对信息的并行计算。

本章中，分别介绍了信息智能融合定义与单端点多传感器智能融合表征，多级端点多传感器融合的变权重泛函表征，多端点信息并行计算定义与表征以及控制与量测方程并行运算表征，从理论上到应用上解释智能信息融合和并行计算对各个领域信息处理的重要作用。

7.1　信息智能融合定义

现代导航及“三遥”技术应用的首要目的是提高导航精度。因为随着导航载体性能、种类增加，执行任务的要求提高，对导航精度要求也越来越高。例如1991 年的海湾战争，第一枚导弹穿透建筑物，第二枚导弹则接着穿过这个洞口在房间里爆炸，其定位精度达到 0.1m 量级；再如“爱国者”号导弹，成功拦截“飞毛腿”导弹的空中进攻……

满足上述精度的导航系统，是无法采用某一种惯性或其他导航元件来实现的。因此组合导航技术成为现代导航技术发展的重心，实际上就是融入了“三遥”技术。

组合导航及“三遥”技术的应用，使系统信息源增多、信息处理量增大。因此如何最充分有效地利用组合导航提供的多源信息，就成为确保导航精度的关键。精度并不是信息增多的线性函数，相反，若不采用信息融合技术，组合导航系统会因信息源过多而出现混乱乃至无法工作。此外，由于信息源多，信息融合是无法用人工实现的，只能采用智能化方法。因此，组合导航及“三遥”技术的应用，首先要研究的就是信息的智能融合方法，以解决导航精度即准确性问题。

利用多个传感器所获取的关于对象和环境全面、完整的信息，主要体现在融合算法上。因此，多传感器系统的核心问题是选择合适的融合算法。对于多传感器系统来说，信息具有多样性和复杂性，因此，对信息融合方法的基本要求是具有鲁棒性和并行处理能力。此外，还有方法的运算速度和精度、与前续预处理系统和后续信息识别系统的接口性能、与不同技术和方法的协调能力、对信息样本的要求等。一般情况下，基于非线性的数学方法，如果它具有容错性、自适应性、联想记忆和并行处理能力，则都可以用来作为融合方法。多传感器数据融合虽然未形成完整的理论体系和有效的融合算法，但不少应用领域根据各自的具体应用背景，已经提出了许多成熟并且有效的融合方法。随着信息融合技术的发展，其应用领域得以迅速扩展，信息融合已成为现代信息处理的一种通用工具和思维模式。

7.2 单端点多传感器智能融合

本小节介绍一个单端点多传感器智能融合的具体例子——用于非确定路径载体的全球定位/惯性导航系统（GPS/INS）导引以及它的应用。

7.2.1 GPS/INS 导航的基本概念

GPS/INS 是一种组合导航系统，目标是建立 GPS/INS 二者结合的新型系统。显然，这组导航系统中含有两个维度的信息，信息的智能融合十分必要。另外，该系统是利用中低档惯性系统及其他系统组合，达到精度较高的定位水平，信息的智能融合则成了确保精度的关键。

自动导引车 AGV（Auto - Guided Vehicle）是一个精密定位和定向导引的多传感器系统，它可以用在多种场合，例如用于 CIMS（Computer Integrated Manufacturing System）中。本节基于现有的地面行走 AGV 模型，介绍加入惯性元件——陀螺及加速度计作为智能信息进行融合计算和 Fuzzy 控制仿真的例子。

根据工作路径，AGV 可分为两种：固定路径 AGV 和非固定路径 AGV。在实际应用中，非固定路径的 AGV 占多数。没有 INS 导航系统的 AGV 实验曾表明：当 AGV 走过一个 8.2m 的“O”字形（方形圆角）路径、且转弯速率 0.25m/s、直道速率 0.5m/s 时，其相对误差 <0.3%，定位误差 1°。当完成 8.2m 环路后，终点与起点偏差为 2.5cm。

但一些专用目的下（如未来智能导航系统里）AGV 工作范围很大，甚至敞露在外界环境。为了保证定位精度，可以利用现有的惯性设备或陀螺仪、加速度计实现精密的自动导引。例如将漂移速度为 0.1°/h 的低价陀螺装于 AGV，则在短时间范围内，该 AGV 比未装陀螺时的定位误差小，对应的其相对误差也会减小。如果 AGV 工作时间较长且（或）路径较长，定位误差将以 0.1°/h 的漂移率增加。

对 INS 来说，其长时间的精度和造价是两个需考虑的因素。为了保证长时间的精度，需要借助其他导航方式，例如 GPS 定位，这样可以改进导航精度，用 GPS 来修正 AGV 的惯性元件引起的累积误差。实验已经证实了这样可以长时间保证载体的精度。考虑到造价，可以采用 0.1°/h 漂移率的光纤陀螺，因为其造价比 AGV 自身要低廉得多。此外 GPS 接收机造价也比 AGV 自身低廉得多。

AGV 是一个多传感器的智能系统，工作信息量巨大，当陀螺和 GPS 接收机引入后更是如此。因此，组合并分析这些信息是一个很困难的任务，需要引入信息融合技术。AGV 信息智能融合框图见图 7-1。图中“传感器”包括陀螺、加速度计和 GPS 接收机。所有来自于 CIMS 或 AGV 的信息，采用“融合”算法实现归并和分析。

AGV 信息融合主要包括三个步骤：

（1）利用惯性装置的信号计算 AGV 的位置、姿态和速度；在卡尔曼滤波器内利用 GPS 信息实现 GPS/INS 组合。

设 x、y 是 AGV 的位置，v_x、v_y 是 AGV 的速率，ψ 为 AGV 的方向角，用 X 表示 AGV 的状态，则

$$X = [x \quad y \quad v_x \quad v_y]^{\mathrm{T}} \tag{7-1}$$

$$\delta X = [\delta_x \quad \delta_y \quad \delta v_x \quad \delta v_y]^{\mathrm{T}} \tag{7-2}$$

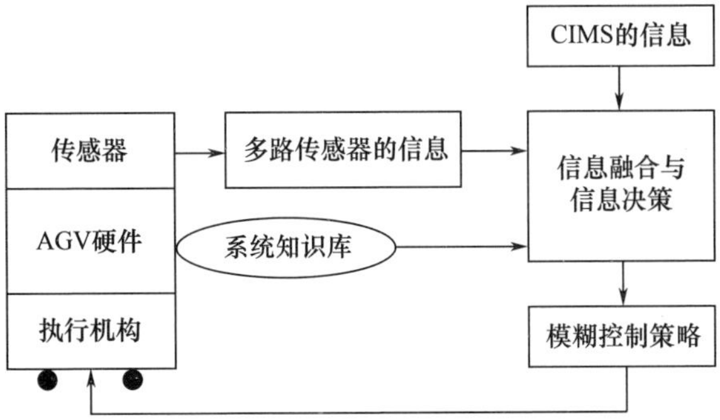

图 7-1　AGV 信息智能融合框图

设 x_I、y_I 由 INS 算得，x_G、y_G 由 GPS 给出，且

$$\begin{cases} x_I = x + \delta x, y_t = y + \delta y \\ x_G = x + u_{k1}, y_G = y + u_{k2} \end{cases} \tag{7-3}$$

因此系统的卡尔曼滤波器状态方程为

$$\begin{cases} \delta X_k = \boldsymbol{F}\delta X_{k-1} + u_k + W_k \\ Z_k = \boldsymbol{H}_k \delta X_k + V_k \end{cases} \tag{7-4}$$

式中：$\boldsymbol{F} = \begin{bmatrix} 1 & 0 & T & 0 \\ 0 & 1 & 0 & T \\ 0 & 0 & 1 & 0 \\ 0 & 0 & 0 & 1 \end{bmatrix}$；$\boldsymbol{H}_k = \begin{bmatrix} 1 & 0 & 0 & 0 \\ 0 & 1 & 0 & 0 \end{bmatrix}$；$u_k = \begin{bmatrix} 0 \\ 0 \\ \nabla_x \\ \nabla_y \end{bmatrix}$，$\nabla_x$、$\nabla_y$为加速度计误差；$W_k$、$V_k$ 为白噪声。

（2）来自测量传感器的所有信息用于系统故障判断。

在这一步骤里，AGV 和 CIMS 的许多知识被用来作为故障诊断策略。这是一个非常复杂的过程，为了研究不确定性，考虑采用 ART2 神经网络检测在 AGV 里发生的新故障模式，基于 ART2 的策略能够在线迅速检测和识别被训练的故障模式，并且快速地学习、记忆和识别新的故障类型（未训练的）。

（3）来自于 AGV 和 CIMS 的信息（例如维数信号等）必须组合起来用于 AGV 的决策控制。这个过程将决定 AGV 的行为和运动去向。

所有这些信息融合过程由计算机智能系统来实现，这就像一个专家系统又增加了一些新技术，例如神经网络和模糊逻辑等。

根据信息融合结果，智能系统从 AGV 的系统知识库内提炼出一些知识，并形成决策信息。然后运用模糊规则，将 Fuzzy 控制策略用于 AGV。结果 AGV 可以很好地自动工作并实现其闭环控制。

7.2.2 信息融合的模糊控制决策仿真

信息融合需要做出决策，此时也包括 AGV 传感器或硬件的容错实现。但对 AGV 的各种信息融合决策而言，仅仅用对或错划分是很困难的。实际上 AGV 参数的物理指标总是落在“对”和“错”的中间范围内，这意味着 AGV 的大部分物理参数在“对”与“错”之间有许多等级梯度，也就是说，“对”或“错”是一个相当含糊或模糊不清的概念。

例如，用来决定 AGV 方向的陀螺输出并没有处于故障状态，但漂移却已经很大了，而且在初始对准时它能用，但在精确测量时却不能用了。在这种状况下，不能说陀螺是好还是坏，只能说它不太好或有点问题。如何定义“不太好”或“有点问题”？显然需要引入模糊函数来描述上述含糊的词语。定义 AGV 的

陀螺隶属函数:

$$\mu_{Gi}=\begin{cases}1,\theta\leqslant 0.05^{\circ}\\ \dfrac{1}{1+\left(\dfrac{\theta+0.05^{\circ}}{0.1}\right)^{2}},\theta>0.05^{\circ}\end{cases} \tag{7-5}$$

式中:i 是陀螺的序列号;θ 是陀螺漂移角度;μ_{Gi}是序号为 i 的陀螺的隶属函数。当 $\theta\leqslant 0.05^{\circ}$时 $\mu_{Gi}=1$,陀螺工作良好;$\theta>0.05^{\circ}$时 $\mu_{Gi}<1$。θ 越大,μ_{Gi}越小,陀螺特性越差。根据不同的工作需要,可以建立一个门限阈值来决定陀螺是否算作出现故障了。

对多个陀螺,$i=1,2,\cdots,N$,它们的隶属函数定义为 $\mu_{Gi}(i=1,2,\cdots,N)$。如果这些陀螺是互相并列的,则总的容错能力可以用它们各自隶属函数求和获得:

$$\mu_{G1\cup G2\cup\cdots\cup GN}=\max\{\mu_{Gi}(i=1,2,\cdots,N)\} \tag{7-6}$$

对多个传感器隶属函数 $\mu_{Sj}(j=1,2,\cdots,M)$ 来说也有上述同样关系,即

$$\mu_{S1\cup S2\cup\cdots\cup SN}=\max\{\mu_{Sj}(j=1,2,\cdots,M)\} \tag{7-7}$$

(1) 模糊控制规则:一个处于自由移动有范围的 AGV 有许多控制指标。现对其两灵活转轮进行讨论。有轮子左、右方向误差方程:

$$\begin{bmatrix}\Delta V_R\\ \Delta V_L\end{bmatrix}=\begin{bmatrix}w_R & r & 0 & 0\\ 0 & 0 & w_L & r\end{bmatrix}\begin{bmatrix}\Delta r_R\\ \Delta w_R\\ \Delta r_L\\ \Delta w_L\end{bmatrix} \tag{7-8}$$

式中:Δr_R、Δr_L 为右、左轮的结构误差;Δw_R、Δw_L 为被控指标的误差,包括测量误差 Sj。r_R、r_L、r 对应于右、左轮和标准轮的半径,ΔV_R、ΔV_L 对应于右、左轮的速率误差。由控制与结构引起的 AGV 速率误差为

$$\Delta v=\frac{r}{4v}[1+d^2\quad 1-d^2\quad rd]\boldsymbol{A}\Delta\boldsymbol{E} \tag{7-9}$$

其中

$$\boldsymbol{A}=\begin{bmatrix}w_R^2 & w_Rr & w_L^2 & w_Lr & 0\\ w_Lw_R & w_Lr & w_Rw_L & w_Rr & 0\\ 0 & 0 & 0 & 0 & (w_R-w_L)^2\end{bmatrix}$$

$$\Delta E=[\Delta r_R\quad \Delta w_R\quad \Delta r_L\quad \Delta w_L\quad \Delta\phi]^{\mathrm{T}}$$

式中:v 是 AGV 的速率;d 是结构参数。

所有上述误差通过信息融合显示出来,且误差水平可由隶属函数计算出来。当隶属函数值低于给定阈值时,相关的因子被判为故障,系统将立刻隔离该因

子。以这种方式,AGV 可以正常工作,并有高的定位定向精度。

(2) AGV 信息智能融合并决策的若干典型仿真曲线(图 7-2)。

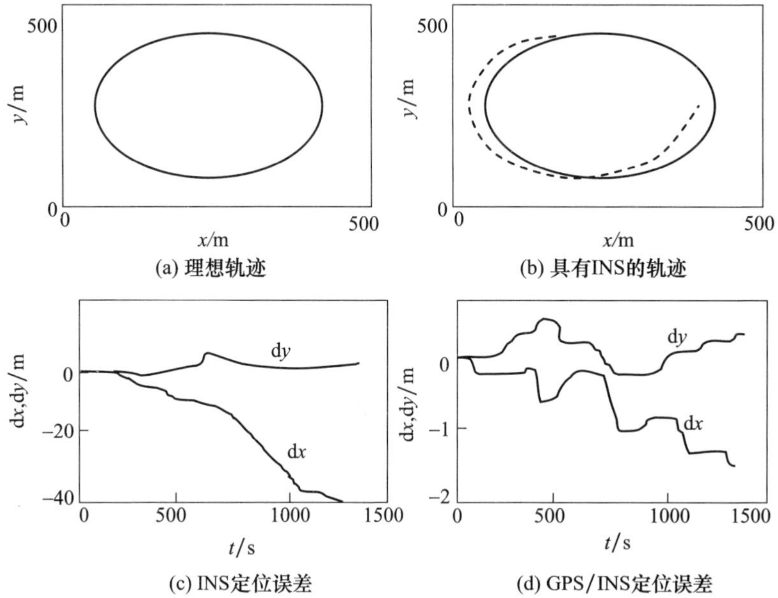

图 7-2 信息融合典型仿真结果

设 AGV 置于 $0.5\times0.5\text{km}^2$ 的开阔环境下,且对某个特殊要求,AGV 的轨迹为“O”字形(图 7-2(a)),速率为 1m/s。AGV 的初态误差为

$$\Delta X(0)=10^{-4}[5\quad 5\quad 5\quad 5]^{\mathrm{T}},\Delta x=\Delta y=3.5\times10^{-5} \tag{7-10}$$

图 7-2 表示了相应的仿真结果。在图 7-2(a)、(b)中,实线为理想轨迹,图 7-2(b)中的虚线为加入 INS 的轨迹。图 7-2(c)两条曲线表明了 INS 定位误差,图 7-2(d)两条曲线为 GPS/INS 组合后的定位误差。

7.3 多级端点多传感器融合的变权重泛函表征

本节以城市道路交通信息流的信息融合说明多级端点多传感器的信息融合模型与意义。

以下内容中对路口的多传感器采取不同权重的模糊规则进行加权表征;引入泛函分析的理论对单路口检测传感器的信息进行一次融合;通过接收欲控路口及其相邻路口的交通流检测信息,有效地利用专家经验,兼顾和协调多路口之间的车流分布,实现多路口多输入多输出的状态空间表达;进而对状态空间表达进行矩阵的微分,实现交通流从原始态到目标态的动态表征模型。

本节通过实时交通流信息模型的建立,从根本上改变了传统大量的交通流数据汇聚在信息终端,无法直接用来建模的现状,并充分利用实时动态交通流数据,实现对未来交通状况的预测。

7.3.1 城市交通信息流智能融合的重要意义

城市道路交通流信息(包括交通流量、车速、行程时间、车道占有率以及车流密度等参数)是制定城市道路发展规划、安排道路养护经费规划和养护生产作业的主要依据,也是向交通城建规划与环保以及公安交通管理部门提供改善、优化道路交通的实际参考资料和数据。获得交通状况信息在城市道路网络中的分布情况,可以确定道路网络密度是否能够满足现在和未来的交通需求,解决交通设施的供给与需求的矛盾,使城市道路网络布局合理化。

实时准确地检测城市道路的交通流信息并预测未来道路交通状况,进而将预测信息提供给交通控制中心,能够有效地诱导交通流量避免交通阻塞,减少出行时间和交通事故的发生。并且,实时准确地对交通流预测,即有效地利用实时的交通数据预测未来的交通状况,是实现有效的交通控制和交通诱导的关键。其中,进行交通信息多传感器融合和预测技术的研究,建立对多传感器监测数据的融合模型,快速对交通流信息准确地报告和预测,是最关键的问题。当前,交通管理部门直接获得来自各路口交通状况检测设备的大量数据,而不能直接获得有效信息,这样不但造成了大量数据、资源的浪费,而且交管部门也不能实时、准确地对各路口的交通状况做出预测,因此,能适用于各种交通环境的高可靠性、大信息量和实时性强的信息融合技术是城市交通动态信息系统的关键,也是目前智能交通控制系统发展的瓶颈,这个问题的解决对充分利用城市交通流数据,并直接服务于交通决策具有重大意义。

检测、决策和控制是实时动态信息系统的三个方面,决策的依据和前提是交通流检测,而决策的实现要依赖于控制。目前的交通流检测有多种方式和手段,如微波、红外、线圈和视频等。传统的基于单一车辆传感器的系统一般只能检测到一定范围内的车流速度、车流密度和车辆数,所检测到的交通流信息不准确。为了提高交通信息的准确性和可靠性,有必要对来自多个信息源的交通流数据进行联合分析与处理,以避免单个信息源失效而导致的判断失误。多传感器信息融合技术是近几年来发展起来的一门实践性较强的应用技术,是针对一个系统使用多种传感器这一特定问题而展开的一种关于数据处理的研究,它利用多个传感器获得的多种信息,得出对环境或对象特征的全面正确认识,克服了单一传感器给系统带来的误报风险大、可靠性和容错性低的缺点。通过对来自不同传感器(信息源)的数据信息进行综合分析,可以获得被测对象及其性质的最佳一致估计。该技术在交通信息融合和预测研究当中具有极其重要的意义。有些机构在研究中虽然考虑了对路口的多个检测传感器进行研究,但却不能建立适用于路口的通用的实时动态交通流信息模型。

出于交通预测和控制的需要,国内外从各个方面提出了很多基于交通网络短时交通流量问题的预测模型,较早期的预测方法主要有自回归滑动平均模型(ARMA)、自回归模型(AR)、滑动平均模型(MA)和历史平均模型(HA)等。这些线性预测模型考虑的因素较为简单,参数一般用最小二乘法进行估计,具有计算简便、易于实时更新数据、便于大规模应用的优点。但是由于这些模型未能反映交通流过程的不确定性与非线性,无法克服随机干扰因素对交通流量的影响,常常表现出差的信号处理能力、抗干扰能力和容错能力。而新采用的包括多元回归模型、ARIMA 模型、自适应权重联合模型、卡尔曼滤波模型、基准函数 - 指数平滑模型以及由这些模型构成的各种组合预测模型等也都不理想。模糊控制是一种基于规则的控制,它依据专业人员的控制经验和专家知识,在设计中不需要建立被控对象的精确数学模型,因而使得控制机理和策略易于接受和理解,易于实现对具有不确定性的控制对象和具有很强的非线性的对象控制,因此将模糊控制理论应用到交通量的预测和控制中是合理可行的,且目前的研究都集中在单个路口的调控方面,对多路口相互影响下的模糊预测和控制方法在文献中尚不多见。

当前,城市道路交通流信息的融合与控制作为一个较新的研究领域,具有很大的应用和发展前景,越来越引起人们的关注。美、欧、日等发达国家在实施智能交通系统(ITS)过程中,始终把城市道路交通流实时动态信息系统的建设放在十分重要的位置。如日本的车辆信息和通信系统(Vehicle Information and Communication System, VICS),就是一个成功的城市交通流信息融合模型应用项目。

因此,在城市道路的交通流实时动态信息系统的研究中,建立一个统一和完备的通用信息模型,充分利用交通流数据,实现对当前交通状况的分析以及对未来交通状况的预测,是实时动态交通流信息模型研究的一个关键问题。

7.3.2 交通信息流的变权重泛函表征

目前,城市道路检测设备采集交通流数据直接进入城市信息终端,这就造成大量数据全部堆积在信息终端,因此,信息终端无法获得有效信息对交通流进行合理预测,同时也造成了资源的大量浪费。

为此,可用以下交通信息流的表征方法:首先,对单路口的多传感器校验后的信息采取不同权重的模糊规则进行加权表征,引入泛函分析的理论对单路口检测传感器的信息进行一次融合;然后通过对相邻路口之间的车流相互影响关系的研究，实现多路口输入输出的状态空间表达；进而，对状态空间表达进行矩阵的微分，实现交通流从原始态到目标态的动态表征；最终，在希尔伯特空间上建立统一、完备的实时动态交通流信息表征模型。

基于上述方法，研究的技术路线是：假设交通网中有 n 个路口，每个路口有 m 个不同类型的传感器，$\tilde{f}_{ij}(i=1,2,\cdots,n;j=1,2,\cdots,m)$ 表示第 i 个路口第 j 个传感器采集的某时刻（记为 t_0）车速（交通流量、行程时间、车道占有率、车流密度等）原始数据，它是多个变量（能见度、时间等）的函数。根据多种交通传感器的特点，研究在不同条件下，不同路口检测传感器数据的合理性检验和一致性检验条件，建立路口检测传感器原始数据校验模型，从各类检测传感器中采集到的数据（$\tilde{f}_{ij}(i=1,2,\cdots,n;j=1,2,\cdots,m)$）首先经过数据校验处理，以验核检测的数据是否符合预定的条件（如范围、类型或有无异常情况等），通过数据筛选识别出路口检测传感器原始数据中的异常数据，并将其剔除，然后通过数据融合的方法提高模型输入信息（$f_{ij}(i=1,2,\cdots,n;j=1,2,\cdots,m)$）的准确性和可靠性。

在对数据进行初步效验处理后，可以通过以下步骤最终实现交通网的表达模型。首先，对第 i 个路口的一组基函数 $f_{i1},f_{i2},\cdots,f_{im}$，由于其受多种因素（如能见度、温度等）的影响，且能见度、温度等又随时间、天气等因素的变化而变化，因此，其值可用模糊权重 $C_{i1},C_{i2},\cdots,C_{im}$（例如：能见度在白天的权重大，在晚上权重则低；传感器正常采集时权重高，失效或缺少该传感器时权重低或为零等）来表示，进而，可以通过泛函的方法建立不同条件下的同一路口交通传感器权重的模糊表达模型：

$$G_i=F_i(C_{i1}f_{i1},C_{i2}f_{i2},\cdots,C_{im}f_{im})\quad(i=1,2,\cdots,n)\tag{7-11}$$

其中，G_i 表示第 i 个路口模糊权重表达。由此，对单路口的交通流量做出最优的估计，并根据历史数据对下一时段交通流量进行合理预测。进而，考虑多个路口之间的相互作用，通过分析城市各道路交通流变化的特点，并根据前述分析，单个路口的多个检测传感器可以看作一组基，即为$[f_1\quad f_2\quad\cdots\quad f_m]^{\mathrm{T}}$，单个路口检测值是这组基权重的模糊表达，因此多个路口交通流量模型就可以看作这组基在不同权重的模糊表达所构成的状态空间矩阵，其状态空间矩阵表征模型如下：

$$[G_1\quad G_2\quad\cdots\quad G_n]^{\mathrm{T}}=[F_1\quad F_2\quad\cdots\quad F_n]^{\mathrm{T}}=\begin{bmatrix}C_{11}&C_{12}&\cdots&C_{1m}\\C_{21}&C_{22}&\cdots&C_{2m}\\\vdots&\vdots&\vdots&\vdots\\C_{n1}&C_{n2}&\cdots&C_{nm}\end{bmatrix}\begin{bmatrix}f_1\\f_2\\\vdots\\f_m\end{bmatrix}\tag{7-12}$$

令 $X=[G_1\quad G_2\quad\cdots\quad G_n]^{\mathrm{T}}$，并对状态空间表征模型进行矩阵的微分，就可以得

到交通流从原始态到目标态的动态表征模型如下：

$$\begin{cases}\dfrac{\mathrm{d}X}{\mathrm{d}t}=\boldsymbol{A}X\\X(t_0)=F\end{cases}\tag{7-13}$$

它是各路口车速（车流密度、交通流量、车道占有率等）$X(t)=(X_1(t)\quad X_2(t)\quad\cdots\quad X_n(t))^{\mathrm{T}}$ 关于时间的一阶微分方程组，$X(t)=(X_1(t)\quad X_2(t)\quad\cdots\quad X_n(t))^{\mathrm{T}}$ 在 t_0 时刻的初始值为 $F=[F_1\quad F_2\quad\cdots\quad F_n]^{\mathrm{T}}$，$\boldsymbol{A}$ 为 $n\times n$ 的变化矩阵。

问题的关键在于对数据进行有效性检验后对路口的多传感器采取不同权重的模糊规则进行加权表征，引入泛函分析的理论对单路口检测传感器的信息进行一次融合；考虑多个路口之间的相互作用，通过分析城市各道路交通流量变化的特点，建立多路口的状态空间矩阵表征模型；通过对多路口状态空间进行动态微分表征，实现交通流从原始态到目标态的动态表征模型。

7.3.3 交通信息流的数学模型

在道路上某一地点观测交通流，当交通流量不是很大时，交通流分布规律符合概率论数理统计分布规律，这种研究方法，称为概率论方法。当道路上交通流量增大时，车辆出现拥挤现象，把车辆看作像某种流体一样流动，这种研究方法称为流体力学方法。

道路上一车辆跟踪另一辆车的追随现象是很多的，为了保持安全距离，前一辆车行驶速度的变化，影响后一辆车的行驶，采用流动线性微分方程式来分析车辆行驶情况和变化规律。这种研究方法称为交通跟驰理论。

为了简化交通流模型，研究中认为车辆是相互独立的，主要采用概率论研究方法来研究交通流参数。

1. 泊松分布

1）基本公式

车辆数很少时，车辆是相互独立的离散型独立变量，进行相当多次观测试验，每次观测出现的概率是很小的，属于稀有小概率事件，因此可以利用泊松分布公式：

$$P(x)=\frac{m^x\mathrm{e}^{-m}}{x!}\text{或}P(x)=\frac{(\lambda t)^x\mathrm{e}^{-\lambda t}}{x!}\tag{7-14}$$

式中：$P(x)$ 为在某一时间间隔 (t) 的来车数为 x 辆的概率；t 为规定时间间隔；λ 为单位时间平均来车数，以辆/s 计；m 为在 t 时间间隔内平均来车数，$m=\lambda t$；e 为自然对数的底，取值为 2.71828。

在计算累计概率时，可以分别选用下列公式：

小于 x 辆车到达的概率

$$P(<x)=\sum_{i=0}^{x-1}\frac{m^i e^{-m}}{i!} \tag{7-15}$$

小于等于 x 辆车到达的情况

$$P(\leqslant x)=\sum_{i=0}^{x}\frac{m^i e^{-m}}{i!} \tag{7-16}$$

大于 x 辆车到达的情况

$$P(\geqslant x)=1-\sum_{i=0}^{x}\frac{m^i e^{-m}}{i!} \tag{7-17}$$

至少是 x 辆车但不超过 y 辆车的情况

$$P(x\leqslant i\leqslant y)=\sum_{i=x}^{y}\frac{m^i e^{-m}}{i!} \tag{7-18}$$

用泊松分布拟合观测数据时，参数 m 按下式计算：

$$\frac{\text{周期内通过车辆数}}{\text{车辆通过总数}}=\frac{\sum_{i=1}^{g}x_i f_i}{\sum_{i=1}^{g}f_i}=\frac{\sum_{i=1}^{g}x_i f_i}{N} \tag{7-19}$$

式中：g 为观测数据分组数；f_i 为周期 t 内到达 x_i 辆车这一事件发生的次数；N 为观测的总周期数。

2）递推公式

当直接计算各 x 值的概率时，常用下列递推公式：

$$P(0)=e^{-m},P(x+1)=\frac{m}{x+1}P(x) \tag{7-20}$$

3）适合条件

泊松分布适用的交通状况为交通流车辆行驶随机性较大、车流量不大、干扰小的情况，并且观测数据得到的方差等于其算术平均值，即 $\frac{S^2}{m}=1.0$。当观测数据表明 $\frac{S^2}{m}$ 显著地不等于 1.0 时，就是泊松分布不适合的表示。观测数据的方差可按下式计算：

$$S^2=\frac{1}{N-1}\sum_{i=1}^{N}(x_i-m)^2=\frac{1}{N-1}\sum_{j=1}^{N}(x_j-m)^2 f_j \tag{7-21}$$

2. 二项分布

1）基本公式

当交通拥挤时，车辆自由行驶机会少，车辆行驶受到约束，这时交通流具有

较小方差值,符合二项分布:

$$P(x) = C_n^x P^x (1-p)^{n-x} \quad (7-22)$$

式中:$P(x)$为在某一时间间隔内来车数为 x 辆的概率;P 为在观测 n 辆车当中,在某一时间间隔内来车数为 x 辆的频率数;C_n^x 为在观测 n 辆车当中一次取 x 辆的组合,$C_n^x = \frac{n!}{x!\,(n-x)!}$。

在计算累计概率时,可以分别选用下列公式:

小于 x 辆车到达的概率

$$P(<x) = \sum_{i=0}^{x-1} C_n^i P^i (1-p)^{n-i} \quad (7-23)$$

小于等于 x 辆车到达的情况

$$P(\leqslant x) = \sum_{i=0}^{x} C_n^i P^i (1-p)^{n-i} \quad (7-24)$$

大于 x 辆车到达的情况

$$P(\geqslant x) = 1 - \sum_{i=0}^{x-1} C_n^i P^i (1-p)^{n-i} \quad (7-25)$$

至少是 x 辆车但不超过 y 辆车的情况

$$P(x \leqslant i \leqslant y) = \sum_{i=x}^{y} C_n^i P^i (1-p)^{n-i} \quad (7-26)$$

由概率论可知,对于二项分布,其均值 $M = np$,方差 $D = np(1-p)$,因此,当用二项分布拟合观测数据时,公式中参数 p 和 n 可以由众观测样本数据估计值 $\hat{p}$ 和 $\hat{n}$ 来估算:

$$\hat{p} = (m - S^2)/m, \hat{n} = m/P = m^2/(m - S^2)$$

式中 m 和 S^2 由观测样本数据计算得出。

2)递推公式

$$P(0) = (1-p)^n, P(x+1) = \frac{n-x}{x+1}\frac{P}{1-P}P(x) \quad (7-27)$$

3)适合条件

二项分布适用于交通拥挤、交通流车辆行驶随机性较小、交通量比较大、干扰大的情况,车辆受到约束,并且观测数据得到的方差小于其算术平均值,即 $\frac{S^2}{m} < 1.0$。当观测数据表明$\frac{S^2}{m}$显著地大于 1.0 时,就是二项式分布不适合的表示。S^2 的表达式同上。

3. 负二项分布

1)基本公式

当到达的车流波动很大时,所得数据就可能会有较大方差,此时交通流分布符合负二项分布：

$$P(x,p)=C_{x+r-1}^{r-1}P^{r}(1-p)^{x} \tag{7-28}$$

式中：$r=N-x$，x 为到达车辆数，N 为到达最大车辆数；$P(x,p)$ 为在某一时间间隔内到来车数为 x 辆的概率；p 为观测车辆中在某一时间间隔内来车数为 x 辆的频率数；$C_{x+r-1}^{r-1}=\dfrac{r}{x+r}C_{x+r}^{r}$。

在计算累计概率时，可以分别选用下列公式：

小于 x 辆车到达的概率

$$P(<x)=\sum_{i=0}^{x-1}C_{i+r-1}^{r-1}P^{r}(1-p)^{i} \tag{7-29}$$

小于等于 x 辆车到达的情况

$$P(\leqslant x)=\sum_{i=0}^{x}C_{i+r-1}^{r-1}P^{r}(1-p)^{i} \tag{7-30}$$

大于 x 辆车到达的情况

$$P(\geqslant x)=1-\sum_{i=0}^{x-1}C_{i+r-1}^{r-1}P^{r}(1-p)^{i} \tag{7-31}$$

至少是 x 辆车但不超过 y 辆车的情况

$$P(x\leqslant i\leqslant y)=\sum_{i=x}^{y}C_{i+r-1}^{r-1}P^{r}(1-p)^{i} \tag{7-32}$$

由概率论可知，对于负二项分布，其均值 $M=r(1-p)$，方差 $D=\dfrac{r(1-p)}{P^{2}}$，因此，当负二项分布拟合观测数据时，公式中参数 p 和 n 可以由众观测样本数据估计值 $\hat{p}$ 和 $\hat{r}$ 来估算：

$$\hat{p}=m/S^{2},\hat{r}=m^{2}/(m-S^{2})$$

式中 m 和 S^{2} 从观测样本数据计算得出。

2）递推公式

$$P(0)=p^{r},P(x+1)=\frac{x+r}{x+1}(1-p)P(x) \tag{7-33}$$

3）适合条件

当到达的车流波动性很大，或者当计算间隔长度一直延续到高峰期间与非高峰期间两个时段时，所得数据就可能会具有较大的方差。当观测数据表明$\dfrac{S^{2}}{m}$显著地小于1.0时，就是负二项分布不适合的表示。S^{2} 的表达式同上。

7.3.4 基于加权平均的车速检测

为了提高融合的准确性，首先对多个传感器提供的数据进行一致性估计，再对其有效数据进行多传感器数据加权融合。

1. 车速信息的采集

常用的交通检测方法为：通过在公路沿途埋设红外检测器、雷达检测器、超声波检测器、环形线圈检测器等或者在交通要道处装设电视录像机等来实现对交通流的检测。

车速的先验分布情况是没有固定的数学模型的，而加权平均处理数据时对数据的分布是没有严格要求的，数据的分布情况可以是任意的，所以应用加权平均方法来检测车速是可行的。为了准确地检测车流量，设从A路口到B路口之间每隔100～150m安装一对检测器，如图7－3所示。每一对检测器均可以对车辆进行计数。

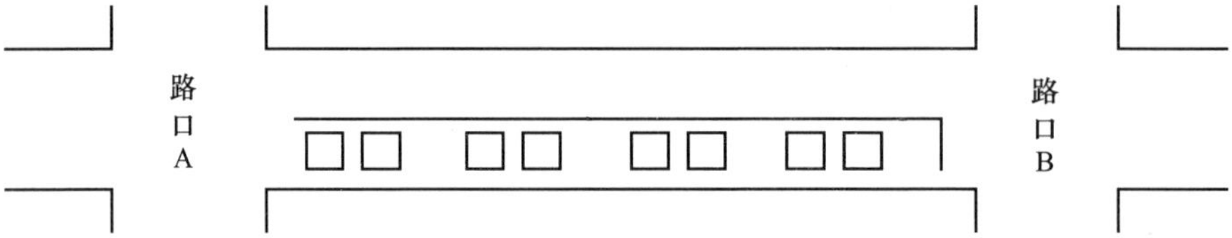

图7－3　交通流检测器安装示意图

2. 数据的一致性检验

对交通流量中的参数进行测量时，必然存在现场的突发性强干扰、测量设备本身的故障等影响，不可避免地要产生疏失误差，影响测量数据的一致性。因此，在进行数据融合前，疏失误差应予以剔除。在传感器数量有限、测量次数较少的测量中，剔除疏失误差，这种方法可靠性高，而且计算机编程也比较容易。这里主要介绍两种异常数据剔除方法：分布图法和基于相容矩阵的失效数据剔除方法。

1）分布图法

分布图中反映数据分布结构的参数主要是：中位数 x_M、上分位数 x_U、下分位数 x_L 和分位数离散度 d_F。其中离散度是反映数据分散程度的物理量，离散度小的数据就认为是正常的数据，而离散度大则认为这个数据是异常的，它为判断数据是否为正常数据提供了一个量化标准。

设检测器同时独立地进行参数的测量，得到一系列数据。取10个数据进行讨论，数据按照从小到大的顺序排列：$x_1, x_2, \cdots, x_{10}$。则 x_1 称为测量列的下限，x_{10}称为上限。

定义中位数 x_M 为 $x_M = \dfrac{x_5 + x_6}{2}$。

上分位 x_8 为区间 $[x_M, x_{10}]$ 的中位数，下分位 x_3 为区间 $[x_1, x_M]$ 的中位数。

分位数离散度 d_F 为 $d_F = x_8 - x_3$。

认定与中位数的距离大于 ad_F 的数据为异常数据，即无效数据的判断区间为

$$|x_i - x_M| > ad_F \tag{7-34}$$

式中，α 为任意常数，一般取 0.5，1.0，2.0 等值。通过 α 的选取可以限制数据的选取范围，粗略地改变融合的精度。α 选取得过小，可以提高精度，但是有效数据的数目就会减少，从而忽略掉一些重要信息；α 选取得过大，有效数据的数目就会增多，可以获取更多的信息，但是精度就会下降。所以 α 大小视系统的测量要求和数据处理的目的而定，不可过大或过小。

测量列剔除了疏失误差后，余下的数据被认为是有效的一致性测量数据，然后对一致性数据进行数据融合处理。

2）基于相容矩阵的失效数据剔除方法

① 置信距离测度和置信距离矩阵。

用多个检测器测量同一指标参数时，第 i 对检测器和第 j 对检测器测得的数据为 X_i 和 X_j，X_i 和 X_j 都服从高斯分布，以它们的 pdf 曲线作为检测器的特性函数，记成 $p_i(x)$，$p_j(x)$。x_i，x_j 为 X_i 和 X_j 的一次观测值（读数）。

为了反映观测值 x_i，x_j 之间的偏差的大小，我们引进置信距离测度的概念，设

$$\begin{cases} d_{ij} = 2\int_{x_i}^{x_j} p_i(x \mid x_i)\,\mathrm{d}x = 2A \\ d_{ji} = 2\int_{x_j}^{x_i} p_j(x \mid x_j)\,\mathrm{d}x = 2B \end{cases} \tag{7-35}$$

式中：$p_i(x|x_i) = \dfrac{1}{\sqrt{2\pi\sigma_i}}\exp\left\{-\dfrac{1}{2}\left(\dfrac{x-x_i}{\sigma_i}\right)^2\right\}$，$p_j(x|x_j) = \dfrac{1}{\sqrt{2\pi\sigma_j}}\exp\left\{-\dfrac{1}{2}\left(\dfrac{x-x_j}{\sigma_j}\right)^2\right\}$。

图 7-4 中 A，B 分别是概率密度曲线 $p_i(x|x_i)$、$p_j(x|x_j)$ 下及区间 (x_i, x_j) 或 (x_j, x_i) 之上的面积，

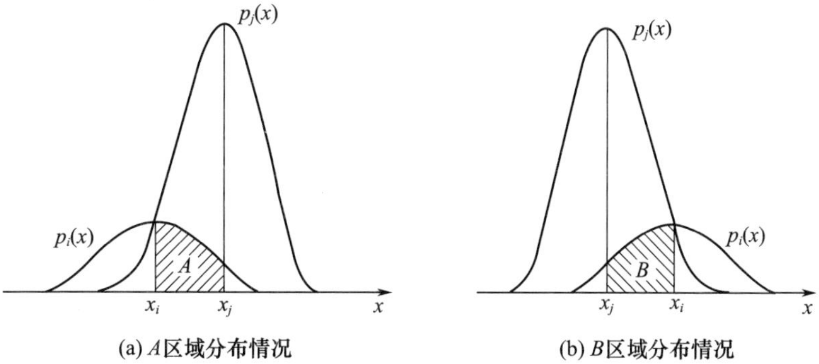

图 7-4　A，B 区域分布情况

d_{ij}称为第 i 对检测器和第 j 对检测器读数的置信距离测度。

当 $x_i = x_j$ 时，$d_{ij} = d_{ji} = 0$，如图 7 -5(a)所示。

当 $x_i >> x_j$，或 $x_j >> x_i$，$d_{ij} = d_{ji} = 1$，如图 7 -5(b)所示，$0 \leqslant d_{ij} \leqslant 1$。

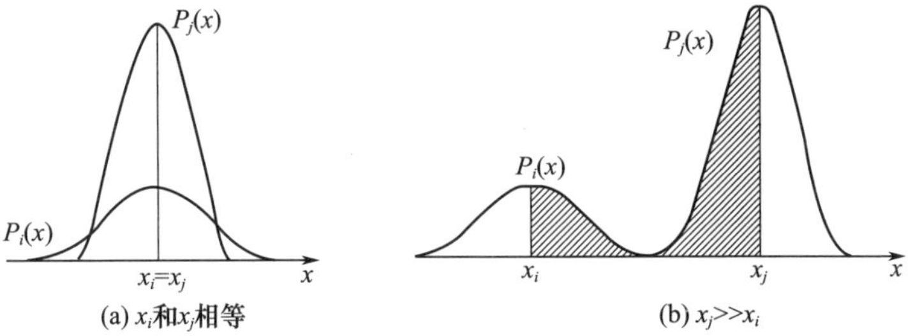

图 7 -5 x_i 和 y_j 取特殊值时 d_{ij} 和 d_{ji} 的取值

d_{ij}的值越小，i 和 j 两对检测器的观测值越近，否则偏差就越大，因此也称 d_{ij} 为 i、j 两对检测器的融合度。

d_{ij}的数值可以借助误差函数 erf(θ)直接求得。事实上，因

$$\mathrm{erf}(\theta) = \frac{2}{\sqrt{\pi}}\int_0^{\theta} \mathrm{e}^{-\mu^2}\mathrm{d}\theta \tag{7-36}$$

设 $u = \dfrac{x - x_i}{\sqrt{2}\sigma_i}$，$\mathrm{d}u = \dfrac{\mathrm{d}x}{\sqrt{2}\sigma_i}$，故

$$\mathrm{erf}(\theta) = \frac{2}{\sqrt{\pi}\sigma_i}\int_i^{x_i+\sqrt{2}\theta\sigma_i} \exp\left\{-\frac{1}{2}\left(\frac{x - x_i}{\sigma_i}\right)^2\right\}\mathrm{d}x \tag{7-37}$$

令 $x_j = x_i + \sqrt{2}\theta\sigma_i$，$\theta = \dfrac{x_j - x_i}{\sqrt{2}\sigma_i} > 0$，则

$$\mathrm{erf}\left(\frac{x_j - x_i}{\sqrt{2}\sigma_i}\right) = \frac{\sqrt{2}}{\sqrt{\pi}\sigma_i}\int_{x_i}^{x_j}\exp\left\{-\frac{1}{2}\left(\frac{x - x_i}{\sigma_i}\right)\right\}\mathrm{d}x = 2\int_{x_i}^{x_j} p_i(x \mid x_i)\,\mathrm{d}x \tag{7-38}$$

即

$$d_{ij} = \mathrm{erf}\left(\frac{|x_j - x_i|}{\sqrt{2}\sigma_i}\right) \tag{7-39}$$

如果有 m 个检测器测量同一指标参数，置信距离测度 $d_{ij}(i,j = 1,2,3,\cdots,m)$构成一个矩阵 $\boldsymbol{D}_m$。

$$\boldsymbol{D}_m = \begin{bmatrix} d_{11} & d_{12} & \cdots & d_{1m} \\ d_{21} & d_{22} & \cdots & d_{2m} \\ \cdots & \cdots & \cdots & \cdots \\ d_{m1} & d_{m2} & \cdots & d_{mm} \end{bmatrix} \tag{7-40}$$

$\boldsymbol{D}_m$ 称为多传感数据的置信距离矩阵。

② 关系矩阵和最佳融合数的确定。

用多检测器从不同的位置测量同一参数时,根据经验或多次实验的结果,我们可以给出 d_{ij}的界限值 $\beta_{ij}(i,j=1,2,3,\cdots,m)$。设

$$r_{ij}=\begin{cases}1,d_{ij}\leqslant\beta_{ij},\\0,d_{ij}>\beta_{ij}\end{cases}\boldsymbol{R}_m=\begin{bmatrix}r_{11} & r_{12} & \cdots & r_{1m}\\ r_{21} & r_{22} & \cdots & r_{2m}\\ \cdots & \cdots & \cdots & \cdots\\ r_{m1} & r_{m2} & \cdots & r_{mm}\end{bmatrix} \tag{7-41}$$

称 $\boldsymbol{R}_m$ 为多检测器的关系矩阵。

若 $r_{ij}=0$,则认为第 i 对检测器和第 j 对检测器相容性差,或称相互不支持。若 $r_{ij}=1$,则认为第 i 对检测器和第 j 对检测器相容性好,称第 i 对检测器是支持第 j 对检测器的。

若 $r_{ij}=r_{ji}=1$,称第 i 对检测器和第 j 对检测器相互支持,如图 7-6 所示。

图 7-6　各传感器相互支持情况

如果一个检测器被一组检测器所支持,则这个检测器的读数是有效的。若一个检测器不被其他检测器所支持或只被少数传感器支持,则这个检测器的数据为失效数据,应把这样的数据剔除。多检测器测量同一参数时,所有有效检测器的集合为融合集,有效检测器的个数为有效融合数。

3. 数据的加权融合方法

设某一观测期内 n 对检测器检测到的车辆数向量为 $X=(x_1\quad x_2\quad\cdots\quad x_n)$,$x_1,x_2,\cdots,x_n$ 相互独立,方差分别为 $\sigma_{21},\sigma_{22},\cdots,\sigma_{2n}$;且总体可以服从任意分布;设所要估计的真值为 x。引入加权因子向量 $W=(w_1\quad w_2\quad\cdots\quad w_n)$,满足

$$\sum_{i=1}^{n}w_i=1 \tag{7-42}$$

则融合后的值和加权因子满足以下公式:

$$\bar{x}=\sum_{i=1}^{n}w_ix_i=WX^{\mathrm{T}} \tag{7-43}$$

且 $\bar{x}$ 为 x 的无偏估计。其数据融合结构如图 7-7 所示。则总均方误差为

$$\sigma^2=\mathrm{E}[(x-\bar{x})^2]=\mathrm{E}\left[\sum_{i=1}^{n}w_i^2(x-x_i)^2+2\sum_{\substack{i=1,j=1\\i\neq j}}^{n}w_iw_j(x-x_i)(x-x_i)\right] \tag{7-44}$$

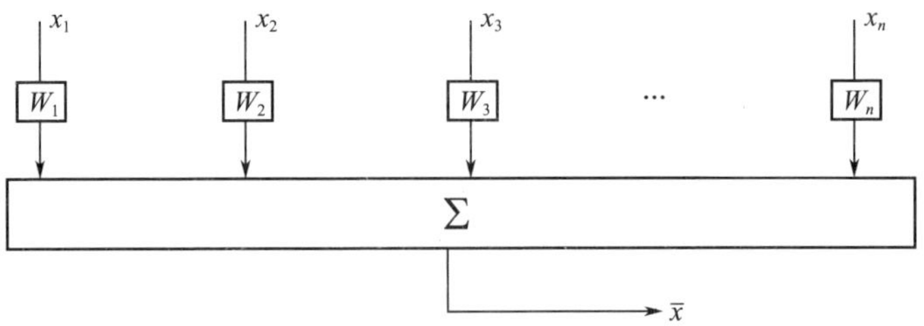

图 7-7　数据融合结构

1）最小方差加权平均

加权平均算法是为了确定一组加权因子使信号方差最小，以此来提高信噪比。

设在 j 时刻，使用 n 个检测器检测到信号 $x_1(j), x_2(j), \cdots, x_n(j)$，其中 $x_i(j) = d_i(j) + b_i(j)$ 表示 j 时刻信号的测量值，i 表示第 i 个信号，$d_i(j)$ 表示信号的真实值，$b_i(j)$ 表示 j 时刻第 i 个信号的白噪声，方差为 σ_i^2。

n 个信号的加权平均结果为

$$s(j) = \sum_{i=1}^{n} w_i x_i(j) = W^{\mathrm{T}} X(j) \tag{7-45}$$

式中：$W = (w_1, \cdots, w_n)^{\mathrm{T}}$ 为待估计的未知权值向量；$X(j) = (x_1(j) \quad x_2(j) \quad \cdots \quad x_n(j))^{\mathrm{T}}$ 为 j 时刻的检测器检测到的数据。

并且，如果 $\sum_{i=1}^{N} w_i = 1$ 则可以得到信号的无偏估计。

因为 $x_1(j), x_2(j), \cdots, x_n(j)$ 彼此独立，并且为 x 的无偏估计，所以

$$\mathrm{E}[(x - x_p)(x - x_q)] = 0 (p \neq q; p = 1, 2, \cdots, n; q = 1, 2, \cdots, n)$$

故 σ^2 可写成

$$\sigma^2 = \mathrm{E}\left[\sum_{i=1}^{N} w_i^2 (x - x_i)^2\right] = \sum_{i=1}^{N} w_i^2 \sigma_i^2 \tag{7-46}$$

利用柯西不等式及权的定义，

$$\left(\sum_{i=1}^{N} w_i^2 \sigma_i^2\right)\left(\sum_{i=1}^{N} 1/\sigma_i^2\right) \geqslant \left(\sum_{i=1}^{N} w_i\right)^2 = 1 \tag{7-47}$$

当且仅当 $w_1^2/\dfrac{1}{\sigma_1^2} = w_2^2/\dfrac{1}{\sigma_1^2} = \cdots = w_n^2/\dfrac{1}{\sigma_n^2}$ 时等号成立，总的均方差取最小值，这时

$$w_1^2 \sigma_1^2 = w_2^2 \sigma_2^2 = \cdots = w_n^2 \sigma_n^2 \tag{7-48}$$

该最小值的求取是当加权因子满足式 $\sum_{i=1}^{N} w_i = 1$ 约束条件时总的均方差极值求取。根据多元函数求极值理论，可求出总均方误差最小时所对应的加权因子为

$$W^* = \frac{1}{\sum_{i=1}^{N} 1/\sigma_i^2}\left[\frac{1}{\sigma_1^2} \quad \frac{1}{\sigma_2^2} \quad \cdots \quad \frac{1}{\sigma_N^2}\right] \tag{7-49}$$

此时所对应的最小均方误差为

$$V[s(j)] = \mathrm{E}\{s(j) - \mathrm{E}[s(j)^2]\} = \frac{1}{\sum_{i=1}^{N} 1/\sigma_i^2} \tag{7-50}$$

这是同一时刻多个检测器融合的结果。如果考虑以往的历史数据,那么信号的方差还可以进一步减少,如考虑以往同一状态下的 m 个时刻的检测数据,则可以得到检测信号的方差:

$$\bar{\sigma}_{\min}^2 = \frac{1}{m\sum_{i=1}^{N} 1/\sigma_i^2} = \frac{\sigma_{\min}^2}{m} \tag{7-51}$$

可以看出,$\bar{\sigma}_{\min}^2$一定小于 $\sigma_{\min}^2$,并且 $\bar{\sigma}_{\min}^2$将随 m 的增加而进一步减小。

2. Matlab 仿真及结果分析

(1) Matlab 仿真流程框图。

Matlab 仿真流程框图如图 7-8 所示。

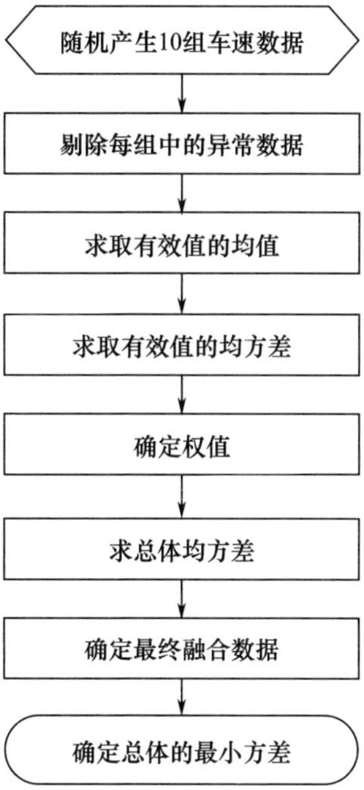

图 7-8　Matlab 仿真流程框图

（2）仿真结果及结果分析。

将检测到的随机数据利用分布图法进行异常数据剔除，并将被剔除的数据设置为0，不参与车速加权平均的计算，利用非0数据进行加权融合。实验得出，进行数据的一致性检测之后融合的数据无论是估计值还是方差都要优于未进行一致性检测的融合结果。说明进行一致性检测之后的处理结果具有更高的精度和准确性。该算法不要求知道传感器测量数据的任何先验知识，只是靠传感器所提供的测量数据，就可融合出均方误差最小的数据融合值，而且计算简单方便，可以有效地提高计算机运算的速度，具有实效性。

7.4 信息的并行计算定义与表征

7.4.1 并行计算定义

1. 问题的提出

全球定位系统（GPS）作为一种全球性应用资源，其定位精度高，且不发散；但属于他备式装置，军事应用受到限制。地形匹配（TCM）是一种高精度制导方式，但覆盖范围受电子地图存储容量限制，只能有针对性地进行信息存储，即主要用于末段寻的；此外它对动目标无效。惯性导航系统（INS）精度不高，且属于自主性装置，对军事应用极为重要；但它随着时间发散。因此GPS、TCM、INS组合，可以从根本上解决精度、自主性、长时间有效及精确末制导等一系列问题，为我国航空、宇航、国防等高技术领域长期发展做出贡献。

上述组合导航系统的结构特性是变量信息高效性（维数 $n>21$），这对一般人工管理来说是无法实现的，因此需要用硬件实现并行计算来满足实时性要求。

就国外研究看，GPS、TCM、INS两两组合的导航系统已有成果，但三者乃至更多导航方式组合的研究还不多，关键在于未实现容错智能管理，而无法保证多源信息的可靠利用与组合，以及未实现高维数（$n>21$）的并行技术而限制了系统的实时性。

就国内看，主要研究集中在不同导航系统的两两组合方面以及储备的并行算法方面，GPS/地形/惯性组合导航系统的实际建立刚刚开始，对应的容错管理研究及并行计算的硬件实现尚未有报道。因此，组合导航的并行计算研究既有强烈的应用背景与需求牵引，又是一项高科技领域前沿课题。

2. 导航“三遥”研究遇到的问题

上述课题是导航“三遥”的一个具体组合，广义地看，实现导航“三遥”的过程，实际上是大量信息传递与处理的过程。随着导航任务增加，导航组合维数增大，信息计算、通信工作量成指数增长。为了保证在线实时处理，常规方法已不能满足这种需要。也就是说，实时性问题已成为导航“三遥”技术实现的“瓶颈”问题。为解决此问题，需要研究并行处理技术。

3. 并行处理研究的主要内容

(1) 并行技术方案的确定、器件选择；

(2) 并行卡尔曼滤波器的研究；

(3) 硬件结构设计；

(4) 软件结构设计。

7.4.2 组合导航并行计算研究

组合导航系统的核心是卡尔曼滤波器，它是在线性最小方差意义下的最优估计，因此组合导航系统研究所要解决的理论问题首先是状态估计问题。近年来这方面的理论研究已经取得了较大进展，形成并得到了较完备的滤波算法和仿真结果。但随着状态变量的增加，计算量成指数增长，是实时性问题变为状态估计能否实用于组合导航系统的关键。例如，一个 15 维卡尔曼滤波器 KF 构成的 SINS/GPS 组合导航系统，采用 TMS320C30 的 DSP 构成组合导航计算机，其 KF 一个周期计算时间为 0.54s。考虑到容错管理与其它导航任务、状态估计变量的进一步增加及实时估计精度的提高，计算量还将大大增加。因此，充分利用并行处理结构、实现并行处理滤波估计，成为本研究的重点。

1. 组合导航估计方程的特点

以 SINS/GPS + SINS/Doppler 构成的多传感器组合导航系统作为研究对象，其系统方程为

$$\dot{x} = \boldsymbol{A}_M x_M + \boldsymbol{G}_m \omega \tag{7-52}$$

式中：$\boldsymbol{A}_M = \begin{bmatrix} \boldsymbol{A}_{\text{SINS/GPS}} & 0 \\ 0 & \boldsymbol{T}_\beta \end{bmatrix}$ 为 21 阶状态方程，其中 $\boldsymbol{A}_{\text{SINS/GPS}}$ 为 18 阶 SINS/GPS 系统方阵，$\boldsymbol{T}_\beta$ 为 SINS/Doppler 系统矩阵中的三阶 Doppler 误差方阵；$\boldsymbol{G}_M = \text{Block diag}(\boldsymbol{O}_{3\times3} \quad \boldsymbol{D} \quad \boldsymbol{D} \quad \boldsymbol{O}_{3\times3} \quad \boldsymbol{I}_{3\times3} \quad \boldsymbol{I}_{3\times3} \quad \boldsymbol{I}_{3\times3})^{\mathrm{T}}$ 为噪声系数阵，$\boldsymbol{D}$ 为从机体系坐标（b 系）到导航系坐标（p 系）的三阶变换方阵，$\boldsymbol{O}_{3\times3}$ 及 $\boldsymbol{I}_{3\times3}$ 分别为三阶 O 阵及单位阵；$x_M = [\delta\gamma_R \quad \delta\gamma_N \quad \delta\gamma_m \quad \delta\gamma_k \quad \delta V_R \quad \delta V_M \quad \phi_K \quad \phi_N \quad \phi_M \quad \nabla_K \quad \nabla_N \quad \nabla_M \quad \varepsilon_x \quad \varepsilon_y \quad \varepsilon_z \quad \delta_R \quad \delta_N \quad \delta_M \quad \alpha \quad \beta \quad \delta K_b]^{\mathrm{T}}$ 为状态变量，其中 $\delta\gamma_{(E,N,U)}$，$\delta V_{(E,N,U)}$，$\phi_{(E,N,U)}$ 分别为 n 系中的位置误差、速度误差和数学平台角误差，$\nabla_{(x,y,z)}$，$\varepsilon_{(x,y,z)}$ 分别为 b 系中加速度计偏差和陀螺仪 Markov 误差分量，$\delta_{(E,N,U)}$ 为 p 系中的 GPS 接收机 Markov 误差分量，α，β，δK_b 为 Doppler 雷达误差状态；$\omega = [0 \quad 0 \quad 0 \quad \omega_{\nabla x} \quad \omega_{\nabla y} \quad \omega_{\nabla z} \quad \omega_{sx}$

$\omega_{sy}\quad \omega_{sz}\quad 0\quad 0\quad 0\quad \omega'_{sx}\quad \omega'_{sy}\quad \omega'_{sz}\quad \omega_{\delta K}\quad \omega_{\delta N}\quad \omega_{\delta M}\quad 0\quad \omega_{\beta}\quad 0]^{\mathrm{T}}$ 为白噪声向量。

测量方程为

$$Z_M = \boldsymbol{C}x_M + v \tag{7-53}$$

其中

$$\boldsymbol{C} = \begin{bmatrix} \boldsymbol{C}_1 \\ \boldsymbol{C}_2 \end{bmatrix} = \begin{bmatrix} \boldsymbol{H}_1\boldsymbol{M}_1 \\ \boldsymbol{H}_2\boldsymbol{M}_2 \end{bmatrix} \tag{7-54}$$

式中：$Z_M = [Z_1 \quad Z_2]^{\mathrm{T}}$ 为五维向量，Z_1 为三维，Z_2 为二维；$\boldsymbol{H}_1$、$\boldsymbol{H}_2$ 分别为 Z_1、Z_2 测量矩阵；$\boldsymbol{M}_1 = [\boldsymbol{I}_{18\times18} \quad \boldsymbol{O}_{18\times3}]$；$\boldsymbol{M}_2 = \begin{bmatrix} I_{15\times15} & O_{15\times3} & O_{15\times3} \\ O_{3\times15} & O_{3\times3} & I_{3\times3} \end{bmatrix}$。

上述系统方程有如下特点：

（1）多数为矩阵运算，任务可以并行分解，因此，适于采用并行处理技术；

（2）维数高，在线滤波估计的计算量大，因此采用并行处理硬件构成；

（3）多数运算单元相仿，因此可以用并行处理阵列构成计算单元。

2. 并行计算的硬件构成

本研究所涉及的组合导航系统，可用两种途径构成并行计算硬件。其一是用可插入 PC 机的多片 Transputer 插件板构成，其二是用并行功能的 DSP 芯片构成。由于计算任务的确定性与计算单元的任务分解性，本研究可以用两种硬件方式实现并行计算，从而比较器并行计算效果。

以 DSP 芯片——TMS320C40 为例，它有六个通信口，每个通信口速率达 20MB/s，全局和局部存储器的 I/O 接口速率可达 100MB/s；另一方面，TMS320C40 计算速率高达 275MOPS（百万次操作/秒）。因此计算速率和数据通过速率是接近的，既不会出现 I/O 的瓶颈（它造成系统总体性能下降），又不会出现高 I/O 传输（MB/s）速率、低计算（MOPS）速率（它造成系统无法进行高速率数据处理）的问题。

Systolic 阵列结构是并行技术研究的热点。H. Yeh 曾提出了 Systolic 和 pipeline 的 KF 算法。对 Systolic 算法，单个二维的 Systolic 处理器被用于卡尔曼滤波过程。对 pipeline 算法，KF 用两个完全一样的并行处理器构成，以便充分应用二维 Systolic 处理器，改进估计值的刷新速度。在这两种算法里，KF 计算的数学公式由 Faddeava 算法重新安排，对应的数据流算法很方便地映射到最邻近的计算结构里。处理器的计算核由标准、简单、可扩展并适宜于 VLSI 结构的算法构成。

7.5 控制与量测方程并行运算表征

本节通过介绍并行道路匹配算法的实现来分析控制与时空分析并行运算的

实现。

7.5.1 并行道路匹配算法意义

随着社会经济的发展,交通运输的规模化、集团化趋势越来越明显,同时卫星导航定位技术和智能交通技术应用越来越深入,使得需要管理的动态 GPS 目标数量急剧上升,其中最典型的两类应用是物流车辆管理和浮动车系统。如何实时地处理这些大规模的 GPS 数据成为一个重要问题。例如,中国石油天然气股份有限公司华北油田分公司拥有近 11000 台车辆,而对于易燃易爆品的运输必须进行精细的管理和监控,要求上传数据的间隔为 10 ~ 60s;北京市浮动车系统同时在线的出租车数量不少于 12000 辆,要从中精确获取动态交通数据,上传数据间隔应为 5 ~ 30s。地图匹配是其中关键的技术环节,所谓地图匹配是指依据 GPS 车载终端车辆在行驶过程中采集到的车辆位置 GPS 信息,通过特定模型和算法,将车辆的当前位置与电子地图上的道路相关联,最终输出结果为车辆在道路上的具体位置。并行计算是提高实时性的重要手段,基于此,本节将研究并行道路匹配算法。

目前,针对大规模车辆 GPS 数据处理的实时性要求,在应用中常采用三种方式:(1)采用高性能的服务器;(2)采用基于集群或大型机的并行计算;(3)降低数据采集频率以减轻系统计算负荷。虽然道路匹配算法本身的研究已经非常深入,但并行道路匹配算法或相关的并行方法的研究还较少,最多也就只是研究基于集群或大型机的并行算法。

本节研究大规模车辆 GPS 数据的地图匹配的基本问题,以及基于多核 CPU 和 MPI 的并行地图匹配算法的实现方法,并采用全北京市真实路网数据和北京市浮动车数据进行试验验证,验证结果证明了该算法的有效性。

7.5.2 道路匹配算法的基本问题

要实现高效的道路匹配算法,首要条件是要有合理的电子地图存储结构。算法的实现主要包括两个步骤:首先根据待匹配点到路链的最短距离阈值找到备选路链,然后根据距离和方向因素确定最终成功匹配的路链及匹配后的坐标点。由于是重点研究道路匹配的并行问题,因此对道路匹配算法做了一定的简化。

1. 电子地图存储结构

城市路网数据量极其庞大,例如全北京市的电子地图路链数大于 17 万条,要在如此复杂的地图上实现频次大于 10000 次/min 的地图匹配,必须建立高效的电子地图存储机制。

组成路网的基本单元为路链，它由一组按照道路通行方向有序排列的离散点组成。对于双向通行的道路，如果中间有隔离带则两个方向要分别建立路链，否则只将该路链标记为双向通行即可。路链的通行方向对道路匹配具有重要影响。

按照经度和纬度的方向将路网分割成 $M \times N$ 个网格，称为二次网格，按顺序对二次网格进行编号，每条路链都存储了其所属的二次网格号。网格划分的过大或过小都会影响使用效率，需要根据实际情况确定合适的网格尺寸，本节使用的地图数据中，北京市的路网被划分成 216 个网格。进行地图匹配时，首先确定待匹配点所在的二次网格，然后只匹配对应二次网格内的路链，这可以极大地提高匹配效率。

2. 地图匹配要素

要实现较为精确的地图匹配结果，必须综合考虑多方面的要素，其中最为重要的要素有三个，即距离要素、方向要素、拓扑关系要素。

1）距离要素

电子地图中的路链是将实际道路离散采样得到的，将这些离散采样点依次用直线连接就得了路链的几何形状，也就是说路链是由一组首尾相连的直线路段组成的，如图 7-9 所示。设点到路链中第 i 条直线路段的距离为 d_i，则点到路链的距离 D 为点到该路链内所有直线路段的距离的最小值，即 $D=\min\{d_i\}$。称具有该最小值的直线路段为最短距离直线路段。

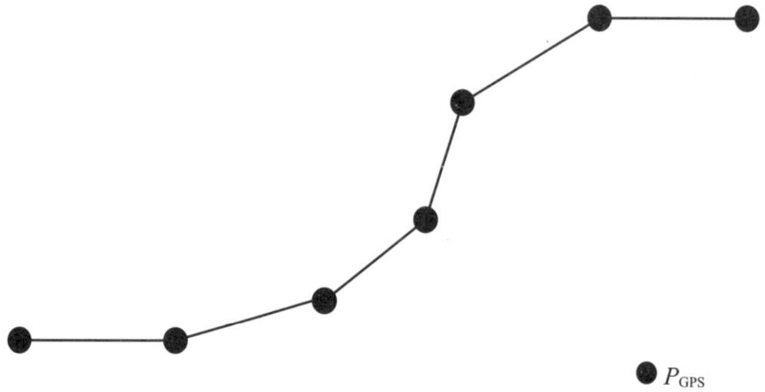

图 7-9　点到路链的距离示意图

点（表示为 P_{GPS}）到直线路段的距离 d 与数学里点到线段的距离不同，当点到直线路段的垂足 P_Z 落在直线路段上时，d 为点到直线路段的垂线长度，即 $d=\mathrm{Dis}(P_{GPS},P_Z)$；当垂足不在直线路段上时，$d$ 为点到直线路段两个端点距离的最小值，即 $d=\min\{\mathrm{Dis}(P_{GPS},P_1),\mathrm{Dis}(P_{GPS},P_2)\}$，如图 7-10 所示。

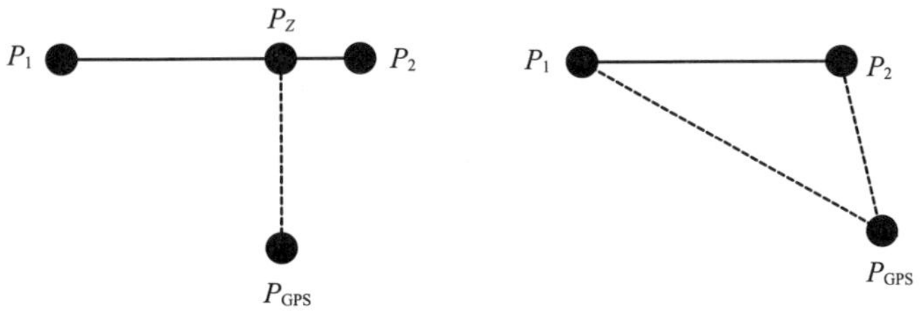

图 7-10　点到直线路段的距离示意图

道路匹配中的距离要素,就是指待匹配点到所匹配路链的距离应该尽量短。

2）方向要素

在道路匹配中,车辆的行驶方向应与匹配路链的通行方向一致,这一点对于复杂道路环境(如交叉路口)的道路匹配尤其重要,如图 7-11 所示。

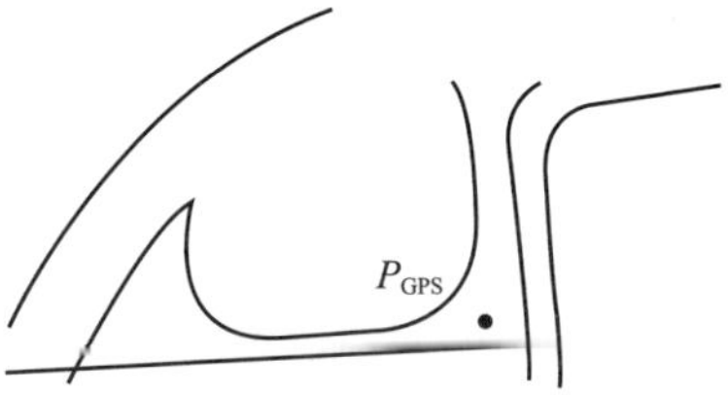

图 7-11　方向要素应用场景图

方向要素 θ 可用 GPS 点行驶方向角 θ_{GPS} 与道路的通行方向角的差异来表示,方向角为前进方向与正北方向的顺时针夹角。设要匹配的路链有 N 个直线路段,θ_L 为最短距离直线路段的方向角,θ_i 为路链中第 i 个直线路段的方向角。

$$\theta = w_1 \times |\theta_L - \theta_{GPS}| + w_2 \times |\theta_L - \left(\sum_{i=1}^{N} \theta_i\right)/N \tag{7-55}$$

在所有路链的直线路段中,最短距离直线路段的方向对匹配精度影响最大,但同时也要考虑路链整体方向的影响,分别赋予权重 w_1 和 w_2,可取 $w_1 = 0.6$,$w_2 = 0.4$。

3）拓扑关系要素

拓扑关系要素是指车辆的行驶轨迹要符合道路拓扑关系,通过拓扑关系要素还可以验证匹配结果的正确性。

3. 搜索备选路链

由于道路匹配数据量大,需考虑的因素多,所以通常先进行粗匹配,即设定某匹配要素的阈值,搜索出满足该阈值的备选路链,然后再进行精细匹配。距离要素是最适合的粗匹配要素,设定待匹配点到路链的距离阈值 D_y,距离小于该阈值的路链即为备选路链。综合考虑 GPS 误差和道路测绘误差，可将 D_y 设为 30m。

在进行粗匹配时，首先确定待匹配点落在哪个二次网格内，只需匹配该二次网格内的路链即可，这可以极大地提高匹配速度。当待匹配点落在二次网格的边缘时，还需要考虑匹配相邻二次网格内的路链。采用矩形相交法来解决这个问题，生成以待匹配点为中心，以 D_y 为边长的正方形，用该正方形与二次网格的外包矩形做相关判断，若相交则需要匹配该二次网格内的路链，最极端的情况是匹配一个点需要在 4 个二次网格内进行匹配，如图 7－12 所示。

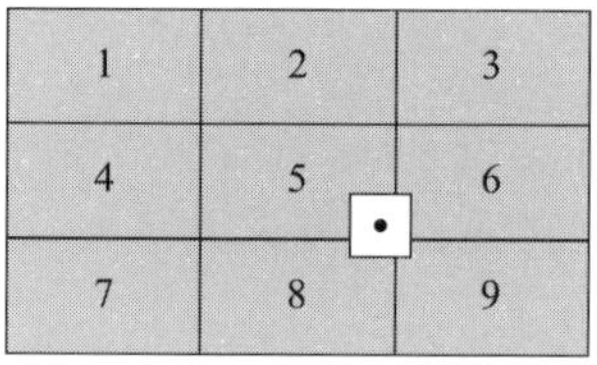

图 7－12　二次网格判定示意图

4. 匹配至路链

在搜索到备选路链后，确定最优的路链 L_{max}，待匹配点到 L_{max} 的最短距离点即为最终匹配的坐标，该最短距离点位于 L_{max} 的最短距离直线路段上，可能是垂足，也可能是两个端点（图 7－10）。

在确定优匹配路链时，可以定义匹配度 M 来表征待匹配点与路链的匹配程度，取值区间为 0 到 1，数值越大匹配程度越高，匹配到该路链的可能性越大。将距离要素 D 和方向要素 θ 分别进行归一化，然后加权平均即得到 M。

$$M = w_d \times (1 - D/D_y) + w_\theta \times (1 - \theta/360) \tag{7-56}$$

备选路链到待匹配点的距离都是小于等于阈值 D_y 的，此时进行道路匹配时方向要素的影响更大，可取 $w_d = 0.3$，$w_\theta = 0.7$。

匹配度 M 最大的路链即为最终的匹配路链。

7.5.3　并行道路匹配算法实现

基于多核和 MPI 的并行道路匹配算法的基础是单个 GPS 点的匹配，其本质是将要匹配的 GPS 点集合平均分配给每个核进行计算。

对 N 个 GPS 点进行并行道路匹配的算法可用伪代码表示如下：

```
MPI_Init()
MPI_Comm_size(MPI_COMM_WORLD,&CoreNum)
MPI_Comm_rank(MPI_COMM_WORLD,&MyID)
```

```
for(i = MyID;i < N;i + = CoreNum)
{
  用矩形相交的方法找到匹配二次网格集合 C_Net
  在 C_Net 内求取距离 D < D_y 的路链集合 C_Link
  ForEach(路链  in  C_Link)
  {
  求取路链的匹配度 M
  }
  找到 M 最大的路链 L_max
  找到 L_max 上的最短距离点即为匹配坐标结果
}
```

程序运行时,每个核都分别执行这段代码。

第1行代码完成该核的MPI初始化工作,第2行代码获取总的核数到CoreNum,第3行代码获取当前核的核号到MyID。第5到14行具体完成指定GPS点的地图匹配,具体的计算方法可以参考第7.2节的内容。

第4行代码将N个GPS点的道路匹配工作平均分给CoreNum个核来完成。如果是0号核来执行这段代码,则该循环体匹配的GPS点号分别为0、CoreNum、2×CoreNum、3×CoreNum…,如果是1号核则匹配的GPS点号分别为1、1+CoreNum、1+2×CoreNum、1+3×CoreNum…。这样,当所有的核都执行一遍代码后,则所有的GPS点都将完成匹配,每个核都是同时运行该代码的,这样就达到了并行加速的目的。

衡量并行算法的两个重要指标是加速比S和效率E,可以用S和E两个指标来评测并行道路匹配算法的并行性能。设并行计算单元数量为P,串行执行时间为T_S,并行执行时间为T_P,则:$S = T_S/T_P$,$E = T_S/(P \times T_P)$

最后的试验结果表明基于多核和MPI的并行道路匹配算法具有较高的加速比和效率,并行性能良好。由Amdahl加速定律可知,随着并行计算单元数量的增加,效率会逐渐降低,所以从4核到8核时效率有较为明显的降低;另一方面本试验中,当CPU核数为8时,是由两个CPU共同组成的8核,在同一台主机上的两个CPU之间并行的效率会比在同一个CPU内并行效率略低,这也一定程度上影响了8核并行时的效率。

通过整体观察、特殊路段对比(如交叉路口)、连续跟踪随机选取的车辆轨迹等方式进行分析,证明了基于多核和MPI的并行道路匹配算法的正确性。

第 8 章　基于实时性要求的冗余容错与模糊降阶控制

本章，首先介绍信息冗余——智能容错的内涵与关联，使读者熟悉本章最基本的概念；其次，介绍用于角速率转台的伺服机构容错智能控制器的研制，从具体应用上分析智能容错的应用；再次，介绍模糊降阶智能控制技术，使读者对模糊降阶技术有最基本的了解；最后，介绍模糊降阶控制的实现，以表明这项技术的重要性，阐述容错技术及模糊降阶技术对信息处理的重要作用。

8.1　信息冗余——智能容错的内涵

本节主要介绍信息冗余和智能容错的概念，然后从一个实际的例子出发介绍空间信息的容错管理与故障识别控制。

8.1.1　空间信息的冗余

随着卫星遥感技术的飞速发展，全天候、多光谱、多时相、多分辨率和多传感器的遥感卫星对地观测技术，在气象预报、资源普查、导航定位、农业生产、救援救灾、环境监测等研究领域得到了广泛的应用。

由众多遥感仪器组成的庞大对地观测系统，所产生的数据数量也是巨大的，因而也就产生了数据冗余的问题。在信息论领域，冗余性通常定义为信息的过剩或重复，数据的冗余通常带来了存储量的增加，带来计算工作量的急剧增加，影响故障诊断的实时性和效率，因而需要去除冗余信息。

但有时数据冗余又是有必要的，甚至是必需的。如在信号检测、模式识别或目标跟踪等领域，信息之间的冗余性可以确保观测系统在劣变状态(如某一传感器失效)下工作时仍有较好的结果。也就是说，信息冗余性保证了测量系统在某一环节或局部失效的情况下，不会对整个目标识别的结果产生很大的影响。由于冗余性意味着多传感器提供的对象信息之间是高度相关的、重复的，因而利用冗余信息能够提高目标识别的精度，增加其可靠性。

8.1.2 空间信息的智能容错与可靠性

空间信息(如导航、航空航天、对地观测等)要求系统具备高性能的同时还具有高可用性,对这些系统而言,任何故障所造成的损失都是无法承受的,但无论处于什么工作状态,系统都存在着可靠性的问题,故障是不可能避免的。因而系统必须具有容错能力,即使系统出现故障,也能保证系统继续工作,也就是说信息必须具有冗余度,以便实现故障出现后的系统重构。所谓容错是指在故障存在的情况下系统不失效,仍然能够正常工作的特性。容错确切地说是容故障(Fault),而并非容错误(Error)。例如在双机容错系统中,一台机器出现问题时,另一台机器可以取而代之,从而保证系统的正常运行。在早期软硬件技术不是特别可靠的情况下,这种情形比较常见。

容错又可以分为硬件容错、软件容错。现在的硬件虽然较之从前稳定可靠得多,但是对于那些不允许出错的系统,硬件容错仍然是十分重要。采用硬件冗余的容错计算机系统容错费时短,纠错快,精度高,但系统复杂,成本较高;而采用软件方法实现的容错费时长,精度一般,但实现简单。

随着数字电路规模的增大,电路复杂性的提高,容错能力已经成为衡量一个系统安全性、可靠性以及可用性的重要指标,尤其是环境恶劣维修不便的情况下。容错系统已经广泛应用于空间信息领域,保证了高可靠性控制系统的运行。传统数字系统容错设计中应用最广泛的容错形式为硬件冗余。对于有高可靠实时容错要求的场合,常见的是采用三模冗余系统。经典的三模冗余结构故障容错模型是基于多数表决的思想,其可以正常工作的条件是:三模均正常工作,或三模中有任意两模正常工作。

大致来说智能容错技术包括四个步骤:(1)发现故障;(2)辨别故障源;(3)切除故障;(4)将系统引向备分(冗余)工作环节。

8.1.3 空间信息的容错管理与故障识别控制

以 GPS/TCM/INS 组合导航“三遥”系统的容错管理与故障识别控制为例来说明。组合导航系统的容错设计是使系统具有自监控功能,从而实时检测并隔离故障部件,进而采取必要措施,切换故障部件,将正常系统进行重构,由此保证整个系统的可靠性。

以 GPS/INS 组合导航系统为例,其误差方程和状态方程如下:

$$X(k+1)=\Phi(k)X(k)+\Gamma(k)W(k)+b\delta_{kf} \tag{8-1}$$

$$Y(k)=H(k)X(k)+V(k) \tag{8-2}$$

$$\mathrm{E}(W(k))=\mathrm{E}(V(k))=0 \tag{8-3}$$

$$E(W(k)W(j))=Q(k)\delta_{kj},E(V(k)V(j))=R(k)\delta_{kj} \tag{8-4}$$

式中:$X(k)\in R^n$,初始条件为 $X(0)$,均值为 X_c,方差为 P_o;δ_{ij}是克罗内克函数,$\delta_{ij}=\begin{cases}1,i=j\\0,i\neq j\end{cases}$;假设 $X(0)$,$W(k)$,$V(k)$互相统计独立;$Q(k)$半正定;$R(k)$正定;b 为未知的故障向量;θ 为未知的故障时间。

当没有故障发生时,通过卡尔曼滤波(KF)得到的系统状态最优估计是 $\hat{X}(k/k)$,则

$$\hat{X}(k+1/k)=\Phi(k)/\hat{X}(k/k) \tag{8-5}$$

$$P(k+1/k)=\Phi(k)/P(k/k)\Phi^{T}(k)+\Gamma(k)Q(k)\Gamma^{T}(k) \tag{8-6}$$

$$\hat{X}(k+1/k+1)=\hat{X}(k+1/k)+K(k+1)_{T}(k+1) \tag{8-7}$$

$$T(k+1)=Y(k+1)-H(k+1)\hat{X}(k+1/k) \tag{8-8}$$

$$U(k+1)=H(k+1)P_k(k+1)H^{T}(k+1)+R(k+1) \tag{8-9}$$

$$K(k+1)=P_k(k+1)H^{T}(k+1)U^{-1}(k+1) \tag{8-10}$$

$$P(k+1/k+1)=(1-K(k+1)H(k+1))P_k(k+1/k) \tag{8-11}$$

初始条件为

$$\hat{X}(o/o)=X_c,P_k(o/o)=P_c \tag{8-12}$$

通过先验信息递推得到估计状态为

$$\hat{X}(k+1)=\Phi(k)\hat{X}_s(k) \tag{8-13}$$

$$P_s(k+1)=\Phi(k)P_s(k)\Phi^{T}(k)+\Gamma(k)Q(k)\Gamma^{T}(k) \tag{8-14}$$

$$\hat{X}(o)=X_c,P_s(o)=P_c \tag{8-15}$$

定义估计误差 $e_k(k/k)$和 $e_k(k)$为

$$e_k(k/k)=X(k)-\hat{X}(k/k) \tag{8-16}$$

$$e_k(k)=X(k)-\hat{X}(k) \tag{8-17}$$

再定义

$$\beta(k)=\hat{X}(k/k)-\hat{X}(k)=e_k(k)-e_k(k/k) \tag{8-18}$$

根据线性滤波的性质知 $\hat{X}(k/k)$、$\hat{X}(k)$都是无偏估计,则

$$E[\beta(k)]=E[e_k(k)-e_k(k/k)]=0 \tag{8-19}$$

$\beta(k)$的方差为

$$W(k)=E[\beta(k)\beta^{T}(k)]=P_s(k)+P_k(k/k)-P_{ks}^{T}(k)-P_{ks}(k)^{T}$$

当 $P_s(0)=P_k(0)=P_o$ 时,有

$$\begin{cases}P_k(k/k)=P_{ks}(k)\\W(k)=P_s(k)-P_k(k/k)\end{cases}\tag{8-20}$$

由于 $e_k(k/k)$ 和 $e_k(k)$ 都是高斯型随机向量,所以式(8-18)是均值为0、方差为 $W(k)$ 的高斯型随机向量,$\beta^{\mathrm{T}}(k)W^{-1}(k)\beta(k)$ 服从 n 维的 χ^2 分布

如果对 $\beta(k)$ 做以一二元假设,则

H_0:无故障

$$\mathrm{E}[\beta(k)]=0,\mathrm{Var}[\beta(k)]=W(k)\tag{8-21}$$

H_1:故障

$$\mathrm{E}[\beta(k)]=\mu,\mathrm{Var}[\beta(k)]=W(k)\tag{8-22}$$

对数的似然比为

$$\wedge(k)=\frac{1}{2}\{\beta^{\mathrm{T}}(k)W^{-1}(k)\beta(k)-[\beta(k)-u^{\mathrm{T}}W^{-1}(k)[\beta(k)-u]]\}\tag{8-23}$$

由于 u 未知,用极大似然估计 $\hat{u}$ 代替 u,得

$$\hat{u}(k)=\beta(k)\tag{8-24}$$

代入式(8-23),得故障检测函数 $DFD(k)$

$$DFD(k)=\beta^{\mathrm{T}}(k)W^{-1}(k)\beta(k)\tag{8-25}$$

由前可知 $DFD(k)$ 服从 n 维的 χ^2 分布。

故障差别准则为

$$\begin{cases}DFD(k)<T_D,\text{正常}\\DFD(k)\geqslant T_D,\text{故障}\end{cases}\tag{8-26}$$

根据给定误报概率 $P_{\mathrm{FA}}=\alpha$,查 χ^2 分布表得到 T_D。如当取 $\alpha=0.005$,且:

$$X(t)=(\delta_{rN},\delta_{rW},\delta_{rZ},\delta_{VN},\delta_{VW},\delta_{Vz},\Phi_N,\Phi_W,\Phi_z,\Delta_x,\Delta_y,\Delta_z,\varepsilon_x,\varepsilon_y,\varepsilon_z,d_{tw},d_{trw})^{\mathrm{T}}\tag{8-27}$$

即 $n=17$ 时,$T_D=35.718$。

由此得到容错余度管理判断准则。

8.1.4 冗余度管理的模糊控制

1. GPS/INS 组合后的误差判别的模糊控制

事实上,式(8-23)、式(8-24)故障判别的假设并不只是一个门限判定或严格的二值取舍的问题,它含有误报概率,对于式(8-27),实际上有一个故障可能性大小的相对概念。因此利用模糊控制理论确定余度管理方法,就为 GPS/INS 高阶组合导航系统的余度管理提供了一种简单、实效的途径。

设模糊控制的论域

$$U = \{e_i | i = 1, 2, \cdots, n\} \tag{8-28}$$

设模糊子集为

$$A = \sum_{i=1}^{m} \frac{a_i}{e_i} \tag{8-29}$$

和

$$B = \sum_{i=1}^{m} \frac{b_i}{e_i} \tag{8-30}$$

其中:A 为单独 INS 的误差子集;B 为单独 GPS 的误差子集。则 GPS/INS 组合误差子集为两者子集之交,即:

$$A \cap B = \sum_{i=1}^{n} \frac{a_i \wedge b_i}{e_i} \tag{8-31}$$

其中 $a_i \wedge b_i$ 表示取两者之小,Σ 表示模糊集合在论域 U 上的整体。

由式(8-13)可得到 GPS/INS 组合后最小误差下的模糊控制。

2. GPS/INS 多余度系统下的模糊控制

在容错余度方案下,GPS/INS 组合导航系统如式(8-27)有 17 维变量参数;若采用双通道或多通道余度系统,则变量将成倍增长。可以预见相应的数学模型的建立就更加困难,且对于控制的目的来说,建立如此甚高维的数学模型既无必要也甚至根本不可能,所以依据简单的逻辑判断形成模糊控制方案就更为必要。从实用角度来看,用简单的模糊控制器取代复杂、高维的控制电路,在硬件上是可行的;同时在软件上采用简单的模糊推理取代高维复杂计算,确保了实际性。

模糊控制的主要任务在于:(1)确定简单的模糊控制法则;(2)利用计算机进行故障实时判断推理,用硬件实现容错控制。

实验采用 GPS 接收机,INS 采用捷联系统数字平台仿真。为了对容错性进行模糊控制管理,需列出相应的隶属函数。对于 GPS,接收导航卫星的数量 x_1 及接收机误差精度因子 x_2(DOP 值,是 GPS 接收机的一种参数)的隶属函数为

$$\mu_{G_1} = \frac{1}{1 + (12 - x_1)^2}, \quad 4 \leqslant x_1 \leqslant 12 \tag{8-32}$$

和

$$\mu_{G_2} = \frac{1}{1 + (x_2 - 1)^2}, \quad 1 \leqslant x_2 \leqslant 10 \tag{8-33}$$

对于 INS,含有多个陀螺、加速度计,把它们视为多传感器组合的误差,并设 x_3 是多传感器组合的误差函数,取

$$x_{30}=f_{30}(a_i,g_i,\cdots) \tag{8-34}$$

为 INS 可正常工作的阈函数,这里 a_i,g_i 为第 i 个加速度计及陀螺,当 $x_3 < x_{30}$时 INS 工作,否则不工作。由式(8-28)~式(8-31)得 GPS/INS 故障检测模糊控制律为

$$A\cap B=\begin{cases}A, & x_1<4,x_3<x_{30}\\ A\cap B, & x_1\geqslant 4,1\leqslant x_2\leqslant 10,x_3\geqslant x_{30}\\ B, & x_1\geqslant 4,1\leqslant x_2\leqslant 10,x_3<x_{30}\end{cases} \tag{8-35}$$

这里 A 表示 INS 单独工作,B 表示 GPS 单独工作,$A\cap B$ 表示 GPS/INS 组合工作。

8.2 用于角速率转台的伺服机构容错智能控制器研制

本节主要着重介绍智能容错控制的具体应用,即角速率转台的伺服机构容错智能控制器研制。先对组合导航平台控制中的容错问题进行说明,然后介绍其基本系统构成以及其角速率闭环系统的实现,最后实现角速率冗余控制及故障下的系统重构。

8.2.1 组合导航平台中的容错问题

组合导航系统的精度和可靠性是由作为惯性元件的载体平台和作为传感陀螺元件特性所决定的。因此在提高陀螺性能指标及其它硬件可靠性的同时,提高平台性能就成为提高整个系统定向精度和可靠性的关键。

平台有伺服电机驱动的硬件式平台,也有计算机形成的软件式平台。当导航系统作为微型仪器使用时,常规用计算机受到体积与成本限制,而硬件式微型平台就有更高的性价比与实用性。研制可用于角速率转台的伺服机构容错控制器就是在此原则下进行的。

硬件式平台是由伺服电机驱动的,平台性能实质上是伺服电机驱动性能,平台动态性能实质上是角速率性能即伺服电机速率反馈性能。因此提高平台动态性能就是要提高伺服电机角速率反馈的精度与可靠性。这就要求用微处理器进行精密的伺服控制以确保精度,用余度技术进行容错控制以确保可靠性。考虑到中精度惯导系统精度一般为 0.1%,要求伺服驱动精度(分辨率)能达到 0.01°,因此采用了 16 位单片机作为智能化核心部件。

国内外电机伺服机构的热点集中于控制器研究,主要有:PI 控制器,最优控制器,变结构控制器等。上述控制器必须在系统数学模型已知的情况下才能实现,而对于某些未知模型或无法建立模型的状态控制就不适用了。因此需要采

用新型控制器——模糊控制器及有关的模糊理论进行相应的容错与重构控制研究。

8.2.2 基本系统构成与角速率的闭环实现

伺服机构基本系统与角速率闭环实现框图见图8-1。

1. 基本系统构成

基本系统指伺服机构前向通路与角度形成有差闭环(图8-1),主要包括:

(1) 电机执行组件$\frac{K_m}{s(T_m s+1)}$获取功率驱动信号后可带动负载转动并输出角速率 w_0 及转角 θ_0 信号;

(2) 功率放大组件,将单片机高速输出口 HSO 发出的占空比可变的周期信号转变为功率电流;

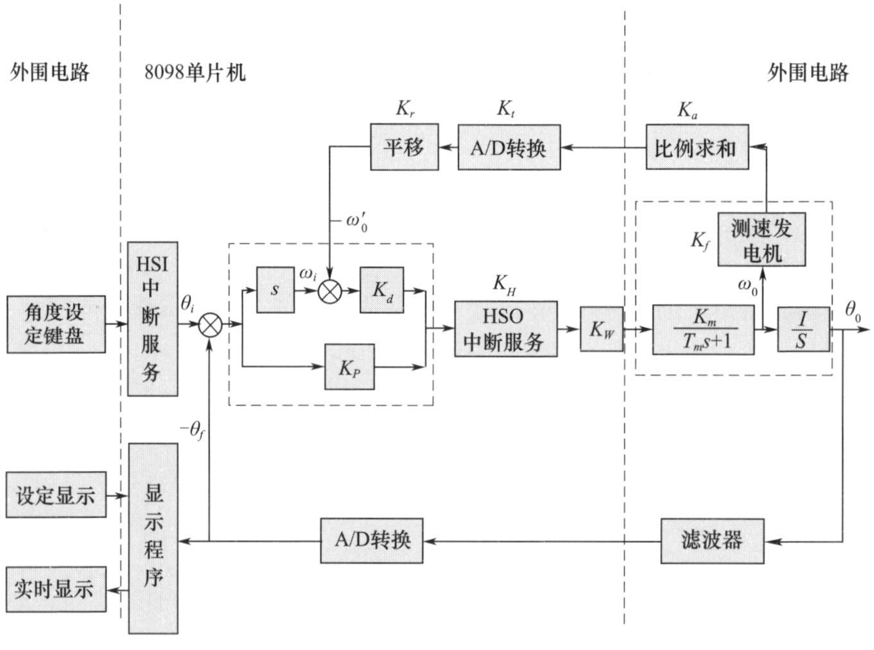

图8-1 伺服机构基本系统与角速率闭环实现框图

(3) 转角反馈环节,将输出转角 θ_0 经滤波器变为电压量 U_t,再经 A/D 环节变为数字量 $\Delta\theta=\theta_i-\theta_j$,$\Delta\theta$ 是经一阶采样保持器 T 驱动 PD 控制器;

(4) PD 控制器,因系统是一阶无静差的,仅用 PD 控制器进行性能补偿;

(5) HSO 中断服务,将数字量 DT 变为占空比可调的方波信号;

（6）转角设定键盘与 HIS 中断服务，人工设定转角并变为数字给定量 θ_i；

（7）显示程序及显示电路，将数字量 θ_i，θ_f 显示出来。

2. 角速率闭环的实现

由图 8－1，角速率信号 ω_0 经测速发电机从电机组件引出，其闭环实现限定条件为：

（1）必须与基本系统前向通路的角速率信号求差，构成微差环节以改善基本系统的动态性能；

（2）由于精度及动态需求，求差应是智能化的，它只能通过软件实现；

（3）由于只有 PD 控制中的微分环节可以形成角速率的量纲参数，反馈由此引入；

（4）由于角速率信号 ω_0 来自硬件，馈入点由软件形成，两者的信号形式、变化范围均不同，必须通过开环实验设计转换网络，使馈入点参量归一化（即标幺值化）。

为此将微分因子 s 与微分比例系数 K_d 分离，获得与角速率反馈的求差点。这里前向通路信号 ω_i 定义为

$$\omega_i = s\Delta\theta \tag{8-36}$$

即角速率给定量，而 ω_0'为角速度反馈量。

ω_0 到 ω_0'的反馈通道上有三个环节，它们的作用是：

（1）A/D 环节 K_t，用于硬、软件信息模式转换；

（2）比例求和 K_a 电路，用于测速电机和单片机接口相互适配；

（3）电位平移系数 K_r，使得角速率反馈量与 ω_i 参量归一化。基理论依据是：ω_i 到 ω_0'的开环增益为 1，即

$$\frac{\omega_0'}{\omega_0} = \left(K_d + \frac{K_r}{s}\right)K_H K_W \frac{K_m}{T_m s + 1}K_f K_a K_t K_r \tag{8-37}$$

则 K_r 满足

$$\frac{1}{K_r} = \left(K_d + \frac{K_r}{s}\right)K_H K_W \frac{K_m}{T_m s + 1}K_f K_a K \tag{8-38}$$

由此得到的角速率反馈开环时的 ω_0'与 ω_0 在全范围内相等。

上述设计完成后，将角速率反馈引入基本系统，形成角速率偏差智能化随动控制，则

$$\omega_0' = \omega_i - \Delta\omega \tag{8-39}$$

即 ω_0'内包含着给定 ω_i 及偏差 $\Delta\omega$ 反映基本系统的转角偏差，$\Delta\theta$，$\Delta\omega$ 反映了外界干扰对角速率的影响。系统正是通过上述双重反馈伺服控制，使得 $\Delta\theta$，$\Delta\omega$ 尽可能小。

8.2.3 角速率冗余控制及故障下的系统重构

角速率环对伺服机构的动态特性有着根本的影响，以至于在工作中不允许失效。但实际工作中常常会出现故障，这就要求系统对角速率环提供冗余度，出现故障时能够判别并切除故障，然后进行系统重构。

1. 角速率冗余控制方案

显然，如图 8-2 所示，进行系统重构需要提供三条角速率反馈通道 $\omega_1, \omega_2, \omega_3$，且：

$$\Delta\omega_1 = \omega_1 - \omega_2 \tag{8-40}$$

$$\Delta\omega_2 = \omega_2 - \omega_3 \tag{8-41}$$

$$\Delta\omega_3 = \omega_3 - \omega_1 \tag{8-42}$$

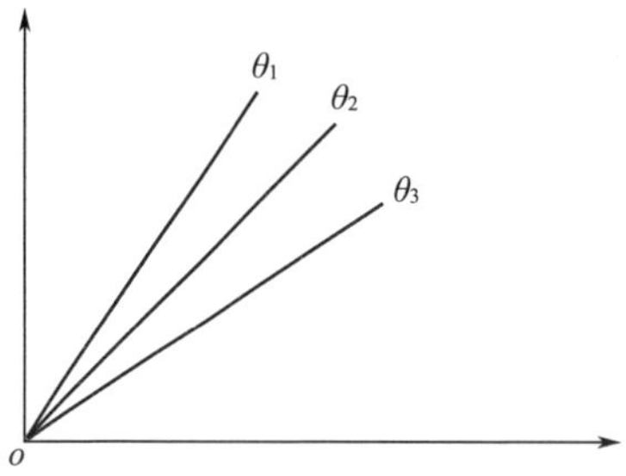

(a) 无故障时角速率冗余控制

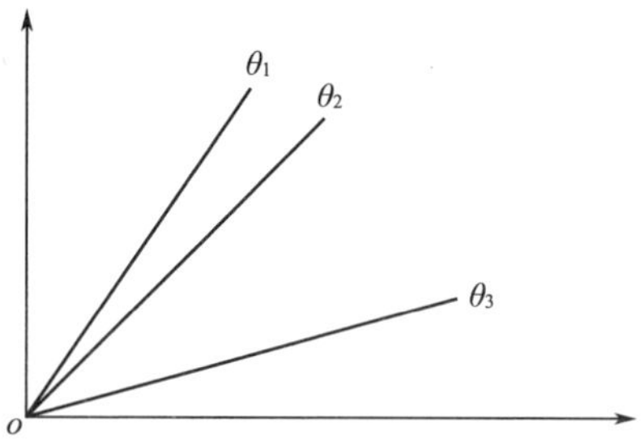

(b) 有故障时角速率冗余控制

图 8-2 角速率冗余控制原理

当 $\Delta\omega_i < k(i=1,2,3)$ 时，三条通道均正常，这里 k 为故障阈值。

$$\begin{cases} 当|\Delta\omega_1|<k,|\Delta\omega_2|>k,|\Delta\omega_3|>k 时,\omega_3 有故障 \\ 当|\Delta\omega_1|>k,|\Delta\omega_2|<k,|\Delta\omega_3|>k 时,\omega_1 有故障 \\ 当|\Delta\omega_1|>k,|\Delta\omega_2|>k,|\Delta\omega_3|<k 时,\omega_2 有故障 \end{cases} \tag{8-43}$$

判定出故障的通道必须切除，而其余通道应保证系统能继续正常工作。例如 ω_3 有故障并切除后，ω_1，ω_2 保证系统继续工作；但若切除后，系统参量 $|\Delta\omega_1| = |\omega_1 - \omega_2| > k$，则又有故障出现，但无法判定哪一个通道故障，即只能发现故障，而无法进一步切除之。

这样，具有三条角速率反馈通道的容错系统具有两次发现故障的能力，一次分离故障并进行系统重构的能力。

2. 差分方程及微分电路构成的角速率反馈通道

除了测速发电机提供的一条角速率反馈通道外，系统采用差分方程及微分电路提供了另外两条角速率反馈通道。

差分方程由软件实现。设 θ_1,θ_2 为电机一个采样周期与当前时刻的转角位置,T 为采样周期,则当 $T \to 0$ 时,有

$$\omega = (\theta_2 - \theta_1)/T \tag{8-44}$$

由此构成了差分方程角速率反馈通道。

微分电路由硬件实现,输入取自转角信号 θ_0,由微分方程

$$\omega = \mathrm{d}\theta/\mathrm{d}t \tag{8-45}$$

构成了微分方程角速率反馈通道。

3. 系统重构的实现

图 8-3 所示为带有三条角速率反馈通道并可实现系统重构的框图。其中,图(a)为从软件和硬件角度对其进行划分,图(b)为从外围电路和单片机角度对其进行划分。图中 FV 为测速电机反馈,由软硬件构成,其精度最高;RV 为软件差分反馈,无硬件构成,其可靠性最高;DV 为微分电路反馈,由软硬件构成,其精度、可靠性不高。

系统工作时,FV 开关常闭,使之成为系统的角速率反馈求差伺服工作通道;RV、DV 开关常开,处于开环状态,单片机实时比较三个角速率输出的差值。当判定 FV 有故障时,FV 的开关断开,RV 的开关闭合,使得系统重构。至于 DV,只是提供一个系统的比较裕度,并不引入系统。三种角速率反馈性能及功用见表 8-1。

表 8-1 三种角速率反馈性能及功用

特性 反馈 项目	测速电机 FV	软件差分 RV	微分电路 DV
软、硬件结构	较简单、易行	最简单	较繁琐
精度	高	一般	差
可靠性	一般	好	一般
在容错系统中的作用	无故障时工作	FV 故障后引入系统	提供一个比较冗余度

8.3 模糊降阶智能控制技术

本节首先对模糊(Fuzzy)控制进行一个整体的介绍,接下来对模糊控制运用的最基本的工具——隶属函数的定义及确定进行具体的介绍。

8.3.1 模糊控制概述

空间信息模型系统能够对现实世界进行数字化建模,这种模型是建立在人

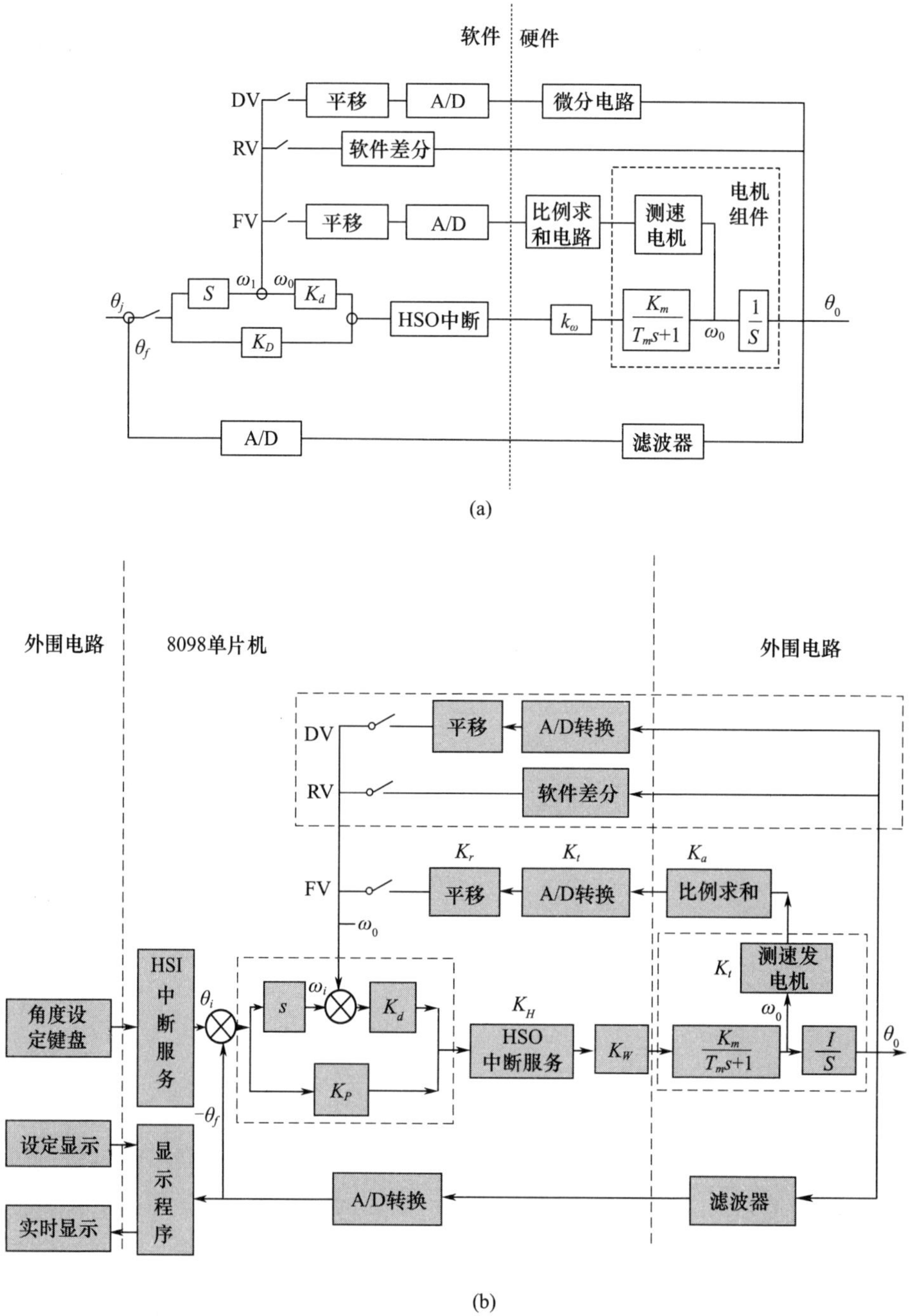

图 8-3　带有三条角速率反馈通道实现系统重构的框图

们对现实世界认识和抽象基础上的，是对客观世界数字化的近似反映。不仅如此，空间信息建模与分析的概念和方法又往往受人们认识的影响，这是因为空间信息建模和分析是建立在人们对现实世界认识的基础上的。现实世界是客观存在的，而人的认识是一种主观意识活动，因此，空间信息模型系统是现实世界和人的认识相互交叉影响而产生的结果。

现实世界是无限复杂和非常巨大的系统，该系统中的现象和过程之间存在着各种复杂的关系，是一种连续而自然的现实模型；而空间信息系统所存储、管理、分析和处理的数字模型是有限的、离散的，并且是被人们经过认知、抽象和简化后的离散模型。这种有限与无限、连续与离散、原始与抽象、自然与认知之间的差异，导致了空间信息系统中的数据、分析模型、处理方法和可视化等带有不确定性。要精确模拟信息传输分析的过程，就不得不建立高维模型，这种高维复杂系统的特点是：

(1) 数学模型难以建立，即系统的黑箱性。

(2) 即使可以得到高阶数学模型，但难以用具体的物理组件加以简单实现，即系统硬件的“不可模拟性”。

而模糊理论与技术恰恰能够较好地面对上述系统复杂性问题。也就是说，系统模型的“模糊”性，决定了模糊理论与技术在现代空间信息传输系统中的必然应用。

其实，其他智能理论（如专家系统，神经网络等）也可以在此应用，只是没有模糊理论用得如此快、如此广、如此简单。那么它内在的原因是什么？模糊理论在智能控制中的地位、作用如何？模糊理论与现代控制理论的关系如何？这些问题涉及更深的理论本质研究，作者将在本章提出自己的一些看法。

就模糊理论与技术自身来说，还需要提高其实用性。那么对反映其特点的隶属函数，如何通过较简单的工程方法建立，并通过实验方法加以介绍。

本章研究的根本目的为：

(1) 用模糊理论与技术处理空间信息传输模型复杂性问题。

(2) 用实验方法探索模糊隶属函数简易的工程获得方法，以推动模糊理论与技术深入应用。

(3) 探索智能控制、现代控制之间的相互关系，试图从一种新的研究角度出发，促进智能控制理论与技术应用。

模糊控制是以模糊集合论、模糊语言变量以及模糊逻辑推理为基础的一种计算机控制方法。从控制器的智能性来看，模糊控制属于智能控制的范畴。

智能控制是人工智能、控制理论和管理科学相结合的产物。它依靠知识模型，把人类社会数以千万计的技术和非技术的人类行为和经验，归纳为若干系统化的规则(或规律),实现对系统的“拟人智能”控制。

模糊控制是智能控制的主要方法之一,它的知识模型是由一组模糊推理产生的规则(主要是由模糊控制规则和表示对象特性的语言规则)构成的,它的人机对话能力较强,能够方便地将专家的经验与思考加入到知识模型中。

1. 模糊控制的研究对象

模糊控制作为智能控制的一种类型,是控制理论发展到高级阶段的产物,它主要用来解决那些传统方法难以解决的复杂系统的控制问题。具体地说,其研究对象具备以下一些职能控制对象的特点:

(1)模型不确定性。传统的控制是基于模型的控制,这里的模型包括控制对象和干扰对象。对于传统控制通常认为模型已知或者经过辨识可以得到。而模糊控制的对象通常存在严重的不确定性。这里所说的模型不确定性包含两层意思:一是模型未知或知之甚少;二是模型的结构和参数可能在很大范围内变化。无论哪种情况,传统方法都难以对它们进行控制,而这正是模糊控制所要解决的问题。

(2)非线性。在传统的控制理论中,线性系统理论比较成熟。对于具有非线性特性的控制对象,虽然也有一些非线性控制的方法,但总的来说,非线性控制理论还很不成熟,而且方法也比较复杂。采用模糊控制的方法往往可以较好地解决非线性系统控制问题。

(3)复杂的任务要求。在传统控制系统中,控制的任务或者是要求输出量为定值(调节系统),或者是要求输出量跟随期望的运动轨迹(跟踪系统),要求比较单一。对于模糊控制系统,任务的要求往往比较复杂。例如:在复杂的工业过程控制系统中,它除了要求对各被控物理量实现定值调节外,还要求能实现整个系统的自动启停、故障的自动诊断以及紧急情况的自动处理等功能。

2. 模糊控制研究的数学工具——模糊集合与模糊数学

在科学研究中,存在着许多定义不很严格或者说具有模糊性的概念。这里所谓的模糊性,主要是指客观事物的差异在中间过渡中的不分明性,如某一生态条件对某种害虫、某种作物的存活或适应性可以评价为“有利、比较有利、不那么有利、不利”;灾害性霜冻气候对农业产量的影响程度为“较重、严重、很严重”,等等,而利用这些概念最终能实现稳定的控制。如何描述这些模糊的概念,并对它们进行分析推理,正是模糊集合与模糊数学所要解决的问题。

根据集合论的要求,一个对象对应于一个集合,要么属于,要么不属于,二者必居其一,且仅居其一。这样的集合论本身并无法处理具体的模糊概念。为处理这些模糊概念而进行的种种努力,催生了模糊数学。模糊数学的理论基础是模糊集。模糊集的理论是1965年美国自动控制专家查德(L. A. Zadeh)教授首先提出来的,近10多年来发展很快。

笼统地说,模糊集合是一种特殊定义的集合,它可用来描述模糊现象。有关模糊集合、模糊逻辑等的数学理论,被称为模糊数学。

3. 国内外模糊控制理论发展概述

1965年美国控制论专家查德首次提出模糊集合的概念,引入了“隶属函数”来描述差异的中介过渡开始为研究模糊性规律提供数学规律。1968年查德首次公开发表了“模糊算法”,1973年又发表了语言与模糊逻辑相结合的系统建立方法。创立了模糊系统理论。1974年伦敦大学Mamdaai博士首次尝试利用模糊逻辑实现了蒸汽发动机的模糊控制实验,并取得了满意的控制效果。1980年丹麦的施密斯公司推出水泥窑模糊控制系统,这是世界上第一套实用的工业模糊控制系统。

今天的模糊控制技术已经广泛应用于许多领域。其中比较典型的有:热交换过程的控制,暖水工厂的控制,污水处理过程控制,水泥窑控制,飞船飞行控制,机器人控制,汽车速度控制,水质净化控制,电梯控制和核反应堆的控制等,并且生产出了专用的模糊芯片和模糊计算机。

在模糊控制的应用方面,日本走在了前列。20世纪80年代初,来自于日立公司的Yasunobu和Miyamoto开始给仙台地铁开发模糊系统。他们于1987年结束了该项目,并创造了世界上最先进的地铁系统。

4. 模糊控制与传统控制的差异

查德指出模糊控制方法与通常分析系统所用的定量方法在本质上是不同的(表8-2),它有三个主要特点:

(1) 用语言变量代替数学变量或者两者结合应用;

(2) 用模糊条件语句来刻画变量间的函数关系;

(3) 用模糊算法来刻画复杂关系。

表8-2　传统控制理论与模糊控制的比较

类别	传统控制理论(古典理论与现代理论)	模糊控制(智能控制与模糊理论交叉)
特征	基于精确模型(模型论)	不基于对象精确模型(控制论)
研究重点	对象:对被控对象建模	控制器:信息智能反馈决策
智能性	低	高

8.3.2 模糊数学

这部分首先介绍经典集合论的一些基本概念,然后推广到模糊集的概念,并进一步介绍其他一些模糊数学的基础知识。

1. 经典集合

经典集合具有两条基本属性:元素彼此相异,即无重复性;范围边界分明,即一个元素 x 要么属于集合 A(记作 $x \in A$),要么不属于集合(记作 $x \notin A$),二者必居其一。

(1) 集合的表示法:

① 枚举法,$A = \{x_1, x_2, \cdots, x_n\}$

② 描述法,$A = \{x \mid P(x)\}$

$A \subseteq B \Leftrightarrow$ 若 $x \in A$,则 $x \in B$

$A \supseteq B \Leftrightarrow$ 若 $x \in B$,则 $x \in A$

$A = B \Leftrightarrow A \subseteq B$ 且 $A \supseteq B$

(2) 集合的运算:

并集 $A \cup B = \{x \mid x \in A$ 或 $x \in B\}$

交集 $A \cap B = \{x \mid x \in A$ 且 $x \in B\}$

余集 $A^c = \{x \mid x \notin A\}$

(3) 集合的运算规律:

幂等律:$A \cup A = A, A \cap A = A$

交换律:$A \cup B = B \cup A, A \cap B = B \cap A$

结合律:$(A \cup B) \cup C = A \cup (B \cup C)$

$(A \cap B) \cap C = A \cap (B \cap C)$

吸收律:$A \cup (A \cap B) = A, A \cap (A \cup B) = A$

分配律:$(A \cup B) \cap C = (A \cap C) \cup (B \cap C)$

$(A \cap B) \cup C = (A \cup C) \cap (B \cup C)$

0 - 1 律:$A \cup U = U, A \cap U = A$

$A \cup \varnothing = A, A \cap \varnothing = \varnothing$

还原律:$(A^c)^c = A$

对偶律:$(A \cup B)^c = A^c \cap B^c, (A \cap B)^c = A^c \cup B^c$

排中律:$A \cup A^c = U, A \cap A^c = \varnothing$

U 为全集,$\varnothing$为空集。

(4) 集合的直积:

$$X \times Y = \{(x, y) \mid x \in X, y \in Y\}$$

(5) 映射与关系:

① 映射 $f: x \to y$。

② 关系:集合 $X \times Y$ 直积的一个子集 R 称为 X 到 Y 的二元关系,简称关系。

③ 映射是关系的特例，因为 $f:x\to y$ 显然 $\{(x,y)\mid y=f(x)\}\subset X\times Y$，如图 8-4所示。

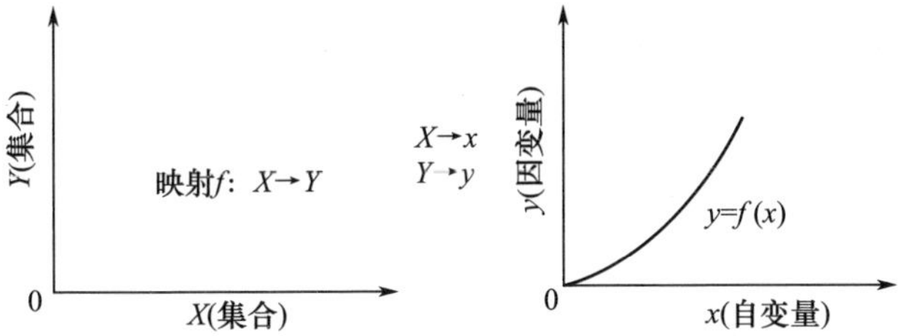

图 8-4　函数关系是映射的特例

集合 A 的特征函数：

$$\chi_A(x)=\begin{cases}1, & x\in A\\ 0, & x\notin A\end{cases} \tag{8-46}$$

特征函数满足：

$$\begin{cases}\chi_{A\cup B}(x)=\chi_A(x)\vee\chi_B(x)\\ \chi_{A\cap B}(x)=\chi_A(x)\wedge\chi_B(x)\\ \chi_{A^c}(x)=1-\chi_A(x)\end{cases} \tag{8-47}$$

2. 模糊集合

1）模糊集定义

如图 8-5 所示，给定论域 U 到[0,1]闭区间的映射：

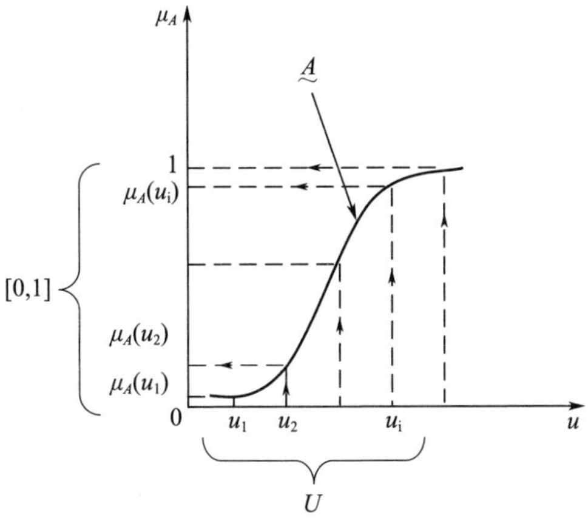

图 8-5　模糊集合的隶属函数

$$\mu_A: U\to[0,1]$$
$$u\to\mu_{\tilde{A}}(u)$$

都确定一个模糊子集 $\tilde{A}$；$\mu_{\tilde{A}}$ 称为 $\tilde{A}$ 的隶属度函数；$\mu_{\tilde{A}}(u)$ 称为 u 对 $\tilde{A}$ 隶属度；在不至于混淆的情况下，用 $\tilde{A}(u)$ 表示 $\mu_{\tilde{A}}(u)$。

2）模糊集合的表示

（1）U 为有限离散的情况。

Zadeh 表示法：$\tilde{A}=\frac{\tilde{A}(u_1)}{u_1}+\frac{\tilde{A}(u_2)}{u_2}+\cdots\cdots+\frac{\tilde{A}(u_n)}{u_n}$

序偶表示法：$\tilde{A}=\{(u_1,\tilde{A}(u_1)),(u_2,\tilde{A}(u_2)),\cdots,(u_n,\tilde{A}(u_n))\}$

向量法：$\tilde{A}=(\tilde{A}(u_1),\tilde{A}(u_2),\cdots,\tilde{A}(u_n))$。注意：隶属度为 0 的元素应保留。

综合法：$\tilde{A}=\left(\frac{\tilde{A}(u_1)}{u_1},\frac{\tilde{A}(u_2)}{u_2},\cdots,\frac{\tilde{A}(u_n)}{u_n}\right)$

（2）U 为连续的情况。

$$\tilde{A}=\int_U\frac{\mu_{\tilde{A}}(u)}{u}$$

3）模糊集合的基本运算

设 A、B、C 为论域 U 上的三个模糊集合。

相等：$A=B\Leftrightarrow A(x)=B(x)$

包含：$A\subseteq B\Leftrightarrow A(x)\leqslant B(x)$

并：$A\cup B$ 的隶属函数为 $\mu_{A\cup B}=\max(\mu_A(x),\mu_B(x))=\mu_A\vee\mu_B$

交：$A\cap B$ 的隶属函数为 $\mu_{A\cap B}=\min(\mu_A(x),\mu_B(x))=\mu_A\wedge\mu_B$

余：A^c 的隶属函数为 $\mu_{\bar{A}}(x)=1-\mu_A(x)$

关于模糊集的和、交等运算，可以推广到任意多个模糊集合中去。

4）模糊集的并、交、余运算性质

幂等律：$A\cup A=A,A\cap A=A$

交换律：$A\cup B=B\cup A,A\cap B=B\cap A$

结合律：$(A\cup B)\cup C=A\cup(B\cup C)$

$(A\cap B)\cap C=A\cap(B\cap C)$

吸收律：$A\cup(A\cap B)=A,A\cap(A\cup B)=A$

分配律：$(A\cup B)\cap C=(A\cap C)\cup(B\cap C)$

$(A\cap B)\cup C=(A\cup C)\cap(B\cup C)$

0－1 律：$A\cup U=U,A\cap U=A$

$A\cup\varnothing=A,A\cap\varnothing=\varnothing$

还原律：$(A^c)^c = A$

对偶律：$(A \cup B)^c = A^c \cap B^c$

$(A \cap B)^c = A^c \cup B^c$

模糊集的运算性质基本上与经典集合一致，除了排中律以外，即 $A \cup A^c \neq U$，$A \cap A^c \neq \varnothing$，模糊集不再具有“非此即彼”的特点，这正是模糊性带来的本质特征。

3. 隶属函数

隶属函数是刻画模糊集合最基本的概念，合理地构造隶属函数是模糊数学应用的关键。由于模糊集合是人脑对客观事物的主观反映，虽然有一定的统计规律性，但实际上很难给出一个模糊集合其隶属函数的唯一表达式，也没有一种统一的方法来构造隶属函数。但归纳起来，常用的方法有以下几种。

（1）模糊统计方法。与概率统计类似，但有区别：若把概率统计比喻为“变动的点”是否落在“不动的圈”内，则把模糊统计比喻为“变动的圈”是否盖住“不动的点”。

对论域 U 上一个确定元素 u_0 是否属于论域上的一个边界可变的普通集合 A^* 的问题，针对不同的对象进行调查统计，再根据模糊统计规律计算出 u_0 的隶属度。

模糊统计法的具体步骤：

① 确定一个论域 U；

② 在论域中选择一个确定的元素 u_0；

③ 考虑 U 上的一个边界可变的普通集合 A^*；

④ 就 u_0是否属于 A^* 的问题针对不同对象调查统计，并记录结果；

⑤ 根据模糊统计规律 $\mu_A(u_0) = \lim\limits_{n \to \infty} \dfrac{u_0 \in A^* \text{的次数}}{n}$，计算 u_0属于模糊集合 A 的隶属度。

（2）指派方法。这是一种主观方法，一般给出隶属函数的解析表达式。

（3）借用已有的“客观”尺度。

而对于隶属函数的确定，需要求取论域中足够多元素的隶属度，再根据这些隶属度求出隶属函数。具体步骤为：

（1）求取论域中足够多元素的隶属度。

（2）求隶属函数曲线。以论域元素为横坐标，隶属度为纵坐标，画出足够多元素的隶属度（点），将这些点连起来，得到所求模糊结合的隶属函数曲线。

（3）求隶属函数。将求得的隶属函数曲线与常用隶属函数曲线相比较，取形状相似的隶属函数曲线所对应的函数，修改其参数，使修改参数后的隶属函数的曲线与所求隶属函数曲线一致或非常接近。此时，修改参数后的函数即为所求模糊结合的隶属函数。

8.4 降阶模糊控制实现

前面的研究中,模糊技术主要用于对故障的判定。因此本节首先以伺服转台容错控制器研究为例,进行有关研究。

8.4.1 转台伺服控制器的模糊理论运用

1. 伺服控制中速率环的状态集合

状态集合可描述为

状态集合 = {性能好;可能有故障;有故障}

集合中的三种状态就是系统工作时可能出现的情况:“性能好”即表示系统工作正常,没有故障发生,“可能有故障”即表示此时系统的性能不够好,但又没有失去控制,而“有故障”即表示系统的性能已经有很大的改变,基本失去控制。这三种状态各有各的阈值,但它们之间界线不分明,所以具有模糊性。

2. 状态阈值

电机在本系统中的最大转速为 120°/s,编程中乘了一个比例因子 0.01,这样变成最大等效转速为 1.2°/s,根据实验可以确定模糊集合中三种状态的值域如图 8-6 所示,其中 $\Delta\omega$ 为任意两种角速率反馈的输出差值:

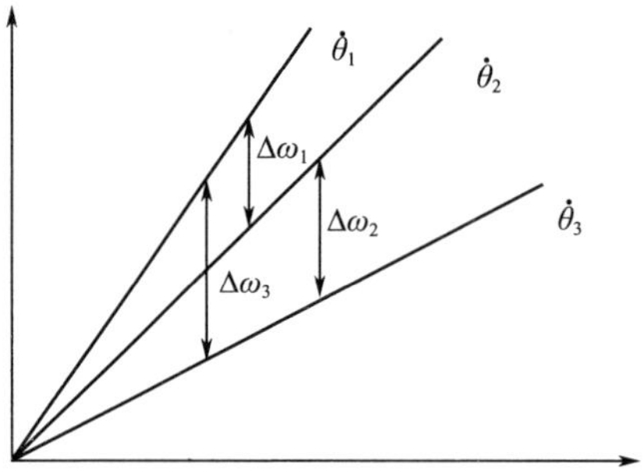

图 8-6 三种反馈来源比较

其中 $\dot{\theta}_1$、$\dot{\theta}_2$、$\dot{\theta}_3$ 分别代表来自测速电机、软件差分及微分电路的角速率反馈。则式(8-40)~式(8-42)重写如下:

$$\begin{cases}\Delta\omega_1 = \dot{\theta}_1 - \dot{\theta}_2 \\ \Delta\omega_2 = \dot{\theta}_2 - \dot{\theta}_3 \\ \Delta\omega_3 = \dot{\theta}_3 - \dot{\theta}_1\end{cases} \tag{8-48}$$

其故障表决见式(8-43)。为方便起见,可以将 $\Delta\omega_i = (1,2,3)$ 均用 $\Delta\omega$ 表示。

3. 建立误差 $\Delta\omega$ 的隶属函数

通过隶属函数将“故障”的三种状态划分描述为数值化的误差值,因此建立隶属函数时考虑的是:

建立线性模型,在[0,0.15]之间为系统性能好,无故障,这样 $\Delta\omega < 0.15$ 时,属于“无故障”的隶属度为1。在[0.15,0.4]之间为系统可能有故障,所以在 $\Delta\omega = 0.15$ 时隶属度为0,且从这点逐渐增大,至0.25时又下降,一直到 $\Delta\omega = 0.4$ 时,属于“可能有故障”的隶属度又为0。在0.15至0.4的中点处,隶属度最大,为1。在[0.4,1.2]之间系统一定有故障,所以在 $\Delta\omega > 0.4$ 时属于“有故障”,这一状态的隶属度为1。$\Delta\omega$ 的隶属函数见图8-7所示。

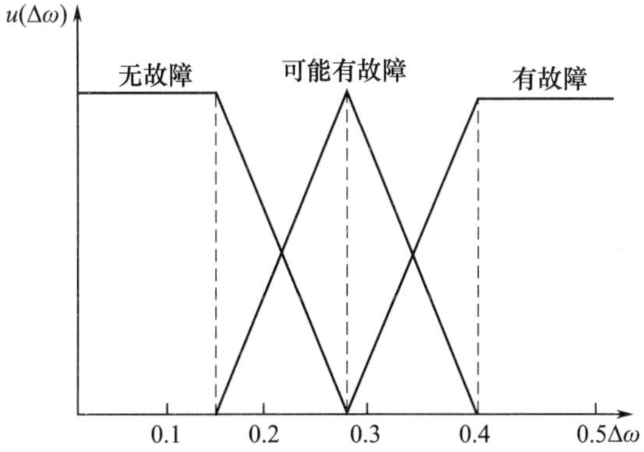

图8-7 误差 $\Delta\omega$ 的隶属函数图

从图8-7可知:当 $\Delta\omega \in [0,0.15]$ 时,认为系统性能好,无故障,不需要重构;当 $\Delta\omega \in [0.15,0.4]$ 时,系统可能有故障,且在0.275处系统属于“可能有故障”,这一状态的隶属度最大,需要结合其它情况进一步判别故障,考虑重构;

当 $\Delta\omega \in [0.4,1.2]$ 时,认为系统一定有故障,必须重构。

$\Delta\omega$ 的隶属函数表达式为

$$
\begin{cases}
\mu_{\text{无故障}}(\Delta\omega) = \begin{cases} 1, & \Delta\omega < 0.15 \\ -8(\Delta\omega - 0.275), & 0.15 \leqslant \Delta\omega < 0.275 \\ 0, & \Delta\omega \geqslant 0.275 \end{cases} \\
\mu_{\text{可能有}}(\Delta\omega) = \begin{cases} 0, & \Delta\omega < 0.15 \text{ 或 } \Delta\omega > 0.4 \\ 8(\Delta\omega - 0.15), & 0.15 \leqslant \Delta\omega \leqslant 0.275 \\ -8(\Delta\omega - 0.4), & 0.275 < \Delta\omega < 0.4 \end{cases} \\
\mu_{\text{有故障}}(\Delta\omega) = \begin{cases} 0, & \Delta\omega < 0.275 \\ 8(\Delta\omega - 0.275), & 0.275 \leqslant \Delta\omega < 0.4 \\ 1, & \Delta\omega \geqslant 0.4 \end{cases}
\end{cases}
\tag{8-49}
$$

4. 转速 ω 的隶属函数

电机转动时，一旦控制规律产生，有转速高低两个值域。当初态距设定位置较远时，转速较高，经实验估测，获知此值域内转速为 0.8°/s 时出现的概率最大。即对转速较高的隶属函数而言，$\omega=0.8°/s$ 时的隶属度为 1。而当初态距设定位置较近时，转速较低，经实验估测，获知此值域内转速为 0.4°/s 时出现的概率最大。即对转速较低的隶属函数而言，$\omega=0.4°/s$ 时的隶属度为 1，由此可以得到 ω 的隶属函数见图 8-8 所示。

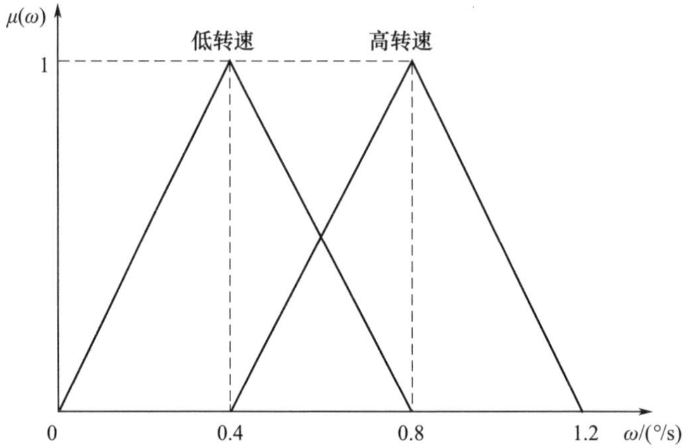

图 8-8　电机角速率 ω 的隶属函数图

转速 ω 的隶属函数表达式为

$$
\begin{cases}
\mu_{低}(\omega)=\begin{cases}2.5\omega, & \omega<0.4°/s \\ -2.5(\omega-0.8), & 0.4°/s<\omega<0.8°/s \\ 0, & 0.8°/s<\omega<1.2°/s\end{cases} \\
\mu_{高}(\omega)=\begin{cases}0, & \omega<0.4°/s \\ 2.5(\omega-0.4), & 0.4°/s<\omega<0.8°/s \\ -2.5(\omega-1.2), & 0.8°/s<\omega<1.2°/s\end{cases}
\end{cases}
\tag{8-50}
$$

5. 控制率的隶属函数

这里所说的控制规律是指当系统处于无故障、可能有故障及有故障三种状态中的某一种时，需要选择不同的角速度反馈通道。由第四章知：由测速电机得到的角速率反馈精度最高，所以当系统处于无故障状态时，选择测速电机实现角速率反馈；而软件差分提供的角速率反馈的可靠性最高，所以当系统处于“可能有故障”或“有故障”中的某一状态时，选择由软件差分提供的角速率反馈实现系统重构（见表 8-3）。

表 8-3　三种伺服状态值域及模糊控制规律表

当前状态	无故障	可能有故障	有故障
角速率偏差 $\Delta\omega/(°/s)$	$\Delta\omega < 0.15$	$0.15 < \Delta\omega < 0.4$	$\Delta\omega > 0.4$
角速率反馈工作方式	测速电机	软件差分	软件差分

由此，当 $\Delta\omega < 0.15°/s$ 时系统采用来自测速电机的角速率反馈，且当 $\Delta\omega < 0.15°/s$ 时，其隶属度为 1；当 $\Delta\omega > 0.15°/s$ 时，采用来自测速电机的角速率反馈的隶属度逐渐减小，而采用差分的隶属度则逐渐增大，直到 $\Delta\omega > 0.4°/s$ 时，采用差分的隶属度最大为 1，而采用测速电机的隶属度为 0。隶属函数图形如图 8-9所示。

从图 8-9 可得控制率的隶属函数表达式：

$$
\begin{cases}
\mu_{测速电机}(\omega) = \begin{cases} 1, & \Delta\omega < 0.15 \\ -4(\Delta\omega - 0.4), & 0.15 < \Delta\omega < 0.4 \\ 0, & 0.4 < \Delta\omega \end{cases} \\
\mu_{软件差分}(\omega) = \begin{cases} 0, & \Delta\omega < 0.15 \\ 4(\Delta\omega - 0.4), & 0.15 < \Delta\omega < 0.4 \\ 1, & 0.4 < \Delta\omega < 1.2 \end{cases}
\end{cases} \tag{8-51}
$$

在这里微分电路得到的角速率只提供一个比较冗余度，并不用它进行控制，所以没有画这种情况的隶属函数。

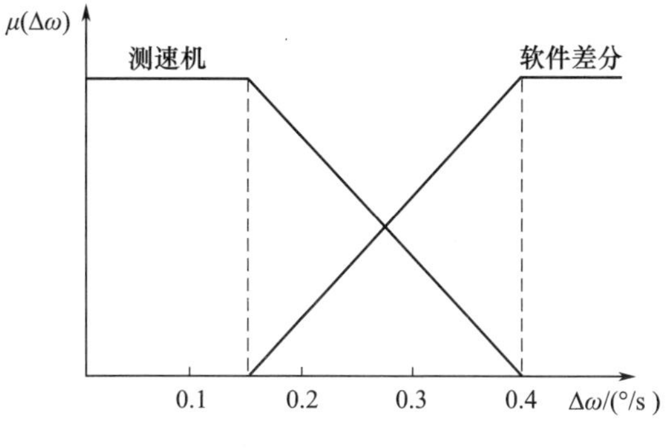

图 8-9　反馈通道控制律的隶属函数图

8.4.2　故障区域阈值计算

首先需要进行近似推理，确定大前提，根据图 8-8 选定一个特定的转速作为当前转速，并找到相对应的隶属函数值 μ_1，然后根据图 8-7 选定一个特定的 $\Delta\omega$ 作为当前的 $\Delta\omega$，并找到相应的隶属函数值 μ_2；用 μ_1、μ_2 取最小值，并根据这个值在图 8-9 中找到相应的阴影区；再利用适当的方法求取阴影区横坐标值，即为所寻找的阈值 k。

然后根据情况选择解模糊计算方法得到清晰量。这里分别采用重心法和最大隶属度法进行求解。

1. 用重心法计算阈值 k

求阈值 k 的计算图见图 8-10。

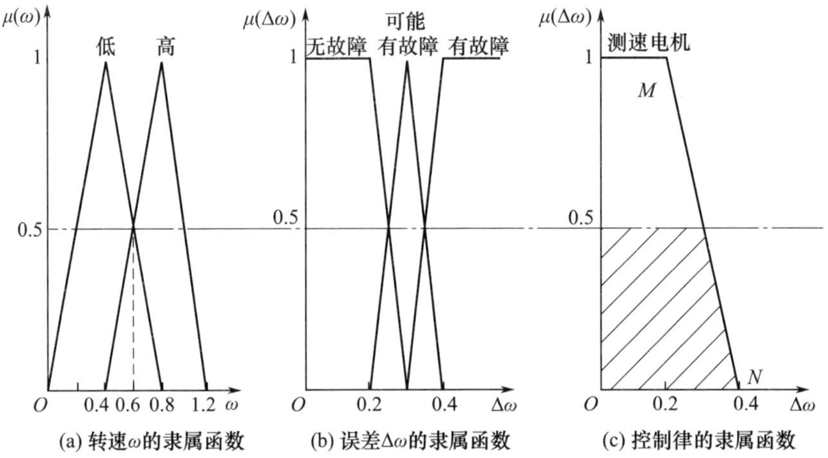

图 8-10 求阈值 k 的计算图

由式（8-51）知图 8-10（c）中的线段 MN 的表达式为

$$\mu(\omega) = -4(\Delta\omega - 0.4)$$

即

$$\Delta\omega = 0.4 - \frac{1}{4}\mu(\Delta\omega)$$

令 $\Delta\omega = \mu(\omega)$，$\mu(\Delta\omega) = \mu$，则有

$$\omega(\mu) = 0.4 - \frac{1}{4}\mu$$

由重心公式

$$\omega_c = \frac{\iint \omega f[\omega, \mu(\omega)] \mathrm{d}\omega \mathrm{d}\mu(\omega)}{m} \tag{8-52}$$

阴影区面积 m 为

$$m = \iint f[\mu(\omega), \omega] \mathrm{d}\mu(\omega) \mathrm{d}\omega \tag{8-53}$$

计算可得

$m = \frac{27}{160}$。所以：$\omega_c = 0.17$；$\mu(\omega)_c = 0.235$。

综上,得到阴影区域的重心为[0.17,0.235],而所确定的故障阈值为0.17。

2. 用最大隶属度法计算阈值 k

由 $\mu_0=0.5$ 取 $\Delta\omega$ 最大值

$$\Delta\omega_m=\max\{\Delta\omega,|\mu=\mu_0\} \tag{8-54}$$

当 $\mu(\omega)=0.5$ 时,代入式(8-51),得

$$0.5=-4(\omega-0.4)$$

解得 $\omega=0.275$,即图 8-10(c)中 $\mu(\Delta\omega)=0.5$ 时 $\Delta\omega$ 最大值0.275。则其中点 $\omega_c=\frac{\omega}{2}0.137$,即所寻找的 k 值为0.137。

这两种算法得到的值最后运用到程序中去,发现 $k=0.13$ 时就可以鉴别故障了。说明这两种算法得到的结果有差别,精度也不一样。具体哪一种好与隶属函数的建立有关,但最大隶属度法的计算量要小很多。

总结:移动信息是动态的,必须瞬时可靠地获取,否则信息丢失,无法分析决策,由此产生了信息的可靠性问题,针对这一问题采用冗余与容错重构技术。空间信息决定了系统的决策控制模型,但动态信息往往会产生高阶动态模型,建立、解算这些高阶模型是必需的,但又给信息系统的实时控制产生了困难,因此必须提供高阶系统的降阶处理方法,针对这一问题采用降阶模糊智能控制技术。

第9章 基于复杂背景的噪声集员辨识与模型均匀检验

地面信息往往是在非常恶劣的现场采集，各种噪声信息几乎淹没了有效信息的本身，因此必须在各种不可预知的噪声下构建控制系统模型，采用集员辨识控制与处理技术。融合信息构建的控制模型是否有效，需要通过系统再现的方式加以检验，正确则系统控制可以实施，否则需要修改系统模型直至正确；因此必须提供系统再现的简单验证、实验方法，为此本章将阐述均匀设计与检验控制技术。

本章分别介绍了有界噪声误差的结构集员辨识原理、集员辨识的误差补偿模型、模型均匀检验技术以及光纤速率陀螺试验的均匀设计，说明了集员辨识和均匀检验技术对复杂信息处理的重要作用。

9.1 有界噪声误差的结构集员辨识

集员辨识(Set Membership Identification)是对具有未知但有界(UBB)噪声系统的一类辨识方法。由于这类辨识方法对系统噪声先验知识要求较少，只要求系统噪声是有界的且噪声界已知，而不需要知道诸如噪声的分布、均值、方差等统计特性，因而其适用面广、鲁棒性强。本节首先介绍集员辨识的基本概念，然后介绍一种有界误差模型的结构辨识方法。

9.1.1 集员辨识基本概念

集员辨识算法所进行的工作是在参数空间中找到一个与量测数据已知噪声界相容的参数成员集。成员集内的所有元素都有可能是真实参数值，而集合外的元素则不可能是真实参数值。对于参数线性的模型，即噪声与参数为线性关系的模型，对这一成员集的精确描述为凸多面体。当量测数据较多时，对这一多面体的描述可能相当复杂。对于参数非线性模型，其成员集很不规范，不一定是凸集，甚至有可能是非连通的，对其描述将更为复杂。因此实际的集员辨识算法多数是寻找一个描述简单且包含与量测数据和已知噪声界相容的所有元素的集合(这个集合也可能包含某些不相容的元素,因此也称为成员集的近似描述)。这类简单的集合通常具有椭球外界或棱正交多胞形外界(亦称为盒子外界)。由于真实参数值均在所确定的界限之内,因此,集员辨识算法为鲁棒控制器设计提供了一个可以利用的恰当的模型。当参数辨识的结果是为了用于预测或滤波等目的时,通常取参数成员集的切比雪夫中心作为真实参数的估计值,这是因为这一估计值具有许多统计优良性的缘故。

近年来,具有 UBB 误差系统的参数辨识问题引起了人们的广泛关注(参见 Milanese M and Vicino A. 1991 年的文献)。有关这类系统的两种典型的辨识算法是在 1982 年分别由 Milanese 与 Belforte 和 Fogel 与 Huang 提出的。此后,人们又提出了许多改进的算法。这类算法的一个主要特征是其辨识结果为参数向量 θ 的成员集 Θ_N,因此它们被称为集员辨识算法。

在诸多的集员辨识算法中,OBE 算法是为大家所广为采用的算法,其收敛性已在一些文章中作了探讨。一个显然的事实是:所有 OBE 算法收敛性的结论都是在误差界未被低估这一基本条件下导出的。由于在大多数情况下误差界是未知的,人们常常过高地估计误差界以求保证 OBE 算法的收敛性,如此必定会导致辨识结果的低精度。那么,如果误差界低估,OBE 算法能否保持其收敛性呢? 这在 OBE 算法的实际工程应用中是一个极为重要的问题。我们称之为 OBE 算法对误差界低估的鲁棒性问题。

本章重在对集员辨识算法的理论研究,同时也对集员辨识理论在导航与遥感领域中的应用进行探索。本章所介绍的工作只是集员辨识在导航遥感领域中应用的一些初步尝试。可以预料,对集员辨识和集员估计(即对具有 UBB 噪声系统的状态估计或滤波)理论或鲁棒辨识与估计理论及其在组合导航系统中应用的更深入研究,将具有极其广阔的前景。这也将是我们今后的一个重要研究方向。

下面我们介绍一种有界误差模型下的结构辨识方法。

9.1.2 有界误差模型下的结构辨识方法

从实际系统中所得观测数据总是存在一定的误差(也称为噪声),因此利用实测数据进行系统辨识,建立系统模型时,必须考虑噪声的影响。噪声假设或描述方法的不同,决定了系统辨识算法的不同。过去人们通常假定噪声是某种随机过程,其分布统计特性已知或至少部分已知。对在这种假设条件下的系统辨识方法已经进行过大量的研究。随着鲁棒控制研究的兴起,在另一种噪声假设条件下系统辨识方法的研究也引起了越来越多研究者的重视,这一假设即 UBB 误差假设。在 UBB 误差假设下系统辨识的结果通常是包含系统真实参数的一个成员集。因此这些辨识算法也称为集员辨识算法。集员辨识算法一般可分为三类，即盒子外界算法、椭球外界算法和精确多面体算法，有关这些算法的综述可参见孙先仿的博士论文。

同随机噪声假设下的系统辨识一样，集员辨识算法也存在着结构选择（模型定阶）问题。Belforte, G. , Veres, S. M. 等人给出了几种结构选择准则，其中 Belforte, G. 等所述是当参数成员集中包含某一参数分量的正、负两种值时，将该参数分量强置为 0，以简化模型描述的准则。Veres. S. M. 1989 年文献所述则是通过对残差序列的白性检验来确定模型阶次的准则。Veres. S. M. 等人针对精确多面体算法给出了模型结构的多面体相对容积最大的选择准则。该文献中证明了在噪声渐近独立条件下该选择方法的强相容性。由于该方法依赖于精确多面体算法，而且需要计算精确多面体的容积，因此运算比较复杂。此外精确多面体算法的算法鲁棒性也直接影响了该方法的实际应用效率。为此，本文以 Veres. S. M. 的方法为基础，给出了基于重复递推椭球外界算法的一种结构选择准则，即椭球轴信息阵行列式相对值最大化结构选择准则。由于椭球外界算法具有一定的鲁棒性，且运算简单，因此本算法比 Veres. S. M. 的算法更为有效。

1. 参数辨识

考虑如下模型：

$$y_t = \phi_t^{\mathrm{T}}\theta + e_t, \quad e_t \in [e_t^L, e_e^u], \quad \theta \in R^k \tag{9-1}$$

式中：θ 是参数向量；$\{y_t\}$ 是观测序列；$\{\phi_t\}$ 是解释变量向量序列；$\{e_t\}$ 是误差序列；$\{e_t^L, e_t^u\}$ 是方程误差 e_t 的已知限界序列；k 是结构参量。当 $\phi_t = [y_{t-1} \quad \cdots \quad y_{t-k}]^{\mathrm{T}}$ 时，式(9-1)表示自回归(AR)模型，当 $\phi_t = [y_{t-1} \quad \cdots \quad y_{t-n} \quad u_{t-1} \quad \cdots \quad u_{t-m}]^{\mathrm{T}}$，$n+m=k$ 时，式(9-1)表示受控自回归(ARX)模型。

对模型(9-1)式进行辨识包括两方面的工作。其一是确定结构参量 k 或 n 和 m，这就是系统的结构辨识，有关结构辨识的内容将在下两节讨论。其二是在已知 k 或 n 和 m 的情况下，确定 θ 的值，这是参数辨识问题，本节着重讨论模型(9-1)式的参数辨识问题。

假定真实系统的参数值为 θ_0，则由式(9-1)可知，在任何时刻 t，可由观测数据确定一个子集 S_t 如下：

$$S_t = \{\theta : e_t^L \leqslant y_t - \phi_t^{\mathrm{T}}\theta \leqslant e_t^u\} \tag{9-2}$$

而 $\theta_0 \in S_t$。若已知有关 θ_0 的先验信息为 $\theta_0 \in \Theta_0$，则利用该先验信息及 N 时刻以前的观测数据可以导出：

$$\theta_0 \in \Theta_N^0 = \Theta_0 \bigcap_{t=1}^{N} S_t \tag{9-3}$$

由于 Θ_N^0 形状复杂，难于精确描述，而且当 N 增大时，EPA 所需计算机内存将随之增大，加上计算机舍入误差的存在有时会导致 EPA 运算结果错误，因此人们更关心描述简单且尽可能的包含 Θ_N^0 的子集 Θ_N。寻求 Θ_N 的椭球外界算法因具有运算简单、可递推实现等优点而倍受关注。迄今人们在最初的 Fogel 和 Huang 算法的基础上提出了许多改进的算法。包括修正的 Fogel－Huang 算法和重复递推椭球外界算法等。有关各种算法的详细描述请参考相关文献。在此只给出重复递推椭球外界算法的某些有用性质。

重复递推椭球外界算法所得外界椭球 Θ_N 可用下式描述：

$$\Theta_N = \{\theta:(\theta-\theta_N)^{\mathrm{T}}P_N^{-1}(\theta-\theta_N)\leqslant 1;\theta\in R^k\} \tag{9-4}$$

利用式(9－4)的符号，Sun，X. F. 的文章中给出了下述结论。

引理 9.1：采用 Belforte，G. 求解外界椭球的重复递推算法，经过多次重复递推之后获得了一个由式(9－4)所描述的外界椭球。如果以 Θ_N 作为初始椭球继续重复递推时，已不能(在一定的计算精度意义下)进一步地减少外界椭球的容积，则式(9－5a)、式(9－5b)和式(9－5c)给出了 Θ_N^0 的一个内界椭球 Θ_N^I：

$$\Theta_N^I = \{\theta:(\theta-\theta_N^I)^{\mathrm{T}}P_N^{I-1}(\theta-\theta_N^I)\leqslant 1\} \tag{9-5a}$$

$$\theta_N^I = \theta_N \tag{9-5b}$$

$$P_N^I = \frac{1}{k^2}P_N \tag{9-5c}$$

这里所谓内界椭球是指含于 Θ_N^0 中的椭球，因此有下述关系：

$$\Theta_N^I \subset \Theta_N^0 \subset \Theta_N \tag{9-6}$$

2. 贝叶斯结构选择准则

Veres. S. M. 1991 年文献中利用贝叶斯最大后验估计方法推导了结构选择的精确多面体容积准则，在此我们采用类似的方法推导结构选择的椭球轴信息阵行列式准则。

假定不同的 t，噪声 e_t 相互独立且均匀分布于 $[e_t^L, e_t^u]$ 之内，观测值由下式产生：

$$y_t = \phi_t^{\mathrm{T}}\theta_0^{(k0)} + e_t \quad (t=1,2,3,\cdots) \tag{9-7}$$

其中 $\phi_t = [y_{t-1} \quad \cdots \quad y_{t-k_0}]^{\mathrm{T}}$，$\theta_0^{(k_0)} = [\theta_1^0 \quad \cdots \quad \theta_{k0}^0]^{\mathrm{T}}$，$\theta_{k0}^0 \neq 0$ 且

$$Z^{k0} - \theta_1^0 Z^{k_0-1} - \cdots - \theta_{k0}^0 \neq 0,\ \forall\,|Z|\geqslant 1$$

记 Y_{N} 表示 $\{y_1,y_2,\cdots,y_N\}$，由重复递推椭球外界算法在 N 时刻所得外界椭球 Θ_N 的容积用 $V_N^{(k)} = \mathrm{vol}(\Theta_N)$ 表示。显然有 $V_N^{(k)} = C_k|P_N|^{\frac{1}{2}}$，其中 C_k 是与 k 有关的正常数。

假定对各阶次 k，参数向量 $\theta^{(k)}$ 按先验概率 $p(\theta^{(k)}|k)$ 均匀分布于 $\Theta_0^{(k)}$，同时假定 $\Theta_N^{(k)} \subset \Theta_0^{(k)}$。则有

$$P(Y_N \mid k) = \int_{\Theta_N^{(k)}} P(Y_N \mid \theta^{(k)} \mid k)\mathrm{d}\theta^{(k)} =$$

$$\int_{\Theta_N^{(k)}} \prod_{t=1}^{N} P_t(y_t - \phi_t^{(k)\mathrm{T}}\theta^{(k)})p(\theta^{(k)} \mid k)\mathrm{d}\theta^{(k)} =$$

$$\frac{V_N^{(k)}}{W_N V_0^{(k)}} = \frac{|P_N^{(k)}|^{\frac{1}{2}}}{W_N |P_0^{(k)}|^{\frac{1}{2}}} \tag{9-8}$$

其中

$$P_t(x) = \begin{cases} (e_t^u - e_t^L)^{-1}, & x \in [e_t^L, e_t^u] \\ 0, & x \notin [e_t^L, e_t^u] \end{cases} \tag{9-9}$$

$$W_N = \prod_{t=1}^{N}(e_t^u - e_t^L) \tag{9-10}$$

因此,如果模型阶次 k 的先验概率为 $P_0^{(k)}$,则有

$$P(k \mid Y_N) = \frac{P(Y_N \mid k)P_0^{(k)}}{P(Y_N)} =$$

$$\frac{|P_N^{(k)}|^{\frac{1}{2}}P_0^{(k)}}{W_N |P_0^{(k)}|^{\frac{1}{2}}} \Bigg/ \sum_{i=1}^{K} \frac{P_0^{(i)} |P_N^{(i)}|^{\frac{1}{2}}}{W_N |P_0^{(i)}|^{\frac{1}{2}}} =$$

$$\frac{|P_N^{(k)}|^{\frac{1}{2}}P_0^{(k)}}{|P_0^{(k)}|^{\frac{1}{2}}} \Bigg/ \sum_{i=1}^{K} \frac{P_0^{(i)} |P_N^{(i)}|^{\frac{1}{2}}}{|P_0^{(i)}|^{\frac{1}{2}}} \tag{9-11}$$

可见模型阶次为 k 的后验概率正比于$\dfrac{|P_N^{(k)}|^{\frac{1}{2}}P_0^{(k)}}{|P_0^{(k)}|^{\frac{1}{2}}}$,由此可得下述定理。

定理 9.1: 如果噪声 e_t 均匀分布且独立,则最大化椭球 Θ_N 和 Θ_0 的轴信息行列式之比值可导出模型阶次的强相容选择,即只要 $K \geqslant k_0$,则有:

$$\arg\max_{k \leqslant K} |P_N^{(k)}| / |P_0^{(k)} \to k_0 \quad \text{a. s. 当 } t \to \infty \text{ 时}$$

3. 贝叶斯结构选择准则仿真试验

仿真所用例子同 Veres. S. M. 文献中例子,输出序列由下式产生:

$$y_t = a_1 y_{t-1} + a_2 y_{t-2} u_{t-1} + a_3 u_{t-1} + \omega_t \quad (t = 3, \cdots, T)$$

其中 $\{\omega_t\}$ 是强相关的具有非对称密度的序列。它具有重尾分布,其概率密度函数为

$$P_{\varpi}(x) = \begin{cases} 50.0, & x \in [-0.2, -0.19] \\ 5.0, & x \in [0.1, 0.2] \\ 0, & \text{其他} \end{cases}$$

输出误差界一致地设定为 $e_t^u = 0.2$, $e_t^l = -0.2$,参数初始条件取为 $-0.6 \leqslant$

$a_i \leqslant 0.6(i=1,2,3)$。我们取参数值 $a_1=0.4$,$a_2=0.5$,$a_3=0$,共进行了 50 次仿真试验,仿真结果见表 9-1。表中给出了当记录样本数为 16、25、36、49 和 64 时,每个候选模型被选中的相对频率。其中,Vol 表示 Veres. S. M. 1991 年文献中容积准则所得结果。det 表示本书椭球轴信息阵行列式准则所得结果。Vol 结果来自 Veres. S. M. 1991 年文献的数据。从表 9-1 可见,两种方法所得结果相近,它们都以概率 1 渐近地选中正确阶次。不过本文所述方法计算简单,易于计算机编程实现,且具有良好的鲁棒性。

表 9-1 Veres. S. M. 文献中的准则和本书准则选中模型阶次为 1、2、3 的相对频率(真实阶次为 2)

T	准则	1	2	3
16	Vol	0.52	0.34	0.14
	det	0.54	0.30	0.16
25	Vol	0.16	0.84	0.00
	det	0.14	0.84	0.02
49	Vol	0.08	0.92	0.00
	det	0.06	0.94	0.00
64	Vol	0.04	0.96	0.00
	det	0.04	0.96	0.00

9.2 集员辨识的误差补偿模型

本节中,主要包括以下内容。“有界误差模型的一种结构辨识方法”针对具有未知但有界(UBB)误差的线性回归模型辨识问题,采用一种新的鲁棒结构选择方法。该方法以重复递推椭球外界算法所得椭球轴信息阵的行列式相对值最大作为模型定阶准则。不同于以往对噪声独立性、常方差或鞅差特性的假设,本方法假设噪声是渐近独立的,并证明了该方法的强相容性。“光纤陀螺的 UBB 误差模型”通过对光纤陀螺随机漂移误差的分析,引入了一种新的误差模型,即未知但有界(UBB)误差模型。介绍了 UBB 误差模型参数的集员辨识方法,并利用实测数据建立了一个光纤陀螺的误差模型。“集员辨识在光纤陀螺误差补偿中的应用”以光纤陀螺的随机误差补偿为例,给出了利用集员辨识的一些理论方法和技术细节,并且给出了两种误差补偿方案,同时介绍了相关的噪声界确定方法和模型定阶方法。尽管本节所述结果是针对光纤陀螺的,但其方法对其他陀螺及加速度计的误差补偿也是适用的。事实上,在气球微重力落舱姿态控制系统半实物仿真中，该方法（针对压电速率陀螺）的一个简单应用表明了本误差补偿方案的有效性。

9.2.1 光纤陀螺的 UBB 误差模型

光纤陀螺仪是一种以光导纤维作为传输介质，利用光的干涉或谐振技术而制成的一种感测角速度的装置。由于光纤陀螺仪具有结构简单、体积小、重量轻、启动速度快，对加速度或重力不敏感，不会引起加速度误差，测量范围宽、工作可靠、寿命长等优点，因而特别适合于捷联式惯导系统。而捷联式系统又是惯导技术的发展方向，所以对光纤陀螺性能的研究与改进具有特别重要的理论和实际意义。

光纤陀螺的精度直接影响着捷联导航系统的精度，为了提高光纤陀螺精度，必须分析光纤陀螺的误差来源，建立其误差模型，并对误差进行补偿。有关陀螺确定性误差的建模和补偿问题已经进行了许多研究工作。而对陀螺随机漂移误差的建模和补偿研究则还不太充分。故在此我们将重点讨论陀螺随机漂移误差的建模问题，为后续的误差补偿工作提供一个基本模型。

由于陀螺的随机漂移除白噪声之外，还存在大量的有色噪声。对这类噪声采用传统的统计建模方法是难于构造其精确模型的。因此本书在对光纤陀螺的误差建模过程中引入了一种对噪声的统计特性要求较弱的模型，即未知但有界（UBB）误差模型，并通过实测数据建立了某型光纤陀螺的 UBB 误差模型。

1. 随机漂移的 UBB 误差模型

所谓 UBB 误差模型是指模型的噪声（即误差）是未知但有界的模型。它只要求模型的噪声在某一上、下界内变化，且上、下界已知，而不要求噪声的分布特性或诸如均值和方差等统计特性已知。由于陀螺的随机漂移总是有界的，因此对随机漂移建立 UBB 误差模型是可行的。

陀螺的随机误差通常由白噪声、随机常数、随机斜坡、随机游动和一阶马尔柯夫过程等组成。在此先给出其分别的离散时间模型，然后给出这些误差的综合模型。这里用$\{x_i(k)\}$表示第 i 种误差序列，$\{\omega_i(k)\}$表示第 i 组随机白噪声序列，x_{i0}和 ω_{i0}表示随机初值。

（1）白噪声

$$x_1(k) = \omega_1(k) \tag{9-12}$$

（2）随机常数

$$x_2(k) = x_2(k-1) = x_{20} \tag{9-13}$$

（3）随机斜坡

$$x_3(k) = k \cdot x_{30} + \omega_{30} \tag{9-14}$$

（4）随机游动

$$x_4(k)=x_4(k-1)+\omega_4(k) \tag{9-15}$$

其中 $x_4(k-1)$ 与 $\omega_4(k)$ 不相关。

（5）一阶马尔柯夫过程

$$x_5(k)=\alpha x_5(k-1)+\omega_5(k) \tag{9-16}$$

其中 $|\alpha|<1$。

设陀螺随机误差是上述五种误差之和，即

$$x(k)=\sum_{i=1}^{5}x_i(k) \tag{9-17}$$

则经过推导可得 $x(k)$ 的 AR 模型如下：

$$x(k)=\theta_1 x(k-1)+\theta_2 x(k-2)+e(k) \tag{9-18}$$

其中 $e(k)$ 是 $\{\omega_i(k)\}$ 及 x_{i0} 的线性组合，在此我们假定 $e(k)$ 是有界误差，满足

$$|e(k)|\leqslant\varepsilon_k \tag{9-19}$$

式(9-18)和式(9-19)即构成了本节所要讨论的 UBB 误差模型。

2. 参数辨识

先看一个一般的线性 UBB 误差模型：

$$y_k=\varphi_k^{\mathrm{T}}\theta+e_k \tag{9-20}$$

$$|e_k|\leqslant\varepsilon_k \tag{9-21}$$

式中：$\theta=[\theta_1\quad\cdots\quad\theta_n]^{\mathrm{T}}$ 是 n 维未知参数；y_k 及 $\varphi_k=[\varphi_{1k}\quad\cdots\quad\varphi_{nk}]^{\mathrm{T}}$ 是 k 时刻可得到的量测信号和解释向量；e_k 是 k 时刻的未知噪声项；ε_k 是噪声界，在参数辨识的过程中假定 ε_k 是已知的。当取 $\theta=[\theta_1\theta_2]^{\mathrm{T}}$，$y_k=x(k)$，$\varphi_k=[x(k-1)x(x-2)]^{\mathrm{T}}$，$e_k=e(t)$ 时，可以看出式(9-20)和式(9-21)就代表了式(9-18)和式(9-19)。因此，本节只给出对式(9-20)和式(9-21)的参数辨识算法，对式(9-18)和式(9-19)的辨识可以直接利用本节所介绍的算法。

对模型(9-20)式和(9-21)式的辨识算法有许多，由于这些辨识算法所得结果通常是包含系统真实参数的一个成员集，因此这些辨识算法被称为集员辨识算法。有关集员辨识算法的一般性综述可参见 Walter, E. 与 H. Piet-Lahanier. 1990 年的文献，在此我们只介绍一种递推椭球外界算法。

递推椭球外界辨识算法所得结果是包含系统真实参数值 θ 的一个椭球 Θ_N，其描述如下：

$$\theta\in\Theta_N=\{\boldsymbol{\phi}:\quad(\boldsymbol{\phi}-\boldsymbol{\phi}_N)^{\mathrm{T}}\boldsymbol{P}_N^{-1}(\boldsymbol{\phi}-\boldsymbol{\phi}_N)\leqslant 1;\quad\boldsymbol{\phi}\in R^n\} \tag{9-22}$$

这里 Θ_N 是利用 $k=1,2,\cdots,N$ 时刻的数据通过递推运算得到的，递推算法如下：

$$\boldsymbol{P}_N = \left(1 + q_N - \frac{q_N \nu_N^2}{\varepsilon_N^2 + q_N \boldsymbol{\phi}_N^{\mathrm{T}} \boldsymbol{P}_{N-1} \boldsymbol{\phi}_N}\right) \boldsymbol{P}'_{N-1} \tag{9-23}$$

$$\boldsymbol{P}'_{N-1} = \boldsymbol{P}_{N-1} - \frac{q_N \boldsymbol{P}_{N-1} \boldsymbol{\phi}_N \boldsymbol{\phi}_N^{\mathrm{T}} \boldsymbol{P}_{N-1}}{\varepsilon_N^2 + q_N \boldsymbol{\phi}_N^{\mathrm{T}} \boldsymbol{P}_{N-1} \boldsymbol{\phi}_N} \tag{9-24}$$

$$\theta_N = \theta_{N-1} + \frac{q_N \nu_N}{\varepsilon_N^2 + q_N \boldsymbol{\phi}_N^{\mathrm{T}} \boldsymbol{P}_{N-1} \boldsymbol{\phi}_N} \boldsymbol{P}_{N-1} \boldsymbol{\phi}_N \tag{9-25}$$

$$\nu_N = y_N - \boldsymbol{\phi}_N^{\mathrm{T}} \theta_{N-1} \tag{9-26}$$

$$\boldsymbol{P}_0^{-1} = \delta \boldsymbol{I}, \theta_0 = 0 \tag{9-27}$$

其中 δ 是一个小的正常数，$\boldsymbol{I}$ 是单位阵，q_N 由下述方程(9－28)的正实根所确定，若无正实根，则取 $q_N = 0$。

$$(n-1) g_N^2 q_N^2 + ((2n-1)\varepsilon_N^2 - g_N + \nu_N^2) g_N q_N + \varepsilon_N^2 (n(\varepsilon_N^2 - \nu_N^2) - g_N) = 0 \tag{9-28}$$

其中 $g_N = \boldsymbol{\phi}_N^{\mathrm{T}} \boldsymbol{P}_{N-1} \boldsymbol{\phi}_N$。

由于 $\boldsymbol{\Theta}_N$ 中任一点都有可能是真实参数值 θ，因此，在实际应用中，通常取具有良好特性的椭球几何中心即 θ_N 的值作真实参数的估计值。有时为了缩小椭球的容积，以便得到偏差较小的真实参数估计值，可以采用 Belforte, G. , B. Bona 与 V. Cerone. 1990 年的文献中所介绍的修正递推椭球外界算法或重复递推椭球外界算法。

3. 实际光纤陀螺建模

我们利用模型(9－18)式和(9－19)式作为实际光纤陀螺的随机误差模型，采用第三节所述辨识方法对某型光纤陀螺的多组实测数据进行了建模工作。由于在实测数据中 ε_k 是未知的，因此必须对它予以恰当的估计。依据 Sun. , X. F. 1995 年的文献中优化椭球外界算法对误差界低估的鲁棒性结论，我们采用下述步骤获得了一个不影响算法鲁棒性的最佳(最低)误差界 ε_0。

误差界确定方法：

(1) 初始化。给定初始误差界 $\varepsilon_0^{(0)} > 0$，误差界增量 $\Delta\varepsilon > 0$，并令迭代步 $r = 0$。

(2) 取 $\varepsilon_k = \varepsilon_0^{(r)}$，对所获得的 N 个数据，利用第三节的算法进行递推运算，若在某一递推时刻 k 出现：

$$\varepsilon_k < |\nu_k| - \sqrt{g_k} \tag{9-29}$$

则转步骤(5)。

(3) 若 k 从 1 至 N 的递推运算中未出现式(9－29)的情况，且 $r > 0$，则认为本次估计误差界 $\varepsilon_0^{(r)}$ 为最佳误差界，取 $\varepsilon_0 = \varepsilon_0^{(r)}$，停止迭代过程。

(4) 若 k 从 1 至 N 的递推运算中未出现式(9-29)的情况,且 $r\leqslant 0$,则认为误差界还可进一步降低,取 $\varepsilon_0^{(r)}=\varepsilon_0^{(r-1)}-\Delta\varepsilon$,$r=r-1$,转步骤(2)。

(5) 若 $r\geqslant 0$,则认为误差界估计过小,取 $\varepsilon_0^{(r)}=\varepsilon_0^{(r-1)}+\Delta\varepsilon$,$r=r+1$,转步骤(2),否则转步骤(6)。

(6) 若 $r<0$,则表明上一次迭代步所得为最佳误差界,取 $\varepsilon_0=\varepsilon_0^{(r+1)}$,停止迭代过程。

在上述误差界确定过程中,$\Delta\varepsilon$ 取为固定值。但在实际运算过程中,可用各种寻优方法调整每一次迭代中 $\Delta\varepsilon$ 的大小,以加快探索最佳误差界的过程。

作为例子,下面给出利用上述误差界确定方法和第三节所述辨识算法进行计算后所得一组实测数据的零位漂移误差模型。其结果为:$\varepsilon_0=0.0004$,$\theta_1=0.5069174$,$\theta_2=0.4930839$。即该次实测数据的零漂移 UBB 误差模型为:

$$x(k)=0.5069174x(k-1)+0.4930839x(k-2)+e(k) \tag{9-30}$$

$$|e(k)|\leqslant 0.0004 \tag{9-31}$$

可以看出,不考虑噪声项的影响时,任何时刻的零位漂移误差近似等于前两个采样点零位漂移误差的平均值。

9.2.2 集员辨识在光纤陀螺误差补偿中的应用

陀螺仪是一种感测旋转的装置,它在航空航天领域获得了广泛的应用,成为了飞行器姿态控制系统、惯性导航系统和惯性制导系统中不可或缺的部件。光纤陀螺是一种新型的陀螺,具有许多良好的特性。为了在各种实际系统中更好地利用光纤陀螺,必须对其性能进行深入的研究。特别地,对其误差建模和补偿方法的研究将为我们利用中、低精度的光纤陀螺构造高精度的系统铺平道路。

陀螺误差可分为确定性误差和随机性误差两种。由于确定性误差的模型可以通过对陀螺仪的原理分析而得到,其补偿也较为容易,而对随机误差的补偿则要困难得多,因此本节将重点讨论光纤陀螺的随机误差补偿问题。

惯常的随机误差补偿过程分两步进行,即首先利用实测数据通过统计分析方法离线地建立随机误差的模型,然后在整个系统中采用滤波的方法减少随机误差的影响。但这一方法会遇到三个方面的困难。其一是随机误差通常由多种有色噪声组成,对这些噪声进行统计分析以获得各自的精确统计特性不太容易;其二是确定性误差中未补偿掉的部分也会混入随机误差,这进一步增大了随机误差统计分析的难度;其三是将随机误差留待整个系统中进行综合补偿,这一方面增加了对整个系统描述的维数,另一方面也可能在误差补偿之前引起系统其它部件的误差。针对上述问题,我们在光纤陀螺随机误差补偿中引入的集员辨识技术,从理论和实际两方面开展了一系列的研究工作,获得了一些有用的结果。

1. 集员辨识

集员辨识是针对模型的噪声项未知但有界(UBB)情况下进行的系统辨识。由于它只要求噪声是有界的,而不要求噪声的统计特性已知,因此其适用范围广,且特别适合有多种噪声同时作用的系统。考虑到造成光纤陀螺误差的噪声项较多,但总和误差有界,因此可以利用集员辨识方法对光纤陀螺进行 UBB 误差建模,并研究其误差补偿方法。

考虑如下线性 UBB 误差模型:

$$y_k = \varphi_k^{\mathrm{T}}\theta + e_k \tag{9-32}$$

$$|e_k| \leqslant \varepsilon_k \tag{9-33}$$

式中:$\theta = [\theta_1 \quad \cdots \quad \theta_n]^{\mathrm{T}}$ 是 n 维未知参数;y_k 及 $\varphi_k = [\varphi_{1k} \quad \cdots \quad \varphi_{nk}]^{\mathrm{T}}$ 是 k 时刻可得到的量测信号和解释向量;e_k 是 k 时刻的未知噪声项;ε_k 是噪声界。当 ε_k 已知时,集员辨识理论提供了许多确定模型参数的方法,这些方法所得结果是包含系统真实参数值的一个参数成员集。其中在 k 时刻盒子外界算法所得结果是一个盒子形集合,其描述为

$$\theta \in \Theta_k = \bigcap_{i=1}^{n} \{\theta : \theta_i \in [\theta_{i\min}^{(k)}, \theta_{i\max}^{(k)}]; \theta \in R^n\} \tag{9-34}$$

递推椭球外界算法所得结果为一个椭球形集合,其描述为

$$\theta \in \Theta_k = \{\theta : (\theta - \hat{\theta}_k)^{\mathrm{T}} \boldsymbol{P}_k^{-1} (\theta - \hat{\theta}_k) \leqslant 1; \theta \in R^n\} \tag{9-35}$$

精确多面体算法所得结果为 n 维空间中的一个凸多面体形集合 Θ_k,它可用列举多面体的全部低维面或顶点,或其对应凸多面锥体的所有棱线的方法来描述。由于上述集合的 Chebyshev 中心对真实参数具有良好的估计特性,因此常用此中心值作为真实参数的估计值。盒子外界算法所得 Chebyshev 中心估计值为

$$\hat{\theta}^{(k)} = \left[\frac{\theta_{1\min}^{(k)} + \theta_{1\max}^{(k)}}{2} \cdots \frac{\theta_{n\min}^{(k)} + \theta_{n\max}^{(k)}}{2}\right]^{\mathrm{T}} \tag{9-36}$$

椭球外界算法所得 Chebyshev 中心估计值为

$$\hat{\theta}^{(k)} = \hat{\theta}_k \tag{9-37}$$

2. 噪声界的确定

上述集员辨识算法都要求式(9-33)中的噪声界已知,但在实际系统中噪声界大多是未知的。为了保证参数辨识结果的正确性,即 $\theta \in \Theta_k$,通常要过高地估计 ε_k 的值,这将会导致 Θ_k 的容积过大,从而降低系统真实参数估计值 $\hat{\theta}^{(k)}$ 的精度,对噪声补偿工作产生不利影响,因此必须要有确定 ε_k 的有效方法。就作

者所知，目前尚没有针对盒子外界算法和精确多面体算法的确定噪声界方法。对于椭球外界算法，我们通过理论分析发现，在噪声界低估的情况下，可以引入一种检测机制，使得在递推运算中检测出噪声低估的情况。如果噪声界的低估未被检测出来，则所得辨识结果几乎一定是正确的。

当噪声界未知时，可首先任给一噪声界，并用递推椭球外界算法进行参数辨识运算。当噪声界低估未被检测出来时，可进一步降低噪声界的取值，再次进行参数辨识运算，如此继续下去直到噪声界低估被检测出来为止。如果第一次参数辨识运算即检测出噪声界低估的情况，则可逐步增大噪声界，直到噪声界低估不被检测出来为止。在所有未被低估出的噪声界中，最低的噪声界即被认定为最佳噪声界，因为此时真实参数的估计精度最高，且辨识结果几乎一定满足 $\theta \in \Theta_k$ 的条件。

3. 模型阶次

在实际系统中除噪声界未知以外，系统模型阶次大多也是未知的，因此系统建模的首要工作是确定模型的阶次。针对 UBB 误差模型，Veres，S. M. 1991 年的文献给出了精确多面体算法的相对容积最大化准则。其定阶公式如下：

$$n^* = \arg\max_n \{\lim_{k\to\infty} V_k^{(n)} / V_0^{(n)}\} \tag{9-38}$$

式中：n^* 为最佳的模型阶次；$V_k^{(n)}$ 是在 k 时刻采用 n 阶模型辨识所得精确多面体的容积；$V_0^{(n)}$ 是初始容积。Veres，S. M. 1991 年文献证明了式（9－38）定阶方法的强相容性。由于该定阶方法采用了精确多面体算法，且需要计算精确多面体的容积，因此运算较为复杂。以 Veres，S. M. 1991 年文献为基础，给出了利用重复递推椭球外界算法结果的模型定阶准则，即椭球轴信息阵行列式最大化准则，其定阶公式为

$$n^* = \arg\max_n \{\lim_{k\to\infty} |\boldsymbol{P}_k^{(n)}| / |\boldsymbol{P}_0^{(n)}|\} \tag{9-39}$$

式中：$\boldsymbol{P}_k^{(n)}$ 是在 k 时刻采用 n 阶模型辨识所得椭球轴信息阵，对应于式（9－35）中的 $\boldsymbol{P}_k$；$\boldsymbol{P}_0^{(n)}$ 是初始椭球轴信息阵。由于递推椭球外界算法比精确多面体算法的计算容易得多，而且上述噪声界的确定也是采用递推椭球外界算法，因此我们在光纤陀螺的误差建模和补偿工作中采用了椭球轴信息阵行列式最大化定阶方法。

4. 误差建模与补偿方案

如果用 x_k 表示在 k 时刻的光纤陀螺误差，则当在式（9－32）中取 $y_k = x_k$ 时，式（9－32）和式（9－33）即构成了光纤陀螺的 UBB 误差模型。采用第三节所述噪声界确定方法和第四节所述模型定阶方法，我们对某次实测数据进行了建模

工作,得到了当时的零位漂移误差模型如下:

$$x(k) = 0.5069174x(k-1) + 0.4930839x(k-2) + e(k) \tag{9-40}$$

$$|e(k)| \leqslant 0.0004 \tag{9-41}$$

即当时的零漂噪声界为0.0004,模型阶次定为2。需要说明的是,利用本模型定阶方法所得模型阶次与 Belforte G 在1990年文献中通过理论分析所确定的阶次结果相同。

由于 UBB 误差模型给出了数据的误差界,因此可以直接利用所得模型进行元件级的误差补偿,而不必将随机误差放在整个系统中去进行补偿。下面针对 UBB 误差模型给出两种误差补偿方案。

1) 利用参数估计值的补偿方案

取误差模型为:

$$x_k = \theta_1 x_{k-1} + \cdots + \theta_n x_{k-n} + e_k \tag{9-42}$$

$$|e_k| \leqslant \varepsilon_k \tag{9-43}$$

假定采用本模型定阶方法确定了模型阶次 n、噪声界 ε_k 和对真实参数的估计值$\hat{\theta}^{(k)}$,则将$\hat{\theta}^{(k)}$代入式(9-42)和式(9-43)之后可得

$$\hat{x}_{k|k} \in X_{k|k-1} = [x_{k1}^{-}, x_{k1}^{+}] \tag{9-44}$$

其中$\hat{x}_{k|k}$表示在 k 时刻对 x_k的估计值,$X_{k|k-1}$表示根据 $k-1$ 时刻及以前数据所得 x_k的估值范围,

$$x_{k1}^{-} = \hat{\theta}_1^{(k)} x_{k-1} + \cdots + \hat{\theta}_n^{(k)} x_{k-n} - \varepsilon_k \tag{9-45}$$

$$x_{k1}^{+} = \hat{\theta}_1^{(k)} x_{k-1} + \cdots + \hat{\theta}_n^{(k)} x_{k-n} + \varepsilon_k \tag{9-46}$$

$\hat{\theta}_i^{(k)}1$ 是$\hat{\theta}^{(k)}$第 i 个分量。

又由 k 时刻所测得的数据可得

$$\hat{x}_{k|k} \in X'_{k|k} = [x_{k2}^{-}, x_{k2}^{+}] \tag{9-47}$$

其中 $X'_{k|k}$表示由 k 时刻所测数据确定的 x_k估值范围,

$$x_{k2}^{-} = x_k - \varepsilon'_k \tag{9-48}$$

$$x_{k2}^{+} = x_k + \varepsilon'_k \tag{9-49}$$

ε'_k为数据的量测误差界。综合式(9-44)和式(9-47)可得

$$\hat{x}_{k|k} \in X_{k|k} = X_{k|k-1} \cap X'_{k|k} = [x_k^{-}, x_k^{+}] \tag{9-50}$$

其中 $X_{k|k}$表示由 k 时刻及其以前所得数据确定的 x_k估值范围,

$$x_k^{-} = \max(x_{k1}^{-}, x_{k2}^{-}) \tag{9-51}$$

$$x_k^{+} = \min(x_{k1}^{+}, x_{k2}^{+}) \tag{9-52}$$

注意到有可能出现 $x_k^{-} > x_k^{+}$ 的情况,此时应取

$$x_k^- = x_k^+ = \frac{x_{k1}^+ + x_{k2}^-}{2} \tag{9-53}$$

进行上述计算后可取

$$\hat{x}_{k|k} = \frac{x_k^- + x_k^+}{2} \tag{9-54}$$

作为误差补偿后对的 x_k 估值。

2）利用参数成员集的补偿方案

利用参数成员集的补偿方案与上述利用参数估计值的补偿方案基本相同，仅 x_{k1}^- 和 x_{k1}^+ 的表达式与式(9－45)和式(9－46)不同，即：

$$x_{k1}^- = \min_{\substack{\theta \in \Theta_k \\ |e_k| \leqslant \varepsilon_k}} \{\theta_1 x_{k-1} + \cdots + \theta_n x_{k-n} + e_k\} \tag{9-55}$$

$$x_{k1}^+ = \max_{\substack{\theta \in \Theta_k \\ |e_k| \leqslant \varepsilon_k}} \{\theta_1 x_{k-1} + \cdots + \theta_n x_{k-n} + e_k\} \tag{9-56}$$

其中 Θ_k 表示由集员辨识算法所得参数成员集。

比较式(9－45)、式(9－46)与式(9－55)、式(9－56)并考虑到 $\hat{\theta}^{(k)} \in \Theta_k$，显然第一种补偿方案所确定的 $X_{k|k-1}$ 包含于第二种补偿方案所确定的 $X_{k|k-1}$，因此前者所确定的 $X_{k|k}$ 比后者的范围小，前者出现的 $x_k^- > x_k^+$ 可能性比后者大，可以预料，当不出现 $x_k^- > x_k^+$ 的情况时，第一种方案的补偿效果较好，而当出现 $x_k^- > x_k^+$ 的情况时，第二种方案的补偿效果则更好。

9.3 模型均匀设计检验控制技术

本节从理论上研究了减少均匀性度量的计算量、构造高水平多因素均匀设计的方法。“基于正交表的准均匀设计”利用了正交表的均匀性，将处理水平数较少的正交设计方法扩展为可处理多水平的准均匀设计方法。该方法还部分地保持了正交设计方法的整齐可比性，因而是均匀分散性和整齐可比性的一个折中，可以作为正交设计和均匀设计的候选方法。“U^* 均匀设计的均匀性研究”从均匀设计试验点在试验范围内的几何构图及物理意义着手，分析了其均匀性，给出了减少构造 U^* 均匀设计使用表运算量的方法，并且对两个特殊的因素数给出了直接获取其使用表的方法。此外，还研究了 U^* 均匀设计可安排因素数的限制条件。上述结论为构造比目前所得水平数更大的 U^* 均匀设计表奠定了一定的基础，也为均匀设计向更广阔的应用领域拓展提供了依据。

均匀设计是数论方法的一个应用。数论方法还有更广泛的应用领地，其中数论网格最优化方法是一个很有前途的全局最优化方法。进一步地,可以考虑数论网格最优化方法的理论及其在控制与导航领域中的应用。

9.3.1 基于正交表的准均匀设计

给出了利用正交表经过适当的几何旋转变换构造准均匀设计表的方法,准均匀设计基本上保持了正交设计的均匀分散和整齐可比性,而且每个因素的每个水平只做一次试验,因而特别适合于多水平的试验设计。

在工农业生产和科学研究中,经常要做试验。试验设计的好坏,直接影响着试验工作的成本和效益,同时也直接影响着试验成果的质量。目前已有的试验设计方法很多,最常用的两种方法是正交设计法和均匀设计法。

正交设计的特点是将试验点在试验范围内安排得均匀分散、整齐可比。均匀分散性使试验点均衡地分布在试验范围内,让每个试验点有充分的代表性;整齐可比性使试验结果便于分析。为了照顾整齐可比性,对每个因数的每个水平都要重复安排多次试验,因此正交设计法不适合于多水平的试验设计。

均匀设计的特点是将试验点在试验范围内安排得均匀分散,其试验的每个因素的每个水平做且只做一次试验,因此比较适合于多水平的试验设计。但由于未考虑整齐可比性,致使试验结果不便于分析。此外,对多因素多水平的情况,由于判断试验布点均匀性的运算量较大,构造均匀设计使用表相当困难,因此现有均匀设计表的水平数并不是很大。

本小节以正交表为基础,提出了新的试验设计方法,我们称之为基于正交表的准均匀设计方法。这是因为本小节设计方法具有均匀设计方法的某些特点,即一定程度的均匀分散性(来自于正交表的特征),而且每个因素的每个水平都只做一次试验。由于准均匀设计基本上能保持正交设计的整齐可比性,因而也便于分析试验结果。此外,由于构造多水平的正交设计表以及由多水平的正交表构造更多水平的准均匀设计表的运算量都很小,而准均匀设计表的表头设计又可直接借用正交表的表头设计,因此准均匀设计方法特别适合于多水平的试验设计。

1. 预备知识

以正交表为基础构造准均匀设计表时,需要用到解析几何中的如下结论。

定理 9.2: XOY 平面中一点的坐标记为(x_a,y_a)。以 0 点为圆心,使点 A 逆时针方向旋转一个γ角后得到一个新的点 A',其坐标记为(x'_a,y'_a),则有:

$$x'_a = x_a\cos\gamma + y_a\sin\gamma$$

$$y'_a = -x_a\sin\gamma + y_a\cos\gamma$$

由定理 9.2 很容易得：

推论 9.1：设 $A_1, A_2, \cdots, A_n$ 为 XOY 平面中的 n 个点，其坐标分别记为 $(x_{a1}, y_{a1}), (x_{a2}, y_{a2}), \cdots, (x_{an}, y_{an})$，其中 $0 < x_{a1} < x_{a2} < \cdots < x_{an}$，$0 < y_{a1} = y_{a2} = \cdots = y_{an}$。以 0 点为圆心，使 $A_1, A_2, \cdots, A_n$ 同时逆时针方向旋转一个 γ 角，$\gamma < 90°$，得到一组新的点 $A_1', A_2', \cdots, A_n'$，其坐标分别记为 $(x_{a1}', y_{a1}'), (x_{a2}', y_{a2}'), \cdots, (x_{an}', y_{an}')$，则有：

$$x_{a1}' < x_{a2}' < \cdots < x_{an}'$$

$$y_{a1}' > y_{a2}' > \cdots > y_{an}'$$

上述推论表明，如果有一组点的 y 坐标相同，而 x 坐标各异，则经过适当的旋转变换之后，对应新点的 x 坐标大小关系保持不变，y 坐标的大小关系与 x 坐标恰好相反。

2. 准均匀设计表的构造

由正交表构造准均匀设计表的基本思想是，利用几何旋转变换，将正交表中每个因素各次试验中的相同水平分解为不同的水平。为了使新得到的准均匀设计表能够基本上保持原正交表的均匀分散和整齐可比性，要求几何旋转的角度很小，只要能足够将各相同水平分解为不同水平即可，而新表中的高水平必须与原表中的高水平相对应。例如，正交表 $L_8(2^7)$ 的第一列为 $(1,1,1,1,2,2,2,2)$，设变换后所得准均匀设计表 $\bar{U}_8(8^7)$（其中 $\bar{U}$ 代表准均匀设计，$\bar{U}$ 的标 8 代表试验的个数，括号内的底数 8 代表因素的水平数，指数 7 代表列数）的第一列为 (a1, a2, a3, a4, a5, a6, a7, a8)，则 (a1, a2, a3, a4) 和 (a5, a6, a7, a8) 必须分别是 (1,2,3,4) 和 (5,6,7,8) 的置换。

考察由 $L_n(m^s)$ 构造 $\bar{U}_n(n^s)$ 的情况（设 $n = km$）。由于正交表的各列的地位是平等的，而且正交表的各行之间可以置换，因此，我们可在 $L_n(m^s)$ 中取第一列，将其各相同水平按照从上到下由小到大的顺序编号，而不同水平按低水平对应低水平，高水平对应高水平的原则编号，所得编号即可填入 $\bar{U}_n(n^s)$ 的第一列。以 $\bar{U}_n(n^s)$ 的第一列作为各个试验的 x 坐标，以 $L_n(m^s)$ 的第 i 列 $(i = 2, 3, \cdots, s)$ 作为各试验 y 坐标，得到 XOY 平面中的一组 n 个点。这些点的 x 坐标各不相同，分别为 $1, 2, \cdots, n$，而 y 坐标分成 m 个各自相同的组，每组共有 k 个点，分别对应于坐标值 $1, 2, \cdots, m$。由推论 9.1 可知，只要将这些点同时逆时针旋转一个适当的 γ 角，即可将所有相同水平的 y 坐标值分解为不同的 y 坐标值，而且只要 γ 足够小，就可保证原 y 坐标值较大的组对应于旋转变换后较大的 y 坐标值，且各组之间的 y 坐标值不产生混叠现象，同时旋转变换后的 x 坐标大小关系保持不变。这样 $\bar{U}_n(n^s)$ 的第 i 列就可由各行所对应的 y 坐标值由小到大的顺序编号

所得,具体构造$\bar{U}_n(n^s)$第i列的方法如下:

取$L_n(m^s)$的第i列,找到i列中所有水平为$j(j=1,2,\cdots,m)$的k个行,比较与这k个行相对应的$\bar{U}_n(n^s)$中第一列的各水平,按第一列水平由大到小的顺序分别赋给这k个行$jk-k+1,\cdots,jk$各值,将这些值分别写入$\bar{U}_n(n^s)$第i列的对应行中,当j取遍$1,2,\cdots,m$各水平时,即得到$\bar{U}_n(n^s)$的完整的第i列,当i取遍$2,3,\cdots,s$各列时,即得完整的$\bar{U}_n(n^s)$表。

9.3.2 U^*均匀设计的均匀性研究

以均匀设计在几何和物理意义下的均匀性等价准则为基础,研究U^*均匀设计的均匀性。利用本节结果,构造U^*均匀设计使用表的运算量可减少为原来的$\frac{1}{2^{s-1}}$(这里s为因素数)。而且,当因素数为$\frac{1}{2}\varphi(n+1)$或$\frac{1}{2}\varphi(n+1)-1$时,不必进行任何均匀度评价也可直接给出其使用表。几何角度分析可以说明:U^*均匀设计最多只能安排$\frac{1}{2}\varphi(n+1)$个因素。

自方开泰、王元首创试验的均匀设计方法以来,均匀设计理论已得到了很大发展,其应用也日趋广泛,并已取得了丰硕的成果。

由于随着试验水平数和因素数的增加,构造均匀设计使用表的运算量将急剧增大,因此现有均匀设计表的水平数和因素数都不很大,从而制约了均匀设计向更广阔的应用领域拓展。鉴于此,并考虑到U^*均匀设计通常比U均匀设计的均匀性更好。本节通过对U^*均匀设计的均匀性研究,得到了减少构造均匀设计使用表运算量的方法。特别地,任给一水平数,都有两个特殊的因素数存在,对此我们勿需进行均匀性指标测算,也可给出相应的U^*均匀设计使用表。文中还给出了当因素数确定时,获得某些U^*均匀设计使用表的方法。

1. 均匀性等价准则

一个s因素n水平的均匀设计方案可用一个n行s列的矩阵表示,在此我们称这一矩阵为均匀设计的方案阵。方案阵的每一行代表一次试验,每一列代表一个因素。各列是$\{1,2,\cdots,n\}$的一个置换(即$1,2,\cdots,n$的重新排列),每个元素代表在每次试验中对应因素所取的水平值。

几何上,如果我们将每个因素用一个坐标轴表示,因素的水平值变为对应的坐标值,则一个s因素n水平的均匀设计方案又可用散布在s维欧氏空间中$[1,n]^s$立方体内的n个点表示。

由于对给定的因素数和水平数，可用多种方法产生多种均匀设计方案，而方案的选择不同，试验的效果也大不一样，因此有必要给出评价各方案好坏的指标，即均匀性度量指标，也称均匀度函数。在此，我们暂不涉及具体的方案和均匀度函数，而只讨论其共性的问题，我们有：

均匀性等价准则：

准则 9.1：均匀设计方案阵的任两列交换所得新方案与原方案在均匀性相同意义下是等价的，简称为均匀性等价。

准则 9.2：均匀设计方案阵的任两行交换所得新方案与原方案是均匀性等价的。

准则 9.3：对于一个 n 水平的均匀设计方案，方案阵中任一列各元素的值 u_{ki} 用 $n+1-u_{ki}$ 代替之后所得新方案与原方案是均匀性等价的。

说明 9.1：上述准则中"在均匀性相同意义下"的等价具有两方面的含义。它在物理意义上表示两种均匀设计方案的试验效果客观上是一致的，在几何意义上表示两种均匀设计方案各试验点的几何构图是不变的。准则 9.1 和准则 9.2 曾在方开泰、郑胡灵 1992 年应用概率统计中提及。

说明 9.2：准则 9.1 所述方案阵任两列交换的物理意义是交换两因素的编号。由于各因素与方案阵中各列之间的对应关系是人为任意确定的，因此新、旧两种方案的试验效果在客观上应是一致的。准则 9.1 所述交换的几何意义是交换两坐标轴的名称，因而两方案各试验点的几何构图是不变的。

说明 9.3：准则 9.2 所述方案阵任两行交换的物理意义是交换两次试验的先后次序。而试验的先后次序对试验效果没有影响。准则 9.2 所述交换的几何意义是交换试验空间中两个试验点的编号，这对试验空间中各试验点的几何构图也没有影响。

说明 9.4：准则 9.3 所述方案阵某列元素替换的物理意义是将该因素的各水平由低到高的顺序编号改为由高到低的顺序编号。考虑到在试验设计中，各因素水平值的大小与实际数据值的大小并非完全对应(特别是当某因素没有数值的含义时)，因此新、旧两种方案的试验效果在客观上是一致的。准则 9.3 所述替换的几何意义是将某坐标轴的方向反向，并将坐标原点移到该轴原坐标值为 $n+1$ 的点处，因而试验空间中各试验点的几何构图仍保持不变。

说明 9.5：任何均匀度函数所得结果原则上都应满足上述三个准则，但实际上有些均匀度函数并不能完全满足这一要求。

2. U^* 的均匀性

记 $U_n^*(h)$ 为由生成向量 $h=(h_1 \quad h_2 \quad \cdots \quad h_s)$ 产生的一个 n 水平 s 因素的 U^* 均匀设计方案。由蒋声、陈瑞琛在 1987 年高校应用数学学报中可知，

$U_{n*}(h)$的各试验点由下式产生：

$$P_n(h,k)=(k\,h_1,\cdots,k\,h_s)[\bmod(n+1)] \quad (k=1,2,\cdots,n) \qquad (9-57)$$

式中：$P_n(h,k)$表示方案阵的第 k 行，又表示试验空间$[1,n]^s$立方体内的第 k 个试验点的坐标；$0<h_i\leqslant n,h_i\neq h_j(i\neq j),(h_i,n+1)=1$，即 h_i与 $n+1$ 互素；$[\bmod(n+1)]$表示同余运算，即当 kh_i超过 $n+1$ 时，则将它减去 $n+1$ 的一个倍数，使差落在$[1,n+1]$之中。

考虑到一个生成向量 h 只能由式(9－57)唯一地确定一个 n 水平的 U^* 均匀设计方案 $U_n^*(h)$，我们将以 h 作为自变量，用 $UM_n(h)$表示满足上节三个准则的关于 $U_n^*(h)$的均匀度函数。下面讨论 $UM_n(h)$的一些性质。

定理 9.3：记 $h=(h_1\quad h_2\quad \cdots\quad h_s)$，$h^1=(h_{i1}\quad h_{i2}\quad \cdots\quad h_{is})$，$h^2=(\alpha h_1\quad \alpha h_2\quad \cdots\quad \alpha h_s)[\bmod(n+1)]$，$h^3=(h_{a1}\quad h_{a2}\quad \cdots\quad h_{as})$，其中$(i_1\quad i_2\quad \cdots\quad i_s)$是$(1\quad 2\quad \cdots\quad s)$的一个置换，$\alpha$ 为满足$(\alpha,n+1)=1$的任意正整数，$h_{ai}=\mathrm{alt}(h_i,n+1-h_i)$，$\mathrm{alt}(\cdot,\cdot)$表示二者择一，则有：

$$1^\circ UM_n(h^1)=UM_n(h) \qquad (9-58)$$

$$2^\circ UM_n(h^2)=UM_n(h) \qquad (9-59)$$

$$3^\circ UM_n(h^3)=UM_n(h) \qquad (9-60)$$

说明 9.6：上述定理中的式(9－58)是作为均匀度函数的必要条件给出的，式(9－59)的特例 $\alpha\equiv h_i^{-1}[\bmod(n+1)]$也可看作文丁元文献中的另一必要条件，性质 3°尚未在其他文献中出现。本文后续的结论主要是以性质 3°为基础推导出来的。

定理 9.3 中的性质 1°和性质 3°可很容易地从准则 9.1 和准则 9.3 推出，性质 2°的证明则要用到数论中的下述结论。

引理 9.2：设$(k,n)=1$，而 $a_1,a_2,\cdots,a_n$是模 n 的一组完全剩余系，则 $ka_1,ka_2,\cdots,ka_n$也是模 n 的一组完全剩余系。

定理 9.3：中 2°的证明：

由于$(0,1,2,\cdots,n)$是模 $n+1$ 的一组完全剩余系，又有$(\alpha,n+1)=1$，因此由引理 9.2 可知$(0\alpha,1\alpha,\cdots,n\alpha)$也是模 $n+1$ 的一组完全剩余系，故$(1\alpha,2\alpha,\cdots,n\alpha)[\bmod(n+1)]$是$(1,2,\cdots,n)$的一个置换。由式(9－57)可知，$U_n^*(h^2)$的各试验点为：

$$P_n(h^2,k)=((k\alpha)h_1,\cdots,(k\alpha)h_s)[\bmod(n+1)] \quad (k=1,2,\cdots,n) \qquad (9-61)$$

因此 $U_n^*(h^2)$是 $U_n^*(h)$的各行经过多次两两交换而获得的，考虑到均匀性等价准则 9.2，则式(9－59)得证。

9.4 系统辨识与光纤速率陀螺实验中的均匀设计

本节从实践方面探讨了均匀设计在系统辨识和陀螺实验设计中的应用技术。“系统辨识中输入信号的最优均匀设计”是均匀设计方法在系统辨识领域中的一个应用。针对系统模型通常是实际系统的线性化近似以及实际系统大多含有某些未建模动态等特点,提出了使输入信号序列均匀散布在输入信号空间,同时照顾其统计最优性,以保证辨识实验信号可充分激励系统模态的输入信号设计方法。这一方法可充分反映系统在各种工作状态下的行为,且避免了通常的输入信号设计要求在辨识实验期间系统长时间处于输入信号极限幅值状态下工作所造成的问题。“光纤速率陀螺试验的均匀设计”将均匀设计方法引入到光纤速率陀螺性能测试的实验之中,从而节约了实验时间,节省了实验开支。

9.4.1 系统辨识中输入信号的最优均匀设计

给出了一种兼顾统计优良性和几何均匀性的输入信号设计方法,其中统计优良性采用了 A 最优和 D 最优准则,几何均匀性采用了实验设计中的最小偏差准则。

由于系统模型通常是实际系统的近似,因此一定结构的模型一般只能反应某一特定工况下的系统行为。为了充分反应实际系统中多种幅值输入信号对系统行为影响,也为了避免使实际系统长时间处于输入信号极值状态下运行所带来的问题,给出了输入信号设计的均匀性最优准则。通过适当的数学变换将实验的均匀设计结果转换成了输入信号的最优均匀设计结果,并举例说明了这种设计方法。

实验设计是系统辨识中的一个重要环节,实验设计的好坏,直接影响着辨识结果的可靠性和辨识精度。对于动态系统来说,实验设计的内容包括输入信号的选择、测量点的选择、测试信号的优选、采样周期的确定以及预采样滤波的设计等方面。本节只讨论输入信号的最优设计问题。

所谓输入信号的最优设计就是要确定一组输入信号序列,使之激励过程时,可以获取关于被测过程尽可能多的内在信息,为此对输入信号序列有下述要求:

(1) 所选用的输入信号要充分地激励过程的模态。

(2) 输入信号不能过强,以免影响生产或使系统特性进入非线性区,因此对输入信号要加约束条件,例如对输入信号功率或幅值的限制。

(3) 希望所选择的输入信号对过程的正向扰动和反向扰动的机会基本上均等,表现为输入信号均值应接近于零。

(4) 所选用的输入信号是容易实现的,且不易出错。

在输入信号的最优设计中,通常的做法是在假定系统结构已知的情况下确定一组可使估计参数的误差协方差达到克拉美 - 罗下界的输入信号,其结果一般是在输入信号的限制范围内正、负最大值交替出现的一个信号序列。但这一做法有许多困难,重要的一点是对模型结构的作用似乎有偏见。因为在假定模型结构已知的情况下,有可能用传递函数在某一频率范围内的特征去推断另一频率范围内的性质,这样当系统模型是实际非线性系统的线性化近似或者实际系统存在高阶未建模动态时就会出现问题,而且使输入信号长时间处于正、负最大值状态工作也是不适宜的。基于上述考虑,我们引入了一种新的输入信号设计方法,即最优均匀设计方法,其主要特点是使输入信号在限制范围内均匀分散,这一方面可以充分反映实际系统中多种幅值输入信号对系统行为的影响,另一方面也避免了使实际长时间处于极限幅值下运行所带来的问题。此外,本设计方法在考虑输入信号均匀散布的情况下,还考虑了输入信号的 A 最优和 D 最优特性,这为充分激励系统的各种模态提供了保证。

1. 设计准则

设实际系统由下述定常线性模型描述:

$$y_k = \varphi_k^{\mathrm{T}}\theta + e_k \quad (k = 1, 2, \cdots, N) \tag{9-62}$$

式中:$\theta \in R^p$ 是待辨识参数向量;$y_k \in R$ 是 k 时刻的量测信号值;e_k 是未知的量测误差;$\varphi_k \in R^p$ 是解释变量向量。考虑系统式(9 - 62)的一个子类:有限脉冲响应(FIR)系统,即

$$\varphi_k = [u_k \quad u_{k-1} \quad \cdots \quad u_{k-p+1}]^{\mathrm{T}} \tag{9-63}$$

本文所要讨论的是式(9 - 62)和式(9 - 63)所述系统的最优输入设计问题。记 $\boldsymbol{\Phi} = [\varphi_1 \quad \cdots \quad \varphi_N]^{\mathrm{T}}$,$\boldsymbol{M} = \boldsymbol{\Phi}^{\mathrm{T}}\boldsymbol{\Phi}$,在输入信号设计问题中,$\boldsymbol{\Phi}$ 称为设计矩阵,$\boldsymbol{M}$ 称为费舍尔信息阵。通常所述 A 最优准则是使 $\boldsymbol{M}^{-1}$ 的迹最小,即取准则函数:

$$J = \min_{\{u_k\}} tr(\boldsymbol{M}^{-1}) \tag{9-64}$$

而 D 最优准则则是使 $\boldsymbol{M}^{-1}$ 的行列式值最小,即取:

$$J = \min_{\{u_k\}} \det(\boldsymbol{M}^{-1}) \tag{9-65}$$

从输入信号在其允许范围内散布的均匀性考虑,本文引入的另一准则是最小偏差准则,这涉及到均匀设计的知识。

2. 均匀设计

均匀设计是方开泰、王元首创的一种实验设计方法,其基本思想是在所选择的实验范围内使实验点散布均匀,从而以少量的实验次数获得全面实验的效果。均匀设计实验点的布点方法较多,在此只给出适合于输入信号设计的一种布点

方法,下面先介绍一些基本符号和概念。

记$(a,b)=c$表示a与b的最大公约数是c,$b(\bmod c)$表示b对模c取余数,$a\equiv b(\bmod c)$表示a与b对模c同余,$\varphi(n)$表示Euler函数。

定义9.1:设h为整数,$(n,h)=1$,使$h^l\equiv 1(\bmod n)$最小的正整数l称为h对模n的次数,若n为素数,则所有对模n的次数为$n-1$的数称为n的原根。

定理9.4:素数n的原根个数为$\varphi(n-1)$,如a为n的原根,则$a^0,a^1,\cdots,a^{n-1}(\bmod n)$必无两个相互同余。

表9-2列出了31以内素数的原根,对于5以上的素数,其原根个数均大于1。

表9-2 31以内素数的原根

素数	原根											
5	2	3										
7	3	5										
11	2	6	7	8								
13	2	6	7	11								
17	3	5	6	7	10	11	12	14				
19	2	3	10	13	14	15						
23	5	7	10	11	14	15	17	19	20	21		
29	2	3	8	10	11	14	15	18	19	21	26	27
31	3	11	12	13	17	21	22	24				

对于具有s个因素,各有n个水平,$n\geqslant 2s$且$n+1$为素数的均匀设计问题,设a为$n+1$的原根,则均匀设计的布点方法为

$$P_n(k)=(k,ka,\cdots,ka^{s-1})(\bmod(n+1))\quad(k=1,2,\cdots,n)\quad(9-66)$$

其中$P_n(k)$表示第k次实验时各因素所取的水平值向量。由于对于5以上的素数,都有多于1个的原根,而原根的选择不同,实验的效果也不同,因此必须有评价实验效果好坏的准则,以选择好的原根,最常用的准则即为最小偏差准则,其定义如下:

定义9.2:记$C^s=[0,1]^s$为s维单位立方体,$P_1,\cdots,P_n$为C^s中的n个点,其中$P_k=(P_{k1},\cdots,P_{ks})$,$P_{ki}=\{[ka^{i-1}(\bmod(n+1))]\cdot 2-1\}/2n(k=1,\cdots,n;i=1,\cdots,s)$。对任一向量$x=(x_1\cdots x_s)\in C^s$,记$v(x)=x_1\cdots x_m$为$[0,x]$的体积,$n_x$为$P_1,\cdots,P_n$中落入$[0,x]$的点数,则

$$D_n(a)=\sup_{x\in C^m}\left|\frac{n_x}{n}-v(x)\right|\quad(9-67)$$

称为由 a 所生成的点集$\{P_1,\cdots,P_n\}$在 C^m 中的偏差。取 $D_n(a)$ 为极小的准则称为最小偏差准则。此时,准则函数为

$$J = \min_a D_n(a) \tag{9-68}$$

按最小偏差准则所确定的最优原根见表 9－3,该结果来自方开泰在 1980 年应用数学学报中的表 4－1,其中“/”表示不能从该文献中表 4.1 推出最优原根。

表 9－3　均匀性最优原根

N \ s	2	3	4	5	6	7	8	9	10	11	12	13	14	15
4	2													
6	3	3												
10	7	7	7	7										
12	/	/	6	6	6									
16	10	10	10	10	10	10	10							
18	/	/	14	14	14	14	14	14						
22	7	17	17	17	17	17	15	15	15	15				
28	/	/	/	/	/	/	8	8	8	8	8	14	14	
30	12	22	22	12	12	12	12	12	12	12	12	22	22	22

3. 输入信号最优均匀设计

如果将系统模型中的每一解释变量看作一个实验因素,系统辨识中每一次数据采样看作(均匀设计意义下的)实验,则对输入信号的设计可以用实验的均匀设计方法来实现。但需作如下考虑。

(1) 由于对输入信号的幅值有限制,例如要求$|u_k| \leqslant U$,而且希望输入信号对过程的正向扰动和反向扰动的机会基本均等,必须通过变换将均匀设计中的水平值 1 ~n 变为$[-U,U]$中的值,在此采用下述变换公式:

$$u = \frac{\left(x - \frac{n+1}{2}\right)}{\frac{n-1}{2}} U = \frac{U}{n-1}(2x - n - 1) \tag{9-69}$$

其中 x 表示均匀设计中的水平值,u 表示换算出的输入信号。

(2) 记 $\varphi_{k,i}$表示 φ_k中的第 i 个元素,即 $\varphi_{k,i} = u_{k-i+1}$,则有

$$\varphi_{k,i} = \varphi_{k-1,i+1}, \ \forall i,j \tag{9-70}$$

$$\varphi_{k,1} = u_k \quad (k = 1,2,\cdots,n) \tag{9-71}$$

输入信号的设计必须满足条件式(9－70)和式(9－71),因此不能按式(9－66)中取 $k = 1,2,\cdots,n$ 的顺序,并通过变换来确定 φ_k的值。取:

$$Q_n(k)=P_n(a^{k-1}(\bmod(n+1)))\quad(k=1,\cdots,n)\tag{9-72}$$

可以证明 $Q_n(k)$ 与 $P_n(k)$ 的布点是相同的，因此按 $k=1,2,\cdots,n$ 的顺序，由 $Q_n(k)$ 通过变换就可确定 φ_k 的值。

(3) 为了使输入信号能充分地激励过程模态，希望输入信号具有一定的统计优良性，例如上述 A 最优或 D 最优特性。因此，在选择原根时，还需考察其 A 最优或 D 最优特性。表 9-4 给出了同时具有 D 最优、A 最优或/和均匀性最优的部分原根，该表由丁元 1986 年应用概率统计文献中的附表推出，其中 ADU 表示同时具有 A、D 和均匀性最优，其余符号类推。

表 9-4 最优原根

水平数	因素数	ADU	DU	AD
4	2	2		
6	2	3		
	3	3		
10	2	7		
	3			
	4	7	7	
	5	7		
12	4	6		
	5	6		
	6	6		
16	3	10		
	4			
	5			
	6		10	11
	7	10		11
	8	10		
18	4			
	5		14	
	7	14	2	
	8		14	
	9		14	

4. 设计举例

设系统模型为

$$y_k=\theta_1u_k+\theta_2u_{k-1}+\theta_3u_{k-2}+e_k\tag{9-73}$$

要求 $|u_k|\leqslant U$，并取最少的采样点进行实验设计。则由表 9-4 可选 6 水平 3 因素的实验设计方案，此时 $n=6,s=3$，最优原根为 3。由公式(9-72)

和(9－66)可得

$$\begin{bmatrix} Q(1) \\ M \\ Q(6) \end{bmatrix} = (x_{k,i})_{6\times 3} = \begin{bmatrix} 1 & 3 & 2 \\ 3 & 2 & 6 \\ 2 & 6 & 4 \\ 6 & 4 & 5 \\ 4 & 5 & 1 \\ 5 & 1 & 3 \end{bmatrix} \tag{9-74}$$

将 $x_{k,i}$代入变换公式(9－69)中的 x,对应的 u 表示为 $\varphi_{k,i}$,则可得到

$$(\varphi_{k,i})_{6\times 3} = U\begin{bmatrix} -1 & -\frac{1}{5} & -\frac{3}{5} \\ -\frac{1}{5} & -\frac{3}{5} & 1 \\ -\frac{3}{5} & 1 & \frac{1}{5} \\ 1 & \frac{1}{5} & \frac{3}{5} \\ \frac{1}{5} & \frac{3}{5} & -1 \\ \frac{3}{5} & -1 & -\frac{1}{5} \end{bmatrix} \tag{9-75}$$

再由式(9－71)可得输入序列为$\left\{-U,-\frac{1}{5}U,-\frac{3}{5}U,U,\frac{1}{5}U,\frac{3}{5}U\right\}$,当需要更多的采样点时,可以循环利用上述序列,或者从表 9－4 中选取一个水平数更多而因素数为 3 时所对应的最优原根进行设计。例如选 $n=16$,$s=3$ 时,原根为 10,类似地可算出最优输入序列为$\left\{-U,\frac{3}{15}U,\frac{13}{15}U,\frac{11}{15}U,-\frac{9}{15}U,-\frac{5}{15}U,\frac{1}{15}U,-\frac{7}{15}U,U,-\frac{3}{15}U,-\frac{13}{15}U,-\frac{11}{15}U,\frac{9}{15}U,\frac{5}{15}U,\frac{1}{15}U,\frac{7}{15}U\right\}$

9.4.2 光纤速率陀螺实验的均匀设计

光纤速率陀螺是一种新型的角速率感测仪表,在使用之前必须进行实验测试以分析其性能。由于光纤速率陀螺感测角速率的范围较宽,如果对多种角速率下的逐日重复性和逐次重复性进行全面的实验,将会花费太多的实验时间,造成过大的实验开支。为此,我们将均匀设计方法引入光纤速率陀螺的实验设计之中,取得了较好的效果。本小节针对我们所进行的某型光纤速率陀螺实验介绍这一方法。

1. 实验因素和水平

1）因素选择

对光纤速率陀螺实验的目的是测试其指令速率标度因素误差及其逐日重复性、逐次重复性和对称性，由此确定了影响分析结果的四个主要因素，即：测试角速率，逐日重复，逐次重复，正、反转。

2）水平确定

在确定测试角速率水平时，综合考虑实验转台的可控角速率和光纤速率陀螺的角速率感测范围及其常用角速率，可以确定14个水平，见表9－5。表中对应角速率有＊的数据单位为°/h，其余为°/s。

表9－5　角速率水平

水平值	1	2	3	4	5	6	7	8	9	10	11	12	13	14
角速率	15＊	50＊	100＊	0.1	0.3	0.5	1	10	20	30	50	100	150	200

关于逐日重复、逐次重复和正、反转的水平值确定，尽管这些因素都没有一个量的概念，但仍可用水平值代表要测试的内容。

对逐日重复性，取水平值1代表在试验中不考虑逐日重复性，水平值2表示考虑逐日重复性。同样，对逐次重复性，水平值1表示不予考虑，水平值2表示要考虑，对正、反转情况，水平值1表示正转、水平值2表示反转。

2. 实验方案

如果对上节所列每一种角速率水平都测试其逐日重复性、逐次重复性和正、反转对称性，需做14×2×2×2＝112组测试，采用均匀设计方案则只需进行14组测试即可基本达到上述112组测试的效果，具体方法如下。

从方开泰1994年文献中查到$U_{14}^{*}(14^5)$均匀设计表及其对应的使用表，由使用表可知设计表中第1、2、3、5列为4因素14水平的最佳均匀设计。因此，可以以设计表中1、2、3、5列为基础，利用拟水平方法确定本实验方案表。由于本实验除第一个因素为14个水平之外，其余均为2水平，故保持设计表中第1列不变，将2、3、5列中大于7的数用2代替，小于或等于7的数用1代替，即可获得实验方案表，$U_{14}^{*}(14^5)$设计表及实验方案表见表9－6和表9－7。

由表9－7可知，有下述几种类型的转速水平组合（参见表中因素号1、2、3）。

（1）同时考查逐日、逐次重复性的转速水平有2、6、10、14（对应于表中第2、3号因素为2、2）。

（2）只考查逐日重复性的转速水平有3、7、11（对应于表中第2、3号因素为2、1）。

（3）只考查逐次重复性的转速水平有4、8、12（对应于表中第2、3号因素为

表 9-6 $U_{14}^{*}(14^5)$

组号＼列号	1	2	3	4	5
1	1	4	7	11	13
2	2	8	14	7	11
3	3	12	6	3	9
4	4	1	13	14	7
5	5	5	5	10	5
6	6	9	12	6	3
7	7	13	4	2	1
8	8	2	11	13	14
9	9	6	3	9	12
10	10	10	10	5	10
11	11	14	2	1	8
12	12	3	9	12	6
13	13	7	1	8	4
14	14	11	8	4	2

表 9-7 实验方案表

组号＼因素号	1	2	3	4
1	1	1	1	2
2	2	2	2	2
3	3	2	1	2
4	4	1	2	1
5	5	1	1	1
6	6	2	2	1
7	7	2	1	1
8	8	1	2	2
9	9	1	1	2
10	10	2	2	2
11	11	2	1	2
12	12	1	2	1
13	13	1	1	1
14	14	2	2	1

1、2）。

（4）不用考虑逐日、逐次重复性的转速水平有 1、5、9、13（对应于表中第 2、3 号因素为 1、1）。

对于需要考查逐日重复性的转速水平，需分两天在同一时间段各做一次实验，对于需要考查逐次重复性的转速水平，则需在同一天上、下午各做一次实验。考虑到每天上、下午分别只能做 4 个水平转速的实验，所以实验共分 4 天完成，具体安排见表 9-8。表中带负号的水平对应于表 9-7 中第 4 号因素为 2 的情况，它表示对应的实验取反向转速。例如，第一天上午中有 -2 一项，表示应在第一天上午进行转速为 -50°/h 的一次实验。

表 9-8 各水平对应实验时间表

	第一天	第二天	第三天	第四天
上午	-2，-10，6，14	-2，-10，6，14	-1，-9，5，13	-8，4，12
下午	-2，-10，6，14	-3，-11，7	-3，-11，7	-8，4，12

3. 数据分析

1）零位电压

由于陀螺的零位特性特别重要，需作特殊的测试处理，因此本实验方案中未把零位特性的测试考虑在内,不过在下面的数据分析中需要用到零位电压。本实验假定已通过特定的测试获得了零位电压。

2）标度因子及其误差

有两种方式求得标度因子及其误差。一种方式是在假定零位电压已知的情况下,将所有实验中的采样电压数据减除零位电压之后除以对应的角速率(包括正、负号),获得相应采样点的标度因子,再对所有采样点的标度因子求均值和方差,即得总体标度因子和误差特性。另一种方式是对所有实验中的采样电压数据与相应角速率建立一次线性回归方程,设为

$$U = U_0 + k\omega$$

式中:U 表示输出电压;ω 表示输入角速率;U_0表示由采样数据所确定的零位电压;k 为整体标度因子。将所有采样点的标度因子与 k 比较可得标度因子的误差特性。

3）逐日重复性

对第一天上午实验所得标度因子与误差方差和第二天上午所得相应结果及对第二天下午实验所得标度因子与误差方差和第三天下午所得相应结果进行比较,若变化显著,则表明陀螺的逐日重复性不好,反之则认为逐日重复性是好的。

4）逐次重复性

与对逐日重复性的判断类似,比较第一天上午与下午的实验结果和第四天上午与下午的实验结果,若变化显著,则表明陀螺的逐次重复性不好,反之则认为逐次重复性是好的。

5）正、反转对称性

比较所有正转实验所得标度因子与误差方差和所有反转实验所得相应结果,若变化显著,则表明陀螺的对称性不好,反之则较好。

上述3、4、5中对标度因子的变化显著性检验可采用 u 检验法或 t 检验法,对方差的检验可采用χ^2检验法或 F 检验法。

通过对某型光纤速率陀螺的实测数据计算,我们获得了相应的零位电压、标度因子及其误差均方差,分析表明实测结果与规格说明书数据基本吻合,而且其逐日重复性、逐次重复性和正、反转对称性均较好。

总结:均匀设计是一种适应于多因素多水平而实验次数较少的实验设计方法。该方法的出现只有十几年的历史,其理论还在发展,有许多问题有待研究。与常用的正交设计方法相比,均匀设计方法没有考虑实验点的整齐可比性,但其实验点在试验范围内散布更加均匀,因而有其独特的优点。这一方法正在我国日趋普及,成为实验设计的主要方法之一,并已成功地应用于医药、航天、化工、纺织和军事科学等领域。该方法的应用领域还在进一步拓宽,以期在更多的领域创造更大的价值。

第10章 遥感观测系统控制论表达的一体化

中国是自然灾害多发国家,尽管我们有较多的地球观测手段和传感器,但我们常常无法及时准确地监测和报道突然到来的灾害,形成“需要时得不到,得到时不再需要”的尴尬状况。出现这种情况的根本原因:一是依靠现有对地观测系统无法实时得到灾害信息,二是对很多重大自然灾害,现有对地观测系统无法获取有效数据。所以,对实时化和智能化对地观测系统的需求迫在眉睫。基于此,本章主要表述以下几个方面的内容:(1)遥感观测与平台控制系统,简要介绍几类遥感平台和传感器;(2)实时化智能化的模型基础,传感器、观测对象、信息处理的一体化与自动化理论研究;(3)数据获取的实时化基础,从数据获取、序列信息处理、图像信息处理等方面进行表述;(4)无人机遥感设备的自动化控制系统,从无人机遥感平台组成、多相机控制系统设计、地面仿真结果与分析等方面进行介绍。

10.1 遥感观测及平台控制系统

遥感技术系统主要由遥感平台、传感器和遥感数据的接收、记录与处理系统组成。

10.1.1 遥感平台

遥感平台是指装载遥感传感器的运载工具。遥感平台的种类很多,按平台距地面的高度大体上可分为三类:地面平台、航空平台和航天平台。在不同高度的遥感平台上,可以获得不同面积、不同分辨率、不同特点、不同用途的遥感图像数据。在遥感应用中,不同高度的遥感平台可以单独使用,也可相互配合使用组成立体遥感观察网。常见遥感平台见表10-1。

表10-1 可应用的遥感平台

遥感平台	高度	目的和用途	其他
静止卫星	36000km	定点地球观测	气像卫星(GMS等)
地球观测卫星	500~1000km	定期地球观测	Landsat,SPOT等

（续）

遥感平台	高度	目的和用途	其他
航天飞机	240～350km	不定期地球观测空间实验	
返回式卫星	200～250km	侦察与摄影测量	
无线探空仪	0.1～100km	各种调查(气象等)	
高高度喷气机	10000～12000m	侦察与大范围调查	
中低高度飞机	500～8000m	航空摄影测量、各种调查	
飞艇	500～3000m	空中侦察、各种调查	
直升机	100～2000m	摄影测量、各种调查	
无线遥控飞机	500m 以下	摄影测量、各种调查	飞机、直升机
牵引飞机	50～500m	摄影测量、各种调查	牵引滑翔机
系留气球	800m 以下	各种调查	
索道	10～40m	遗址调查	
吊车	5～50m	近距离摄影测量	
地面测量车	0～30m	地面实况调查	车载升降台

1. 地面平台

置于地面上和水上的装载传感器的固定的或可移动的装置叫做地面遥感平台，包括三角架、遥感塔、遥感车等，高度一般在 100m 以下，主要用于近距离测量地物波谱和摄取供试验研究用的地物细节影像，为航空遥感和航天遥感作校准和辅助工作。通常三角架的放置高度在 0.75～2.0m 之间，在三角架上放置地物波谱仪、辐射计、分光光度计等地物光谱测试仪器，用以测定各类地物的野外波谱曲线；遥感车、遥感塔上的悬臂常安置在 6～10m 甚至更高的高度上，在这样的高度上对各类地物进行波谱测试，可测出地物的综合波谱特性。为了便于研究波谱特性与遥感影像之间的关系，也可将成像传感器置于同高度的平台上，在测定地物波谱特性的同时获取地物的影像。

2. 航空平台

悬浮在海拔 80km 以下的大气（平流层、对流层）中的遥感平台叫做航空平台。它包括飞机和气球两种。航空平台具有飞行高度较低、地面分辨率较好、机动灵活、不受地面条件限制、调查周期短、资料回收方便等优点，应用非常广泛。

1）气球

早在 1858 年，法国人就开始用气球进行航空摄影。气球上可携带摄影机、摄像机、红外辐射计等简单传感器。气球按其在空中的高度分为低空气球和高空气球两类：发送到对流层及其以下高度的气球称为低空气球，大多数可用人工控制在空中固定位置上进行遥感，其中用绳子拴在地面上的气球叫做系留气球，最高可升至地面上空 5000m 处；发送到平流层以上的气球称为高空气球，大多是自由漂移的，可升至 12000 ~ 40000m 高空。

2）飞机

飞机是航空遥感的主要遥感平台。用于遥感的飞机有专门设计的，也有将普通飞机根据需要改装的。航空遥感对飞机性能和飞行过程有特殊的要求：如航速不宜过快，稳定性能要好；续航能力强，有较大的实用升限；有足够宽敞的机舱容积；具备在简易机场起飞的能力及先进的导航设备等。飞机遥感具有分辨率高、不受地面条件限制、调查周期短、测量精度高、携带传感器类型样式多、信息回收方便等特点，特别适用于局部地区的资源探测和环境监测。按照飞机飞行高度不同，可分为低空飞机、中空飞机和高空飞机。

3. 航天平台

位于海拔 80km 高度以上的遥感平台称为航天平台，航天平台上进行的遥感是航天遥感。航天遥感可以对地球进行宏观的、综合的观察。航天平台主要有高空探测火箭、人造地球卫星、宇宙飞船、空间轨道站和航天飞机等。

1）高空探测火箭

探测火箭飞行高度一般可达 300 ~ 400km，介于飞机和人造地球卫星之间。火箭可在短时间内发射，可以利用好天气快速遥感，不受轨道限制，应用灵活，可对小范围地区遥感。但由于火箭上升时冲击强烈，易损坏仪器，而且付出的代价大，取得的资料不多，所以火箭不是理想的遥感平台。

2）人造地球卫星

人造地球卫星在地球资源调查和环境监测中起着主要作用，是航天遥感中应用最广泛的遥感平台。按人造地球卫星运行轨道高度和寿命，可分为三种类型：

（1）低高度、短寿命卫星：轨道高度为 150 ~ 350km，寿命只有几天到几十天。可获得较高地面分辨率的图像，多数用于军事侦察，最近发展的高空间分辨率小卫星遥感多采用此类卫星。

（2）中高度、长寿命卫星：轨道高度为 350 ~ 1800km，寿命在 1 年以上，一般在 3 ~ 5 年。属于这类的有陆地卫星、海洋卫星、气象卫星等，是目前遥感卫星的主体。

（3）高高度、长寿命卫星：也称为地球同步卫星或静止卫星，高度约为 36000km，寿命更长。这类卫星已大量用作通信卫星、气象卫星，也用于地面动态监测，如监测火山、地震、林火及预报洪水等。

这三种类型的卫星，各有不同的优缺点。其中高高度、长寿命卫星的突出特点是在一定周期内，对地面的同一地区可以进行重复探测。在这类卫星中，气象卫星以研究全球大气要素为目的；海洋卫星以研究海洋资源和环境为目的；陆地卫星以研究地球资源和环境动态监测为目的。这三者构成了地球环境卫星系列，它们在实际应用中互相补充，使人们对大气、陆地和海洋等能从不同角度以及它们之间的相互联系，来研究地球或某一个区域各地理要素之间的内在联系和变化规律。

3）宇宙飞船（包括航天站）

载人宇宙飞船有“双子星座”飞船系列、“阿波罗”飞船系列、天空实验室、“礼炮”号轨道站及“和平”号空间站等。它们较卫星优越之处是：有较大负载容量，可带多种仪器，可及时维修，在飞行中可进行多种试验，资料回收方便。缺点是：一般飞船飞行时间短（7～30d），飞越同一地区上空的重复率小。但航天站可在太空运行数年甚至更长时间。

4）航天飞机

航天飞机是一种新式大型空间运载工具，是由三部分组成的三级火箭。其主体——轨道飞行器可以回收，两个助推器也可回收，重复使用，这是它的优点之一，如图 10－1 所示。

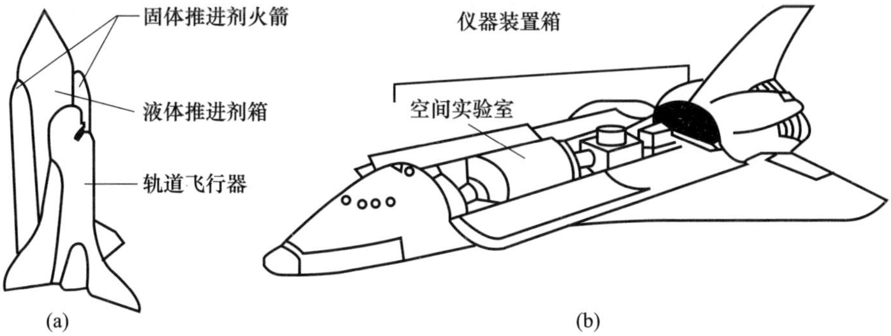

图 10－1　航天飞机模型图

航天飞机有两种类型。一种不带遥感器，仅作为宇宙交通工具，将卫星或飞船带到一定高度的轨道上，在轨道上对卫星、飞船检修和补给，在轨道上回收卫星或飞船等。另一种携带遥感仪器进行遥感探测。航天飞机是火箭、载人飞船和航空技术综合发展的产物。它像火箭那样垂直向上发射，像卫星和飞船那样在空间轨道上运行，还像飞机那样滑翔降落到地面，具有三者的优点。它是一种灵活、经济的航天平台。自 1981 年 4 月以来，美国已经发射过“哥伦比亚”号、“发现”号、“挑战者”号、“亚特兰蒂斯”号和“奋进”号等航天飞机。现在，美国已停飞其所有的航天飞机。苏联也曾成功地进行了无人驾驶航天飞机的飞行实验。

10.1.2 遥感传感器

传感器(Sensor)也叫敏感器或探测器,它是收集、探测并记录地物电磁波辐射信息的仪器,是遥感技术系统的核心部分,它的性能制约着整个遥感技术的能力。遥感的能力包括传感器探测电磁波波段的响应能力,传感器的空间分辨率和物理分辨率,传感器获取地物电磁波信息量的大小和可靠程度,以及遥感成像方式等。

1. 传感器组成

传感器的种类很多,但从其结构上看,基本上都由收集器、探测器、处理器、输出器等器件组成,只有摄影方式的传感器探测与记录同时在胶片上完成,无需在传感器内进行信号处理。

1) 收集器

地物辐射的电磁波,无论是反射、发射还是回反射,在空间是向各个方向传播的,传感器在空间特定的平台位置上,要接收地物的电磁波必须要有一个收集器。该系统的功能在于负责收集或接收目标物发射或反射的电磁辐射能,并把它们进行聚焦,然后送往探测系统。传感器的类型不同,收集器的设备元件不一样,最基本的收集元件是透镜(组),反射镜(组)或天线。摄影机的收集元件是凸透镜;扫描仪用各种形式的反射镜以扫描方式收集电磁波,雷达的收集元件是天线,二者都采用抛物面聚光,物理学上称抛物面聚光系统为卡塞格伦系统。如果进行多波段遥感,那么收集系统中还包含按波段分波束的元件,一般采用各种色散元件和分光元件,例如滤色镜、棱镜、光栅、分光镜、滤光片等光学元器件和工具。

2) 探测器

传感器中最重要的部分就是探测元件(系统),探测元件是真正接收地物电磁辐射的器件,它的功能就是能量转换,测量和记录接收到的电磁辐射能。根据光物作用的不同效应,常用的探测元件有感光胶片、光电敏感元件、固体敏感元件和波导。不同探测元件有不同的最佳使用波段和不同的响应特性曲线波段。探测元件之所以能探测到电磁波的强弱,是因为探测器在电磁波作用下发生了某些物理或化学变化,这些变化被记录下来并经过一系列处理,便成为人眼能看到的相片。

3) 处理器

处理器的主要功能是负责将探测器探测得到的化学能或电能等信息进行加工处理,即进行信号的放大、增强或调制。在遥感器中,除了摄影使用的感光胶片，由于从光输入到信号记录，无须进行信号转换之外（但需经过暗室处理、放大），其他的传感器都有信号转换问题。光电敏感元件，固体敏感元件和波导输出的都是电信号（电压或电流），从电信号转换到光信号必需要有一个信号转换系统。这个系统可以直接进行电光转换，也可以进行间接转换，先记录在模拟磁带或数字磁带上，再经磁带回放，仍需经电光转化，输出光信号。因此最主要的信号转换系统是光电转换器。光电转换一般通过氖灯管，显像管等实现，输入的电信号在输出时或经光机扫描时序输出光点，或经电子扫描在荧光屏上输出整幅图像。目前很少将电信号直接转换记录在胶片上，而是记录在模拟磁带上，磁带回放制成胶片的过程可以在实验室进行，可使传感器的结构变得更加简单。

4）输出器

传感器的最终目的是要把接收到的各种电磁波信息，用适当方式输出，亦即提供原始的资料、数据。输出必须有一定的仪器设备记录。遥感影像信息的输出一般分直接与间接两种方式。直接方式有摄影分幅胶片，扫描航带胶片、合成孔径雷达的波带片；还有一种是在显像管荧光屏上显示，对于荧光屏上的图像仍需用摄影方式把它拍成胶片。间接方式有模拟磁带和数字磁带。模拟磁带回放出来的信息电信号可通过电光转换显示图像；数字磁带记录时要经过模数转换，回放时要经过数模转换，最后仍要通过光电转换才能显示图像。输出器的类型有扫描摄像仪、阴极射线管、电视显像管、磁带记录仪、彩色喷墨记录仪等。

2. 传感器的性能

传感器是遥感技术系统的关键设备，其性能直接影响到遥感全球环境变化“监测分析的需要”。反映传感器性能的指标有很多，其中最重要的且直接影响到应用效果的有三个：空间分辨率、辐射分辨率和光谱分辨率。

1）空间分辨率

空间分辨率是用来表征传感器获得的影像反映地表景物细节能力的指标，定义为影像上能够详细区分的最小单元所代表的地面距离的大小。空间分辨率 m 是由传感器系统的分辨率 n 及传感器工作时的比例尺 s 决定的：

$$m = n/s$$

影像的比例尺可以缩小放大，而空间分辨率是不变的。空间分辨率在不同比例尺的具体影像上的反映叫做影像分辨率。

2）辐射分辨率

辐射分辨率是表征传感器所能探测到的最小辐射功率的指标，指影像记录的灰度值的最小差值。在不同波段，用不同传感器获得的影像辐射分辨率均不相同。灰度记录是分级的，一般分为 2^n 级。灰度分辨率越高，可记录的灰度级别就越多。对可见光波段的影像而言,灰度分为 $2^7=128$ 级,这样的灰度等级足可以满足目视解译的要求,不需要作更精细的划分,也就是说对辐射分辨率要求不高。对热红外遥感而言,灰度变化反映了地物亮度温度的变化,地物亮度温度变化是我们最关注的目标,这时的辐射分辨率(也可称温度分辨率)越高,对地物亮度温度区分得越细,效果就越好。

3)光谱分辨率

光谱分辨率指传感器所用波段数、波长及波段宽度,也就是选择的通道数以及每个通道的波长和带宽。一般来说传感器的波段越多,频带宽度越窄,所包含的信息量越大,针对性越强。多波段相片可以对照分析或进行彩色合成,为目视解译提供方便。目前使用的传感器,特别是扫描仪,少则 3 ~ 5 个通道,多的达 20 甚至上百个通道。

遥感传感器的种类很多,但最基本的传感器有三种典型类型:可见光遥感的摄影机,热红外遥感的扫描仪和微波遥感的合成孔径雷达。它们具有不同的技术水平和特性。

不同的专业选用遥感器时,需要根据地物的波谱特性和必需的地面分辨率来考虑最适当的传感器。对于特定的地物,并不是波段越多、分辨率越高效果就越好,而要根据目标的波谱特性和必需的地面分辨率和灰度分辨率来考虑。在某些情况下,波段太多,分辨率太高,接收到的信息量太大,反而会“掩盖”地物电磁辐射特性,不利于快速探测和识别地物。例如对于海洋进行遥感,微波的几个波段都很重要,但分辨率却不一定像陆地遥感那样高。因此,选择最佳工作波段与波段数,和具有最适当的分辨率的传感器是非常重要的,我们可根据实际情况,扬长避短,配合使用。

10.1.3 遥感数据的接收记录与处理系统

遥感平台及装载在平台上的传感器是遥感技术系统的重要组成部分,但是在整个遥感技术系统中,运载工具及传感器只是一个子系统,要使整个系统运转起来,还必须有控制中心、地面遥测数据收集站、跟踪站、遥感数据接收站、数据中继卫星、数据处理中心、遥感技术中心、遥感技术培训和教育中心及基础研究中心和试验场等子系统。由此可见遥感工作系统是一个庞大的系统,必须了解这个系统的各个部分,才能有效地开展遥感应用工作。下面重点介绍地面接收站、地面图像处理中心。

1. 地面接收站

航空遥感一般采用直接回收的方式回收遥感数据,而卫星遥感则采用视频传输方式回收信息,需要地面接收站接收数据。

遥感数据的地面接收站主要接收卫星发送下来的遥感图像信息及卫星姿态、星历参数等，将这些信息记录在高密度数字磁带上，然后送往数据处理中心处理成可提供用户使用的胶片和数字磁带等。一般接收站的构成包括以下几个部分：天线及伺服系统、接收分系统、记录分系统、计算机系统、模拟检测系统、定时系统、信标塔及其它设备。

为了利用有限的地面接收站，保证卫星实时发送遥感数据，避免卫星上磁带机出现故障时的信息损失，从 Landsat－4 卫星起，开始起用两颗跟踪和数据中继卫星（Tracking and Data Relay Satellite，TDRS），这两颗卫星处于赤道上空 36000km 高度，与陆地卫星进行通信联系，实现全球数据的实时传输。

2. 遥感数据处理中心

数据处理中心除了担负加工处理和生产任务外，同时也是管理中心和发行中心，它必须将数据和资料进行编目、制卡，把高密度磁带存入数据库。采用计算机管理和检索，使巨量的图像资料得到很好的管理，又能为用户查询、购买提供方便。

数据处理中心面向用户、提供服务，其中主要的用户就是各政府部门所属的遥感应用中心，它们负责将遥感图像直接用于本部门的工作。这些部门利用遥感图像进行土地资源调查、农作物估产、灾害监测等，使遥感在国民经济中发挥巨大的作用。

10.2 实时化、智能化的模型基础

10.2.1 一体化与自动化理论

开展对地观测传感器、观测对象、信息处理一体自动化模型建立问题研究，是我国实现突发性重大灾害的实时化智能化对地观测的模型基础，一体化与自动化的系统框图如图 10－2 所示。

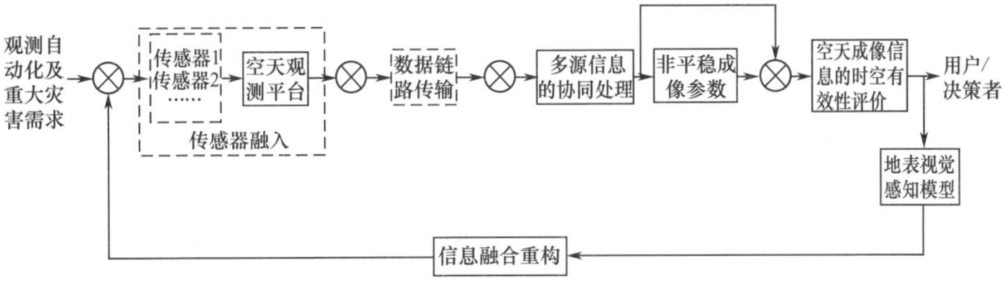

图 10－2　一体化与自动化系统框图

现有对地观测系统工作模式中，空天成像探测和地面信息处理是两个关键环节。通过多源数据融合、信息智能化、实时处理等环节的一体化链接，依次融入观测对象、空天观测网络，最终消除人工环节，从而建立时空信息的天地一体化实时获取处理的闭环模型，并实现地球观测目标对空天传感器的反馈控制。主要包括以下内容。

（1）自动处理序列化输入过程模型：组合方式下多源信息协同处理的机理。

基于多源数据的成像机理以及信号相关理论、尺度空间理论、算法适应性与调度策略，实现有效可靠地对多源空天成像信息进行精确配准，然后完成多源空天成像信息的配准、融合，最后实现多源成像信息的协同数据处理，从而总体上提高对地观测的效率、精度和自动化程度。

（2）自动处理序列化输出过程模型：成像参数非平稳时空随机模型及联合解算机制。

基于成像参数非平稳时空随机模型、多种传感器成像参数联合解算机制、多传感器成像参数联合处理算法等建立非平稳时空随机模型最优估计与空天成像参数联合求解软件试验系统。

（3）观测对象融入自动处理序列化模型：基于地表特征视觉感知模型的空间信息时空有效性评价机理。

基于地物视觉特征在空间域和变换域中的提取、视觉特征和非视觉特征的组合方法、范畴特征的提取、视觉特征感知模型、多尺度分层结构模型等建立成像遥感信息时间序列及其分析、量化成像遥感信息时空不确定性、以及时空有效性的变化检测及类型化。

（4）传感器融入自动处理序列化模型：空天观测网络柔性组合优化原理与方法。

考虑对地观测网络中平台的规律性参数，构建空天观测网络优化组合的参数体系；基于上述参数体系和泛函分析与最优化理论，进行空天观测网络的柔性优化组合。

（5）消除人工环节：传感器、观测对象、自动处理一体化时空闭环控制模型模拟及突发性重大灾害观测目标对空天传感器重构的反馈控制仿真。

采用控制论的思想，以空天观测数据作为输入，以有效性评价作为输出，实现系统的反馈控制。在此基础上，对系统进行时域和频域的分析、静态特性和动态特性分析以及系统稳定性分析，并对控制系统进行优化；建立地球观测时空反馈控制模型仿真平台；实现对地观测系统的实时化和智能化，为空天载荷的定制提供支撑。

对一体化与自动化系统框图求解传递函数如图 10 - 3 所示。

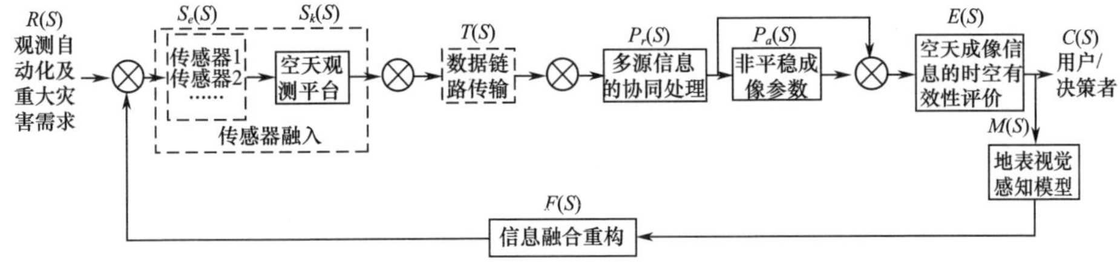

图 10－3　一体化与自动化系统框图及传递函数

多源数据融合、信息智能化、实时处理等环节的一体化链接，依次融入观测对象、空天观测网络，最终消除人工环节，从而建立时空信息的天地一体化实时获取处理的闭环模型，实现地球观测目标对空天传感器的反馈控制。各个环节分别用字母具体表示为：系统输入观测自动化及重大灾害需求 $R(s)$，到最后的系统输出用户/决策者 $C(s)$，中间经过各个传感器 $S_e(s)$ 及空天观测平台 $Sk(s)$，形成传感器的输入环节；从天上到地下，需要经过数据链路传输 $T(s)$，对获得的信息进行多源信息的协同处理 $Pr(s)$；非平稳成像参数 $Pa(s)$ 经过观测对象的融入，以及空天成像信息的时空有效性评价 $E(s)$，并结合地表视觉模型 $M(s)$ 和信息融合重构 $F(s)$ 的负反馈调节系统，最后到达用户/决策者 $C(s)$。字母标注如图 10－3 所示。（各个参数的含义备注如下：需求（Requirement，R）传感器（Sensor，S_e），空天观测平台（Sky，S_k），数据链路传输（Transmission，T），多源信息的协同处理（Processing，P_r），非平稳成像参数（Parameter，P_a），空间成像信息的时空有效性评价（Evaluate，E），地表视觉感知模型（Model，M），信息融合重构（Fusion，F），用户（Consumer，C））利用梅森公式求解传递函数如下：

第一条前向通路增益 $P_1 = S_e(s)S_k(s)T(s)P_r(s)P_a(s)E(s)$

第二条前向通路增益 $P_2 = S_e(s)S_k(s)T(s)P_r(s)E(s)$

第一条回路增益 $L_1 = -S_e(s)S_k(s)T(s)P_r(s)P_a(s)E(s)M(s)F(s)$

第二条回路增益 $L_2 = -S_e(s)S_k(s)T(s)P_r(s)E(s)M(s)F(s)$

得到传递函数如下：

$$\frac{C(s)}{R(s)} = \frac{\sum_{k=1}^{2} P_k \Delta_k}{\Delta} = \frac{P_1 + P_2}{1-(L_1+L_2)} =$$

$$\frac{S_e(s)S_k(s)T(s)P_r(s)P_a(s)E(s) + S_e(s)S_k(s)T(s)P_r(s)E(s)}{1 + S_e(s)S_k(s)T(s)P_r(s)P_a(s)E(s)M(s)F(s) + S_e(s)S_k(s)T(s)P_r(s)E(s)M(s)F(s)}$$

10.2.2　基于观测对象驱动的智能化基础

灾害监测所需的探测谱段和成像方式的智能化选择、组合与可调整首先面对的是光谱分辨率、空间分辨率相互制约及被动式遥感不定解的病态特征问题。在智能化模型基础建立的条件下，提升我国重大灾害的对地观测现有感知手段的智能化（图 10－4）。主要包括以下内容。

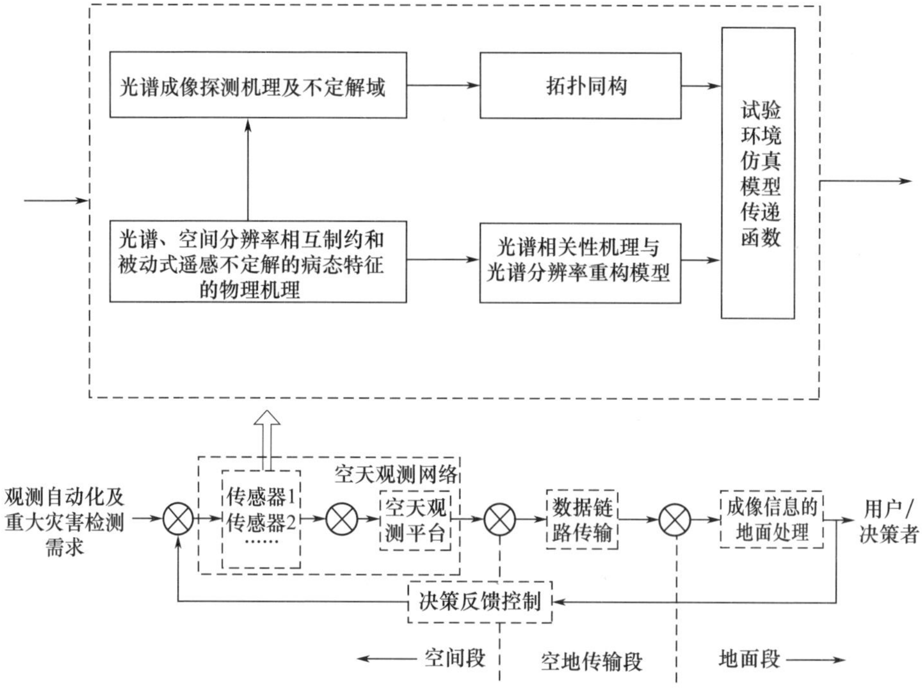

图 10－4　光谱扩展与重构的智能传感器机理

（1）复杂地物波谱组合探测的原因：光谱、空间分辨率相互制约和被动式遥感不定解的病态特征的物理机理。

基于突发性重大灾害检测对象的波谱反射特征，分析主被动光谱成像模型中的不确定性因子、辐射传输方程及输入参数数量对定量反演结果的影响规律，分析光谱分辨率和空间分辨率相互制约的系统化规律，从而在确定的高空间分辨率条件下，进行有限谱段探测和智能化谱段选择、扩展、填充和缩放的成像。

（2）波谱混合的可控选择：基于可调谐单频激光源的主动式光谱成像探测机理及不定解域。

研究激光光源的线宽对光谱分辨率的影响；研究激光光源的脉冲能量、发散角、传感器视场与系统信噪比和空间分辨率的关系；研究探测器的光谱响应、激光脉冲能量的不稳定性对探测结果的影响；研究光源—目标—探测器之间的角度对探测结果的影响；研究背景光对不同波长光反射谱的影响；确定该类主动可调谐探测中不定解参量的域空间相对被动式、主动非调谐式探测的不定解域空间减少的规律和机理。

(3) 波谱混合的可控移植：基于白光激光光源的主动光谱成像探测类相似性机理及谱段扩展不定解域的拓扑同构。

围绕光在光源—目标—探测器系统中的能量传递过程，重点研究光源—目标—探测器体系中的辐射传递函数，实现可调谐光谱成像手段向可见光谱段的可控移植；白光与红外谱段探测的机理差异和类相似性特征，研究谱段扩展的不定解域的拓扑同构能力，为波谱混合的可控移植向更大谱段扩展提供理论依据。

(4) 波谱填充的可控缩放：基于高空间分辨率条件下的光谱相关性机理与光谱分辨率重构模型。

在高空间分辨率条件下，同一仪器的有效探测谱段减少或光谱分辨率下降，因此需要研究相邻谱段的相似性或相关性机理；研究相关间隙谱段的波谱填充机理，研究基于多光谱数据的光谱和超光谱重构的成像模型机理；研究主动可调谐激光光源获取多光谱数据的波长位置、带宽、波段数量对光谱重构的精度影响；基于不同观测需求确定超光谱重构数学模型。

(5) 观测对象驱动的智能感知：基于成像光谱扩展和重构的新型传感器波谱模拟和匹配试验环境搭建、模型仿真及传递函数建立。

基于以上光谱成像模型，构建基于成像光谱扩展和重构的智能化传感器机理试验环境，建立仿真模型及传递函数，以最小的信息冗余获取有效光谱信息。同时考虑一些突发性重大灾害目标特征对多种谱段的不同反射特性，提供交叉试验环境，为相关领域的研究提供试验仿真平台。例如，激光红外(探测热源灾害)、白光(探测旱灾)，多谱段(探测水灾)、多/高光谱(伪装目标探测)和新填充谱段等观测机理研究及试验。

10.2.3 基于传感器物理手段的智能化基础

灾害监测所需的探测谱段和成像方式的智能化选择、组合与可调整机理面对的是不同探测手段融合、交叉及广域谱段新探测方法形成的物理基础问题。在此基础上提出我国突发性重大灾害的对地观测感知方式创新与智能化扩展的基础。如图 10-5 所示。

以太赫(THz)和超低频这两个谱段作为突破点进行研究。太赫谱段位于微波与红外谱段之间，可用光学成像手段，也可用微波手段来实现探测。通过研究太赫谱段可以建立两种探测手段之间的联系，探索新的对地观测手段，进而研究不同探测手段的融合贯通机理。超低频谱段位于电磁波谱的极低端，具有很多现有成熟探测谱段不具有的特点，是对地观测技术亟待研究和扩展的手段之一。

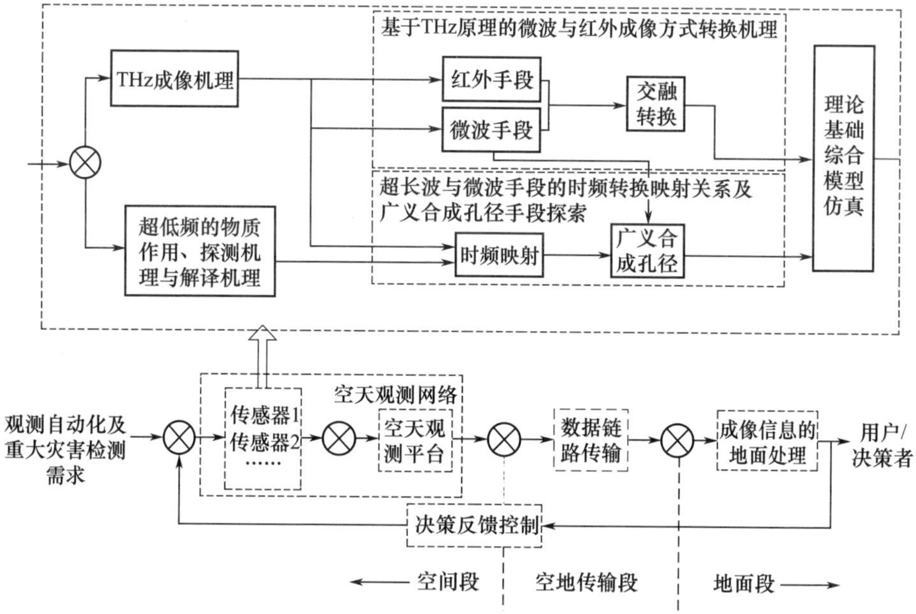

图 10-5　探测方式融合的物理基础与特殊谱段扩展映射的电磁波谱模型机理

利用超低频探测手段,可研究它与地球观测常规手段的时频转换映射关系以及特殊谱段扩展映射的理论模型,为丰富对地观测手段提供物理试验手段,同时为研究广义合成孔径探测手段提供基础。主要研究内容如下。

(1) 新的典型成像手段探索:微波与红外谱段之间的太赫成像探测机理及试验环境搭建。

研究太赫谱段在对地观测中的物理机理和作为遥感探测手段的基础理论问题,以及太赫时域光谱探测及辐射成像机理,实现太赫的光学成像方式、微波探测方式和电光探测方式的仿真和试验。

(2) 两大类成像手段互补:基于太赫探测原理的微波与红外成像方式转换机理。

在认清太赫成像方式机理的基础上,研究微波与红外探测方式转换及两种探测方式融合的机理。

(3) 超长波成像手段探索:基于超低频电磁波的物质作用、探测机理及解译方法。

研究天然源超低频电磁波的产生、传播及其与物质相互作用的物理机理,在已积累大量试验数据的基础上,设计揭示超低频电磁波在固体、液体、气体介质中传播规律实验方案。建立基于视电阻率的地下深部一维、二维固体、液体、气体介质电性参数综合反演模型。

(4) 广域谱段成像方式延伸:超长波与微波手段的时频转换映射关系及广义合成孔径手段探索。

基于超低频电磁波探测及地球观测常规手段的对比研究,进行对地观测手段的时频转换映射关系研究。研究合成孔径探测手段向超低频谱段扩展的机理,探索适合该探测方式扩展的极限谱段;同时探索向红外可见谱段扩展的可能性。

(5) 传感器物理手段驱动的智能感知:探测方式融合与特殊谱段扩展映射的理论基础、综合模型和仿真。

研究微波与红外探测方式转换以及不同探测方式的融合机理;基于超低频探测方式研究,建立特殊谱段扩展映射的理论基础;建立探测方式融合与谱段扩展综合模型;基于探测方式融合与谱段扩展理论,探索新的对地观测手段机理。同时考虑太赫对水气吸收、超低频(超长波)良好穿透性(对诸如一定厚度的覆盖如冰雪覆盖、地震等探测)、广义合成孔径与作用距离无关和云层穿透性等特征,可以通过仿真平台进行交叉特性、手段和机理试验。

10.3 数据获取与处理的实时化基础

10.3.1 数据获取的实时化基础

本部分围绕"观测数据传递、转换、处理的实时化机理",研究如何从原理上缓解受介质影响的成像—存储—再现的 3-2-3 信息传递过程及串行处理方式等对实时性的约束问题,它是信息流自动化的保障,是获取丰富信息的基础,是我国突发性重大灾害的对地观测实时化的数据瓶颈,如图 10-6 所示。

从信息传递过程分析制约地球观测实时性的两个原理方法上的问题,探索从方法上改变这些问题的途径。包括先甄别观测目标、再进行精确信息获取的方法,元件级并行转换压缩方法,以及使三维信息存储空间最小的方法。基于此,考虑成数量级地提升系统的有效性和实时性,为发展下一代成像、探测仪器的研制奠定理论基础。主要研究内容如下。

(1) 数据传递实时性的制约:信息传递 3-2-3 过程和串行处理方式的实时性约束机理及信息效率比分析。

数据传递实时性受两方面制约。首先,受平面图像表达约束,人们不得不采用"3-2-3"维变换的技术路线,即获取三维观测图像,必须进行二维存储;分析再现时又必须恢复为三维。其次,信息传递过程在本质上是串行的,包括压缩

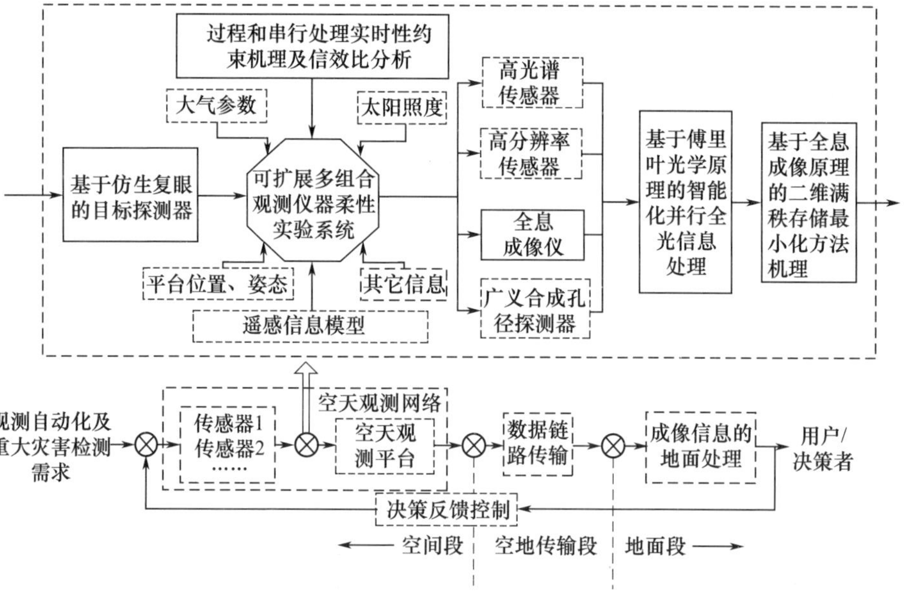

图 10－6　空天观测平台的成像探测实时分析、转换、存储一体化的仪器机理

存储过程;即使是多处理器的并行计算通道,其通道上的物理元件也是串行的。因而,需要研究 3—2—3 维转换及其串行处理的基本原理的数学表达,试图发掘其实时性受约束的要素,为从原理上探索直接 3—3 维变换、或部分 3—2—3 维变换、物理并行传递转换处理方法提供基础。同时需要研究一套信息效率比的判断标准作为信息传递转换分析的判据。

(2) 高分辨率成像的有效控制:基于仿生复眼轮廓表征模式的灾害目标快速探测机理。

通过仿生复眼装置模拟实验,研究昆虫复眼的视觉感知机理,模拟复眼利用低分辨率影像通过简单计算检测目标的过程;根据模型,设计出基于复眼的目标检测算法。基于此可以解决灾害目标快速甄别的问题,驱动高分辨率成像系统进行目标“凝视”的观测,从源头上有效减少常规观测成像带来的巨大的数据冗余。

(3) 信息传递的并行手段:基于傅里叶光学原理的智能化并行全光信息存储、压缩与传输机理。

基于傅里叶光学原理的并行化信息处理的目的在于从平台端提高信息传递效率,它以折射光速实现时频域并行转换,可以研究傅里叶镜阵成像机理,通过不同镜组变换方位的组合探讨其硬件化并行变换压缩函数机理,研究傅里叶镜阵成像过程的波动光学模型构建技术、多光源照明、单孔径接收技术,大气湍流抑制技术等。同时开展干涉测量重构目标图像技术研究，得到目标的高分辨重构图像；研究发射器的延迟机制、发射器与接收器的同步机制、杂散光干扰等因素对高分辨率傅里叶成像系统的误差影响，以实现傅里叶镜阵成像系统的优化设计；进一步探讨并行光信息输出与正在突破的光子计算机直接并行输入的方法。

（4）三维信息的有效存储：基于三维探测全息成像原理的二维满秩存储最小化方法的机理。

全息信息是三维图像基于平面介质存储中所占空间最小的信息表达方式。因此需要利用全息成像原理，研究二维满秩存储最小化方法的机理，研究构建三维全息成像光波再现的物理数学模型，重现原物体逼真的三维像；研究全息存储理论、存储介质像合成及相关技术跟踪、发展光束控制器方法，为全息存储技术在空间信息海量数据存储中的应用提供理论支撑；研究数值全息三维图像动态实时重建，重现物体的真实三维信息。进一步地，为主动式地球观测手段的载波携带全息影像的可能性进行探索，为全息信息直接传递到地面探索可行的方法。

（5）数据获取实时化评价：可扩展的基于空天观测平台的成像探测实时分析、转换、存储一体化的仪器机理与传输模型。

基于上述，探索可扩展的基于空天观测平台的成像探测实时分析、转换、存储一体化的仪器机理与传输模型，为成数量级提高信息时效比提供探索研究和试验的平台。进一步地，研究针对不同任务的传感器选择与柔性组合理论，通过有针对性地选择探测传感器，星上或机上的多传感器数据融合理论与方法，在数据源端降低数据冗余，提高数据有效性和实时性。

求解空天观测网络具体框图的传递函数如图 10－7 所示。

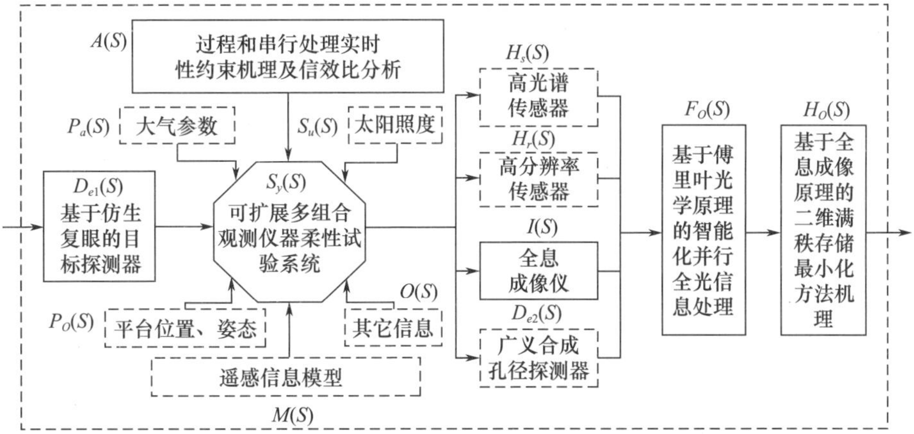

图 10－7　空天观测网络具体框图的传递函数

本问题主要针对空天观测网络具体环节进行分析,各个环节的字母表示如图。求解传递函数如下:

$$P=(A(s)+P_a(s)+S_u(s)+P_o(s)+M(s)+O(s)+D_{e1}(s))S_y(s)$$
$$(H_s(s)+H_r(s)+I(s)+D_{e2}(s))F_o(s)H_o(s)$$

以数据获得的实时化的空天观测网络部分为例,写出其对应的一个具体例子如下。首先定义各个框图的物理含义及量纲:(本例中仅定义了并联框图中的一个高光谱传感器)

(1) 过程和串行处理实时性约束机理及信息效率比分析,时域上用 a 表示(无量纲),频率域中用 $A(s)$ 表示。

(2) 大气参数,以大气密度为例,用 p_a 表示(单位:$\mathrm{kg/m^3}$),频率域中用 $P_a(s)$ 表示。

(3) 太阳照度,以太阳辐射强度为例,用 s_u 表示(单位:W/sr),频率域中用 $S_u(s)$ 表示。

(4) 基于仿生复眼的目标探测器,以记录电压值为例,用 d_{e1} 表示(单位:V),频率域中用 $D_{e1}(s)$ 表示。

(5) 平台位置、姿态,用 p_o 表示(无量纲),频率域中用 $P_o(s)$ 表示。

(6) 遥感信息模型,用 m 表示(无量纲),频率域中用 $M(s)$ 表示。

(7) 其他信息,用 o 表示(无量纲),频率域中用 $O(s)$ 表示。

(8) 可扩展多组合观测仪器柔性试验系统,用 s_y 表示(无量纲),频率域中用 $S_y(s)$ 表示。

(9) 高光谱传感器,以光谱响应函数 $\sin 2(t)$ 为例,输入波长,得到 DN 值(无量纲),频率域中用 $H_s(s)$ 表示。

(10) 基于傅里叶光学原理智能化并行全光信息处理系统,用 f_o 表示(无量纲),频率域中用 $F_o(s)$ 表示。

(11) 基于全息成像原理的二维满秩存储最小化方法机理系统,用 h_o 表示(无量纲),频率域中用 $H_o(s)$ 表示。

在多输入的框图中,进入到可扩展多组合观测仪器柔性试验系统运算之前,需要统一各个输入框图的量纲,需要对有量纲的三个输入量(大气参数,太阳照度及基于仿生复眼的目标探测器)进行量纲换算,分别对应地定义三个权重系数:k_{p_a},k_{s_u},$k_{d_{e1}}$,单位分别为 $\mathrm{m^3/kg}$,sr/W,1/V。通过权重系数的调节,使得多个输入的量纲统一,进入系统,进行下一步的操作。

计算结果如下:

$$P=\left(\frac{a}{s}+\frac{p_a}{s}+\frac{p_o}{s}+\frac{m}{s}+\frac{o}{s}+\frac{s_u}{s}+\frac{d_{e1}}{s}\right)\frac{s_y}{s}\left(\frac{1}{2s}+\frac{s}{4+s^2}\right)\frac{f_o}{s}\frac{h_o}{s}$$

$$=\frac{k}{s^4}\left(\frac{1}{2s}+\frac{s}{4+s^2}\right)$$

$$=k\left[\frac{1}{2s^5}+\frac{1}{s^3(4+s^2)}\right]$$

$$=\frac{k}{2}\frac{1}{s^{4+1}}+\frac{k}{s^3(s-2i)(s+2i)}$$

令 $k=(a+p_a+p_o+m+o+s_u+d_{e1})s_y f_o h_o$

$$L^{-1}[P(s)]=k\left[\frac{t^4}{48}+\frac{t^2}{8}-\frac{1}{2}+\frac{i}{4}\sin 2t\right]$$

10.3.2 序列信息处理的实时化基础

本部分围绕“观测数据传递、转换、处理的实时化机理”，研究被探测信息在空天平台实时处理问题，为我国突发性重大灾害的对地观测实时化寻找突破口，并为地表信息对空天平台信息反馈控制的实现手段提供基础，如图 10－8 所示。

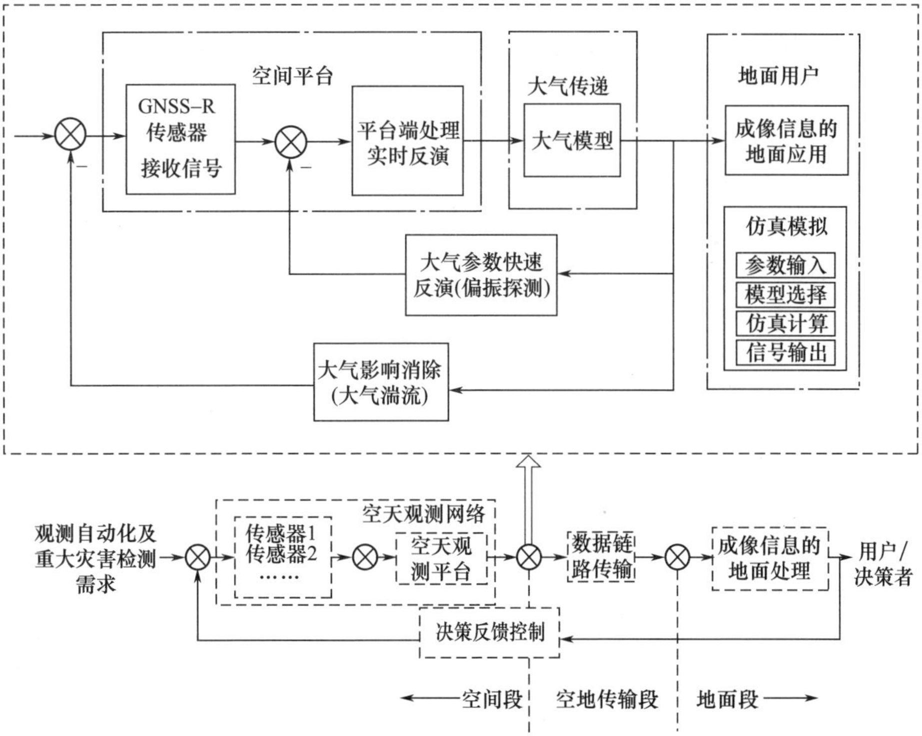

图 10－8 空地平台间回波探测信息自动处理及探测要素的实时反演机理

本部分拟以 GNSS－R(双基雷达微波)遥感实时反演风场、海面高程等探测要素为例,探索对地观测中弱回波信号平台端快速捕获和处理方法;探讨利用偏振遥感等手段实时获取与反演大气参数,为遥感数据提供快速准确的大气校正方法;研究从平台端直接消除大气的部分影响,为平台端的快速信号捕获与处理服务。在此基础上,研究基于 GNSS－R 的平台端探测要素(如海面风场、高程等)的实时反演与处理的新方法与新理论,建立观测平台端信息自动实时处理的仿真系统及控制模型,为进一步的实际应用(如海洋灾害模拟研究)提供科学依据和实验数据。

(1) 实时化探测:GNSS－R 双基雷达微波探测机理及回波信号空天平台端快速捕获。

根据 GPS/BD2 GNSS 卫星信号特性,研究 GNSS L 波段信号海面散射特性,进行双基雷达海面前向散射理论模型评估与仿真分析,建立 GNSS－R 海洋遥感探测机理,进行镜面点实时计算、路径延迟高精度计算、反射信号特性自适应估计,为平台端弱回波信号的快速捕获和处理方法提供理论支撑和技术方法。

(2) 介质作用:基于偏振遥感机理的高精度大气参数实时获取及对探测要素反演的影响。

大气偏振相函数对云和气溶胶等的光学和物理性质十分敏感。利用偏振遥感可以精确且快速地反演大气的光学厚度、散射相函数,单次散射反照率、粒子谱分布等光学与物理性质,建立精确的大气校正模式,对成像中的大气效应进行订正,最大程度地减少大气效应对探测信号质量的影响。

(3) 介质作用降低:大气湍流对探测信号的影响及快速成像方式消除湍流影响的机理与方法。

提出一套基于观测平台端的大气效应消除机理与新方法,为大气部分影响的快速消除提供解决方案。以大气湍流为例,研究利用斑点成像原理从一系列遥感短曝光像中估计原始目标图像的振幅和相位的理论和方法,实现在传感器端对大气湍流作用的消除,并探讨将该方法拓展到微波波段的方法及其可行性。

(4) 灾害观测实时化分析:空天平台端 GNSS－R 海面风场、高程等探测要素的实时反演机理。

针对 GNSS－R 遥感器信号采集功能,选取海面风场进行实时反演,研究数据规整、筛选和野点剔除方法;研究海面风场反演、高程测量应用模式函数及经验模型;研究获取数据与仿真模型精确快速匹配及误差消除方法,建立风场、海面高程等探测要素实时反演机理,从而为相关灾害预测提供方法和理论基础。

(5) 空天平台实时化处理:空地平台间回波信息处理全流程仿真测试及控制模型建立。

研制具有 GNSS 卫星信号预测、遥感几何关系动态仿真以及入射信号、散射信号、遥感器采集信号模拟功能的空地平台间回波信息处理的全流程仿真测试系统,并建立控制模型,为探索信号快速捕获与处理方法、误差影响因子分析及平台端探测要素实时反演机理提供评估手段和模拟测试数据源。基于此,可提供海洋灾害应用模式,建立空地平台间回波信息与台风、海啸等海洋灾害的关联模型。

10.3.3 图像信息处理的实时化基础

本部分围绕"观测数据传递、转换、处理的实时化机理",研究被探测图像在地面自动化批量处理和空天平台实时连续预处理问题,为我国突发性重大灾害的对地观测图像数据实时化连续处理提供基础,为自动处理一体化手段实现提供基础,如图 10-9 所示。

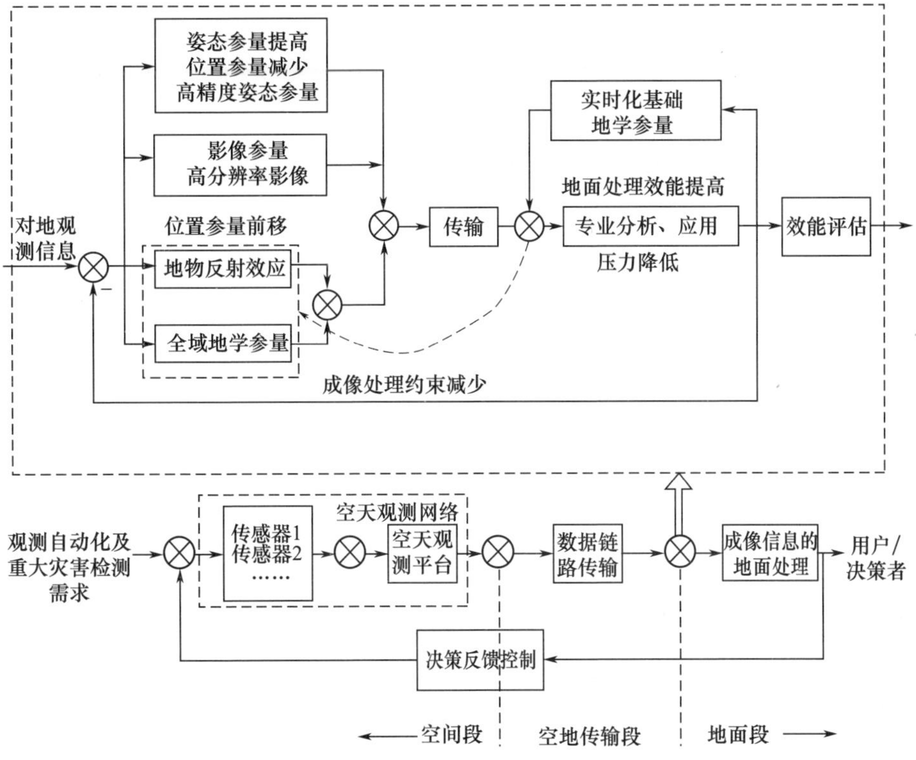

图 10-9 灾害监测影像地面预处理与超高精度姿态参量关联机理及自动处理方法研究

姿态、位置参量共同形成连续性观测影像预处理的要素。目前姿态参量与连续性观测影像共同在观测平台上获得,而高精度位置参量通过地面测量获得,这就决定了观测影像连续性预处理必须在地面进行。为实现观测平台上连续图像的实时预处理,需要研究位置参量在观测平台上获得的方法。具体包括研究高精度的定姿定位新手段及物理基础,探讨定姿定位器件、系统的极限精度及机理,探索高精度定姿定位对提高成像精度、以及对遥感数据地面处理方式的影响,探究从原理上提高成像信息自动化批量预处理和预分析的可能性。探讨利用各类地学参量实现遥感成像参量变革的可能性;探讨遥感参量与遥感影像及地物之间的相互关系,考虑从成像方式变革向成像信息处理方式变革的转换。在地学参量获取方式研究的基础上,重点探索高精度姿态、位置、地学参量提取的物理基础,探究航空航天遥感成像信息对地面位置参量处理前移到观测平台上的理论方法,探索观测平台上实现影像批量预处理的途径。主要研究内容如下。

(1) 实时化基础:姿态、位置参量对实时成像处理的物理约束及破解该瓶颈的多参量匹配融合理论。

为研究姿态、位置参量对实时成像处理的物理约束,在观测平台上取用地形、重力、地磁全域场及偏振仿生导航匹配参量,与姿态参量组合一体,形成多参量匹配融合理论;研究多参量精度与对地观测数据精度之间的耦合关系,建立模型;针对不同突发性重大灾害对于地球观测信息的精度要求,得到所需要的参量精度要求。

(2) 姿态参量的提高:消除有限长光路和比例因子误差源的激光姿态元件的物理基础及实现角秒级绝对精度的机理。

分析激光测角元件无限长光路、捷联工作方式中比例因子误差成数量级小于其他惯性元件(如光纤、挠性陀螺)、重大灾害测量中受环境温度影响极小的特点,对其常值项、角加速度项和指数项的成因进行理论分析;研究激光元件的物理基础,从原理上探讨实现角秒级绝对精度的机理,为批量影像自动处理选择姿态精度最高的元件本体提供基础依据。

(3) 位置参量的减少:基于数字式输出原理的周期细分高精度激光姿态系统原型搭建及降低成像处理约束的模型机理。

探讨激光姿态系统的原型搭建,重点开展误差机理分析、误差建模和补偿等研究,探索以高精度姿态系统为基础降低成像处理约束的模型机理。探索比现有姿态系统(如光纤陀螺系统)高 2 ~ 3 个数量级极限精度的机理,搭建试验条件以获得姿态参量精度与位置参量精度、数量的依存关系,为批量影像自动预处理所需的位置参量选取提供理论依据。

(4) 位置参量的前移:基于全域地学参量提取和地物反射效应的位置参量前移理论及姿态参量在探测平台上的融合。

利用前两点的研究成果,探索成像信息在观测平台连续自动化处理所需的地面位置参量前移理论。例如,利用主动探测载波对地物的反射效应,实现成像位置参量信息的处理前移,使得观测平台高精度姿态参量与前移的位置参量融合一体,从而直接获取有姿态和位置参量的成像数据,为影像预处理及分析在星上或空中连续实时地进行提供基础。

(5) 影像参量:基于全域地学参量二维扩展和连续成像观测的景象匹配特征点高精度参量理论。

将全域场辅助导航推向二维,研究二维位置匹配的方法和途径。研究从图像中提取姿态位置参量的新方法,探讨二维景象包含姿态位置特征的机理,以取代独立的姿态、位置参量,探讨相关参量匹配的新方法及原理依据。

(6) 图像处理实时化:基于平台端成像信息的星、空、地一体化实时预处理试验模拟与无缝参量在优化成像信息处理中的效能评估。

针对各种用户需求,研究并合理设定各种成像信息处理算法性能的评估指标和评定策略;研究无缝参量模型中各个参量在其处理流程中的作用,建立成像信息处理算法性能指标对参量精度变化的响应模型;探求最优化的参量组合,使成像信息处理算法的各项性能指标综合最优。

10.3.4 实时化智能化系统原型

本部分围绕"地球观测实时化智能化的理论基础与突发性重大灾害观测系统模拟、设计、应用的相互依存关系",研究地球观测系统天、地一体的模型表征及突发性重大灾害的实时化智能化手段评价体系。

以反馈控制论思想作为理论基础,研究多平台对地观测系统有效集成的机制与策略,设计综合集成方案,集成项目相关研究成果,并通过"模拟—验证—评估"的方式,分析研究天空地一体化对地观测系统的信息传递关系模型,根据相关的标准和原则检验系统的完备性、一致性和正确性,综合评价高精度、实时、动态对地观测系统的信效比,从而验证是否有效解决"数据量大—有效信息少"矛盾。主要研究内容如下。

(1) 系统控制理论:基于反馈控制论的多平台系统集成方法研究。

借鉴经典控制理论,分析其与对地观测领域之间的相互联系,构建有实际系统支撑的基于空间信息的时空闭环反馈控制论,然后以此为指导,探索复杂系统集成方法,不断构建时空对象之间的反馈闭环,从而形成一个完整的研究模型和方法,并设计形成多平台系统集成方案。

（2）平台建设：基于地球观测时空信号效率比的仿真试验平台构建。

依据复杂系统集成方法，设计一个具体的集成实施方案，并搭建一个模拟平台，实现相关模型、方法及软硬件系统的仿真，为多平台演示、验证和性能评价提供模拟实验环境。

（3）近地验证：基于航空遥感平台的系统集成及验证。

以地面仿真的结果为基础，并结合已有的无人机航空遥感经验，将新型对地观测技术系统集成到无人机航空遥感平台，基于真实环境进行演示、测试、验证和评价，并将验证结论反馈给地面仿真平台，与原有模拟结果进行比较，评价地面仿真环境的正确性和满意度。

（4）评估：高精度、实时、动态对地观测系统的综合效能评估方法。

在航空遥感验证的基础上，以资源环境遥感监测为目标，针对空间观测、数据传输、地面处理和应用服务的完整链路，研究高精度、实时、动态高分辨率对地观测系统的系统增效、一致性、完备性、满意度，提出对地观测系统综合效能评估的模型和方法，搭建对地观测系统综合评估的验证平台。

（5）综合模拟仿真：重大灾害实时监测智能化模拟和地球同步凝视卫星观测的自动化系统仿真。

依据现有卫星所获得的灾害监测数据，利用地面仿真平台进行灾害重现，同时仿真卫星对灾害的监测过程以及与地面之间的信息传输和控制，为灾害发生的规律及卫星监控的效能提供辅助研究。以此为基础，探索地球静止凝聚卫星在高精度、实时、动态等方面的发展及其在灾害监测中实施的可能性。

10.4 无人机遥感设备的自动化控制系统

10.4.1 无人机航空遥感及其系统构成

随着无人机和航空遥感技术的成熟，无人机已经逐渐应用在民用遥感领域。无人机航空遥感也正成为航空遥感的一个热点研究领域。

相对于卫星遥感而言，无人机航空遥感有执行任务灵活的特点，不受轨道周期限制；相对于有人机航空遥感而言，无人机航空遥感运行成本低、飞行姿态稳定，且能在恶劣天气和危险环境下执行任务。目前，无人机航空遥感正逐渐成为航空遥感的重要分支，是遥感数据获取的重要工具之一。无人机航空遥感的运营系统结构如图 10－10 所示。

无人机遥感系统由以下几个子系统组成。

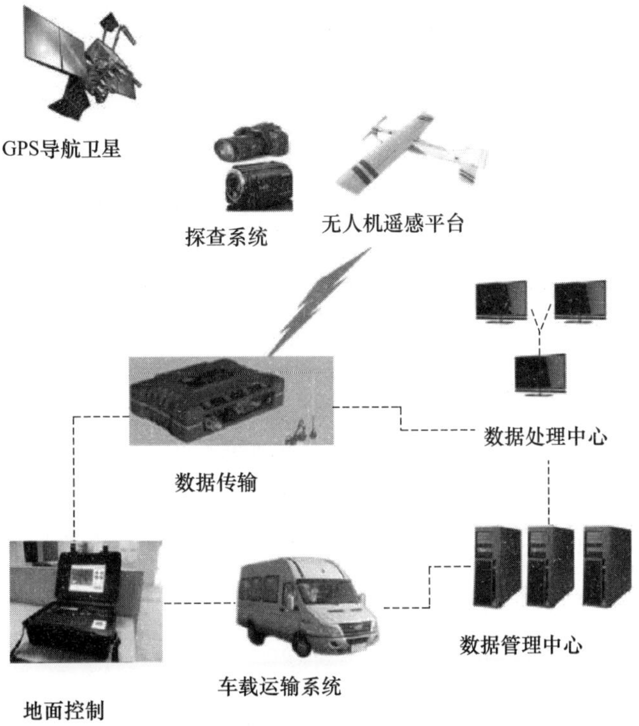

图 10－10　无人机航空遥感的运营系统结构

（1）航迹规划子系统。

航飞前按照遥感应用要求、飞行作业区特点、飞行器和遥感器性能参数，规划出飞行区域与航线、拍摄点，预先加载到无人机地面控制子系统和遥感空中控制子系统，用于控制无人机的飞行和遥感拍摄。

（2）遥感传感器子系统。

无人机遥感系统可以集成的遥感传感器包括数字相机、合成孔径雷达、红外扫描仪、前视红外、摄像机等。

（3）遥感空中控制子系统。

遥感空中控制子系统完成对遥感传感器子系统的控制，如控制遥感传感器的通断电、拍摄方式、拍摄控制，并且接收遥感传感器的快视图数据与拍摄时刻的姿态位置等数据进行打包，然后传送到无人机平台。

（4）压缩解压缩子系统。

压缩解压缩子系统用于实现数据的实时下传，主要由数据压缩板和相应的压缩软件组成。空中遥感控制子系统能够通过调用压缩模块提供的函数接口，利用压缩处理板完成数据的压缩。在地面解压缩模块能及时准确地将机上下传的快视图压缩数据解压。其下一步目标是对遥感原始数据进行压缩和快速下传。

(5) 无人机平台及其地面控制子系统。

无人机平台主要包括飞行器分系统、测控及信息传输分系统、信息获取与处理分系统以及保障分系统。其中信息获取与处理分系统可以集成不同的遥感传感器和其他信息获取装置。测控与信息传输分系统负责将获取的遥感数据和其他飞行器状态数据下传至地面控制站,以及地面遥控信息的上传。

无人机地面控制子系统监控无人机的飞行、接收并转发无人机下传的遥感快视图数据和其他辅助数据。

(6) 数据接收解压缩与实时显示子系统。

在无人机飞行中,处理由无人机地面控制子系统转发的遥感快视图数据和其他辅助数据(如 GPS 定位数据、辅助导航定位数据、无人机飞行姿态、航拍时刻等),对飞行和航摄过程进行实时监控和评估,给地面作业人员提供必要的修正参考数据。

10.4.2 无人机航空遥感空中多相机控制系统设计

1. 系统需求分析和总体设计

本系统用于无人机航空遥感空中相机控制,具有开机自动运行,运行过程中无人为操作。所有涉及的参数都应在飞机起飞前进行配置,如果没有相关配置,系统应设定默认值。用户为无人机航空遥感空中控制系统项目的参与人员。用户应对整个空中控制系统的流程、各相关软硬件的操作十分熟悉,对于有关参数要理解其实际意义。主要功能是实现对 4 台 CCD 相机的控制,将相机拍摄的影像传送到相机管理工控机进行存储,然后生成快视图,并将其传送至空中控制工控机。程序安装在相机管理工控机上,机载空中系统流程图如图 10-11 所示。

2. 分模块设计

1) 02-01 初始化

02-01 模块用于加载程序运行所需要的文件、设备、参数等,包括 CCD 相机 Module 文件,相机、配置文件、网络环境等。如果初始化成功,程序将继续执行,否则程序将无法继续。初始化过程主要包括两部分,Module 对象的加载和配置文件的读取,见图 10-12。

02-01-01 模块为 02-01 的子模块,功能为加载 CCD 相机 Module 文件,包括文件的读取、内存分配、属性检查等步骤,见图 10-13。

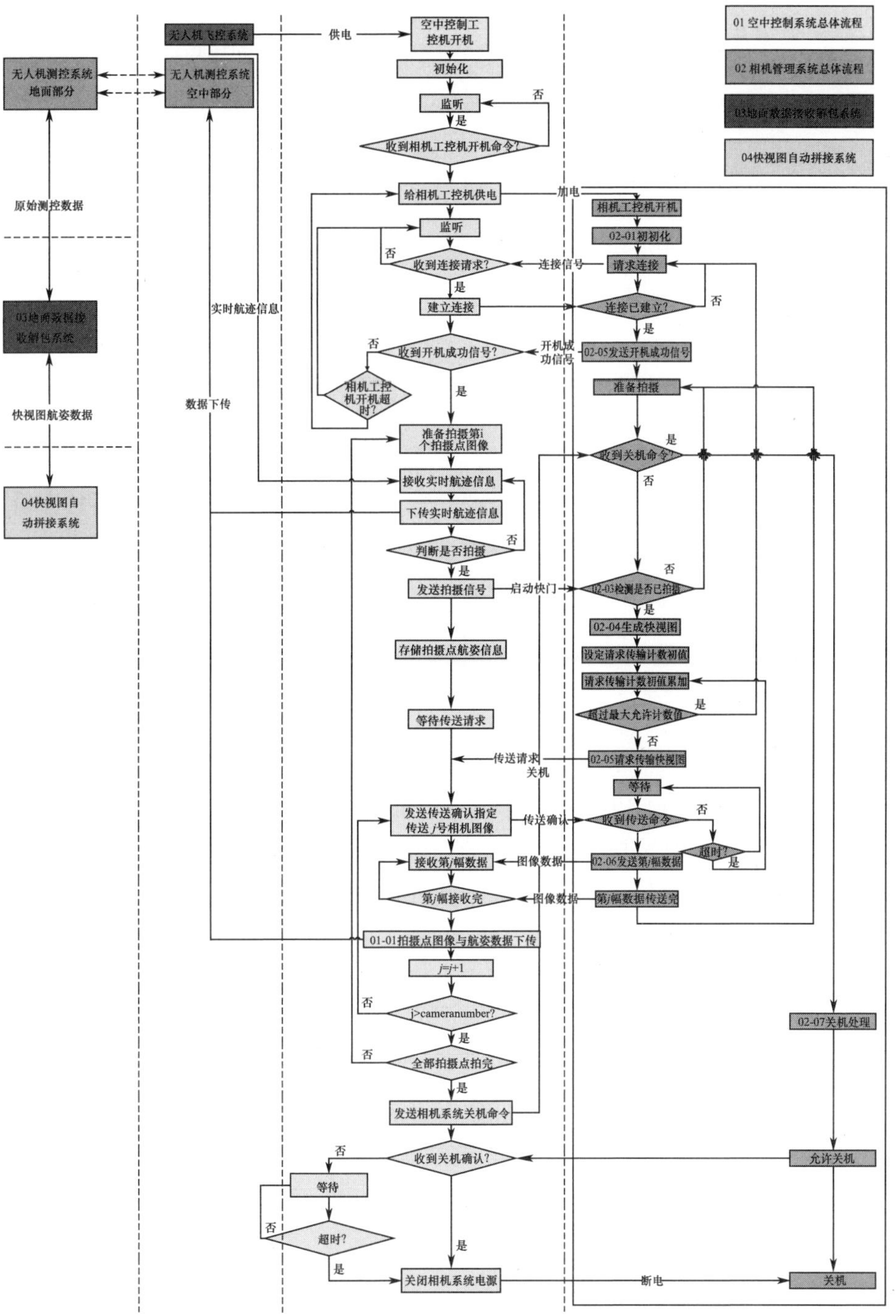

图 10－11　机载空中系统流程图

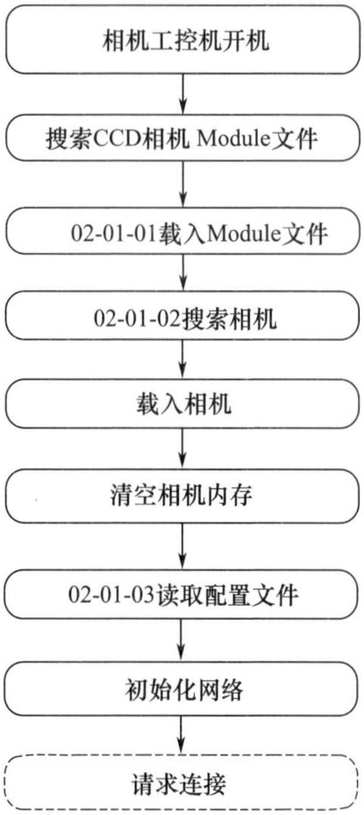

图 10-12　02-01 初始化

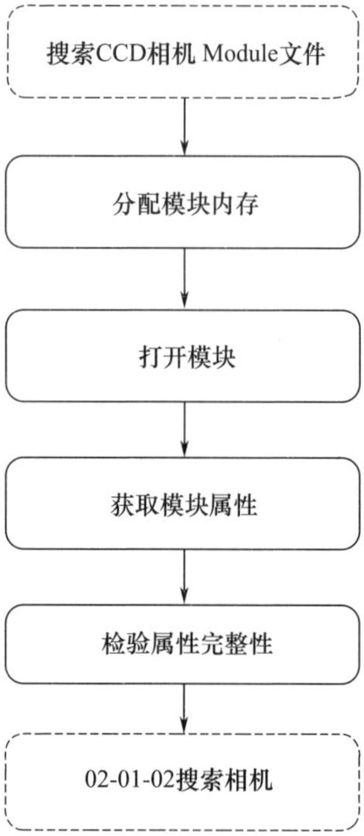

图 10-13　02-01-01 载入 Module 文件

02-01-02 模块为 02-01 的子模块，功能为搜索相机（图 10-14）是否已连接到主机，通过读取 Module 属性的 Source Object（对应物理设备为相机）的个数判断，如果为 0，则当前无相机连接或连接存在故障，如果为 $n(n>0)$，则表示有 n 台相机连接到主机。

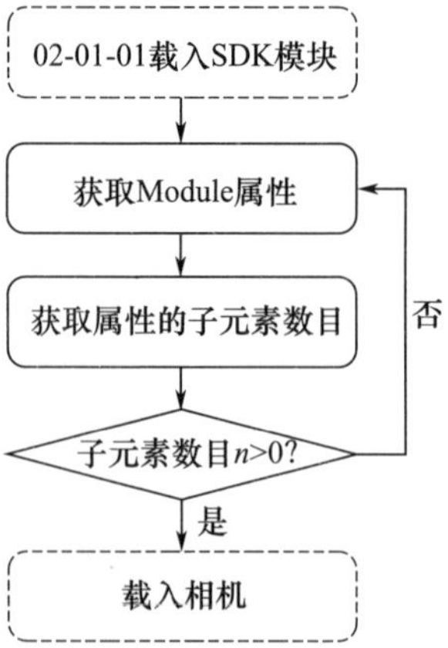

图 10-14　02-01-02 搜索相机

02－01－03 模块为 02－01 的子模块，功能为读取配置文件（图 10－15）中的相关参数，如 IP 地址等。如果搜索不到配置文件，则将相关参数设为默认值。配置文件为 ini 文件。

2）02－02 发送开机成功信号

初始化成功后，程序向空中控制系统发出开机成功信号，见图 10－16。

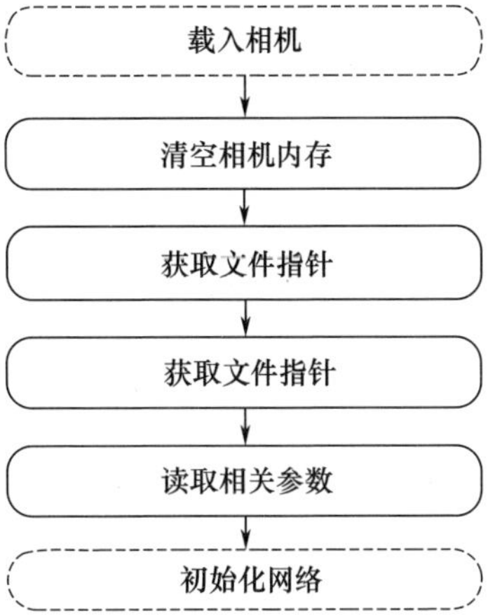

图 10－15　02－01－03 读取配置文件

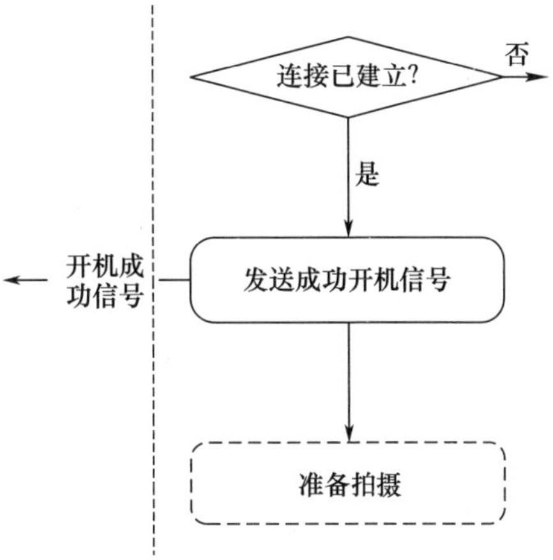

图 10－16　02－02 发送开机成功信号

3）02－03 检测是否已拍摄

02－03 模块通过检测相机内存判断是否已经拍摄照片，该模块是个无限循环过程，直至检测到照片才进入下一步骤，见图 10－17。

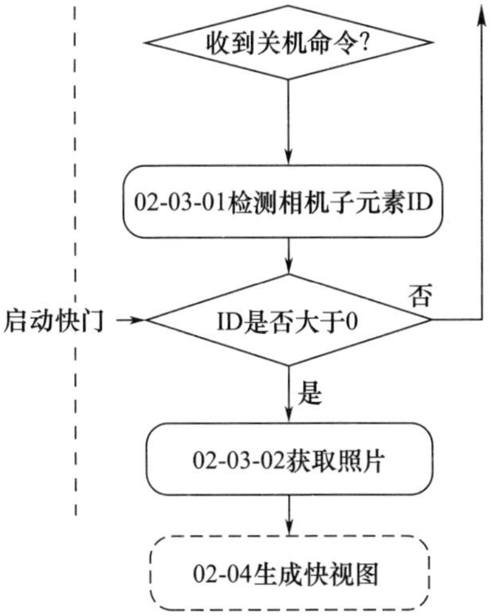

图 10－17　02－03 检测是否已拍摄

02-03-01 模块为 02-03 的子模块,功能为检测内存中是否有已拍摄的照片,通过读取 Source Object 的 Item(对应为图像、声音等文件)的个数判断,如果为 0,则当前没有图像,如果为 $n(n>0)$,则表示有 n 个 Item 对象,见图 10-18。

02-03-02 模块为 02-03 的子模块,功能为从内存中获取照片(图 10-19)将其传输到主机,然后从内存中删除,由于本项目中只拍摄照片,所以 Item 对象即为 Image 文件。

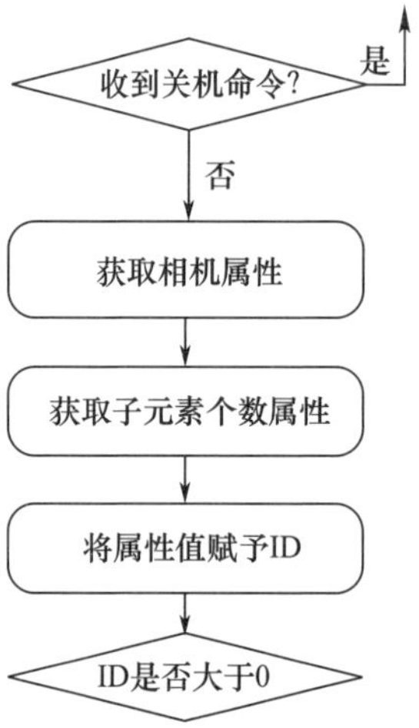

图 10-18　02-03-01 检测相机子元素 ID

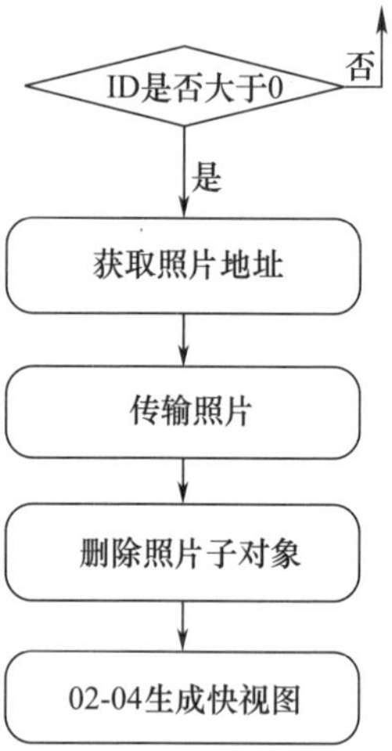

图 10-19　02-03-02 获取照片

4) 02-04 生成快视图

02-04 模块为生成快视图模块,主要步骤为获取图像文件的地址,解析文件结构,获取影像数据,并按照抽样算法生成快视图(图 10-20),算法见 3.2.4。

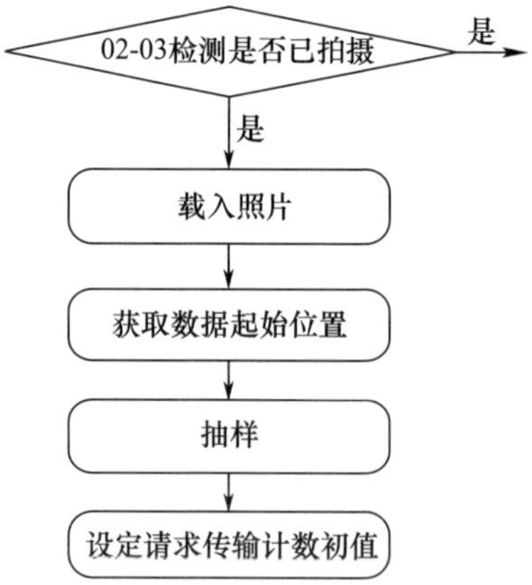

图 10-20　02-04 生成快视图

5）02－05 请求传输快视图

快视图生成后，暂存在内存中，并向空中控制系统发送请求，收然后进入等待状态，见图 10－21。

6）02－06 发送第 j 幅数据

收到传送确定后，02－06 模块将一幅快视图的数据分帧发送，直至最后一帧发送完毕（图 10－22）。数据发送完毕后从内存中删除，本地不保留快视图。

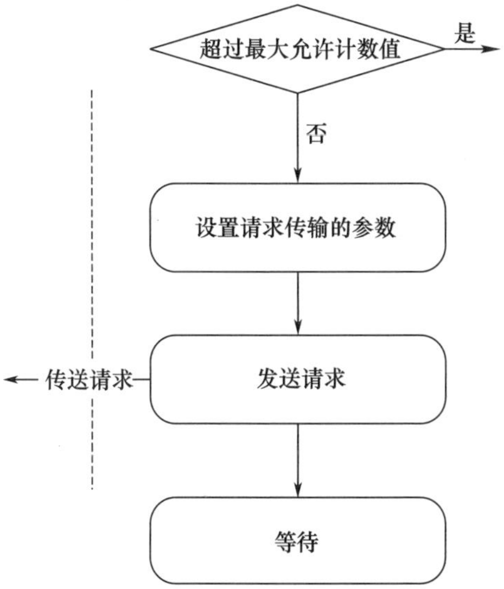

图 10－21　02－05 请求传输快视图

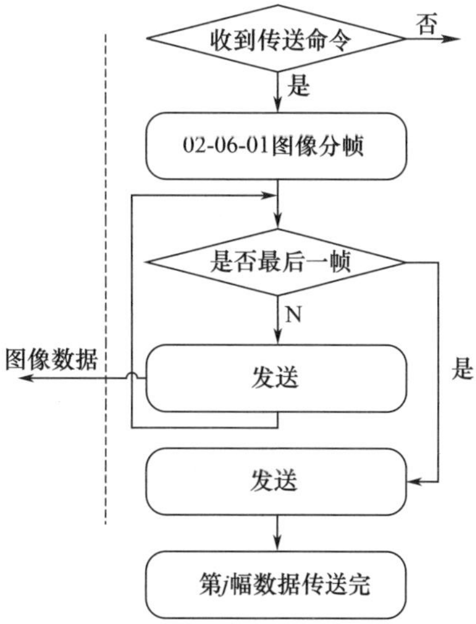

图 10－22　02－06 发送第 j 幅数据

02－06－01 模块为 02－06 的子模块，功能为图像分帧（图 10－23），每一帧数据包括帧头和图像数据两部分。

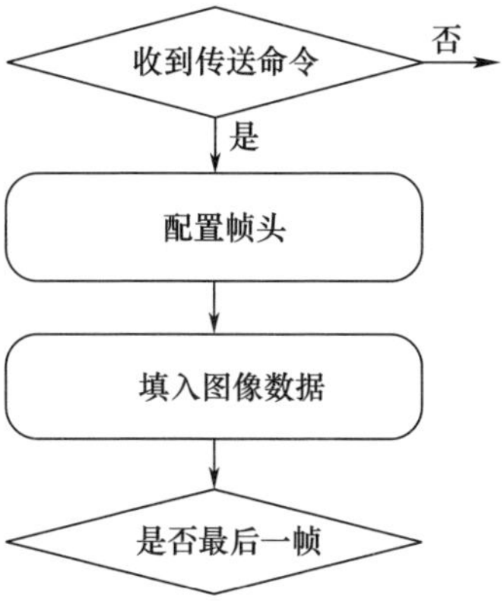

图 10－23　02－06－01 图像分帧

收到关机命令后，程序回收内存，卸载设备，最后关机，见图 10－24。

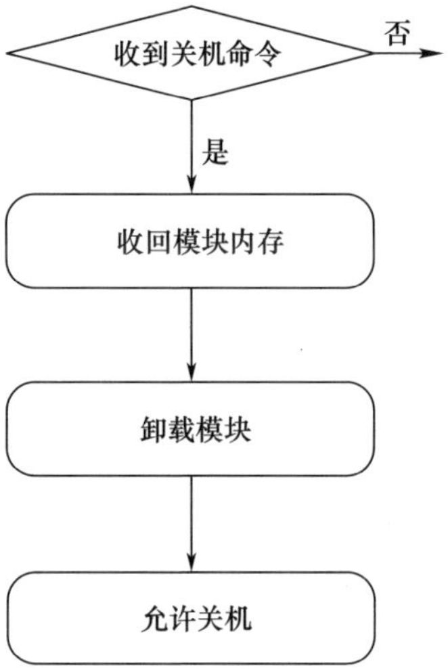

图 10－24　02－07 关机处理

第 11 章　遥感定标控制论

光学遥感作为最具代表性的遥感手段在人类认识地表的生态环境中发挥了不可替代的作用。随着遥感应用的深入,人们已经不满足于仅仅从遥感影像上获取地表的定性信息,而是希望从遥感影像上获得地物的理化特性参数,因此以反演方法和应用为核心内容的定量遥感逐渐成为遥感发展的主流方向。光学遥感的成像过程是成像系统接收地物反射的太阳辐射然后输出数字化遥感影像的能量传输与转化过程。光学遥感的定量化首先需要对成像系统的能量传输与转化过程定量化。传统光学遥感辐射定标模型将成像系统视为黑箱,根据成像系统响应特性采用数据拟合的方法建立了成像系统输出像素值与入瞳辐亮度之间的数量关系。然而,由于该模型是一个数据拟合模型,模型的精度很难评价,而且拟合模型参数没有明确的物理意义,不能表达成像系统参数对成像质量的影响,无法为成像系统的改进和退化机理分析提供理论依据。面对上述光学遥感定量化发展的问题,必须引入系统控制论的方法,对光学遥感成像过程进行深入分析和建模,在严格数学推导的基础上实现对光学遥感成像系统辐射定标模型的系统参量分解,建立完全由成像系统光学参量、电子学参量表达的成像系统输出像素值的完整表达式,在此基础上,详细分析该辐射定标系统参量分解模型的精度、误差来源、系统参数对成像质量的影响。

11.1　遥感定标中的黑箱模型问题

11.1.1　光学遥感成像过程与定量反演

光学遥感成像过程是一个能量传输与转化过程,如图 11－1 所示。光学遥感以太阳为辐射源,太阳辐射的能量以电磁波的形式传播到地表。太阳和地表之间有一层厚度大约为 50km 的大气层,太阳辐射在穿透大气层的过程中受到大气和气溶胶等粒子的散射和吸收作用。不同地物对太阳辐射具有不同的吸收和反射作用,被地物反射的太阳辐射穿过大气之后被航空航天遥感平台上的光学遥感成像系统接收。不同化学成分和空间几何形态的地物对太阳辐射的吸收和反射强度不同,因此地物反射的太阳辐射携带了地物的几何、物理和化学信息,这也是遥感地物参量反演的依据。

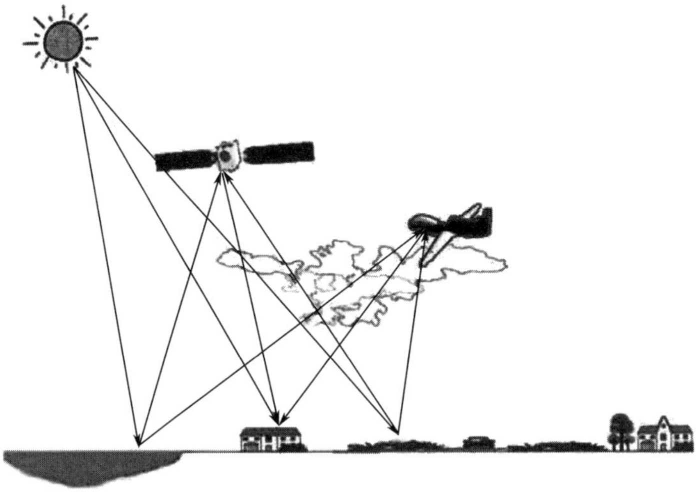

图 11-1 光学遥感示意图

地表反射的太阳辐射到达光学遥感成像系统后,成像系统的光学部件完成物像变换和像差补偿,将太阳辐射汇聚到光学成像系统的承影面上。这一辐射传输路径虽短,但它是保证光学遥感成像系统成像质量的关键环节,也是光学成像系统设计的核心环节。在光学遥感发展的初期,光学成像系统以胶片为承影介质,通过入射光线与胶片感光涂层的化学反应来记录地物信息。随着光电技术的发展,传统以胶片为主的承影介质逐渐被 CCD(Charge Coupled Device)和 CMOS(Complementary Metal - Oxide - Semiconductor)等半导体芯片所取代。这些芯片能够直接俘获入射的光子,产生受激的电子。后端的信号处理电路处理激发出的光电流并输出一幅数字遥感影像。

光学遥感发展的初期,对遥感影像的处理以目视判读为主,遥感工作者通过地物的反射强弱对比和几何形状获取地物的信息。随着遥感技术的发展,人们已经不满足仅仅通过目视判读和计算机辅助图像处理的方法获取地物的信息,在很多遥感应用场合还需要根据遥感影像定量地计算地物的理化参数。通过遥感影像定量地计算地表的反射率等参数的过程称为遥感定量反演,该过程如图 11-2 所示。

光学遥感定量反演过程是光学成像过程的逆过程,它至少包括四个步骤:首先是成像系统的定量反演过程,它根据成像系统的辐射定标模型建立的成像系统输出 DN 值与入瞳辐亮度 L 之间的数学关系,在已知 DN 值的情况下计算入瞳辐亮度 L;其次,对入瞳辐亮度 L 进行大气纠正,获得地物反射的辐射出射度;再

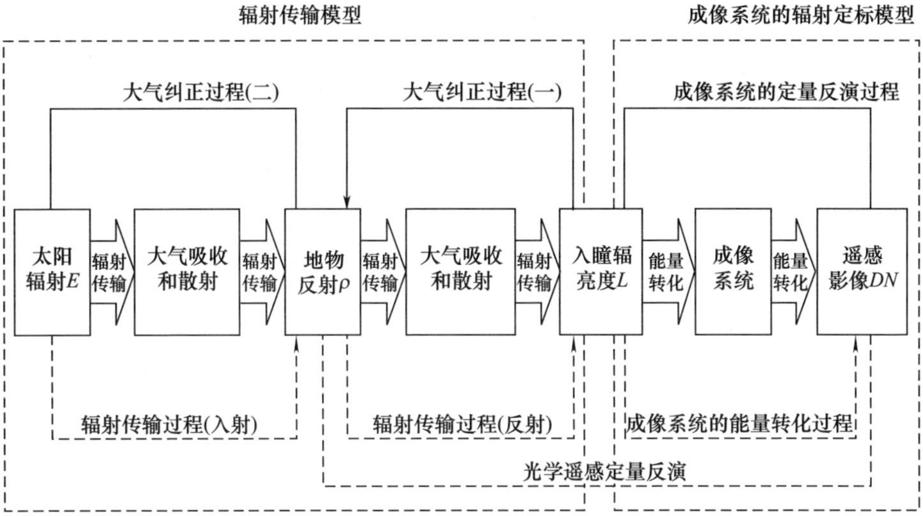

图 11－2　光学遥感的定量反演过程原理图

次，对太阳辐射进行大气纠正获得入射到地物的辐照度；最后，使用地物反射的辐射出射度除以地物接收的辐照度即可得到地物在成像方向上的反射率 ρ，反射率是计算其他地物理化参量的基础，使用者再根据具体的遥感应用计算所需的地物参量。结合控制论模型，其系统结构图如图 11－3 所示。

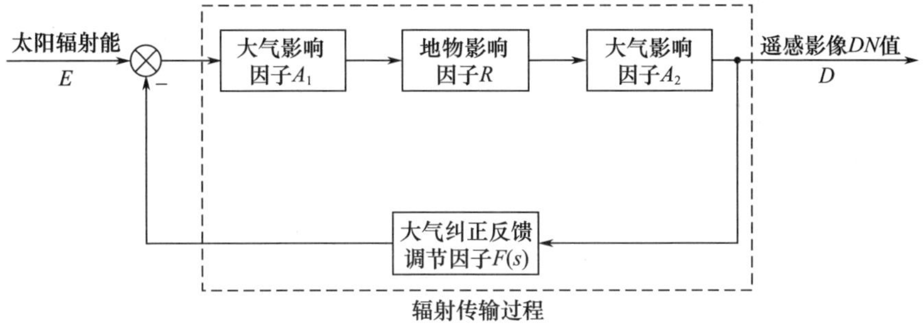

图 11－3　光学遥感定量反演闭环系统结构——辐射传输过程

光学遥感的定量反演主要包括两大过程，即辐射传输过程和成像系统辐射定标过程。其中在辐射传输过程中，入射太阳辐射能量穿过大气层经地表反射后再次与大气作用进入遥感器（入瞳辐亮度 L），在地表作用反射的过程中，包含有地物信息，即所反演的对象，如地物反射率；入瞳辐亮度经遥感器成像系统后变成影像 DN 值。为了精确反演，需要进行遥感器定标和大气校正，即图 11－3 中的大气纠正反馈调节环节。

在辐射传输过程中,共受到两次大气影响和一次地物影响。(1)在大气中传播。太阳辐射能通过大气层,部分受大气中的微粒(大气分子:CO_2,O_3、H_2O 和 N_2等;气溶胶:水汽、烟雾和尘埃等)散射和吸收等作用而使能量衰减。这种衰减效应随波长、时间、地点和大气环境等而变化,如多数散射与波长有关,蓝光散射最强,致使天空呈现蓝色。只要那些波长位于大气窗口(大气吸收作用较弱、透过率较高的波段)的能量才能通过大气层,并经大气衰减后到达地表。(2)到达地表的太阳能与地表物质的相互作用。地表特征是由生物、地质、水文、地貌、人文等多种因素组成的综合体,另外这些因素的大小、形状等又随时间、地点而变化。不同波长的太阳辐射能被不同地物选择性吸收、反射、投射和折射等,在光学遥感中,只有地物反射的包含有其辐射信息的太阳辐射能经再次的大气作用后进入传感器。(3)与大气的再次作用。经地表反射后的能量,再次与大气相互作用,能量再次衰减后进入传感器。此时的能量已经包含着不同地表特征波谱响应的能量,进而能够对地物进行定量反演。此次的大气效应,对遥感影响较大。不仅使得遥感器接收的地面辐射强度减弱,而且由于散射产生天空散射光引起遥感影像的辐射、几何畸变,直接影响图像质量和反演精度。以上三种影响过程的系统结构图如图 11 -4 所示。

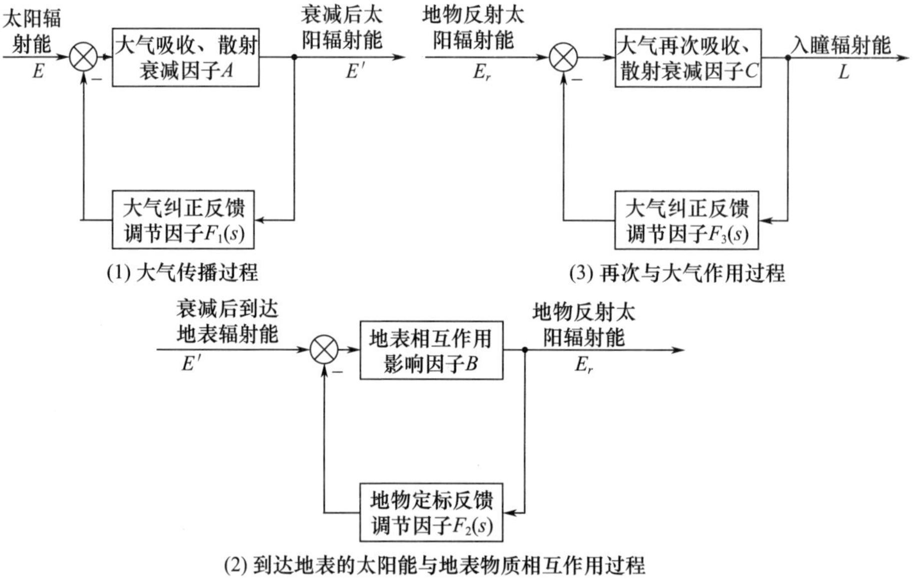

图 11 -4　大气与地物对辐射传输影响的系统结构图

其中:在大气中传播过程中的系统传递函数为 $E'/E = A/(1 + AF_1(s))$;到达地表的太阳能与地表物质相互作用过程的系统传递函数为 $E_r/E' = B/(1 +$

$BF_2(s))$；与大气的再次作用过程的系统传递函数为 $L/E_r = C/(1+CF_3(s))$。

下面通过以辐射传输过程中的(1)大气传播过程为例对系统传递函数进行具体解释分析。假定大气吸收散射衰减因子 A 为 0.7，则在频域里可表示为 $0.7/s$，$F_1(s)$ 在频域里表示为 f_1/s 因此系统传递函数可变换为

$$\frac{E'}{E}=\frac{A}{1+AF_1(s)}=\frac{0.7/s}{1+\frac{0.7}{s}\frac{f_1}{s}}=0.7\frac{s}{s^2+0.7f_1}=0.7\frac{s}{s^2+(\sqrt{0.7f_1})^2} \quad (11-1)$$

故其拉普拉斯逆变换为(即在时域里表示)$0.7\cos(\sqrt{0.7f_1}t)$。

成像系统辐射定标过程如图 11－5 所示。

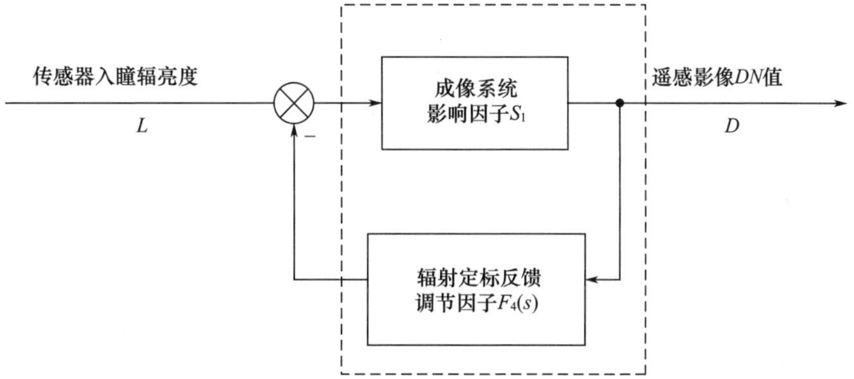

图 11－5　成像系统辐射定标过程

其系统传递函数为 $D/L = S_1/(1+S_1F_4(s))$。下面通过以实例的形式解释该系统传递函数。

假定成像系统影响因子 S_1 为一单位阶跃函数 $1(t)$ 与一能量转换系数 k 的乘积，则 S_1 在频域里可表示为 k/s，$F_4(s)$ 在频域里表示为 f_4/s，因此系统传递函数可变换为

$$\frac{D}{L}=\frac{S_1}{1+S_1F_4(\mathrm{s})}=\frac{k/s}{1+\frac{k}{s}\frac{f_4}{s}}=\frac{sk}{s^2+kf_4}=k\frac{s}{s^2+(\sqrt{kf_4})^2} \quad (11-2)$$

故其拉普拉斯逆变换为(即在时域里表示)$k\cos(\sqrt{kf_4}t)$。

在成像系统辐射定标是光学遥感的定量反演的第一步，即根据遥感影像的 DN 值计算入瞳辐亮度 L。因此，光学遥感成像系统辐射定标模型的精度直接关系到整个光学遥感定量反演的精度和水平，故构建出物理意义明确、误差明确的辐射定标模型对于整个光学遥感定量化发展具有重要的意义。

11.1.2 现有辐射定标黑箱模型存在的问题

经过近几十年的发展,光学遥感辐射传输过程的理论已经比较完备,并形成 LOWTRAN、MODTRAN、6S 等一系列的辐射传输模拟计算软件,这些软件不但能实现正向的辐射传输计算,还能实现逆向的大气纠正过程计算。然而,光学遥感成像系统辐射定标模型的发展相对滞后。现有定量反演过程将成像系统看成一个黑箱,根据成像系统的响应特性,采用一次或者二次函数的形式拟合光学遥感成像系统的输入输出关系,并以此作为光学遥感的辐射定标模型:

$$DN = k \times L + g \tag{11-3}$$

$$DN = a_2 L^2 + a_1 L + a_0 \tag{11-4}$$

式中:DN 为光学遥感影像上每个像素的像素值;L 为入瞳处的辐亮度;k,g,a_2,a_1,a_0 分别表示辐射定标模型的拟合系数。除了上述两个比较直接的辐射定标关系外,针对特定的光学遥感成像系统,其辐射定标模型还有一些变形,但是本质都是将成像系统视为一个黑箱,使用多项式拟合成像系统输出与输入物理量之间的关系。虽然这些拟合关系能够表达成像系统输出与输入之间的数量关系,但是该拟合模型包含的信息量十分有限,已经在一定程度上影响了光学遥感定量反演的发展。

(1) 黑箱模型精度难以评价,给定量反演结果带来不确定性。

光学遥感的定量反演就是要根据遥感影像精确计算地物目标的物理和化学参数,为后端定量化遥感应用提供准确的地物信息。现有的光学遥感成像系统黑箱模型采用拟合关系来表达成像系统输出与输入之间的数量关系,拟合过程普遍采用最小均方误差来控制拟合残差。然而,数据拟合过程中采用最小均方误差只是一种统计意义上的误差最小,因此该拟合模型并不能表达成像系统定量反演的误差。由于光学遥感成像系统的定量反演过程是整个光学遥感定量反演的第一步,因此定量给出光学遥感成像系统定量反演的误差对于正确评价整个定量反演的精度具有重要的意义。在无法获知成像系统定量反演误差的情况下,使用该模型进行地物参量反演,得到的地物参量的结果具有一定的不确定性。

(2) 黑箱模型不能表达成像系统参数对成像质量的影响。

光学遥感成像系统是一个光电信息处理系统,光学遥感成像系统的成像性能和信息获取能力不但与成像系统的光学部件有关,还与成像系统内部的信号处理过程有关。现有的黑箱模型只简单表达了光学遥感成像系统输入与输出之间的数量关系,模型参数完全由拟合算法确定,而与成像系统本身的物理参数没有明确的对应关系。因此,上述模型无法表达成像系统各部件的参数对成像过程的影响。这对于分析成像系统参数对成像质量的影响,进而改进成像系统的设计等是极为不利的。

而且,在航天遥感对地成像过程中,成像系统的性能会随着时间的推移发生退化。研究人员通过星上或地面的定标实验计算上述拟合关系的系数,从而能够发现成像系统性能的退化。但是上述模型并不能给出发生退化的系统参数或部件,客观上造成了对成像系统改进的困难。

(3) 黑箱模型无法为成像系统成像质量的提升提供理论依据。

光学遥感成像过程中成像几何方位、大气条件和地物覆盖类型等多种因素都会影响成像系统接收到的能量,而目前绝大部分光学遥感成像系统在发射升空以后都采用固定的参数获取全球地表的影像。从系统信号处理的角度看,在外界输入不断变化的情况下,如果成像系统的成像参数固定不变,就会出现系统参数与外界输入不匹配的问题,进而影响信号处理的质量。

虽然目前全球成像的光学遥感成像系统大都运行在太阳同步轨道上,从而避免了太阳辐射随地方时变化的问题,然而不同地物反射的能量差异却无法消除。例如,在可见光波段水体的反射率通常在 0.1 以下,而积雪的反射率却在 0.8 左右,在相同的成像条件下,成像系统接收到的能量的差别在几十倍,甚至更高。成像系统在对积雪等高反射的地物成像时系统容易饱和,在对水体等低反射地物成像时系统响应很低。这两种情况都会导致地物的细节信息被压缩或丢失,使用这些遥感影像进行地物参量反演时会造成地物参量的较大偏差甚至错误。

对于有晨昏成像需求的光学遥感成像系统,由于不同时段地物反射的太阳辐射能量差别可达 3 ~4 个数量级,如果采用固定的成像参数获取地物的影像,上述系统失配情况会更加突出。在这种情况下,必须根据成像条件和对象的不同动态地调整成像系统的工作参数,从而达到系统参数与外界输入的匹配,提升获取遥感影像的质量。然而成像系统的哪些参数能够调整,这些参数调整对成像质量的影响等一系列问题的系统化解决都需要建立在对系统参数对成像质量影响的正确理解之上。因此,要通过改变成像系统的参数提升获取的遥感影像的质量,必须加强对成像系统能量转化过程的研究,构建能够反映系统参数对成像质量影响的成像系统辐射定标模型。

综上所述,光学遥感成像系统辐射定标模型的精度直接影响到光学遥感定量化发展的水平。现有的数据拟合黑箱模型不能反映光学遥感成像系统实际的信息处理精度,模型精度无法评价,严重影响地物参量反演精度的提升。同时,黑箱模型无法体现成像系统参数对成像质量的影响,无法为成像系统的改进和性能退化的研究提供理论依据。因此,加强对光学遥感成像系统的研究,构建精确的辐射定标模型对于促进整个光学遥感定量反演的发展具有重要的意义。

11.2 光学遥感辐射定标模型中的系统参量分解与误差分析

光学遥感定量反演的第一步就是使用成像系统的辐射定标模型根据遥感影像计算入瞳辐亮度,因此,光学遥感成像系统辐射定标模型的精度直接关系到整个光学遥感定量反演的精度和水平,构建物理意义明确、误差明确的辐射定标模型对于整个光学遥感定量化发展具有重要的意义。

11.2.1 光学遥感成像系统中的能量传输链路与辐射定标模型

经过近几十年的发展,光学遥感成像系统出现了多种形式,从光谱分辨能量上可以分为全色、多光谱、高光谱和超光谱成像系统,从成像方式可以分为线阵摆扫式、线阵推扫式和面阵框幅式,从光学部件的光路构成上可以分为折反式、透射式等多种成像方式。然而从大类上讲,一套光学遥感成像系统主要包括两大部件:光学成像部件和电子学处理部件。

光学成像部件的主要作用是收集地物反射的太阳光辐射,实现物像变换和像差补偿,将地物所成的像汇聚到承影面上。随着遥感应用对光谱分辨能力要求的提升,出现了多光谱、高光谱等光谱分辨率较高的成像系统。这些遥感成像系统的光学部件还包括了各种分光器件,如带通滤光片、光栅等。

目前,光学遥感成像系统的承影器件已经完全从胶片过渡到以 CCD 和 CMOS 芯片为主的数字芯片时代。CCD 和 CMOS 半导体器件的工作原理并无本质的区别,由于 CCD 可以产生较高的信噪比,因此现在主流的光学遥感成像系统都是以 CCD 为承影器件的数字成像系统。

光学遥感成像系统成像时其内部的能量传输与转化物理过程如图 11 - 6 所示。光学部件通过物像变换将物体反射的太阳光辐射汇聚到承影器件 CCD 上,CCD 器件完成光电转换,后端处理电路完成对电信号的放大,模拟 - 数字转换模块完成对电信号的采样、量化和编码输出。量化形成的二进制数据按照像素的空间位置排列形成一幅遥感影像。为了便于影像的传输和处理,还需要按照一定的规则对图像数据进行封装以形成特定的图像格式,常见的遥感影像格式包括 GeoTiff、HDF 等。

1. 成像系统光学成像部件的能量收集与透过

成像系统的光学部件主要完成对地物反射太阳辐射能量的收集和物像变

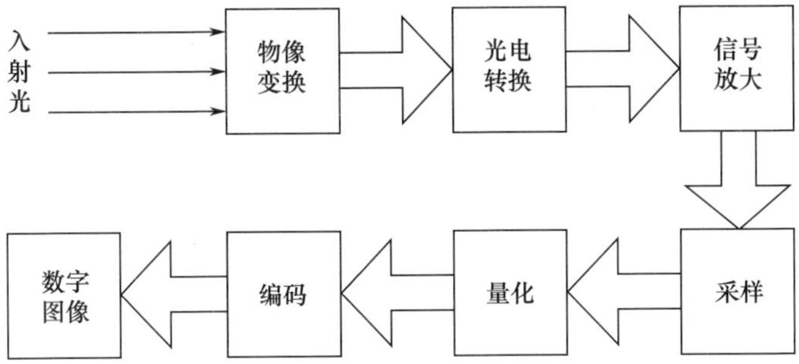

图 11-6　光学遥感成像系统内部的能量传输与转化物理过程

换,并成像于 CCD 承影面上。光学部件完成了地物信息的原始收集,因此光学部件的成像性能在很大程度上决定了整个成像系统的成像性能。光学成像部件的设计是整个成像系统设计的核心工作,在计算机发明以前,光学设计工作十分复杂,而且主要依靠设计者的经验。现在,在计算机的辅助下,光学成像部件的设计过程大大简化,成像部件对像差的控制和补偿也越来越定量化。为了满足成像质量的要求(主要是像差),成像系统的光学部件都包含多块镜片,图 11-7 为某相机的光学镜头设计光路图,可见其结构十分复杂。光线在各镜片之间经过多次的反射和折射最终达到承影面,因此要对光能在镜片之间的传输进行精确的建模十分困难。

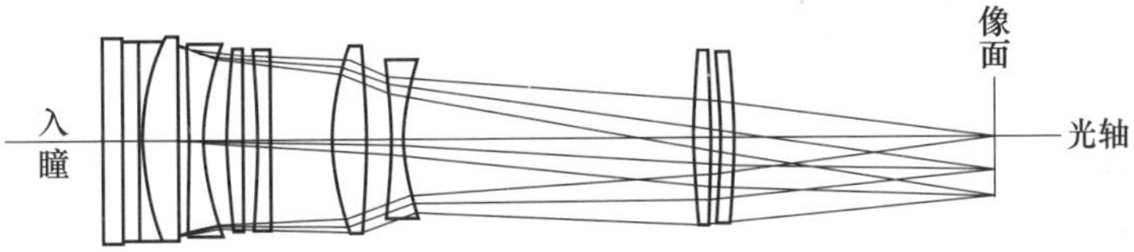

图 11-7　某相机光学镜头设计图

1) 光学成像系统的物像几何对应关系

光学遥感成像系统的 CCD 承影面由一系列紧密排列的像素构成,数字成像系统 CCD 像素与地表成像区域的对应关系如图 11-8 所示。在成像系统的位置和姿态确定以后,根据成像系统的物像几何关系,每个像素所对应的地表成像区域已经确定,该成像区域内地物反射的太阳光辐射在成像方向被传感器接收。因此,物像几何关系的确定是构建能量传输过程的必要步骤。

目前,常用的物像几何对应关系模型为针孔成像模型,航天遥感上使用的有理多项式模型也是针孔成像模型的一种推广,我们采用针孔成像模型对物像几何对应关系进行讨论。根据针孔成像原理,在垂直摄影的情况下,可以近似得到像素与地面成像区域之间的几何对应关系,如图 11-9 所示。

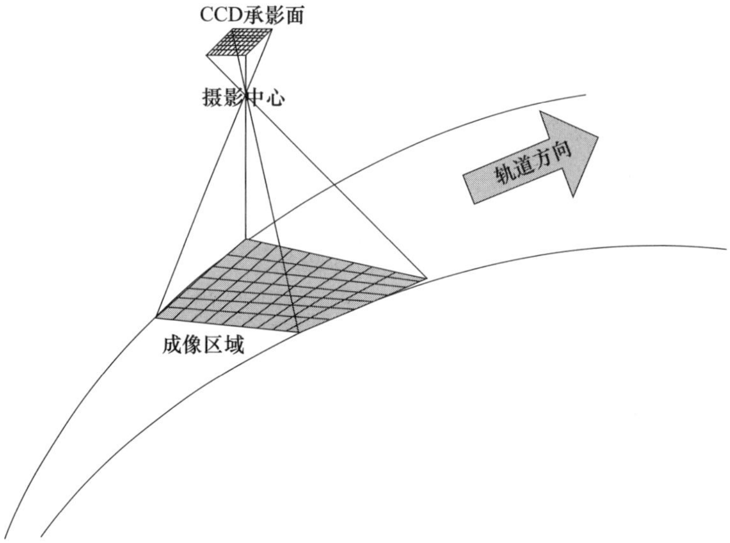

图 11－8　数字成像系统像素与地表区域之间的几何对应关系

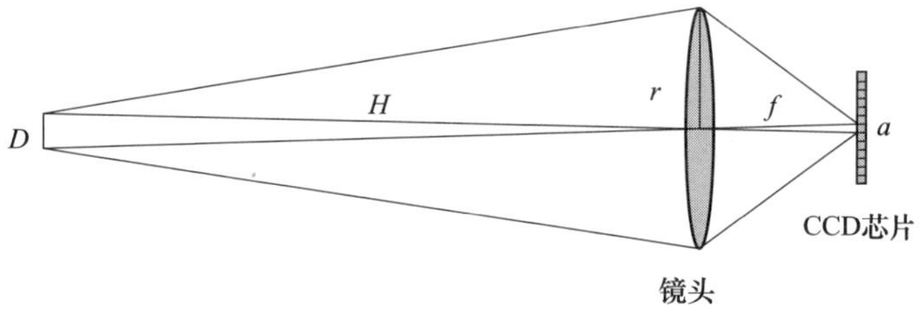

图 11－9　针孔成像模型下 CCD 像素与成像区域之间的对应关系

2）光学成像部件的分光原理

太阳的辐射是全谱段的，太阳光辐射被地表吸收和反射最终到达光学遥感成像系统。由于地物对不同波长的太阳辐射的吸收和反射率不同，因此地物在不同波段的反射率包含了地物重要的理化信息。随着遥感应用的深入，基于光谱信息对地物进行分类识别等应用越来越引起人们的重视，光学遥感成像系统也由传统的全色全谱段发展到多光谱、高光谱等光学成像系统。

多光谱、高光谱成像系统与全色成像系统的主要差别是多光谱和高光谱成像系统的光学部件包含了分光器件，从而使不同波长的光汇聚到不同的承影面上。常见的分光器件包括棱镜、光楔、光栅和滤光片等。介质的折射率与入射光的波长有关，不同波长的光通过介质时将被折射到不同的方向，棱镜和光楔根据这一原理实现了分光。而光栅主要是根据光的干涉原理实现不同波长的光波在不同衍射方向上达到干涉极大,而在其他方向上干涉相消,从而实现了不同波长的光在空间上的分离。滤光片是通过镀膜技术实现对不同波长的光的选择性透过。多光谱和高光谱成像系统在实现光谱信息获取的同时,其每个通道接收到的能量也显著地减少。因此,为了保持较高的输出信噪比,多光谱和高光谱成像系统的空间分辨率通常都比全色成像系统的低。然而,在研究光学成像系统的能量传输与转化关系时,多光谱和高光谱成像系统每个通道的能量传输与转化过程与全色成像系统完全相同,因此本文将不再区分全色、多光谱和高光谱成像系统,也不再讨论成像系统的分光过程,统一对光学遥感成像系统的能量转化过程进行研究和建模。

3)光学成像部件的透过率

光学成像部件的结构十分复杂,光在成像部件之间发生复杂的折射和反射最终到达承影面。常规的光学成像系统设计和模拟软件采用几何光学的折射和反射理论对光线在各个成像部件之间的折射和反射进行计算,从而评价成像系统的成像性能。在使用几何光学理论进行光线折射和反射的计算时,无法计算光在传播过程中的能量损失。这也给计算光在光学部件中传输的能量损失带来了困难。

光的波动理论可以表征光波在传输过程中的能量衰减。根据能量守恒定律,点光源发出的球面光波辐射能量与传输距离的平方成反比。如果采用这一理论计算光在成像部件间的折射和反射无疑是很困难的。

2. 成像系统电子学部件的能量转化

光学成像部件将地物反射的太阳光辐射汇聚到成像系统的承影面上,半导体器件 CCD 完成光电转换,形成的电信号经过后端的信号处理电路的放大、采样、量化等处理输出一幅遥感影像。通过追踪光电信号处理的各个过程,可建立各环节的定量数学关系,从而为构建整个光学成像系统能量传输与转化关系打下基础。

1)光电转换

地物反射的太阳辐射经遥感成像系统的光学部件汇聚到数字化的 CCD 芯片上,CCD 半导体器件实现光电转化形成光电流,该过程如图 11 - 10 所示。入射到 CCD 靶面的光辐射可以看成一束光子流,光子入射到 CCD 上之后被半导体吸收并激发出电子 - 空穴对。而 CCD 的每一个像素都是一个金属氧化物半导体(Metal Oxide Semiconductor,MOS)电容器,该 MOS 电容器在外加电压的作用下形成一个电势阱。电势阱将光电转化过程中激发出的电子存储起来。

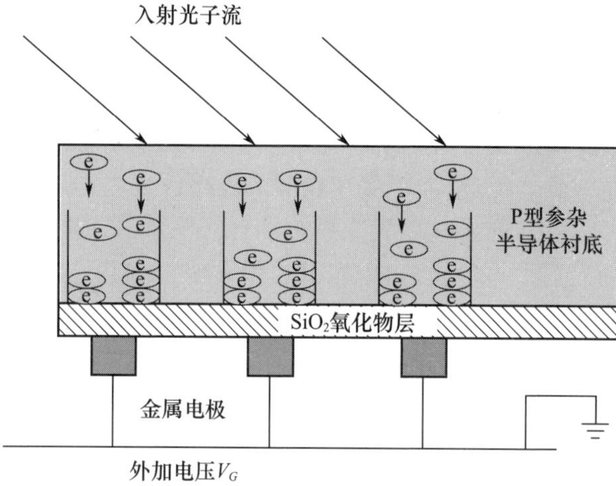

图 11－10 CCD 每个像素光电效应原理图

设 N_L 为单位时间内入射到成像系统光学孔径的光子数，τ 为光学系统的透过率，η 为光电效应的量子效率，即为一个光子平均所能激发的电子数，则经过时间 T 后 CCD 每个像素势阱存储的电子数 N_e 可以表示为：

$$N_e = \int_0^T N_L \tau \eta \mathrm{d}t + n_c \tag{11-5}$$

式中 n_c 为光电转换过程中系统噪声等效电子数，它包括由于光子激发电子过程的随机涨落引起的散粒噪声、电子－空穴对产生－复合噪声、半导体热效应而产生的热噪声等。

光电效应的本质是半导体中处于价带的电子吸收入射光子的能量跃迁为导带的自由电子，因此光子能否为电子的跃迁提供足够的能量是能否发生光电效应的关键因素。根据爱因斯坦的光电效应理论，光子携带的能量只有大于导带和价带之间的能级差，电子吸收光子后才能转化为自由电子。而每个光子所携带的能量可以表示为

$$\varepsilon = h\upsilon = h\frac{c}{\lambda} \tag{11-6}$$

式中：h 为普朗克常数；c 为真空中的光速；λ 为光波的波长；υ 为光波的频率。因此，光电效应的量子效率 η 由半导体材料决定。

在光学遥感成像过程中，由于每个像素接收到的地物反射的太阳辐射具有连续光谱分布，即成像系统接收的入瞳处的光子数也具有连续光谱分布的特征，N_L 可以表示为

$$N_L = \int_{\lambda_1}^{\lambda_2} n_l(\lambda)\mathrm{d}\lambda \tag{11-7}$$

其中 $n_l(\lambda)$ 为单位时间内成像系统入瞳处的光子谱分布。则式(11－5)可以改写为

$$N_e = \int_0^T \int_{\lambda_1}^{\lambda_2} n_l(\lambda)\tau(\lambda)\eta(\lambda)\,\mathrm{d}\lambda\,\mathrm{d}t + n_c \tag{11-8}$$

虽然成像区域内不同物体离成像系统的距离存在差别,导致地物反射的太阳辐射到达成像系统的时间存在一定差异,但是由于光的传播速度极快,因此可以暂不考虑由于地物目标与成像系统的距离不同而导致的入射到传感器的光子谱的变化。当成像系统每个像素在单位时间内接收到的光子数与时间无关时,式(11－8)对时间的积分可以改写成相乘的形式:

$$N_e = T\int_{\lambda_1}^{\lambda_2} n_l(\lambda)\tau(\lambda)\eta(\lambda)\,\mathrm{d}\lambda + n_c \tag{11-9}$$

2) 光电流的放大与转换

入射到半导体器件的光子流激发出的光电子被每个像素的电势阱收集之后,在电荷转移时钟的驱动下从每个像素中顺序移出。由于光电转化产生的光电子数目十分有限,为了便于后端电路处理,需要对光电流进行放大,并在此过程中将电流信号转化为电压信号。光电流信号放大与转换过程通常是一个线性的过程,每个像素最终输出的电压信号 V_G 可以表示为

$$V_G = G\zeta N_e + n_g = G\zeta\left(\int_0^T \int_{\lambda_1}^{\lambda_2} n_l(\lambda)\tau(\lambda)\eta(\lambda)\,\mathrm{d}\lambda\,\mathrm{d}t + n_c\right) + n_g \tag{11-10}$$

式中:G 为该过程中信号处理电路对电压信号的放大倍数;ζ 为电流信号转化为电压信号的转换系数;n_g 为在这两个过程中引入新噪声的等效电压,它包括电荷转移噪声、电流－电压信号转换噪声、放大器的放大噪声和处理电路的热噪声等,有关这些噪声的特性本章也不展开论述。式(11－10)是对采样量化之前的光电转换过程的概括和抽象。对于实际的成像系统,上述过程可能会包含多级放大和其他处理过程,但是这里为了简化表达,使用电流与电压信号的转换系数 ζ 和电子学增益 G 来表达这一过程。

3) 电信号的采样、量化与编码

电信号的采样、量化和编码是数字化成像系统的必备处理单元。前端由光电效应产生的电信号经放大之后仍然是模拟信号,没有经过采样、量化和编码,还不能被计算机处理和存储。因此,为了后端数字化存储和处理的需要,必须对模拟电信号进行数字化,该过程称为模数转换。

模数转换过程是一个电压比较过程。图 11－11 为模数转换过程中信号的采样、量化和编码的电路原理图。模－数转换模块首先在采样时钟的驱动下对前端输入的电压信号 $U_\mathrm{i}(t)$ 进行采样,再将采样获得的电压信号与参考电压 V_REF 进行比较,并在比较之后输出电压的量化值。

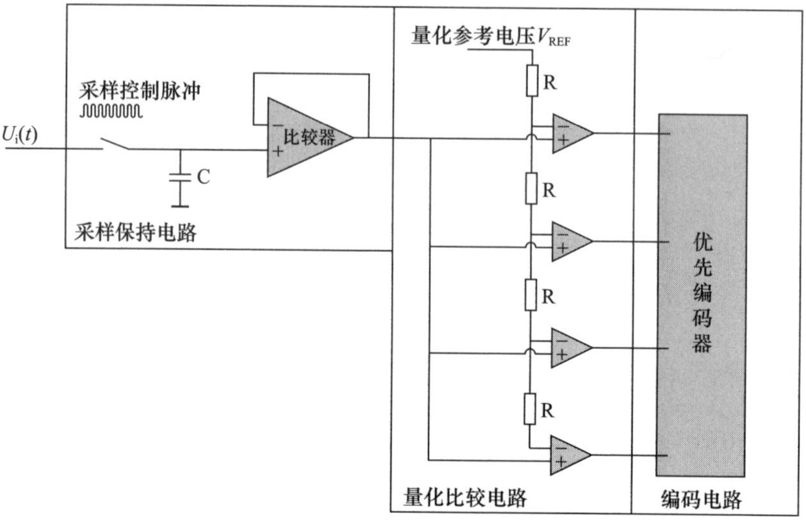

图 11-11　信号的采样、量化与编码过程示意图

3. 辐射定标模型的系统参量分解数学表达

前两部分通过对光学成像系统光学部件和电子学部件在能量传输与转化具体过程的追踪构建了从成像系统入瞳处单位时间内入射的光子数到最终每个像素输出 *DN* 值之间的定量数学关系。本部分将在上述结果的基础上，结合光学遥感辐亮度的定义构建基于光学遥感成像系统能量传输与转化的辐射定标系统参量分解模型。

1）入瞳辐亮度

光学遥感成像系统接收的能量主要来自于地表反射的太阳辐射。根据能量守恒定律，太阳辐射在传输过程中按照传输距离平方反比率衰减。在光学遥感成像过程中，不同地理位置的海拔起伏很大，成像系统与地物目标之间的距离相差很大，即使同一像素对应的成像区域内不同地物与成像系统之间的距离也不相同，从而导致采用上述距离平方反比定律计算成像系统接收的能量十分困难。为了避免上述计算的困境，在定量遥感中使用辐亮度 L（Radiance）来表征成像系统入瞳处接收的辐射通量。入瞳辐亮度的定义如图 11-12所示。

入瞳辐亮度 L 表示面积为 S 的辐射源（在遥感成像过程中代表地表反射源）在天顶角 θ 方向上立体角 Ω 内的辐射通量，其单位为 W/(sr · m^2)，其定义如下：

$$L = \frac{\Phi/\Omega}{S\cos\theta} \tag{11-11}$$

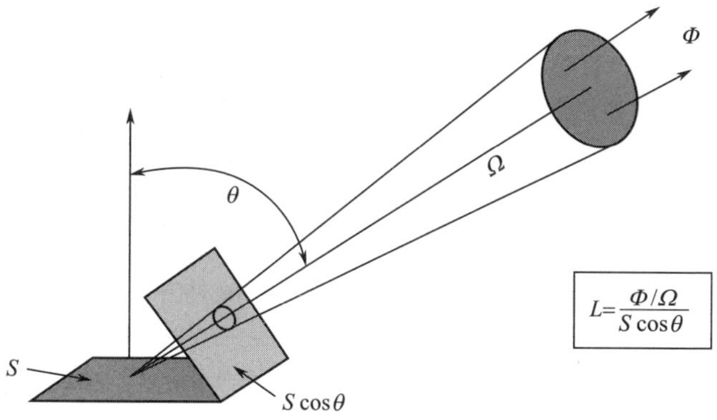

图 11－12　辐亮度示意图

在对地遥感成像中，Φ 表示成像系统入瞳处的辐射通量，Ω 为成像系统光学孔径对地面成像区域所张的立体角，S 为成像区域的面积，并假设在成像区域 S 内地物反射与方向无关，θ 为成像系统的观测天顶角。从式（11－11）可以看出，辐亮度直接将成像区域与成像系统接收到的辐射能量联系起来，根据辐亮度的定义可以直接计算出光学遥感成像系统入瞳处的辐射通量 Φ：

$$\Phi = L\Omega S\cos\theta \tag{11-12}$$

2）光学遥感成像系统辐射定标模型的系统参量分解

在上一节中通过对光学遥感成像系统能量转化过程的研究，得出光学遥感成像系统每个像素的量化 DN 值与单位时间内入射的光子数 n_l 相关。然而该物理参量是一个量子学参量，需要将其与宏观的辐射能量结合起来。

光学遥感成像中能量传输几何关系如图 11－13 所示，大气顶层的太阳辐射 E_{sun} 以天顶角 θ_s 穿过大气层入射到地表，成像系统的 CCD 像素尺寸为 a，焦距为 f，航高为 H，成像系统在天顶角 θ_v 方向对反射率为 ρ_t 的地表成像。

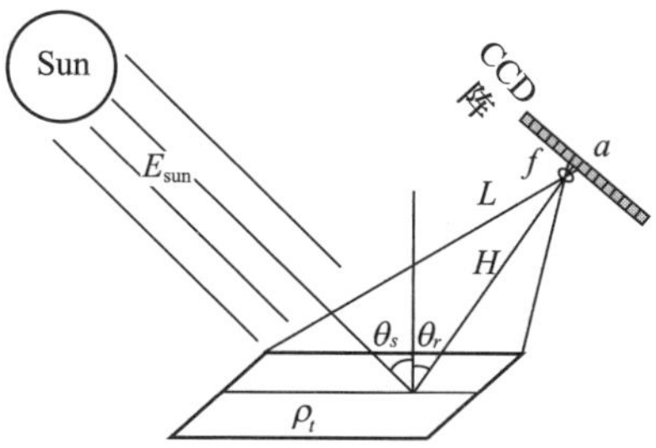

图 11－13　光学遥感成像中能量传输几何关系

根据量子理论，每个光子的能量为 $\varepsilon = h\upsilon$，则光学遥感成像系统入瞳处的辐射能通量可以表示为

$$\Phi = \sum_i n_i h v_i = \sum_i n_i h \frac{c}{\lambda_i} \tag{11-13}$$

即光学遥感成像系统入瞳处的辐射通量是入射光子流能量之和。由于太阳光辐射近似为一个连续光谱，因此上式可以写成积分的形式：

$$\Phi = \int_{\lambda_1}^{\lambda_2} n_l(\lambda) h \frac{c}{\lambda} \mathrm{d}\lambda = hc \int_{\lambda_1}^{\lambda_2} \frac{n_l(\lambda)}{\lambda} \mathrm{d}\lambda \tag{11-14}$$

其中 $n_l(\lambda)$ 为单位时间内入射到光学成像系统入瞳处光子数的谱分布。

根据辐亮度的定义式，在针孔成像模型下，成像系统在垂直摄影时（$\theta = 0°$），将式（11-14）代入式（11-11）可以将入瞳辐亮度表示为

$$L = \frac{\Phi/\Omega}{S\cos\theta} = \frac{hc \int_{\lambda_1}^{\lambda_2} \frac{n_l(\lambda)}{\lambda} \mathrm{d}\lambda / \frac{\pi r^2}{H^2}}{\left(\frac{H}{f} a\right)^2 \cos\theta} = \frac{hc \int_{\lambda_1}^{\lambda_2} \frac{n_l(\lambda)}{\lambda} \mathrm{d}\lambda}{\pi r^2 \left(\frac{a}{f}\right)^2 \cos\theta} \tag{11-15}$$

上式表明入瞳辐亮度与遥感平台的航高 H 无关，这就有效避免了成像系统与成像目标之间繁琐的距离计算，印证了引入辐亮度给遥感定量数据反演带来的便利。为了得到入瞳辐亮度 L 与像素值 DN 之间的定量关系，可以将式（11-15）改写为

$$\int_{\lambda_1}^{\lambda_2} \frac{n_l(\lambda)}{\lambda} \mathrm{d}\lambda = \frac{\pi r^2 \left(\frac{a}{f}\right)^2 \cos\theta}{hc} L \tag{11-16}$$

将式（11-16）中的定积分改为不定积分并对两边微分可得：

$$n_l(\lambda) = \frac{\pi r^2 \left(\frac{a}{f}\right)^2 \cos\theta}{hc} \lambda \frac{\mathrm{d}L}{\mathrm{d}\lambda} \tag{11-17}$$

将式 11-17 代入式 11-10 可得

$$DN = \mathrm{int}\left[\frac{(2^n - 1)}{V_{\mathrm{REF}}} \left(G\zeta \frac{\pi r^2 \left(\frac{a}{f}\right)^2 \cos\theta}{hc} \int_0^T \int_{\lambda_1}^{\lambda_2} \tau(\lambda) \eta(\lambda) \lambda \mathrm{d}L\mathrm{d}t + G\zeta n_c + n_g\right)\right] \tag{11-18}$$

以上就得出了光学遥感成像系统在针孔成像模型下，垂直摄影时输出图像的像素值 DN 通用数学关系表达。从式（11-18）可以看出遥感影像输出图像的 DN 值除了与入瞳辐亮度 L 和入射光的波长有关外，还与成像系统的孔径 r、等效焦距 f、像素尺寸 a、积分时间 T、电流-电压变换系数 ζ、电子学增益 G、光学部件的透过率 $\tau(\lambda)$、光电转换的量子效率 $\eta(\lambda)$、系统的各种噪声源 n_c 和 n_g 直接相关。而且该数学关系还清楚地表明遥感影像 DN 的输出过程是一个非线性过程，采用现行的 $DN = kL + g$ 等拟合关系来表达成像系统的成像过程必然会引起误差。

11.2.2 光学遥感成像系统辐射定标模型的误差分析

基于光学成像系统的能量传输与转化物理过程建立的辐射定标系统参量分解模型是一个通用的模型，它也是建立在对成像系统的光学部件和电子学部件的抽象和建模的基础上。因此，辐射定标模型的精度依赖于对光学成像系统光学部件和电子学部件建模的精度。本小节将分别对成像系统各部分模型的误差进行分析和讨论，以期对光学遥感成像系统的辐射定标模型误差有一个初步的了解。

1. 成像几何中成像区域计算误差

根据本章前几节讨论可知，在针孔成像模型下，成像系统的承影面上每个像素对应于地表的一块成像区域，这块区域在成像系统观测方向上反射的太阳辐射是该像素接收能量的主要来源。因此，成像系统几何对应关系对成像系统接收的能量有着重要的影响。在垂直摄影情况下，地面与成像系统光学入瞳面平行，根据针孔成像模型，像素与地面成像区域的几何关系通常很难保证。当成像系统处于倾斜摄影时，如图 11－14 所示，成像区域与像素尺寸之间的几何关系将变得十分复杂。

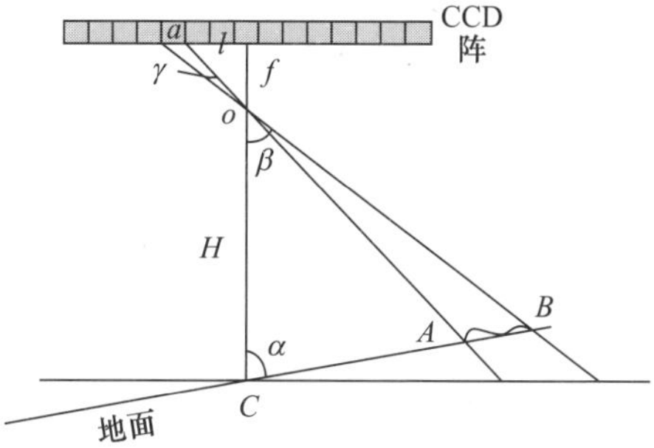

图 11－14　倾斜摄影时物像之间的几何对应关系

设成像系统的光轴与地面的交角为 α，成像系统的等效焦距为 f，航高为 H，像素的尺寸为 a 且距主点的距离为 l，此时该像素所对应的地面成像区域的尺寸可以表示为

$$AB = CB - CA = \frac{H}{\sin(\alpha+\beta)}\sin\beta - \frac{H}{\sin(\alpha+\beta-\gamma)}\sin(\beta-\gamma) \quad (11-19)$$

根据三角关系，可得

$$\tan\beta = \frac{\alpha + l}{f} \quad (11-20)$$

$$\tan(\beta-\gamma)=\frac{l}{f} \tag{11-21}$$

将式(11－20)、式(11－21)代入式(11－19)可得

$$AB=H\left[\frac{\alpha+l}{f\sin\alpha+(\alpha+l)}-\frac{l(l^2+\alpha l+f^2+f\alpha)}{f(f^2+l^2)\sin\alpha+(\alpha+l)(f^2+l^2)\cos\alpha-\alpha(f-l)[f\cos\alpha-(\alpha+l)\sin\alpha]}\right] \tag{11-22}$$

从式(11－22)可以看出:单个像素所对应的地面成像区域的尺寸不但与成像系统的航高 H、等效焦距 f、像素的尺寸 a 有关,还与观测高度角 α、像素离像主点距离 l 有关。即像面上不同位置的像素所对应的地表成像区域大小也不相同,这也是倾斜摄影时离像主点距离越远的像素的几何分辨率越低的原因。然而,在倾斜摄影下每个像素所对应的成像区域的面积仍然与 H^2 成正比,因此根据入瞳辐亮度的定义式(11－11)计算可以发现辐亮度 L 与航高 H 无关这一结论仍然成立。但是对于有地形起伏的区域,像素所对应的成像区域是一个曲面,成像区域的计算十分困难,L 与航高 H 无关这一普遍的结论将不再成立。地形起伏对成像系统接收到的入瞳辐亮度的影响目前还没有一个有效的处理方法。

从成像系统输出像素值 DN 的表达式(11－18)可以看出,物像几何对应关系对 DN 值的影响主要体现在分子$(a/f)^2$上,成像区域的面积越大,反射到入瞳处的能量越多,成像系统输出的像素值 DN 越大。但是在倾斜摄影时或地面有起伏的情况下,$(a/f)^2$将被更复杂的关系取代。此时,光学遥感成像系统的每个像素所对应的地表成像区域将不再相同,每个像素输出的 DN 值与入瞳辐亮度 L 的关系也不再相同,使用同一个辐射定标关系根据 DN 值反演入瞳辐亮度将会带来较大误差,这一点对于低几何分辨率的光学遥感成像系统尤为突出。当然,这里还没有考虑到地物反射的方向性。如果要考虑地物方向反射特性,辐射定标关系将更加复杂。然而,目前几乎所有的遥感应用在进行地物参量反演时对整幅遥感影像都采用同一个辐射定标模型,没有考虑到由于物像对应关系的不同所导致的像素间的差异性。这也是造成地物反演精度不高的一个重要原因。在不同的成像姿态下,针对每个像素构建一个独立的辐射定标模型将是提高地物反演精度的一条途径,同时,这也是极为不易的一项工作。

2. 光学部件的透过率

光学成像系统的光学器件在进行物像变换的同时也对被其反射和折射的光产生吸收和衰减,这种衰减作用与光波的波长有关。为了增加入射光波的透过率,减少由于光学器件的反射和散射而导致的杂散光对成像质量的影响,通常会

对光学器件的表面进行镀膜处理,而镀膜的厚度和所使用的材料由光学成像系统工作的波段决定。镀膜之后光学部件的透过率可以从 70% 提升至 90% 以上。因此,在使用透过率 $\tau(\lambda)$ 来代表光学成像部件对入射光能量的衰减作用,并假设成像部件不同区域对入射光的衰减相同。然而,即使假设成像系统光学部件的不同位置具有相同的透过率,相同能量的光在不同入射角的情况下,成像系统像面上接收的能量也不相同,而是呈中心对称分布,如图 11-15 所示,轴上像点与以 ω 角入射的轴外像点在成像面上的照度存在如下关系:

$$E = E_0 \cos^4\omega \tag{11-23}$$

式中:E_0为轴上像点的照度;E 表示以 ω 角入射的轴外像点的照度。像面上照度不均的现象虽然不是由于光学部件的透过率引起的,但是它表观上相当于光学部件在不同区域的透过率不同。因此,在使用单一透过率表征成像系统光学部件对入射光能的衰减时,需要对像面照度不均的现象进行辐射纠正。目前,已经有一些从光学设计或者数据后处理的方法对像面照度不均的问题进行校正。因此,在本章模型构建的遥感影像 DN 值的辐射定标系统参量分解模型中不考虑这一现象对每个像素接收能量的影响,统一使用透过率 $\tau(\lambda)$ 表示整个成像系统对入射光的能量衰减。

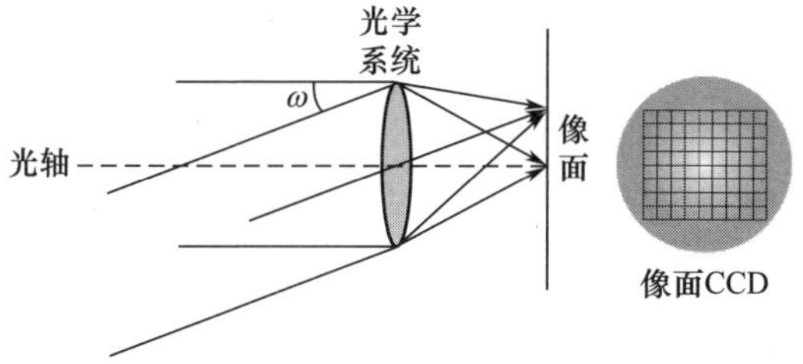

图 11-15　不同入射角情况下引起的像面照度不均情况

3. 电子学噪声

噪声是每个信号处理系统普遍存在的问题。在光学遥感成像系统中,噪声的来源和形式各不相同。在光电转换的过程中,包含散粒噪声、电子-空穴对的产生-复合噪声、热噪声等,这些噪声都包含于 n_c 中。在电信号的处理过程中存在电荷转移噪声、复位噪声、放大器噪声、热噪声等,这些噪声都包含于 n_g 中。由于这些噪声与成像系统的光电器件和处理电路的结构及性能直接相关,这里未给出这些噪声的具体分布形式。通常情况下,这些噪声分布的具体形式都是与时间无关的。但是需要指出的是部分噪声会受到器件的工作温度的影响,比如热噪声、电子-空穴对的产生-复合噪声等。随着系统工作温度的升高,这些噪声的幅值也会升高。因此,为了有效控制成像系统噪声的幅值,通常都要求成像系统工作在较低的温度下。航天平台上通常都具有温度控制系统,从而使成像系统工作在一定的温度范围内。另外需要指出的是,从对光学遥感成像系统电信号处理过程的介绍可以看出,光电转换过程中产生的系统噪声 n_c 与有效信号一起被放大。因此,当成像系统工作于不同的增益条件下,光电转换过程产生的噪声最终带来的效果也将不同。而且当放大电路的增益不同时,放大器的噪声幅值本身也会发生相应的改变,这两项噪声幅度的改变最终会导致系统输出总噪声的改变。

4. 量化截断误差

光学遥感成像系统输出数字化遥感影像时需要对前端模拟信号进行量化。量化过程是一个非线性过程,在这个过程中将产生量化误差。在采用四舍五入进行量化截断时,量化误差的大小对应于 *DN* 值 ±1 的改变。当采用其他量化截断算法时,该量化误差还有其他的表示形式。由于主要是对辐射定标模型讨论,针对具体的光学遥感成像系统还需要根据成像系统所采用的模 - 数模块确定其量化误差的具体形式。这一误差是所有数字成像系统普遍存在的系统误差,在使用像素值 *DN* 进行地物参量反演时,该误差也不能消除,而是通过模型系数反映到入瞳辐亮度的计算中,进而影响地物参量的反演精度。而现行的遥感影像像素值 *DN* 的数据拟合模型无法表达出这一误差,因此使用数据拟合模型进行地物参量反演时,反演的精度难以评价,这也是现行数据拟合模型存在的核心问题。

光学遥感成像系统是遥感信息收集的工具,表达遥感信息转换的辐射定标模型对于定量遥感具有举足轻重的影响。只有建立起精确的辐射定标模型,才能根据遥感影像精确地反演出地物的理化参量。光学遥感成像过程是地物反射的太阳光辐射与成像系统相互作用的过程,而其本质是太阳辐射能量的传输与转换,为了建立精确的辐射定标模型、评估成像系统参数对成像过程的影响和作用,需要将控制论思想引入辐射定标系统中。

11.3 基于辐射定标系统参量分解模型的控制论应用

遥感影像是遥感应用信息的直接来源,因此,遥感影像的质量直接关系到遥感应用的效果。本章基于光学遥感成像过程中能量传输与转化的物理过程对成像系统的辐射定标模型进行了系统性的分解,得出了遥感影像像素值 *DN* 关于系统参量的数学表达。该系统表达中的各参量直接对应于成像系统各个物理过程,能够体现系统参量对成像过程和成像质量的影响,从而定量地对其进行分析和评估。

11.3.1 遥感影像质量与系统参数影响

1. 光学遥感影像质量概述

光学遥感应用需要高质量的影像数据，因此光学遥感成像系统设计的核心目标就是要获取高质量的遥感影像。然而，图像质量至今仍然没有一个严格的数学定义，以至于如何评价图像的质量至今也没有一个通用的评价标准。

1）常规图像质量评价现状

图像大体有两种用途：一是通过人眼的视觉判读获取图像中的信息，二是通过计算机图像处理的方法获取图像的信息。因此，图像质量评价方面的研究目前主要分为两个方向。一是根据主观目视效果判断图像质量的高低并建立对应的评价体系。在主观评价方面比较有代表性的是美国国家图像解译度分级标准（National Image Interpretability Scales，NIIRS），该分级标准根据图像解译专家的经验将图像的解译度分为 0～9 共 10 个等级，并建立了对应的图像质量方程。二是开发计算机图像处理算法，计算图像质量的指标因子，比较常用的有图像边缘强度、信息熵等。目前，这两个图像评价的研究方向都存在一些难以解决的问题：主观评价受个人的主观感受影响存在较大的不确定性，而且很难和定量应用结合起来；客观评价算法较多，但是都很难全面反映图像的质量。虽然目前人们正在通过研究试图建立一些图像质量的通用评价指标，然而由于图像质量是物体信息与成像系统信息处理误差的综合体，使用这些指标对不同图像进行图像质量高低的评判和比较还难以实现。

2）针对定量反演的遥感影像质量评价指标

遥感影像的评价同样存在上述问题。然而，遥感影像是比较有特色的，而且遥感应用发展主流的方向是定量反演，即使用遥感影像反演地物反射率等理化参数。因此，从定量反演的角度来研究遥感影像的质量评价标准，提出对应的遥感影像质量指标是解决遥感影像质量评价的一个有效途径。基于能量传输与转化物理过程实现了对光学遥感成像系统辐射定标模型的系统参量分解，得出了遥感影像像素值 DN 的系统参量表达，因此可以比较直接地得出系统参量对遥感影像的影响，从而为提升遥感成像系统的成像质量提供理论依据。

辐射定标的系统参量分解过程以太阳辐射的传输与转化为基础，每一个像素与地表成像区域之间的物像几何对应关系直接决定了该像素信息和能量的来源。由于该模型只关注能量的传输和转化，不考虑成像区域之间的关联以及光学成像过程中的衍射等效应，每个像素都单独考虑其能量的接收和转化过程。因此，基于此模型的遥感影像质量评价也只针对每个像素的能量传输与转化过程，而不考虑各像素值之间的关联与耦合。

光学遥感成像系统是一个信息处理系统，因此，针对其信息处理过程借鉴常规信息处理过程中的信号质量评价标准，可以引入遥感影像信噪比的概念，使用信噪比指标评价遥感影像的质量是现行遥感影像质量评价的一个重要方法。同时，从定量反演的角度看，光学遥感成像系统也是一个测量系统。因此，可以借助信号测量中分辨率的概念来评价遥感影像的质量。由于定量反演过程的主要依据是能量转化关系，因此针对遥感影像质量的评价可以引入辐射分辨率的概念，并使用辐射分辨率的高低评价成像系统的成像质量。对成像系统辐射定标模型的系统参量分解建立遥感影像 *DN* 值关于系统参数的数学表达，可以使用该数学表达直接计算图像信噪比与辐射分辨率这两个指标对光学遥感成像系统的成像质量进行评价，同时分析系统参量对成像质量的影响。

2. 光学遥感影像的信噪比与系统参量影响分析

1）成像系统输出遥感影像的信噪比

信噪比是信号处理系统的核心指标，它表明信号处理系统输出信号与噪声的比例，输出信号的信噪比越高则说明该系统输出信号质量越高。信噪比的定义为

$$\mathrm{SNR} = 20\lg \frac{S}{N} \tag{11-24}$$

其中 S 和 N 分别代表信号和噪声的幅度。

根据前一节中成像系统输出图像 *DN* 值的数学表达式(11－18)可以看出，在成像系统量化输出之前，光学成像系统输出的信号与噪声的比例已经固定。而量化过程带来的截断误差是对整个系统输出而言的，该量化截断过程并不会带来系统输出信噪比的改变，因此虽然有部分文献将量化过程中的截断误差称为量化噪声，但是该截断误差并不属于噪声，而是一种系统误差。

因此，根据式(11－18)可得成像系统输出信噪比为

$$\mathrm{SNR} = 20\lg \frac{G\zeta \dfrac{\pi r^2 \left(\dfrac{a}{f}\right)^2 \cos\theta}{hc} \displaystyle\int_0^T \int_{\lambda_1}^{\lambda_2} \tau(\lambda)\eta(\lambda)\lambda \, \mathrm{d}L\mathrm{d}t}{G\zeta n_c + n_g} \tag{11-25}$$

从式(11－25)可以看出：

(1) 遥感影像上各个像素的信噪比是变化的。在相同的情况下，地物的反射率越高，对应像素接收到的能量越多，该像素的信噪比越高。这也是根据信噪比的定义可以直接得出的结论。因此，如何计算整幅图像的信噪比将是使用该指标进行遥感影像质量评价需要解决的关键问题。

(2) 遥感成像系统输出噪声主要来源于光电转换过程和信号放大过程。因此，在外界输入信号强度一定的情况下，要提高成像系统输出遥感影像的信噪

比，必须从这两个过程入手减小系统噪声。

2）系统参量对遥感影像信噪比的影响分析

从成像系统输出遥感影像信噪比的表达式(11－25)可以看出，光学遥感影像的信噪比与外界输出信号幅度和系统参数密切相关。由于外界输入通常无法改变，因此，要想提高成像系统输出信号的信噪比，必须优化成像系统参数。

(1) 有效信号强度的提升。

虽然外界输入信号的幅度无法改变，但是通过改变成像系统的参数却可以有效提升有效信号的幅度，从而有效提升成像系统输出遥感影像的信噪比。而且，通过优化系统参数对成像系统输出遥感影像信噪比的提升是针对整幅图像的，而非单独某个像素的。因此，通过优化系统参数提升遥感影像的信噪比具有重要意义。

根据信噪比的表达式(11－25)可知，有效信号的幅度由三个过程决定。一是成像系统入瞳处的接收，这一过程对有效信号幅度的影响主要体现在入瞳孔径半径 r、物像几何对应关系$(a/f)^2\cos\theta$上。二是光电转换过程，这一过程对有效信号幅度的影响主要体现在$\tau(\lambda)\eta(\lambda)\lambda$与入瞳辐亮度 L 对波长和时间的 T 的积分上。三是电信号的转化与处理过程，这一过程对有效信号幅度的影响主要体现在电流－电压转换系数 ζ 和系统增益 G 上。因此要提升有效信号的幅度，必须从这些参量入手，根据式(11－25)的定量关系优化系统参数。在成像系统设计之初，可以选择较大的入瞳孔径半径 r、较大的像素尺寸 a、较小的焦距 f、设计较大透过率 $\tau(\lambda)$ 的光学成像部件，选择较高量子效率 $\eta(\lambda)$ 的 CCD 器件，设计较高电流－电压转换系数的信号处理系统。在成像系统设计完成实际工作时，通过提高积分时间 T 和电子学增益 G 来提升成像系统输出遥感影像的信噪比。

(2) 系统噪声的降低。

信噪比的表达式(11－25)还表明光学遥感成像系统在信号处理的不同阶段产生的噪声对成像系统输出信噪比的贡献是不同的：在光电转换阶段产生的噪声 n_c 被后端的电流－电压转换电路和电压放大电路放大后参与系统总噪声的计算，而信号放大电路产生的放大器噪声和热噪声等直接参与系统总噪声的计算。因此，降低光电转换过程中的噪声对于提高成像系统输出信噪比的效果比相同条件下降低后端处理电路对成像系统输出的信噪比好。而且当成像系统的增益增大时，成像系统输出的总噪声也会相应地增加，这也是在成像系统参数设计方面需要注意的问题。

3. 光学遥感影像的辐射分辨率与系统参量影响分析

1）成像系统输出遥感影像的辐射分辨率

遥感影像的分辨率通常是指其几何分辨率，即影像能分辨的两个物体最小的几何距离，通常用星下点像素所对应的成像区域的尺寸来表示。随着遥感定量化的发展，遥感影像的辐射分辨率也越来越引起人们的重视。然而，目前关于遥感影像的辐射分辨率还没有严格的定义，导致部分学者将遥感影像量化位数当作辐射分辨率，这对于遥感影像的认识和定量反演都是极为不利的。实际上，从遥感影像上分辨两个地物目标有两个条件：一是这两个目标在影像上处在不同的位置，即两个地物目标成像于不同的像素；二是这两个地物目标对应像素的像素值不同。第一个条件的极端情况就是两个地物目标所对应的像素相邻，则可以认为它们之间的距离是一个像素，星下点像素对应的成像区域的尺寸近似为几何分辨率。第二个条件的极端情况是这两个像素的像素值之差等于1，即防止将这两个像素识别为一个目标，而第二个条件就反映了遥感成像系统的辐射分辨率。当然这里说的是理想情况，并不考虑由于衍射等光学现象所导致像点弥散情况，即每一个物点都对应于图像上的一个像素。根据遥感影像上识别地物的两个条件，我们可以仿照几何分辨率的定义给出光学遥感成像系统辐射分辨率的定义：遥感成像系统能够分辨的最小输入信号幅度之差。根据像素值 DN 的表达式(11-18)可知，要引起遥感成像系统输出像素值产生 +1 的变化，在四舍五入取整运算方式下，输入辐亮度转化出的量化电压的差异最低要达到 $\frac{1}{2}\times\frac{V_{\mathrm{REF}}}{2^n}$。

$$G\zeta\frac{\pi r^2\left(\frac{a}{f}\right)^2\cos\theta}{hc}\int_0^T\int_{\lambda_1}^{\lambda_2}\tau(\lambda)\eta(\lambda)\lambda\mathrm{d}(\Delta L)\mathrm{d}t=\frac{1}{2}\times\frac{V_{\mathrm{REF}}}{(2^n-1)} \tag{11-26}$$

整理可得

$$\int_0^T\int_{\lambda_1}^{\lambda_2}\tau(\lambda)\eta(\lambda)\lambda\mathrm{d}(\Delta L)\mathrm{d}t=\frac{V_{\mathrm{REF}}}{(2^{n+1}-2)}\frac{hc}{G\zeta\pi r^2\left(\frac{a}{f}\right)^2\cos\theta} \tag{11-27}$$

在辐亮度与时间无关时，根据等效辐亮度的定义

$$L'=\int_{\lambda_1}^{\lambda_2}\tau(\lambda)\eta(\lambda)\mathrm{d}L \tag{11-28}$$

得以推出：

$$\Delta L'=\frac{V_{\mathrm{REF}}}{(2^{n+1}-2)}\frac{hc}{G\zeta T\pi r^2\left(\frac{a}{f}\right)^2\cos\theta} \tag{11-29}$$

即成像系统能够分辨的等效辐亮度之差可以用式(11-29)表示。由于通常认为成像系统直接输入的量为辐亮度 L，因此成像系统的辐射分辨率应该指成像系统对入瞳辐亮度的分辨能力。成像系统能够分辨的入瞳辐亮度的差值越小，

说明使用该成像系统输出的遥感影像进行地物参量反演时能得到的入瞳辐亮度的精度越高,在其他条件不变时,地物参量的反演精度也越高。因此,成像系统的辐射分辨能力可以充分反映遥感影像地物反演的精度。

2）系统参量对遥感影像辐射分辨率的影响分析

式(11-29)表达了成像系统对等效辐亮度 L' 的分辨能力,结合等效辐亮度的定义 $L' = \int_{\lambda_1}^{\lambda_2} \tau(\lambda)\eta(\lambda)\mathrm{d}L$ 可知成像系统对入瞳辐亮度 L 的分辨能力也与成像系统的四个过程有关:一是成像系统入瞳处接收的能量,具体体现在式(11-29)中的 $\pi r^2 (a/f)^2 \cos\theta$ 项中;二是光电转换过程,具体体现在 $\tau(\lambda)\eta(\lambda)\lambda$ 与入瞳辐亮度关于时间 T 和波长 λ 的积分当中;三是电信号转换与放大过程,具体体现在 $G\zeta$ 中;四是量化采样过程,具体体现在 $V_{\mathrm{REF}}/(2^{n+1}-2)$ 中。当外界输入辐亮度无法改变时,可以通过优化成像系统以上的参数提高成像系统输出遥感影像的辐射分辨率。在成像系统设计之初,可以设计较大的入瞳孔径半径 r、选择较大的像素尺寸 a、较小的系统焦距 f、较小但防止饱和的量化参考电压 V_{REF}、较多的量化位数 n 来提升遥感影像的辐射分辨能力。在遥感成像系统实际获取遥感影像时,通过增大积分时间和电子学增益的办法来提升所获取遥感影像的辐射分辨能力。

对于遥感应用用户来说,他们直接得到的是一幅遥感影像,而无法获知上述成像系统参数,因此只能根据遥感影像的量化位数 n 来判断遥感影像的辐射分辨率,这也是导致部分学者将量化位数作为遥感影像辐射分辨率高低的判断标准的原因。

3）响应灵敏度

另外,对于光学遥感成像系统,还存在一个容易与辐射分辨率混淆的响应灵敏度的概念。因为系统噪声具有随机性,在任何一次测量中,噪声的强度都是变化的。因此,只有输入信号的强度大于噪声的强度,测量系统才能够判断有输入信号并产生对应的输出,所以使用系统的噪声强度来定义系统响应的灵敏度。

从上述定义来看,成像系统的灵敏度只是系统的噪声特性,而辐射分辨率则是成像系统成像时的信号处理特性,不但与系统本身有关,还与外界输入有关。从这一点来说,系统辐射分辨率比灵敏度更能反映成像系统的成像质量。

4. 成像系统参数对成像质量影响的综合分析

光学遥感成像系统的性能由其系统结构和各部件的参数共同决定,成像系统输出遥感影像的质量与系统参数密切相关。本章基于光学遥感成像过程中的能量传输与转化物理过程对成像系统的辐射定标模型进行了系统参量的分解,得出了遥感影像 DN 值的系统参量数学表达。因此,该辐射定标的系统参量分解模型能够体现成像系统对成像质量的影响。

1）光学参数对成像质量的影响

从信噪比的表达式（11－25）和辐射分辨率的表达式（11－29）可以看出，与遥感影像信噪比和辐射分辨率相关的成像系统光学参数主要包括镜头入瞳处的半径 r、等效焦距 f、光学部件的透过率 τ 等，虽然像素的尺寸 a 不属于光学参数，但是它与光学系统的几何分辨率等密切相关。

（1）入瞳孔径 r。

根据辐亮度的定义式（11－11）可知，辐亮度 L 是从测量角度反映地物反射强弱的物理量，因此它的大小代表地物反射的强弱。在相同的入瞳辐亮度的情况下，成像系统的镜头入瞳孔径的面积越大，成像系统接收到的能量越多。根据信噪比的讨论可知，系统输出信噪比越高。（11－25）分子上的 πr^2 正反映了上述事实。同时，πr^2 也在式 11－29 的分母上，随着入瞳孔径的增加，成像系统输出遥感影像的辐射分辨率也越高。

因此，为了提升成像系统输出信噪比和辐射分辨率，光学遥感成像系统通常都设计了较大的入瞳孔径从而能够接收更多的地物反射能量。然而，随着成像系统入瞳孔径的增加，光学镜片的制造成本越来越高，像差也难以精确控制，而且镜头重量增加会导致系统装配和使用的困难。因此，光学成像系统入瞳孔径的设计是上述多个因素平衡的结果。

（2）等效焦距 f。

光学系统的等效焦距 f 和像素尺寸 a、观测天顶角 θ 等一起对成像质量产生影响。在信噪比的表达式中 $(a/f)^2\cos\theta$ 处于分子上，在辐射分辨率的表达式中 $(a/f)^2\cos\theta$ 处于分母上，因此，随着 $(a/f)^2\cos\theta$ 的增加，成像系统输出遥感影像的信噪比与辐射分辨率同时增加。实际上，$(a/f)^2\cos\theta$ 代表了成像系统每个像素所对应的成像区域的面积，f 越小、a 越大，每个像素对应的成像区域的面积越大，每个像素接收的地物反射能量越多，成像系统输出信噪比和辐射分辨率也越高。然而，等效焦距 f 还与成像系统的几何分辨率有关。由于航天遥感成像系统的运行轨道基本固定，因此成像系统与地表的距离 H 也已经固定。当 f 越小时，成像系统的几何分辨率越低。

由于遥感应用中通常都对影像的几何分辨率有着特殊的要求，因此在设计光学遥感成像系统时，f 和 a 是首先确定的参数，不能通过减小 f 或增大 a 来提升成像系统的信噪比和辐射分辨率。同时，在式（11－25）和式（11－29）中入瞳孔径的半径 r 和等效焦距 f 均是反比关系。

实际上，在常规光学成像系统中，通常使用 F 数（$F/\#$）表达成像系统的通光量的大小，$F/\#$的定义为

$$F/\# = \frac{f}{2r} \tag{11-30}$$

$F/\#$越大，说明成像系统的通光量越大。

(3) 透过率 $\tau(\lambda)$。

从式(11-25)和(11-29)可以看出光学系统的透过率 $\tau(\lambda)$ 越大，每个像素接收到的光子数越多，从而激发出更多的光电子，成像系统最终输出遥感影像的信噪比和辐射分辨率也越高。为了提高成像系统的透过率，除了光学系统结构上的特别设计外，还会在光学镜片上镀膜，从而减少镜片对光的反射。需要指出的是，镀膜的材料和层数的选择的主要依据是成像系统的主要工作波长。通常情况下，成像系统的工作波长也是首先确定的参数之一，因此，光学镜片的镀膜方法也基本确定，透过率 τ 的提升空间有限。

2) 电子学参数对成像质量的影响

(1) 量子效率 $\eta(\lambda)$ 与光谱响应函数。

光电转换的量子效率是 CCD 器件的核心指标，它反映了 CCD 的光电转换性能。根据爱因斯坦的光电效应理论，光子与半导体器件的相互作用过程是半导体中处于价带的电子吸收光子后跃迁到导带从而形成电子-空穴对的过程。光电转换过程是一个量子过程，一个光子只能被一个电子吸收。即一个光子至多只能将一个电子从价带激发到导带中去。由于量子效应具有不确定性，所以使用量子效率 $\eta(\lambda)$ 来代表一个光子能激发出电子-空穴对的概率。入射光的波长越短，其携带的能量越高，越能激发处于低价带中的电子。量子效率 $\eta(\lambda)$ 是 CCD 器件的属性，受制于材料和工艺，量子效率 $\eta(\lambda)$ 的提升十分困难。量子效率对遥感影像质量的影响与光学部件的透过率类似，这里不再赘述。

(2) 积分时间 T。

积分时间 T 是成像系统光电转换器件 CCD 接收外界光辐射的时间，它由内部时序电路精确控制。从式(11-25)和式(11-29)可以看出在入瞳辐亮度与时间无关的情况下，成像系统接收的能量与积分时间 T 成正比，因此增加遥感成像系统的积分时间是提升输出信噪比和辐射分辨率的最直接的手段。然而，航天光学遥感成像与普通摄影的主要区别在于光学遥感成像系统相对于成像目标存在高速相对运动，从而导致了在积分时间内每个像素接收的能量是不同成像区域反射的太阳辐射之和，遥感影像产生运动模糊，质量下降。为了降低由于相对运动导致的图像模糊，航天平台上通常都会加装运动补偿机构，从而降低地物目标与成像系统之间的相对运动速度或使二者处于相对静止状态。然而，由于运动补偿机构的补偿能力有限，成像系统的积分时间 T 都

有一个上限 T_{max}，积分时间大于 T_{max} 时运动模糊会造成图像质量下降以至于无法使用。因此，成像系统的积分时间通常是由运动补偿机构的补偿能力限定的。

（3）电子学增益 G 与转换系数 ζ。

从式（11－25）和式（11－29）可以看出，成像系统电子学部件的增益 G 和转换系数 ζ 的位置完全相同，因此它们对遥感影像质量的影响完全相同。实际上转换电路在实现从电流到电压的转换过程中也可以伴随着信号的放大，所以可以认为电流－电压转换和放大过程是一个过程，这里也将这两个参数放在一起讨论。从讨论可知，增大 $G\zeta$，可以提升成像系统输出信噪比和辐射分辨率。然而，信号放大电路在放大信号的同时也放大了在光电转换过程中系统产生的噪声，因此，随着 $G\zeta$ 的增加成像系统总的输出噪声也会相应地增加，这必然会降低成像系统对外界输入响应的灵敏度。而且，由于噪声具有随机性，$G\zeta$ 的增加会导致成像系统输出噪声在比较大的范围内波动，这对于高质量成像极为不利。因此，综合这两方面的影响，应将 $G\zeta$ 控制在一定的范围内。

（4）量化参考电压 V_{REF} 与量化位数 n。

量化参考电压 V_{REF} 与量化位数 n 是数模转换过程的两个核心参数。从辐射分辨率的表达式（11－29）可以看出，增大量化位数 n 可以提高成像系统的辐射分辨率。降低量化参考电压 V_{REF} 同样也可以达到上述效果，然而成像系统的量化参考电压 V_{REF} 通常等于成像系统输出电压信号在量化前的最大值，而该最大值通常是由地物反射特性和系统其他参数共同确定的。如果量化参考电压 V_{REF} 小于成像系统输出的最大电压信号，将导致成像系统输出饱和，无法获取地物的信息。若量化参考电压 V_{REF} 大于成像系统输出的最大电压信号，则会导致系统的量化位数得不到有效利用，成像系统输出的遥感影像 DN 值都集中在较小的范围内，压缩了成像系统对地物辐射的分辨能力。因此，增加量化位数 n 是目前光学遥感成像系统的普遍选择。

（5）光电转换噪声 n_c 和放大电路噪声 n_g。

电路噪声是信号处理电路所必须面对的基本问题。光学遥感成像系统是光电信息处理系统，因此存在各类噪声不可避免。光电转换噪声 n_c 和放大电路的噪声 n_g 的具体形式与实际电路结构有关。如何控制成像系统的噪声水平需要从电路设计、制造工艺和使用环境温度等多方面进行努力。

11.3.2 辐射定标系统参量分解模型与光学遥感自适应成像

光学遥感的目的是获取高质量的遥感影像，为后端定量化应用提供高质量的数据源。由于成像系统接收的能量受太阳高度角、成像系统观测高度角、地表覆盖类型和季节的影响很大,成像系统采用单一模式成像时,获取的图像在高反射区容易饱和,在低反射区较暗,地物细节信息被压缩,导致地物识别困难。

1. 光学遥感成像系统自适应控制方法

1）光学遥感自适应成像的内涵

对于任何一个信号处理系统都存在外界输入与系统参数之间的匹配问题。光学遥感成像系统作为一个信号处理系统,自然也存在外界输入与系统参数的匹配问题。光学遥感成像系统将地物反射的太阳辐射转化成一幅遥感影像,在这个过程中成像系统遵循

$$DN = aGTL + bG + c \tag{11-31}$$

的辐射定标模型。根据辐射传输过程可知,光学遥感成像系统的入瞳辐亮度 L 具有很大的动态范围。如果光学遥感成像系统采用固定的成像参数采集图像,则必然出现成像系统参数与输入信号的失配问题,造成系统输出信号的信噪比和辐射分辨率变化很大,遥感影像质量难以保证。然而,如果能够预知光学遥感成像系统的输入信号强度,根据输入信号强度适时地调整成像系统参数,将能够有效地保证成像系统输出遥感影像的质量。我们提出的自适应成像模型是在光学遥感成像系统辐射定标系统参量分解模型的基础上,根据不同成像对象和成像环境自适应地调节成像系统参数,从而获取高质量遥感影像的一种成像系统控制模型和方法。

2）光学遥感自适应成像模型

对于一个特定的光学遥感成像系统,其后端采样和模数转化模块已经确定,则根据前面分析可知,其输出的最大像素值 DN 已经确定。在光学遥感成像过程中,为了充分发挥成像系统的性能,输出最大信噪比和辐射分辨率的遥感影像,应该使其每一景影像上最大输入对应于系统最大输出。由光学遥感成像系统辐射定标系统参量分解模型简化表达式(11-31)可得

$$DN_{max} = aTGL_{max} + bG + c \tag{11-32}$$

在实际的遥感成像过程中,由于成像系统的参数固定,而外界输入的最大辐亮度变化很大,因此通常成像系统的最大输入都不能满足上述公式达到系统最大输出。这就导致了成像系统输出图像的辐射分辨率的上下波动,地物的细节信息将在量化过程中损失,图像质量很难提高。光学遥感自适应成像模型就是在准确估计成像系统入瞳辐亮度的基础上,通过调整成像系统的积分时间和电子学增益,从而使外界输入的最大入瞳辐亮度对应于系统的最大输出。然而,正如式(11-32)所示,成像系统的积分时间和电子学增益耦合在一起,无法根据

上述关系直接确定成像系统积分时间和电子学增益的取值。因此必须考虑如何将成像系统的积分时间和电子学增益两个参量分离。根据成像系统参数对成像质量的影响分析可知,光学成像系统的积分时间和电子学增益对系统输出信号的信噪比具有不同的作用:增加积分时间可以有效地提高系统输出的信噪比和输出信号幅度,而增加电子学增益可以提高输出信号的幅度,但其对信噪比的改善十分有限,而且还放大了系统噪声。因此,从提高光学成像系统输出信号质量的角度,通常应使成像系统以最长的积分时间获取遥感影像。则成像系统的电子学增益可以表示为:

$$G = \frac{DN_{\max} - c}{aTL_{\max} + b} \tag{11-33}$$

然而,由于光学遥感成像过程中,成像系统与地物目标之间存在相对运动,增加积分时间可能会造成图像模糊,图像几何质量下降。所以,光学成像系统的积分时间通常很短(毫秒级),而且积分时间通常是固定值,无法进行调节。随着航天技术的进步,目前也有一些光学成像系统为了调节输出信号的信噪比,增加了积分时间调节功能。然而,这样的光学遥感成像系统在提升成像系统的积分时间的同时,都会增加额外的运动补偿机构,补偿由于成像系统和地物目标之间存在相对运动而引起的图像运动模糊,这也从一定程度上增加了系统成本,降低了系统的稳定性。即使成像系统增加了运动补偿机构,成像系统积分时间的增加也有一定的限度。从成像系统的能量转化过程来看,入射的光子所激发出的电子首先要被收集在外加电压所形成的电势阱中。电势阱是在外加电压的作用下所形成的一个电荷的容器。设该电容器的电容为 C_{const},外加电压为 U_{const},则该电容器能存储的电量为

$$Q = C_{\text{const}} U_{\text{const}} \tag{11-34}$$

而每个电子所携带的电量为定值 q_{const},则该势阱所能存储的电荷为

$$N_e = \frac{Q}{q_{\text{const}}} = \frac{C_{\text{const}} U_{\text{const}}}{q_{\text{const}}} \tag{11-35}$$

上式得出的 N_e 是该电势阱所能存储的最大电荷数。根据之前介绍的光电转换过程,则有

$$\frac{C_{\text{const}} U_{\text{const}}}{q_{\text{const}}} \geqslant \int_0^T \int_{\lambda_1}^{\lambda_2} n_l(\lambda)\tau(\lambda)\eta(\lambda)\,\mathrm{d}\lambda\,\mathrm{d}t + n_c \tag{11-36}$$

将式(11-16)得出的入瞳辐亮度与光子数关系式代入式(11-36)可得

$$\frac{\pi r^2 \left(\frac{a}{f}\right)^2 \cos\theta}{hc} \int_0^{T_{\max 0}} \int_{\lambda_1}^{\lambda_2} \tau(\lambda)\eta(\lambda)\lambda\,\mathrm{d}L\mathrm{d}t = \frac{C_{\text{const}} U_{\text{const}}}{q_{\text{const}}} \tag{11-37}$$

当入瞳辐亮度与积分时间无关时,可得

$$T_{\max 0}=\frac{C_{\text{const}}U_{\text{const}}}{q_{\text{const}}}\times\frac{hc/\pi r^2\left(\dfrac{a}{f}\right)^2\cos\theta}{\int_{\lambda_1}^{\lambda_2}\tau(\lambda)\eta(\lambda)\lambda\mathrm{d}L} \tag{11-38}$$

即光学成像系统的积分时间的上限 $T_{\max}$ 与入瞳辐亮度有关。入瞳辐亮度越大，入瞳处的光子流密度越大，则在光电转换过程中所激发的电子数越多，导致电势阱饱和的积分时间越短。因此，对于某一特定的外界输入，成像系统的积分时间有一个上限 $T_{\max 0}$，而成像系统的积分时间不能超过 $T_{\max 0}$。如果成像系统的积分时间设置超过该 $T_{\max 0}$，则该电势阱将饱和，入射光所激发出的光电子将产生溢出。这不仅对相邻的电势阱产生影响，而且还会影响到元器件的使用寿命。因此，在实际的使用过程中，必须对成像系统的积分时间进行限制，使其不能超过最大积分时间 $T_{\max 0}$。综上所述，为了使成像系统输出信号的信噪比和辐射分辨率最高，同时又不会造成成像系统的饱和，成像系统的积分时间和电子学增益需满足如下关系：

$$\begin{cases}T=T_{\max}\leqslant T_{\max 0}\\ G=\dfrac{DN_{\max}-c}{aT_{\max}L_{\max}-b}\end{cases} \tag{11-39}$$

以上根据外界输入的最大辐亮度和成像系统本身性能确定成像系统积分时间和电子学增益，从而提高遥感影像辐射分辨率和信噪比的方法即为光学遥感自适应成像模型。

3）光学遥感自适应成像控制流程

光学遥感自适应成像模型的核心思想是根据预知的最大入瞳辐亮度调整成像系统的积分时间和电子学增益，从而使得成像系统输出信号具有最大的信噪比和辐射分辨率。光学遥感自适应成像控制流程如图 11－16 所示。

光学遥感自适应成像可以分为以下四个步骤。

（1）影像覆盖区域计算。

光学遥感自适应成像模型对成像系统参数调整的依据是入瞳辐亮度的大小，因此，每景遥感影像覆盖区域的计算是自适应成像模型的第一步。航天遥感平台的轨道参数是经过精确设计的，而且在遥感平台发射以后，地面站对其位置进行精确的测控，因此，航天遥感平台每一时刻的位置都是精确已知的。航天平台上的惯性测量单元 IMU 可以对成像系统的姿态进行精确的测量。这两个测量手段联合起来就可以确定成像系统在每一时刻的位置和姿态。再根据成像系统的几何成像模型就可以预先计算出每景遥感影像所覆盖的地面成像区域。

（2）入瞳辐亮度计算。

辐射传输模型可以根据地表参数和大气参数计算入瞳辐亮度。在上一步计

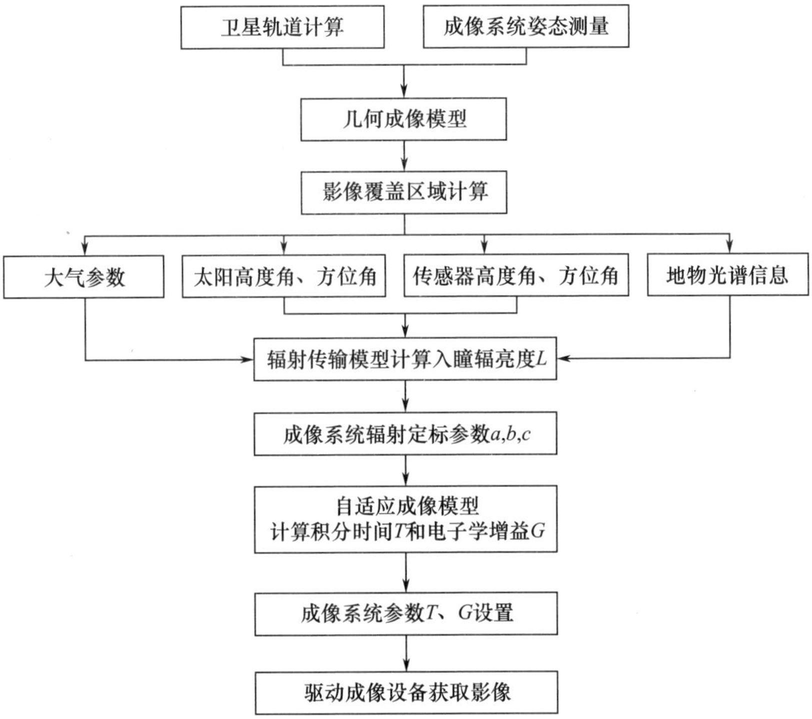

图 11-16 光学遥感自适应成像流程

算出的每景遥感影像覆盖的成像区域的前提下,根据地物的光谱信息、大气参数和气溶胶参数,并结合太阳高度角、方位角,成像系统的高度角和方位角,就可以计算出成像区域所对应的入瞳辐亮度。

以上所述的是比较理想的情况,实际上要在成像前获取成像区域的地物覆盖类型和反射特性是非常困难的,因为各种地物覆盖类型的化学成分和几何形态千差万别,其对太阳辐射的反射特性难以估计,而辐射传输模型能够计算的情况十分有限,因此对成像区域所对应的入瞳辐亮度的计算十分困难。

(3)自适应成像模型计算成像系统积分时间和电子学增益在得到入瞳辐亮度之后,就可以根据本节介绍的自适应成像控制模型计算成像系统积分时间和电子学增益的值。这里需要知道成像系统的辐射定标系统参量分解模型参数,该参数可以通过定标方法获得。需要指出的是,成像系统在航天平台上工作时,其工作环境与地面差别很大,因此航天平台上光学遥感成像系统的辐射定标系统参量分解模型参数与实验室标定的参数存在差异。而且随着时间的推移,成像系统的成像性能会发生退化,因此,需要在轨定标获取辐射定标系统参量分解模型的参数。有关在轨定标的方法这里不展开介绍。

（4）获取影像。

最后一步十分简单，就是根据上述计算结果设置成像系统的积分时间和电子学增益，并驱动成像系统获取遥感影像，然后将影像存储于航天遥感平台上的存储介质上，再根据任务规划将遥感影像下传至地面接收站供后续使用。

2. 入瞳辐亮度的估算方法与实例分析

光学遥感成像系统的自适应参数调节方法依赖于对入瞳辐亮度的准确估计，因此，入瞳辐亮度的估计方法是施行自适应成像的关键步骤。虽然辐射传输模型能够在给定参数下对入瞳辐亮度进行估算，但是辐射传输计算依赖于对地表区域反射特性的精确建模、大气和气溶胶参数的精确测量。因此，如何获取实时获取这些参数将成为能否精确估计入瞳辐亮度的关键。

1）辐射传输模型 6S 的输入参数

前面介绍了目前常用的辐射传输计算软件，6S 采用了一些数值模型对辐射传输过程进行近似求解，加快了计算速度，参数输入也更简洁，因此本研究选择 6S 对入瞳辐亮度进行估算。使用 6S 辐射传输模型计算光学遥感成像系统入瞳处辐亮度需要输入如下几类参数。

（1）观测几何参数。

观测几何参数包括日地距离修正因子，太阳天顶角、方位角，成像系统天顶角、方位角，传感器高度。日地距离修正因子用于修正由于日地距离变化导致到达大气顶层的太阳辐射强度的变化。根据地球绕太阳公转的规律计算每天日地距离，从而得到日地距离的修正因子。而太阳天顶角、方位角和成像系统天顶角、方位角根据成像时间和成像系统的姿态传感器测量获得。

（2）大气模式与参数。

大气对太阳辐射的吸收和散射作用不但与吸收气体含量有关，还与大气的温度和湿度等状态有关。在精确计算大气对太阳辐射的吸收和散射时，需要实测的大气温度湿度廓线，这对于全球成像的情况来说很难实现。为了简化计算，6S 辐射传输模型自身包含了热带大气模式，中纬度夏季、冬季大气模式，近极地夏季、冬季大气模式和美国 1962 年构建的标准大气模式。这些大气模式本身包含了一些实测的大气温度、湿度廓线数据。如果使用美国标准大气，还需输入臭氧和水汽的总量。

（3）气溶胶模式和光学厚度。

在 6S 辐射传输模型中使用气溶胶的粒子分布谱、复折射率和气溶胶光学厚度参数对其与太阳辐射的相互作用进行描述。使用者可以输入实测的气溶胶参数，也可以使用 6S 辐射传输计算软件包含的一些较为通用的气溶胶模式进行模拟计算。气溶胶的光学厚度是另外一个表征其对太阳辐射衰减的量。6S 计算软件使用 550nm 处的气溶胶光学厚度作为输入值计算气溶胶对太阳辐射的衰减作用。因此，在使用 6S 计算时，除了需要指定气溶胶模式，还需输入 550nm 处的气溶胶光学厚度或气象能见度。

（4）传感器的光谱响应函数。

由于成像系统输出像素值 *DN* 与等效入瞳辐亮度线性相关，而等效入瞳辐亮度是入瞳辐亮度与传感器光谱响应函数的卷积，因此，6S 在计算时需要输入传感器的光谱响应函数，输出等效入瞳辐亮度。6S 软件本身也包含了常用的遥感成像系统如 TM、AVHRR、MODIS 等的光谱响应函数，其他新的传感器则需要按照规定的光谱分辨率输入。

（5）地表反射特性。

地表反射特性指地表的二向反射特性，包括地表覆盖物的均匀性、二向反射模型和光谱反射率等。真实地表的反射特性十分复杂，虽然研究人员构建了多种地表反射模型，但是对于全球成像的遥感观测来说，这些模型仍然难以适用，而且不少模型都需要实测参数作为输入，这对于大范围的遥感观测来说难以实现。6S 辐射传输软件虽然包含了不少地物反射模型，但是在常规的计算中，为了简化计算通常假设地表反射具有朗伯性，使用天顶方向的反射率作为地表的反射率。

2）基于历史重访影像的入瞳辐亮度估计方法

从上面的介绍可以看出，如果采用辐射传输模型计算入瞳辐亮度，除了观测几何参数可以依靠航天平台实时获取之外，大气参数、气溶胶参数、地物反射特性和参数都依赖于其他数据源。即使能够通过传感器获取大气和气溶胶参数，地物的反射特性参数仍然难以获取。对于全球观测，同一平台上多传感器协同将是唯一可行的方案。然而这又是一个系统工程，不但涉及多种载荷的设计，还要涉及星上数据的实时处理和多传感器数据的共享。基于历史重访影像近似估计入瞳辐亮度方法，由于太阳辐射的强弱对光学成像系统接收的能量有决定性的影响，因此，常规的全球遥感观测平台都运行于太阳同步轨道，处于该轨道上的遥感平台每天以相同的地方时经过地球的上空。在这种情况下，太阳以相同的角度照射地表，而成像系统也以相同的角度获取遥感影像，因此成像几何几乎不变。在成像系统两个相邻的重访周期间，如果忽略地表覆盖类型的变化（很多遥感成像系统的重访周期只有几天的时间，在这么短的时间内，可以近似认为地表覆盖的类型和反射参数未发生变化），同一地表区域接收到的太阳辐射和反射到成像系统的能量只受日地距离变化和大气、气溶胶的状态参数影响，因此使用上一周期获的遥感影像反演出入瞳辐亮度，再进行日地距离、大气和气溶胶的修正，就可以在成像前近似估计出每一块成像区域所对应的入瞳辐亮度。该估计过程如图 11－17 所示。

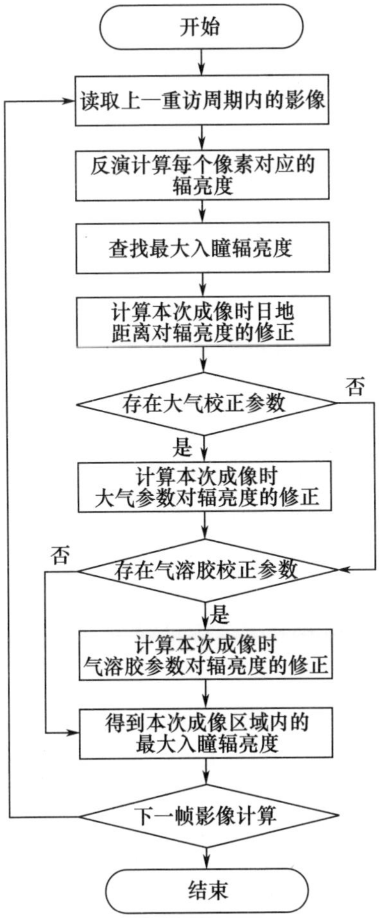

图 11－17　入瞳辐亮度的估计流程

(1) 日地距离对入瞳辐亮度的修正。

从式(11－39)可以看出，到达大气层顶的太阳辐射强度与日地距离的平方成反比，因此，在两次重访期间，到达大气层顶的太阳辐射强度之比与日地距离修正因子的平方之比成反比：

$$\frac{E_1}{E_2}=\frac{d_2^2}{d_1^2} \tag{11-40}$$

式中：E_1 与 E_2 分别为相邻两次重访时大气层顶接收到的太阳辐射强度；d_1 和 d_2 分别为这两次成像的日地距离修正因子。从式(11－39)可以看出，成像系统接收的入瞳辐亮度与大气顶层的太阳辐照度成正比，因此，在得知相邻两次重访的日地距离修正因子之后,就可以近似得到两次入瞳辐亮度之比的近似值,从而得到未经大气和气溶胶修正的入瞳辐亮度近似值。

(2) 大气参数对入瞳辐亮度的修正。

虽然全球大气地域分布极不均匀,但是同一区域内的大气参数在相邻两个重访周期内的差异并不显著,除了水汽等一些易受天气影响的气体含量存在较大差异。然而,水汽的影响主要存在于波长较长的几个水汽吸收特征波段。因此,在非水汽吸收波段入瞳辐亮度的近似估算过程中,可以认为大气的状态参数保持不变,忽略大气参数对入瞳辐亮度估算的修正。而如果要精确修正大气的影响,需要同平台大气监测传感器的实时数据支持。

(3) 气溶胶参数对入瞳辐亮度的修正。

虽然可以近似认为大气状态参数在相邻两次重访成像时保持不变,但是气溶胶的参数变化却不能作这样的假设,因为气溶胶受多种因素的影响,在相邻两次重访期间,气溶胶参数的相关性很弱。因此,在有条件的情况下,为了精确地估计入瞳辐亮度,需要引入外部的气溶胶参数源对入瞳辐亮度的值进行必要的修正。

目前,关于气溶胶的观测有两种途径,一种是基于地面站点的监测,另外一种是基于卫星的遥感监测。基于地面站点的监测依赖于站点的分布,虽然目前已经出现了 AERONET 等国际联合气溶胶监测网络,但是离全球范围的气溶胶监测还存在不小的距离。基于卫星遥感的气溶胶监测能够做到全球任意地区全覆盖。目前,MODIS 免费发布每天全球的气溶胶分布数据。因此,可以采用 MODIS 的气溶胶数据对入瞳辐亮度进行估算修正。

对入瞳辐亮度的修正可以采用查找表法,即通过运行辐射传输计算软件建立不同区域、不同地表覆盖类型入瞳辐亮度随气溶胶类型和光学厚度变化的查找表,从而修正由于气溶胶类型和光学厚度的变化对入瞳辐亮度估算结果的影响。而且随着成像系统自身获取的遥感影像的积累,通过遥感影像反演入瞳辐亮度,对查找表中的气溶胶光学厚度与入瞳辐亮度之间的关系进行修正,将可以有效提高入瞳辐亮度的估计精度。

3) 光学遥感自适应成像模型的其他影响因素

光学遥感自适应成像模型依赖于光学遥感成像系统辐射定标系统参量分解模型和入瞳辐亮度的估计方法。前面对成像系统的辐射定标模型进行了深入的讨论,本章前面对入瞳辐亮度的估计方法进行了论述,提出通过紧邻的上一次重访获取的遥感影像反演入瞳辐亮度,利用该辐亮度对成像区域进行预测。这些内容综合起来解决了光学遥感自适应成像的两大关键问题。光学遥感自适应成像是一个系统工程,它的实施还依赖于其他因素。

（1）成像系统的精确定位定姿。

光学遥感的自适应成像模型依赖于对入瞳处的辐亮度的准确估计。入瞳辐亮度主要来源于地表对太阳辐射的反射。根据光学成像系统的几何成像模型，每个像素与地表成像区域之间的对应关系不但与成像系统的几何成像参数有关，还与成像系统自身的位置和姿态有关。因此，成像系统的定姿定位是确定遥感影像所覆盖的地表区域的前提。

为了使传感器接收到的地表反射太阳辐射基本稳定，通常将航天遥感的轨道设计为太阳同步轨道。太阳与该轨道平面成某一近似不变的角度，当航天平台以某一固定的地方时通过该地上空时，平台上搭载的光学遥感成像系统将以固定的成像几何获取地物的遥感影像。同时，为了能够得到全球地表的影像，运行在太阳同步轨道上的遥感成像系统还要以固定的回归周期实现对全球地表的扫描与重访。

处于太阳同步轨道运行的航天遥感平台，其轨道由轨道方程来描述，其任意时刻的位置可以通过计算获得。然而由于受到外力的作用，卫星的实际位置和姿态还会出现一定的变化。为了准确得到遥感卫星上成像系统的位置和姿态，除了使用轨道方程对成像系统的方位进行预测之外，还必须借助星上的 GPS 等定位系统和惯性测量单元 IMU 对成像系统的位置和姿态进行修正，除此之外，地面站还必须持续地对卫星进行定位跟踪，通过地面的测量及时修正卫星位置和姿态的漂移。

（2）复杂天气因素的影响。

以上有关光学遥感自适应成像的讨论并没有考虑天气变化对光学遥感成像的影响。实际上，云、雨、雪等天气对光学遥感有重要的影响。光学遥感所使用的波段较短，处于该波段的光很难穿透云、雨、雪等凝结体到达地表。因此当天空中存在大量云层时，光学遥感并不能获得地表的影像，在雨、雪等降水天气下光学遥感更无能为力，这也是所有光学遥感所面临的共性问题。

光学遥感自适应模型自然也不能解决上述天气过程对遥感成像的影响。而且，辐射传输计算的假设前提之一就是视场中没有云的干扰，因为云的存在会极大地改变太阳辐射的传输过程，从而导致辐射传输计算结果的无效。在使用近邻上次重访获取的影像预估入瞳辐亮度时，地表的覆盖状况也不能受雨、雪等的影响。因为降水会极大地改变地表对太阳辐射的反射，从而使得卫星两次重访时地物反射特性不具有相关性，此时采用上一次遥感影像预估本次入瞳辐亮度将不具有参考价值。在这种情况下，只能通过多次数据积累与分析，从而决定最佳的成像参数。

在对地遥感的过程中，欧洲的 PROBA－1 小卫星对天气的处理可以作为其他光学遥感成像系统处理天气因素的参考。它将英国气象办公室提供的48h云层覆盖预报注入星上的管理系统，作为其成像时的重要参考。当成像视场中有少量云存在时，PROBA－1通过控制星上转动轮的转动速度来调整成像角度，从而避开云的影响。在自适应遥感成像模型中，同样可以借鉴PROBA－1在对云层覆盖区域的处理方法，在成像前根据气象卫星获得的云层覆盖信息对成像区域进行掩模处理，如果成像区域被云层覆盖的面积超过某一阈值时，则不启动自适应成像系统参数优化方案。有关天气方面的处理还需进一步的研究。

光学遥感成像过程是太阳辐射的传输、反射和转化过程，光学遥感成像系统将接收到的太阳辐射转化为一幅遥感影像。由于地物覆盖类型和形态千差万别、大气条件时刻变化，成像系统接收到的能量变化很大。为了获取高质量的遥感影像，必须根据外界输入动态地调整成像系统的参数，从而使成像系统与外界输入相匹配。本章据此提出了光学遥感自适应成像模型，并对模型的相关因素进行了深入的讨论与分析，以此提高获取遥感影像的质量。

11.4　几个典型空间信息控制模型案例

11.4.1　偏振导航定位

在沙蚁、蜜蜂等昆虫利用偏振光进行导航时，研究表明沙蚁、蜜蜂等昆虫能够通过自身的偏振视觉系统敏感出身体长轴与太阳子午线之间的夹角β，这样就能确定当前的运动方向和南北方向之间的夹角$\alpha = AS + \beta$，也就是说，任意时刻航向α是确定的。只要借助其它传感器感知出速度，就能计算出下一时刻的位置。而已知下一时刻的位置，太阳的相对位置就确定了，而太阳的位置决定了天空偏振光的分布模式，于是昆虫通过自身的偏振视觉系统又能感应出当前自身长轴与太阳子午线之间的夹角。这样，依次迭代(11－41)式就可完成导航定位的任务，如图11－18所示。

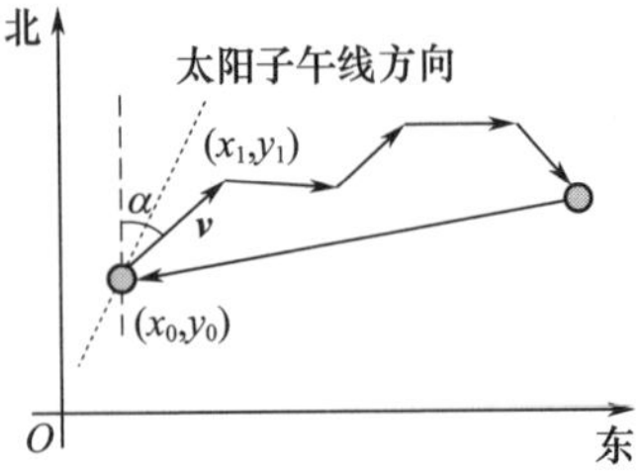

图11－18　导航定位示意图

$$
\begin{cases} x_{i+1} = \int v_i \sin\alpha \mathrm{d}t + x_i \\ y_{i+1} = \int v_i \cos\alpha \mathrm{d}t + y_i \end{cases} \quad (i = 0,1,2\cdots) \qquad (11-41)
$$

式中：(x_i, y_i) 和 v_i 分别为 i 时刻的位置和速度，α 为航向角。

如果把 $\int v_i \sin\alpha \mathrm{d}t$，$\int v_i \cos\alpha \mathrm{d}t$ 看成是 x_{i+1} 和 y_{i+1} 对于时间的函数，则式(11－41)可写成：

$$
\begin{cases} x_{i+1} - \dfrac{\mathrm{d}x_{i+1}}{\mathrm{d}t} = x_i \\ y_{i+1} - \dfrac{\mathrm{d}y_{i+1}}{\mathrm{d}t} = y_i \end{cases} \quad (i=0,1,2\cdots) \qquad (11-42)
$$

这里，x_i 和 y_i 都是已知的数。

对式(11－42)进行拉普拉斯变换得到：

$$
\begin{cases} sX_{i+1}(s) - x(0) + X_{i+1}(s) = -\dfrac{x_i}{s} \\ sY_{i+1}(s) - y(0) + Y_{i+1}(s) = -\dfrac{y_i}{s} \end{cases} \quad (i=0,1,2\cdots) \qquad (11-43)
$$

这里，$x(0)$ 和 $y(0)$ 是起始时刻的位置，为已知数。

对式(11－43)进行求解得到：

$$
\begin{cases} X_{i+1}(s) = \dfrac{sx(0) - x_i}{s(s+1)} \\ Y_{i+1}(s) = \dfrac{sy(0) - y_i}{s(s+1)} \end{cases} \quad (i=0,1,2\cdots) \qquad (11-44)
$$

设 $F_x = X_{i+1}(s) = \dfrac{sx(0) - x_i}{s(s+1)}$，$F_y = Y_{i+1}(s) = \dfrac{sy(0) - y_i}{s(s+1)}$，则 F_x，F_y 分别为由 x_i，y_i 得到 x_{i+1}，y_{i+1} 的传递函数，表示成框图形式如图 11－19 所示。

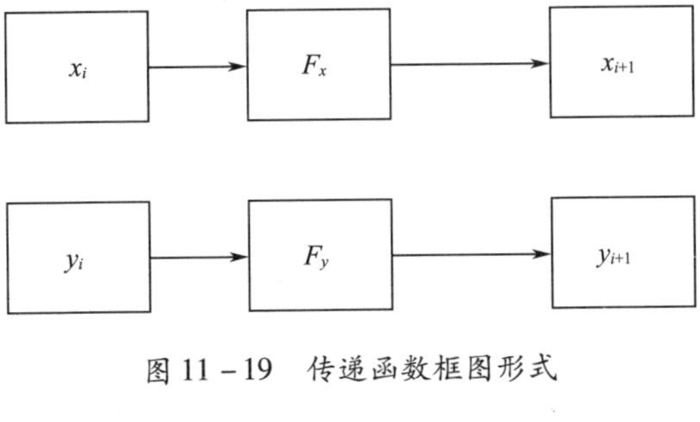

图 11－19　传递函数框图形式

我们继续对式(11－44)进行变换：

$$\begin{cases}X_{i+1}(s)=\dfrac{A}{s}+\dfrac{B}{s+1}\\ Y_{i+1}(s)=\dfrac{C}{s}+\dfrac{D}{s+1}\end{cases}\quad (i=0,1,2\cdots) \tag{11-45}$$

得：$A=sX_{i+1}\big|_{s=0}=-x_i$

$B=(s+1)X_{i+1}\big|_{s=-1}=x_i+x(0)$

$C=sY_{i+1}\big|_{s=0}=-y_i$

$D=(s+1)Y_{i+1}\big|_{s=-1}=y_i+y(0)$

根据拉普拉斯逆变换得到最终解：

$$\begin{cases}x_{i+1}(t)=-x_i+[x_i+x(0)]\mathrm{e}^{-1}\\ y_{i+1}(t)=-y_i+[y_i+y(0)]\mathrm{e}^{-1}\end{cases}\quad (i=0,1,2\cdots) \tag{11-46}$$

所以，只要知道开始时刻的位置($x(0)$，$y(0)$)和上一时刻的位置(x_i，y_i)就可以得到此时的位置(x_{i+1}，y_{i+1})。假设，开始时刻的位置为(1000，1000)，上一时刻的位置为(100，50)，则计算最后的位置：

$$\begin{cases}x_{i+1}(t)=-100+[100+1000]\mathrm{e}^{-1}=304.67\\ y_{i+1}(t)=-50+[50+1000]\mathrm{e}^{-1}=336.27\end{cases} \tag{11-47}$$

11.4.2 水体污染模型

水质的好坏可以用水中含有的各种污染物浓度的大小来表示。水中含有的污染物可能有多种，只考虑其中的某一种。水体是一个连续体 Ω，可以将浓度看成位置和时间的函数 $y(p,t)$，$p\in\Omega$，$t\in[a,\infty)$。假定水库(湖泊)是一个完全混合器，即水体各点的浓度相等，只是时间的函数 $y(t)$，$t\in[a,\infty)$。

将水体看做一个系统，外界输入量包括大气降雨、河流输入、周边土壤侵入。内部自身生产的，如水生物分解、水体底泥释放等，称为内部输入。输出量包括正常排泄、自然蒸发、底泥吸附、生物降解等。内部输入和输出属于河流的自净作用，可以统一为一个沉降量。沉降量是浓度的增函数，浓度越高，沉降量越大，例子取最简单的线性增函数，因为依据泰勒展开定理，任何一个一阶连续可微函数都可以在局部用线性函数近似表达。

假设水体体积为 V，保持不变，排放浓度与当前水体浓度相同，排入污染物浓度、单位时间排入量分别记做 $y_i(t)$，$V_i(t)$，与排入量相比内部输入量可先不考虑。单位时间排出量为 $V_0(t)$。在 $[t,t+\Delta t]$ 时间段内水体中污染物的质量改变为

$$(y(t+\Delta t)-y(t))V=(y_i(t)V_i(t)-y(t)V_0(t)-ky(t)V)\Delta t \tag{11-48}$$

进一步假定 $y(t)$ 是连续可微的，令 $\Delta t\to 0$，则有

$$\frac{dy(t)}{dt}=\frac{V_i(t)}{V}y_i(t)-\left(\frac{V_0(t)}{V}+k\right)y(t) \quad (11-49)$$

给定初始条件：$y(t_0)=y_0$。

模型也可以写成

$$\frac{dy(t)}{dt}+p(t)y(t)=Q(t) \quad (11-50)$$

$Q(t)=\frac{V_i(t)}{V}y_i(t)$是外部环境刺激所引起系统的改变率，$p(t)y(t)=\left(\frac{V_0(t)}{V}+k\right)y(t)$是系统自身变化所引起的改变率。

已知上述式子为

$$\frac{dy(t)}{dt}+p(t)y(t)=Q(t) \quad (11-51)$$

对每一项分别进行拉普拉斯变换为

$$Y_1(s)+Y_2(s)+Y_3(s)=0 \quad (11-52)$$

由时域变为频域的上述式子可以得到其传递函数，画出其控制框图。

然后对频域函数 $Y(s)$ 拉普拉斯逆变换到时域中，得到

$$y(t)=f(t) \quad (11-53)$$

通过对时域转化为频域，可以建立传递函数表达式，可以对水体污染物的浓度进行控制和实时观测。

我们假定 $p(t)$，$Q(t)$ 为一个常数，$p(t)=0.1\text{mg/L}\cdot\text{s}$，$Q(t)=0.5\text{mg/L}\cdot\text{s}$，$y_0(t)=0$。原式可以化为

$$\frac{dy(t)}{dt}+0.1y(t)=0.5 \quad (11-54)$$

代入上面公式

$$x(t)=\frac{n_1}{m_1}-\frac{n_1-m_1x(0)}{m_1}e^{-m_1t} \quad (11-55)$$

可以解得

$$y(t)=5-5e^{-0.1t} \quad (11-56)$$

11.4.3 土壤肥力分析

土壤是作物的生长基地，是陆地生态系统中物质和能量转换的库。调控土壤肥力，保持和提高土壤肥力水平，以便充分协调地供应作物生长所需要的水分和营养物质，保持环境质量，以维持和提高作物生产力，对农业生产的持续发展具有重要意义。利用控制论的方法科学地调控农业生产的各个环节，使土壤达

到农业生产的最高肥力或者达到作物的可期产量是可持续发展和经济效益最大化的最优途径。

利用控制论的观点研究作物的产量与土壤肥力的关系，分析土壤肥力构成因子的各因素及其之间的关系：pH 值过酸容易造成土壤板结，pH 值呈过度碱性则会呈现土壤盐碱性，很难生长植物。而有机肥增加会引起食腐性生物和微生物的繁衍，可以增加土壤松软度，可以间接影响直接对土壤用养分的利用程度。作为植物生长所必需的氮元素，其含量的增加会增加土壤的肥力，然而氮元素含量过高，则会导致土壤呈酸性，而过酸又会导致土壤板结，因此这是一个互相关联的复杂系统。各种影响因子之间的相互作用是可以通过人工干预来实现合理调控的。

土壤肥力只是调节作物产量的一种常见有效的方式，但在农业生产中，我们实际遇到的问题会复杂得多，上述的假设参量将存在很多不确定性。相比天气和气候而言，水分和病虫害等因素具有相对可控制性，因此我们在讨论了土壤肥力的基础上，可以将上述参量变化引入到我们的控制闭环系统中，以使得农业生产方面得到更多的宏观科学把控。下面给出作物产量过程控制框图（图 11－20）。

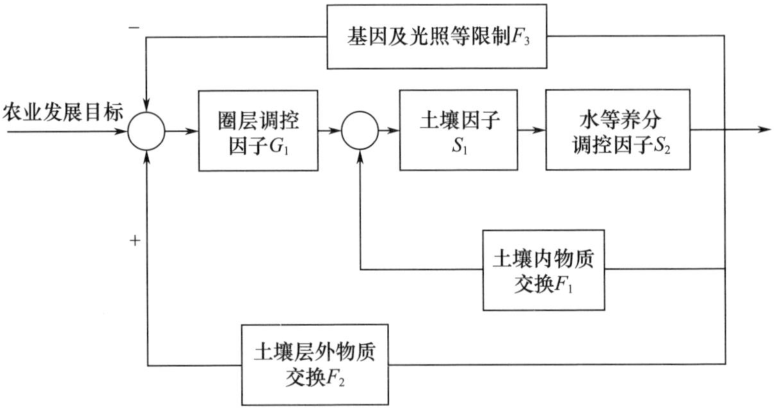

图 11－20　作物产量过程控制框图

如图 11－20 所示，土壤因子 S_1 可以对比为土壤初始肥力，水养分调控因子 S_2 可以视为有机肥投放量、无机肥投放量。而圈层调控因子可视为 pH 值与土壤松软度。而 F_1 则可以对应为微生物的活动对于土壤肥力的贡献，F_2 可视为农药施放量，由于农药的化学性质，其对土壤的 pH 值和松软度及土壤中微生物含量都会产生不利影响，但是对于某些作物而言，由于病虫害等发生频繁，因此其又对作物生产具有正反馈，故此其对于作物生产的反馈无法简单的用正反馈和负反馈来进行标量。由于基因和光合作用的效率等不可控因素对粮食增产的极限起到决定性的限制作用,因而在该系统中其表现意义为负反馈,它保证了系统的平衡性,解释了粮食生产中的增产极限。

可以从两个角度去解算这个框图的传递函数,这样我们就能更直观的从数学角度去判断各参量对于作物产量的影响,从而实现最优控制。

闭环系统传递函数的 Mason 公式,即

$$P = \frac{C(s)}{R(s)} = \frac{1}{\Delta}\sum_{k=1}^{n} P_k \Delta_k \tag{11-57}$$

式中:P 为系统的传递函数;n 为系统的前向通路数;P_k为第 k 条前向通路的总增益。

$$\Delta = 1 - \sum L_a + \sum L_b L_c - \sum L_d L_e L_f + \cdots \tag{11-58}$$

该式称为流图特征式,其中:$\sum L_a$ 表示所有单独回路增益之和;$\sum L_b L_c$ 表示在所有互不接触回路中,每次取两个回路的回路增益乘积之和;$\sum L_d L_e L_f$ 表示在所有互不接触回路中,每次取三个回路的回路增益乘积之和,Δ_k为流图余项式,即为去掉第 k 条前向通路后所求的 Δ。在利用流程图求解时可以理解为与第 k 条前向通路不接触的回路,对于各项仍需满足上诉要求。

对此,利用上述方法,我们可以解算出传递函数为

$$P = \frac{G_1 S_1 S_2}{1 - S_1 S_2 F_1 + G_1 S_1 S_2 F_2 + G_1 S_1 S_2 F_3}$$

下面就图 11-20 中各环节做如下假设:

(1) 植物对农药的吸收度因子为$\frac{8}{10}$,残余量对微生物和松软度的影响量相等。

(2) 农药残余量对微生物的破坏因子为其t_1。

(3) 农药残余量对土壤松软和 pH 值得综合破坏因子为t_2,单个生物对土壤松软和 ph 值得增加影响因子为t_3。

(4) 无机肥的单个微生物对土壤肥力的转化为a_1且被转化量为施肥量的$\frac{9}{10}$,未转化的部分对微生物增加的影响因子为t_0。

(5) 有机肥的单个微生物对土壤肥力的转化为a_2且被转化量为施肥量的$\frac{9}{10}$,未转化的部分对微生物增加的影响因子为t_0。

(6) 土壤综合肥力为土壤生物量X_1,无机肥含量X_2,有机肥含量X_3,土壤松软度X_4简单线性叠加。

(7) 农业种植中按照施无机肥(S_1)、有机肥(S_2)、农药(S_3)的顺序。

则初始状态为$X_1+X_2+X_3+X_4=G_1$

$$X_2+a_1X_1\frac{9}{10}S_1=x_2 \tag{11-59}$$

$$X_3+a_2X_1\left(1+\frac{1}{10}S_1t_0\right)\frac{9}{10}S_2=x_3 \tag{11-60}$$

$$\left(1-\frac{1}{10}t_1\ S_3\right)\left(1+\frac{1}{10}S_1t_0\right)\left(1+\frac{1}{10}S_2t_0\right)X_1=x_1 \tag{11-61}$$

$$X_4\frac{1}{10}S_3t_2+x_1t_3=x_4 \tag{11-62}$$

$$x_1+x_2+x_3+x_4=G_2 \tag{11-63}$$

若令矩阵

$$\boldsymbol{A}=\begin{pmatrix}1&0&0&0&0\\0&1&0&0&0\\0&0&1&0&0\\0&0&0&1&0\\1&1&1&1&-1\end{pmatrix}$$

$$\boldsymbol{C}=\begin{pmatrix}\left(1-\frac{1}{10}t_1\ S_3\right)\left(1+\frac{1}{10}S_1t_0\right)\left(1+\frac{1}{10}S_2t_0\right)X_1\\X_2+a_1X_1\frac{9}{10}S_1\\X_3+a_2X_1\left(1+\frac{1}{10}S_1t_0\right)\frac{9}{10}S_2\\X_4\frac{1}{10}S_3t_2+x_1t_3\\0\end{pmatrix} \tag{11-64}$$

$x=(x_1\quad x_2\quad x_3\quad x_4\quad G_2)^{\mathrm{T}}$,则可以表示为

$$x=\boldsymbol{A}^{-1}\boldsymbol{C} \tag{11-65}$$

其中 G_2 即为土壤的综合肥力。实际过程中,农药与肥的顺序是多变或者多次交叉进行的,因此需要考虑到一般情况,沿用上述假设(1)~(5),并结合图 11-21,则可以得

$$\left(1-\frac{1}{10}t_1\ S_3\right)\int_0^{t_i}\mathrm{d}X_{1t_i}=x_{1t_i} \tag{11-66}$$

$$\int_0^{t_i}\mathrm{d}X_{2t_i}+\frac{9}{10}a_1\ S_1\int_0^{t_i}\mathrm{d}X_{1t_i}=x_{2t_i} \tag{11-67}$$

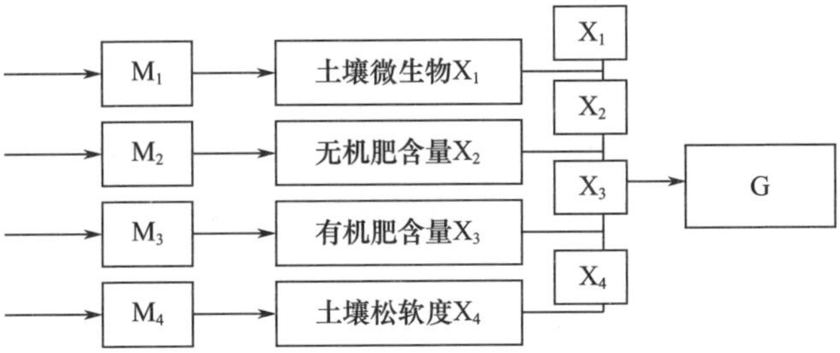

图 11－21　变量框图

$M_1=\left(1-\frac{1}{10}t_1 S_3\right)$为农药对土壤微生物变化的函数；

$M_2=\dfrac{\frac{9}{10}a_1 S_1\int_0^{t_i}\mathrm{d}X_{1t_i}+\int_0^{t_i}\mathrm{d}X_{2t_i}}{\int_0^{t_i}\mathrm{d}X_{2t_i}}$为施无机肥和生物量对土壤肥力变化函数；

$M_3=\dfrac{\frac{9}{10}a_2 S_2\int_0^{t_i}\mathrm{d}X_{1t_i}+\int_0^{t_i}\mathrm{d}X_{3t_i}}{\int_0^{t_i}\mathrm{d}X_{3t_i}}$为施有机肥和生物量对土壤肥力变化函数；

$M_4=\dfrac{t_3\int_0^{t_i}\mathrm{d}X_{1t_i}+\frac{1}{10}S_3 t_2\int_0^{t_i}\mathrm{d}X_{4t_i}}{\int_0^{t_i}\mathrm{d}X_{4t_i}}$为生物量及松软度对土壤肥力变化函数。

$$\int_0^{t_i}\mathrm{d}X_{3t_i}+\frac{9}{10}a_2 S_2\int_0^{t_i}\mathrm{d}X_{1t_i}=x_{3t_i} \tag{11-68}$$

$$\frac{1}{10}S_3 t_2\int_0^{t_i}\mathrm{d}X_{4t_i}+t_3\int_0^{t_i}\mathrm{d}X_{1t_i}=x_{4t_i} \tag{11-69}$$

$$x_{1t_i}+x_{2t_i}+x_{3t_i}+x_{4t_i}=G_i \tag{11-70}$$

式中：G_i为目标土壤肥力；$\int_0^{t_i}\mathrm{d}X_{jt_i}$为 i 时刻土壤肥力影响因子($j=1,2,3,4$)。

则

$$\boldsymbol{A}=\begin{pmatrix}1&0&0&0&0\\0&1&0&0&0\\0&0&1&0&0\\0&0&0&1&0\\1&1&1&1&-1\end{pmatrix},\ \boldsymbol{C}=\begin{pmatrix}\left(1-\frac{1}{10}t_1 S_3\right)\int_0^{t_i}\mathrm{d}X_{1t_i}\\ \int_0^{t_i}\mathrm{d}X_{2t_i}+\frac{9}{10}a_1 S_1\int_0^{t_i}\mathrm{d}X_{1t_i}\\ \int_0^{t_i}\mathrm{d}X_{3t_i}+\frac{9}{10}a_2 S_2\int_0^{t_i}\mathrm{d}X_{1t_i}\\ \frac{1}{10}S_3 t_2\int_0^{t_i}\mathrm{d}X_{4t_i}+t_3\int_0^{t_i}\mathrm{d}X_{1t_i}\\ 0\end{pmatrix}$$

$x=(x_{1t_i}\quad x_{2t_i}\quad x_{3t_i}\quad x_{4t_i}\quad G_i)^{\mathrm{T}}$，则可以表示为

$$x=\boldsymbol{A}^{-1}\boldsymbol{C} \tag{11-71}$$

第12章 空间信息移动控制论

随着遥感、地理信息科学关注对象的范围不断扩大,特别是空间对象自身的复杂性,给传统的遥感观测与分析技术带来了巨大挑战。地理信息科学研究中的浮动车数据采集技术,作为目前研究交通流理论的一项重要手段,可以反映一个城市的交通分布情况。

12.1 随机交通流的理论基础

12.1.1 交通流理论基础

交通流理论是运用物理学和数学的方法来描述交通特性的一门边缘性学科。按照研究手段和方法,交通流基本理论可划分为两种:传统交通流理论和现代交通流理论。

传统交通流理论指的是以数理统计和微积分等传统数学和物理的方法为基础的交通流理论,其明显特点是交通流模型的限制条件比较苛刻,模型推导过程比较严谨,模型的物理意义明确,如交通流的统计特性模型、车辆跟驰模型、交通波模型、车辆排队模型等。传统交通流在目前的交通体系中仍占主导地位,并且在应用中相对成熟。现代交通流理论是指以现代科学技术和方法(如模拟技术、神经网络、模糊控制等)为主要研究手段而形成的交通流理论,其特点是所采用的模型和方法不追求严格意义上的数学推导和明确的物理意义,而更重视模型或方法对真实交通流的拟合效果。这类模型主要用于对复杂交通流现象的模拟、解释和预测,而使用传统交通流理论要达到这些目的就显得很困难。

传统交通流理论和现代交通流理论并不是截然分开的两种交通流理论体系,只不过是它们所采用的主要研究手段有所区别,在研究不同的问题时它们各有优缺点。在实际研究中常常是两种模型同时使用效果更好。

而真实交通流具有时间、空间两个变量,同时还受随机因素的影响,变化规律非常复杂。由于时间和空间可以无限分割,随机因素很难预测,导致不同时间和空间下的交通流状态很难相同,也就是说,精确的交通流规律很难找到。描述交通流真实状态的模型应该具备如下特点:可用微分方程描述、与时间和空间两个变量有关、非线性、随机性、无穷维。这样的交通流模型实际上是无法建立的，而且由于条件的苛刻和求解的复杂性，即便是建立了这样的模型也不会有实际意义。所以在实际的研究当中，一般会根据实际需要建立抽象模型，即把真实交通流模型抽象成有穷维、时不变、确定性、线性的实用模型，然后应用传统交通流理论和现代交通流理论对交通信息进行研究。

然而目前由于交通流理论的研究方向有很多，对于交通流理论的定义也多种多样，概括起来主要是：交通流理论是研究交通流随时间以及空间变化规律的模型和方法体系。概括起来讲，交通流理论的研究主要可以分为以下 10 个内容：

（1）交通流特性：这方面主要是研究本节将要重点介绍的交通流量、速度、车流密度的调查方法、分布特性以及三者之间关系的模型。

（2）人的因素：这方面主要是研究驾驶员在人、车、路、环境中的反应及其对交通行为的影响。

（3）连续流模型：主要是利用流体力学理论研究交通流三个参数之间的定量关系，并根据流量守恒原理重点研究交通流理论。

（4）宏观交通流模型：在宏观上研究交通流量、速度和密度的关系，重点研究路网不同位置（相对于城市中心而言）的交通流特性。

（5）交通影响模型：研究不同管制下的交通影响，包括交通安全，人流和空气质量等问题。

（6）无信号交叉口理论：主要利用数理统计和排队理论研究无信号交叉口车流的可插车间隙和竞争车流之间的相互作用。

（7）车辆跟驰模型：研究车辆的跟驰行为、交通的稳定性和加速干扰等数学模型。

（8）信号交叉口交通流理论：研究信号交叉口对车流的阻滞理论，包括交通状态分析、稳态理论、定数理论和密度函数曲线等。

（9）交通模拟：研究模拟技术在交通流分析中的应用，介绍交通模拟模型的类型和建模步骤。

（10）交通分配：主要研究交通分配的基本理论和方法及这些理论和方法的应用。

12.1.2 交通流理论三要素及其关系

交通流理论的三要素主要是指：交通流量、速度和车流密度。这三要素可以描述交通流的特征，而通过对这三要素的监测和控制就可以达到对交通的智能控制，因此研究交通流量、速度以及车流密度是研究交通流理论的基础。交通流量是指单位时间内通过道路某断面的车辆数,一般可以分为小时交通流量、日交通流量、年交通流量,具体可以按照实际的需求进行计算,其表达式如下:

$$q = \frac{N}{T} \tag{12-1}$$

以小时交通流量为例,式中:q 为交通流量(辆/h);N 为车辆数(辆);T 为统计交通流量的时间范围(h)。

速度:可以分为时间平均速度以及区间平均速度,用 v(km/h)表示。

车流密度:一般是指单位路段上的车辆数目,计算公式如下:

$$k = \frac{N}{L} \tag{12-2}$$

式中:k 为车流密度(辆/km);N 为车辆数(辆);L 为统计交通流量的区间长度(km)。

通过对上述的交通流量、速度、车流密度的分析,我们可以得出这三要素之间的关系,其表达式如下:

$$q = kv \tag{12-3}$$

而在实际的生活当中无论是 q 值、k 值还是 v 值,都是不可能无穷大的,它们之间必须还受到显示规律的约束,这里我们将要介绍几个在交通流理论当中需要了解的 q、k 以及 v 的一些特征值:

(1) 最大流量 Q_m:其定义是单位时间内可以通过的最大车辆数目,从现实生活中来看,道路的承载能力是有限的,不可能在短时间内通过大量的车流,如果道路上出现很多车辆那么就会发生拥堵。

(2) 临界速度 v_m:其定义是当车流量达到最大时的速度。

(3) 最佳密度 K_m:其定义是流量达到最大时的车流密度。

(4) 阻塞密度 K_j:其定义是车流增加到所有车辆都无法移动($v=0$)时的车流密度。

(5) 畅行速度 v_f:其定义是车流密度趋于0,车辆可以畅行无阻的行驶速度,但是这种速度不可能无限的大,因为不同的道路对车辆的行驶速度是有一定的限制的,所以这里的 v_f 是一个确定的值。

从上面的五组特征值可以看出,对于交通调度来说,我们最关心的是单位时间内通过某条道路的车辆数目,也就是这里的车流量 q。当车流量 q 达到最大时,表明这条道路得到了最佳的利用。而这些信息也就是交通调度的必要信息,通过对路况的观测,及时发布交通信息,可以让司机及时规避一些可能发生拥堵的路段,改走其他路段,使整个城市的道路利用率在整体上达到最佳。而由于交通流三要素之间的关系,其实我们也可以直观地发布道路的速度信息,当一条道路其区间速度降低到一定阈值时,我们就可以认为这条道路发生了拥堵,高于某一阈值时我们可以认为它是畅行的。

在此我们需要介绍交通流三要素(交通流量、速度、车流密度)之间的关系,搞清楚这三者之间的关系后,在特定的情况下我们就可以用一个要素解读其他两个要素,就如我们前面所说的只发布路段速度信息就引导司机选择最佳路线,使城市的道路利用效率达到最佳。

1. 速度与车流密度的关系

由常识我们可以知道在道路上的车辆逐渐变多,即单位距离上的车辆数目变多时,车的行驶速度将会因此而逐渐减小;而当道路上的车辆数目减少,即车流密度由大逐渐变小时,车的行驶速度就会逐渐变大。通过实际观察的两种关系,交通流理论的研究者提出了几种应用模型。

首先是格林希尔茨(Greensheild)提出的速度－密度线性关系模型:

$$v = v_f(1 - k/K_j) \tag{12-4}$$

式中:v_f是车辆畅行速度;K_j是道路阻塞密度。这一模型可以直观地反映我们前面分析的速度和交通密度的关系。其关系图形如图 12－1 所示。

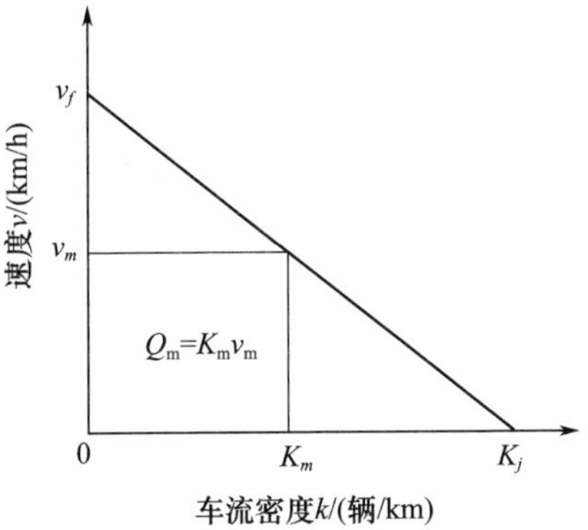

图 12－1　格林希尔茨速度密度关系曲线

从图 12－1 我们可以看出,当车流密度为零时,车速 v 就达到了畅行速度 v_f,而当车速 v 为零时,车流密度就变成了阻塞车流密度 K_j,而在 $q = kv$ 达到最大时,即图 12－1 里面所表示的 Q_m,同时也反映了最佳交通流密度 K_m 和临界速度 v_m。

除此之外,格林柏(Greenberd)在交通流密度很大时,提出了对数模型:

$$v = v_m \ln(K_j/k) \tag{12-5}$$

而在交通密度较小时,可以采用安德伍德(Underwood)提出的指数模型:

$$v = v_f e^{-k/K_m} \tag{12-6}$$

这两个模型一个在交通流密度较大时符合得较好,一个在交通流密度较小时符合得较好。在使用时可以针对应用的环境加以选择。

2. 交通流量与车流密度的关系

此前我们已经介绍了速度和密度即 $v-k$ 的关系，而式(12－3)也展示了交通流量、速度以及密度三者之间的关系。将式(12－3)代入到式(12－4)中就可以得出密度和流量的基本关系：

$$q=kv_f(1-k/K_j) \tag{12-7}$$

式中：v_f是车辆畅行速度；K_j是道路阻塞密度。两者的关系曲线如图12－2所示。

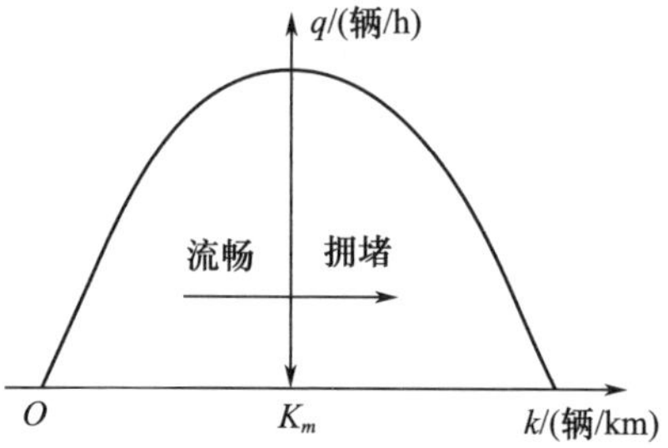

图12－2　交通流量和密度曲线

从上图我们可以看出，当车流密度不断增加时，交通流量先逐渐变大然后降低，在车流密度达到最佳时(K_m)，交通流量达到最大，这与前面的分析一致。

3. 速度与交通流量的关系

在建立速度与交通流量的关系之前，我们已经建立了速度和车流密度之间的关系，并以这个关系为基础建立了交通流量和车流密度之间的关系，同理运用式(12－3)和式(12－4)可以建立速度和交通流量的关系如下：

$$q=vK_j(1-v/v_{\mathrm{f}}) \tag{12-8}$$

式中：v_f是车辆畅行速度；K_j是道路阻塞密度。两者之间的关系曲线如图12－3所示。

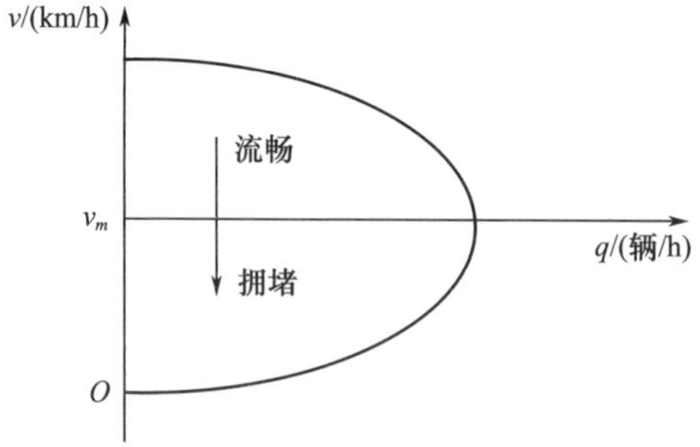

图12－3　速度和交通流量曲线

从上图我们可以看出，当交通流量不断增加时，速度总是减小的，而交通流量增加到一定程度时就不能再增加了，对应于图中的临界速度 v_m。

通过上面的速度和车流密度、交通流量和车流密度以及速度和交通流量模型，我们可以看出描述模型最重要的两个参量是畅行速度 v_f 以及阻塞车流密度 K_j，已知这两个参数的值，我们就可以将交通流三要素之间的关系表达出来。

而通常畅行速度 v_f 就是道路的最高限速，是已知值；阻塞车流密度 K_j 可以根据道路的长度、宽度以及车辆的长宽等信息计算出来。至此只要给定某条道路，我们就可以将它的基本交通模型建立起来。

12.2 目标道路交通信息分析与预测

12.2.1 机场高速路车流速度分析

本节将对提取的浮动车信息做相关处理，主要涉及利用浮动车采集的信息模拟出目标道路过去 5min 内的平均速度信息，这也为进行交通信息的预测提供基础信息。

1. 时间平均车速计算及结果

时间平均速度就是在单位时间内，测得通过道路某断面各车辆的点车速 v_i，这些点速度的算术平均值即为该断面的时间平均车速。定义式为

$$\bar{v}_t = \frac{1}{N}\sum_{i=1}^{n} v_i \tag{12-9}$$

式中：$\bar{v}_t$ 是计算的时间平均速度(km/h)；N 为时刻 t 经过某断面的车辆的总数；v_i 为第 i 车在 t 时刻的瞬时速度。

由于我们的数据来源是浮动车采集的交通信息，虽然浮动车的总数较大，但是分布于一条道路某一断面的车辆就相对稀少，当然这一结果也受到道路车道的影响，因此我们无法得到某一确定断面的多辆浮动车速度信息，为此我们有必要拓展一下这里时间平均车速计算的定义。

在此，我们认为在浮动车信息采集的五分钟内，目标道路上的浮动车速度的平均作为时间平均速度的结果，即

$$\bar{v} = \frac{1}{N}\sum_{i=1}^{n} v_i \tag{12-10}$$

式中：$\bar{v}$ 是计算的时间平均速度(km/h)；N 为我们数据采集五分钟内行驶在机场高速路上面的车辆总数；v_i 为第 i 车在采集时间段内某时刻的瞬时速度。

计算流程如图 12-4 和图 12-5 所示。

$$\boxed{\begin{array}{l}\text{速度累加：} v_{\text{sum}}=v_{\text{sum}}+v_i \\ \text{车辆总数：} N=N+1\end{array}}$$

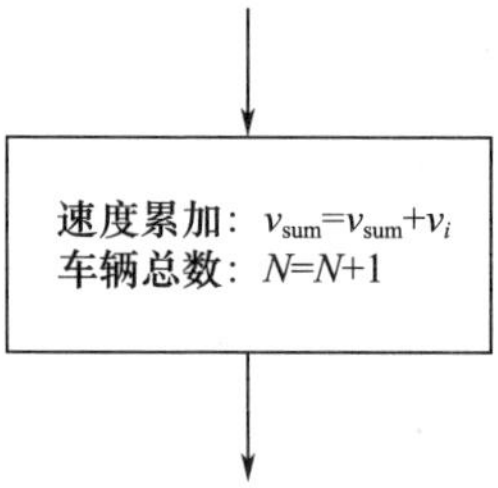

图 12-4　对提取出来的浮动车速度、数目累加

图 12-4 和图 12-5 作为求取平均速度的两个模块。利用我们获取的北京机场高速路某日全天的浮动车采集的交通信息,经过数据提取、处理得到的时间平均车速的部分结果如表 12-1 所示。

$$\boxed{\text{平均速度：} v=v_{\text{sum}}/N}$$

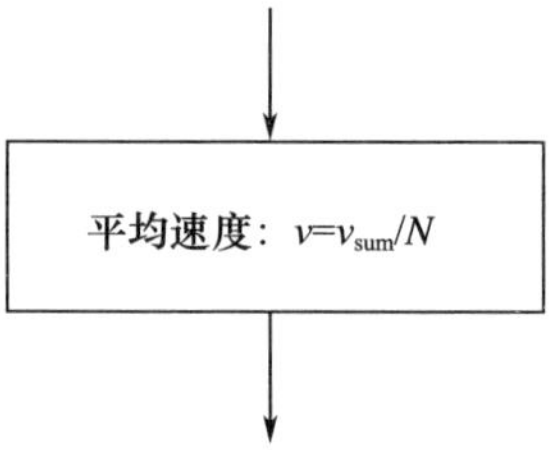

图 12-5　计算平均速度

表 12-1　时间平均车速的部分结果

文档号	采集时间(HH:MM:SS)	车辆数/辆	时间平均速度/(km/h)
1	00:02:18	24	85
2	00:07:18	17	95
3	00:12:18	9	85
⋮	⋮	⋮	⋮
286	23:47:18	28	79
287	23:52:18	43	79
288	23:57:18	13	75

从表 12-1 可以看出,我们处理的文档数为 288 个,数据的时间范围是全天 24h,时间平均速度精度精确到 1km/h,这主要取决于文档给我们提供的车速的精度。这里的"车辆数"表示的是我们所提取的浮动车的数目,并不是行驶在机场高速上面的所有车辆的数目,两者之间没有必然的联系,在交通分析时我们主要还是关注"时间平均速度"这一列的信息。

由处理的结果我们可以得出机场高速当天的速度分布图如图 12-6 所示。

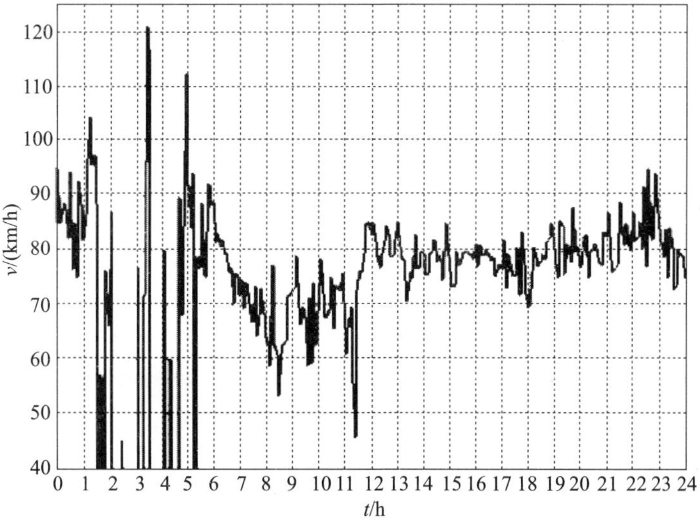

图 12-6　2008 年 7 月 15 日全天的时间平均速度分布

从图中可以看出 1:30～5:30 之间的信息不连续,这是由于那一时间段内缺乏浮动车信息,因此我们无法获得那一段时间的准确信息。而由于那一段时间也恰好是深夜,所以按照常理来说那段时间不会有很多车经过,所以计算结果是符合实际情况的。

2. 区间平均车速计算及结果

区间平均速度,是指某路段的长度与通过该路段所有车辆的平均行程时间之比。当观测长度一定时,其数值为所有车辆行程车速的调和平均值。定义式为

$$\bar{v}_s = \frac{s}{\frac{1}{n}\sum_{i=1}^{n} t_i} = \frac{1}{\frac{1}{n}\sum_{i=1}^{n} v_i} \qquad (12-11)$$

式中:$\bar{v}_s$ 为区间平均速度;s 为我们设定的道路的长度;n 为我们观测的汽车的总数;t_i 为我们观测的第 i 辆车通过目标道路的时间。

一般而言计算区间平均速度,需要严格统计我们观测的汽车从进入目标道路直到驶离目标道路的时间。但是本例用的是浮动车采集得到的交通信息,并非针对某一特定道路而设计的数据采集方法,而且浮动车数据采集是一个离散的过程,无法跟踪浮动车每时每刻的位置信息,因此我们无法确定浮动车进入目标道路的时间以及它驶离目标道路的时间。

在此我们需要扩展一下区间平均速度的定义,即:我们所观测的浮动车在目

标道路上行驶的总路程与总的行驶时间的比值。定义式为

$$\bar{v} = \sum_{i=1}^{n} s_i / \sum_{i=1}^{n} t_i \tag{12-12}$$

这一定义与原始的定义并不矛盾,而原始的定义可以看成式(12-12)的特例。当每个浮动车所行驶的单个路程相等时,式(12-12)就变成了式(12-11),如式(12-13)所示:

$$\left.\begin{aligned} s_1 = s_2 = \cdots = s_i = s \\ \bar{v} = \sum_{i=1}^{n} s_i / \sum_{i=1}^{n} t_i \end{aligned}\right\} \Rightarrow \bar{v} = \frac{s}{\frac{1}{n}\sum_{i=1}^{n} t_i} = \frac{1}{\frac{1}{n}\sum_{i=1}^{n} v_i} \tag{12-13}$$

由此可见,我们可以利用式(12-12)进行道路区间的平均速度的计算。

图12-7和图12-8是计算区间平均速度的两个模块。

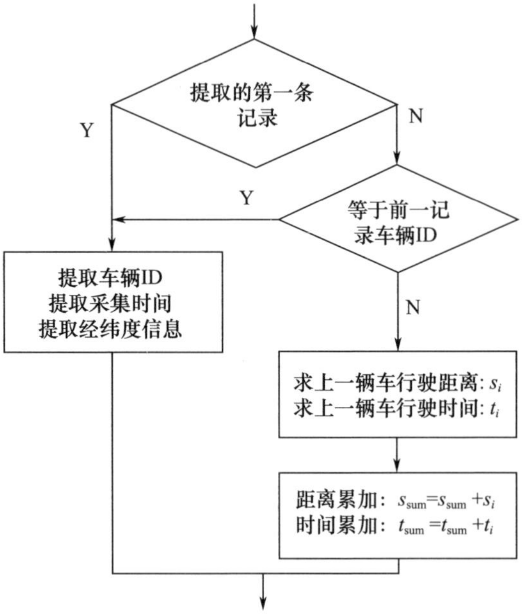

图12-7 计算观察浮动车距离累加、时间累加

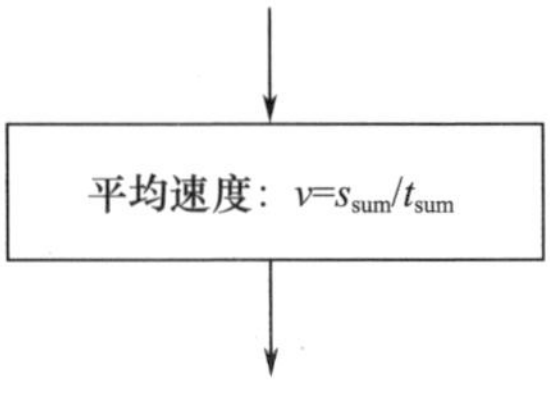

图12-8 计算平均速度

利用上面介绍的求解区间平均速度的计算方法,结合我们已有的北京机场高速路某日全天的浮动车信息,我们计算出来的部分结果如表 12-2 所示。

表 12-2　区间平均速度计算的部分结果

文档号	采集时间(HH:MM:SS)	行驶总时间/s	行驶总路程/km	时间平均速度/(km/h)
1	00:02:18	751	17.5	84
2	00:07:18	571	13.5	85
3	00:12:18	258	6.1	85
⋮	⋮	⋮	⋮	⋮
286	23:47:18	907	20.4	81
287	23:52:18	1418	31.3	79
288	23:57:18	380	7.8	74

表 12-2 展示了我们计算区间平均速度的部分结果,行驶的总时间我们精确到秒,这与浮动采集时间的精度相关;而行驶的总路程精确到 0.1km,是因为我们最后计算速度是精确到 1km,所以多保留一位。表中的总时间和总路程是所有浮动车行驶的时间总和和路程总和,所以会出现总路程大于机场高速路长度(19km)的情况。

而由区间平均速度描述的机场高速路全天的速度分布趋势图如图 12-9 所示。

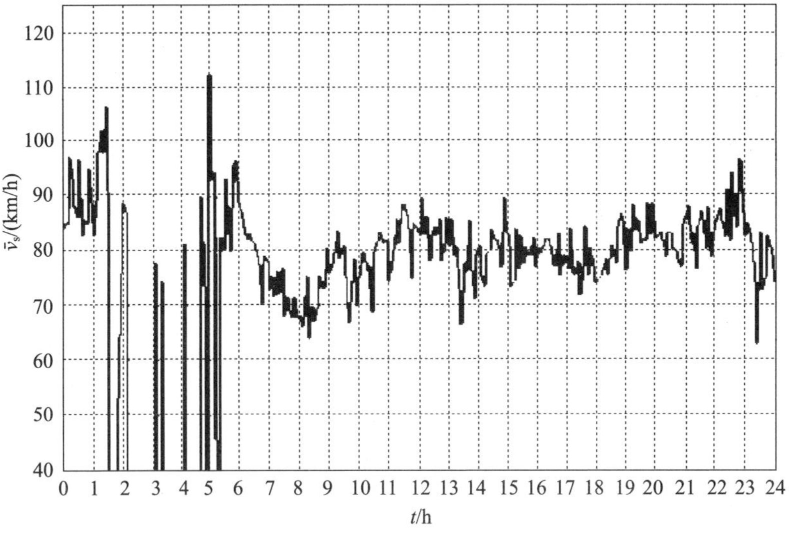

图 12-9　2008 年 7 月 15 日全天的区间平均速度分布

图 12 - 9 中从 1:30 ~ 5:30 速度依旧不连续,其原因在前面已经阐述,主要是深夜浮动车就很少经过机场高速路,因此出现信息缺失。

为了对比我们计算的时间平均速度和区间平均速度,我们将两者进行了差值,差值散点图如图 12 - 10 所示。

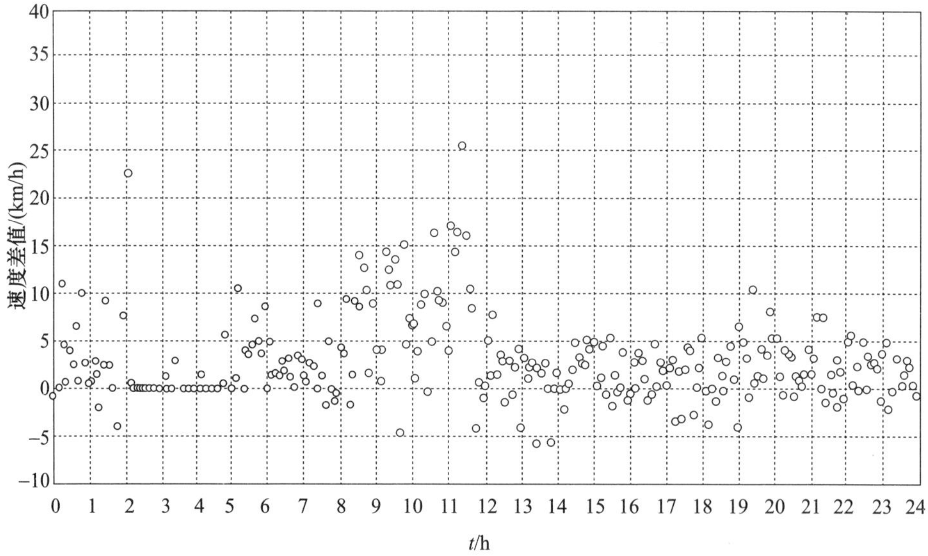

图 12 - 10　各个时刻区间平均速度 - 时间平均速度的差值

从图 12 - 10 差值的结果可以看出,两种计算平均速度的结果,不考虑在一点半到五点半之间那段信息缺失的区域,其他的时段两种方法的结果吻合程度相对较好。从图中可以看出,其中绝大部分差值信息小于 10km/h。

因此在精度要求不高的情况下,我们可以用时间平均速度代替区间平均速度进行计算。

12.2.2　卡尔曼滤波方法交通信息预测

1. 卡尔曼滤波在交通信息预测中的应用

卡尔曼滤波(KF)是卡尔曼于 1960 年提出的,是采用由状态方程和观测方程组成的线性随机系统的状态空间模型来描述滤波器,并利用状态方程的递推性,按线性无偏最小均方误差估计准则,采用一套递推算法对滤波器的状态变量作最佳估计,从而求得滤掉噪声的有用信号的最佳估计。卡尔曼滤波模型原理在前面章节中已经详细介绍,其模型表达式如下:

$$x_k = \boldsymbol{A}_k x_{k-1} + \omega_{k-1} \tag{12-14}$$

$$z_k = \boldsymbol{C}_k x_k + v_k \tag{12-15}$$

其中：式(12－14)是卡尔曼滤波模型的状态方程；x_k为过程状态；$\boldsymbol{\omega}_{k-1}$为过程的噪声；式(12－15)是卡尔曼滤波模型的观测方程；z_k是观测值，$\boldsymbol{v}_k$ 是观测噪声。一般情况下，对于式(12－14)和式(12－15)我们已知 A_k和 C_k，而对于噪声 $\boldsymbol{v}_k$ 和 $\boldsymbol{\omega}_{k-1}$我们要求已知它们的统计规律。

对于所研究的交通信息的预测，我们直接观测的就是速度 x_k，因此 $\boldsymbol{C}_k$被认为是常值，同时我们认为状态 x_k是不会发生跳变的，所以状态转移矩阵 $\boldsymbol{A}_k$也应该是常值，且 $A_k = 1$。因此，我们的状态方程和观测方程就变成：

$$x_k = x_{k-1} + \omega_{k-1} \tag{12-16}$$

$$z_k = x_k + v_k \tag{12-17}$$

这样我们的重点就在于如何对噪声统计特性的表达。一般可以认为这两个噪声是相互独立、均值为零的正态分布的白色噪声：

$$\begin{aligned} p(w) &\sim N(0, \boldsymbol{Q}_k) \\ p(v) &\sim N(0, \boldsymbol{R}_k) \end{aligned} \tag{12-18}$$

式中 $\boldsymbol{Q}_k$，$\boldsymbol{R}_k$是噪声的协方差矩阵，一般可以认为是常值 Q、R.

而卡尔曼滤波的完整表达如下：

$$\begin{cases} \hat{x}_k' = \boldsymbol{A}_k \hat{x}_{k-1}' \\ \hat{x}_k = \hat{x}_k' + \boldsymbol{H}_k (z_k - \boldsymbol{C}_k \hat{x}_k') \\ \boldsymbol{H}_k = \boldsymbol{P}_k' \boldsymbol{C}_k^{\mathrm{T}} (\boldsymbol{C}_k \boldsymbol{P}_k' \boldsymbol{C}_k^{\mathrm{T}} + \boldsymbol{R}_k)^{-1} \\ \boldsymbol{P}_k' = \boldsymbol{A}_k \boldsymbol{P}_{k-1} \boldsymbol{A}_k^{\mathrm{T}} + \boldsymbol{Q}_{k-1} \\ \boldsymbol{P}_k = (\boldsymbol{I} - \boldsymbol{H}_k \boldsymbol{C}_k) \boldsymbol{P}_k' \end{cases} \tag{12-19}$$

式中：$\hat{x}_k'$代表了第 k 步的预测值；$\hat{x}_k'$代表了第 k 步的滤波值；$\boldsymbol{H}_k$为卡尔曼滤波增益矩阵；$\boldsymbol{P}_k$为误差协方差阵；其余符号意义同上文。

由表达式可知，只要我们知道第 $k-1$ 步的状态滤波值，就可以预测第 k 步的状态。而整个过程需要不断的依靠观测值 z_k对预测值进行校正。

考虑一个没有噪声的自由落体二阶系统，用 $X_1(t)$ 表示物体的位置状态，$X_2(t)$ 表示物体的速度信息。加速度恒为 $-g$，t 为时间，τ 为初始时刻。表 12－3 为自由落体过程真实值。

给定如下初始条件：

$X_1(t) = X_1(\tau) + (t-\tau)X_2(\tau) - g/2(t-\tau)^2$；

$X_2(t) = X_2(\tau) - g(t-\tau)$；

$X_1(0) = 100, x_2(0) = 0, g = 1$。

表 12-3 自由落体过程真实值

时间 t	位置 x_1	速度 x_2
0	100	0
1	99.5	-1
2	98	-2
3	95.5	-3
4	92	-4
5	87.5	-5

给定系统的初始值与误差估计,以及状态方程与量测方程:

$$\hat{x}(0)=\begin{bmatrix}95\\1\end{bmatrix}\quad \boldsymbol{P}(0)=\begin{bmatrix}10&0\\0&1\end{bmatrix}\tag{12-20}$$

$$x(k)=\begin{bmatrix}1&1\\0&1\end{bmatrix}x(k-1)+\begin{bmatrix}0.5\\0\end{bmatrix}(-g)\tag{12-21}$$

$$y(k)=[1\quad 0]x(k)+v(k)\tag{12-22}$$

根据式(12-19)提供的计算公式:

$$\boldsymbol{P}_1(1)=\boldsymbol{AP}(0)\boldsymbol{A}^{\mathrm{T}}=\begin{bmatrix}1&1\\0&1\end{bmatrix}\begin{bmatrix}10&0\\0&1\end{bmatrix}\begin{bmatrix}1&0\\1&1\end{bmatrix}=\begin{bmatrix}11&1\\1&1\end{bmatrix}\tag{12-23}$$

$$\boldsymbol{P}(1)=\boldsymbol{P}_1(1)-\boldsymbol{K}(1)\boldsymbol{CP}_1(1)=\begin{bmatrix}11&1\\1&1\end{bmatrix}-\begin{bmatrix}11/12\\1/12\end{bmatrix}[1\quad 0]\begin{bmatrix}11&1\\1&1\end{bmatrix}=\begin{bmatrix}11/12&1/12\\1/12&11/12\end{bmatrix}\tag{12-24}$$

$$\hat{x}'(1)=\boldsymbol{A}\hat{x}'(0)+\boldsymbol{B}u=\begin{bmatrix}1&1\\0&1\end{bmatrix}\begin{bmatrix}95\\1\end{bmatrix}+\begin{bmatrix}-0.5\\-1\end{bmatrix}=\begin{bmatrix}95.5\\0\end{bmatrix}\tag{12-25}$$

$$\hat{x}(1)=\hat{x}'(1)+\boldsymbol{K}(1)(y(1)-\boldsymbol{C}\hat{x}'(1))=$$

$$\begin{bmatrix}95.5\\0\end{bmatrix}+\begin{bmatrix}11/12\\1/12\end{bmatrix}\left\{100-[1\quad 0]\begin{bmatrix}95.5\\0\end{bmatrix}\right\}=\begin{bmatrix}99.63\\0.37\end{bmatrix}\tag{12-26}$$

至此,我们便利用 X_0 与 Y_0 计算出了 X_1 和 $\boldsymbol{P}_1$,这只是一个计算循环周期,紧接着利用 X_1 与 Y_1 计算出了 X_2 和 $\boldsymbol{P}_2$,直到 X_4 与 Y_4 计算出 X_5 和 $\boldsymbol{P}_5$ 为止。表 12-4 为自由落体过程估计值。

表 12-4 自由落体过程估计值

时间 t	估计位置	估计速度
0	95	1.00
1	99.63	0.37
2	98.43	-1.16

（续）

时间 t	估计位置	估计速度
3	95.21	-2.91
4	92.35	-3.71
5	87.68	-4.84

对比于表 12-3 的真实值，我们发现位置估计误差下降还是很快的。但是速度的估计误差在 2 次以后比较好，因为需要两次位置观测值才能确定两个状态变量。

2. 一维卡尔曼滤波预测结果

由于我们利用浮动车采集数据，在 1:30 ~ 5:30 之间的数据获取有缺失，因此，我们使用 6:00 以后的数据（第 66 个数据）进行实验，这样做并不影响我们实验的意义和结果。

有初始值：

$$\begin{cases} Q = 45\ (\text{km/h})^2 \\ R = \operatorname{cov}(z_k) = 35.5\ (\text{km/h})^2 \\ P_{65} = 1 \\ \hat{x}_{65} = z_{65} = 88.23(\text{km/h}) \end{cases} \tag{12-27}$$

其中 $P_{65} = 1$ 的取值，根据卡尔曼滤波特性可知不影响实验结果。得到的预测结果如图 12-11 所示。

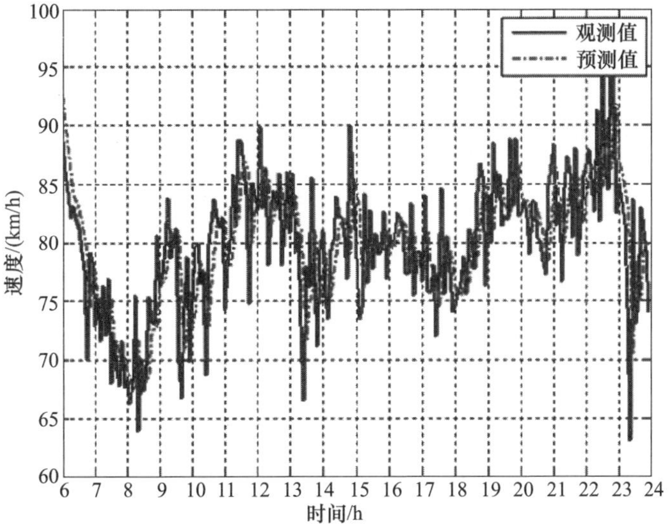

图 12-11　卡尔曼滤波预测结果

由图 12－11 可知，卡尔曼滤波预测的结果与观测值吻合较好。

12.3 动态目标群轨迹数据自适应采集传输机制

车辆 GPS 监控数据的自适应采集技术可以有效地减少数据传输次数和数据总量，其基本原理是终端只在特定的条件下（如运动状态变化量超过阈值）触发数据传输操作，中心端对于两次传输点之间的监控数据（包括速度、方向、位置等）采用运动函数进行推算。本节提出了车辆 GPS 监控数据的自适应采集算法。

12.3.1 自适应采集算法设计

1. 算法设计思想

本节提出的自适应采集算法设计思想主要从速度函数表达、终端地图匹配、方向偏差度量三个方面考虑，即采用基于端点速度约束和里程约束的拟合三次多项式来表示速度函数，综合考虑终端有地图和无地图的情况，以及采用偏差距离而不是偏差角度来表示速度的方向偏差。

1）速度函数表达

目前自适应采集算法的研究中速度函数一般为线性，即假定两采集点之间的运动状态为匀速运动或匀加速运动，两连续采集点之间的速度由线性速度函数推算出来，位置由推算的速度和加速度计算得到。线性速度函数引起的误差较大，因为实际速度变化往往是非线性的；更严重的是线性速度函数会引起速度估算与里程约束的矛盾，导致位置或速度的不连续。在连续两个采集点中的后一个点处，其速度和位置为实际的真值，若以速度真值为基准进行推算，则依据里程推算出的该点的位置将与位置真值产生较大偏差；若以位置真值为基准，则推算出的速度将与速度真值产生较大偏差。

本研究中速度函数的表达采用基于端点速度约束和里程约束的拟合多项式。采用多项式可以较好地表达复杂情况下的速度变化规律，有效减小速度估算的误差。多项式的拟合采用端点速度和里程两个约束条件，端点速度约束是指多项式曲线必须经过两个端点，这可以保证估算速度的连续性；里程约束是指速度曲线在开始时间和终止时间之间的定积分等于车辆在两个端点之间的行驶里程，这可以保证估算位置的连续性。综合考虑算法的复杂度和精度，本研究采用三次多项式进行速度函数拟合，如图 12－12 所示。

2）终端地图匹配约束

终端地图匹配约束指要综合考虑终端有地图并成功匹配到地图（以下简称

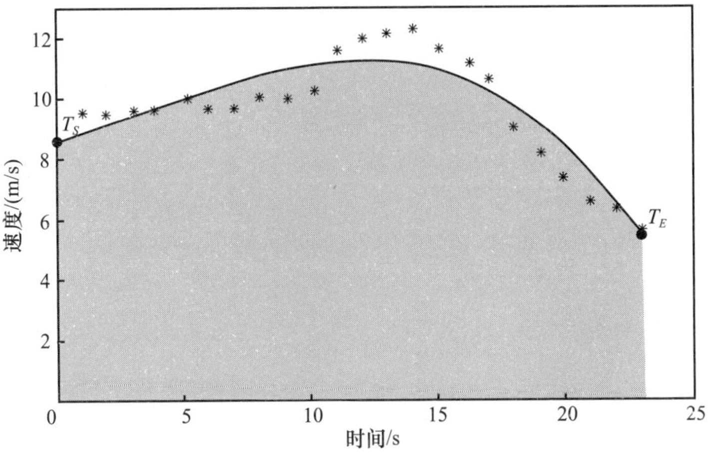

图 12－12　速度函数示意图

有地图）和无地图或无法匹配到地图（以下简称无地图）的情况。在实际的应用中要考虑成本因素，所以终端往往没有电子地图；或者由于电子地图的路网不够详细或更新不及时，即使安装了电子地图的终端也可能无法有效匹配到路网。因此数据自适应采集中必须综合这两种情况，采用不同的数据传输触发条件和数据恢复算法。其中，数据恢复算法将在中心端数据恢复部分详细介绍，这里重点介绍数据传输触发条件。

当有地图时，数据传输触发条件为下列两个条件之一：

（1）匹配到的路网的路链变化，且变化前后路链的连接点处存在其它路链，即车辆行驶过的路网上存在岔路。当车辆行驶的路上不存在岔路时，依据开始点和终止点以及道路拓扑关系即可得到其行驶轨迹。

（2）速度变化超过阈值。当匹配路链为单向通行时，路链前行方向即为车辆的行驶方向，当匹配路链为双向通行时，可以依据点序列的位置关系推算出车辆行驶方向，因此触发条件只需考虑速度大小的变化，不用考虑速度方向的变化。

当无地图时，数据传输触发条件为下列两个条件之一：

（1）速度变化超过阈值；

（2）方向偏差超过阈值。

速度阈值和方向阈值的设定必须合适，过小的阈值会影响数据的压缩比，过大的阈值会影响数据恢复的精度。

3）方向偏差度量

当终端位置无法匹配到路网时，车辆行驶方向就成为一个非常重要的因素，而目前的研究中一般不考虑方向因素或直接用偏差角度来度量速度的方向偏差。用偏差角度来度量速度的方向偏差的不足可用图来说明(图 12－13)，P_0为起始点，箭头所指为各点的速度方向 D，在 P_1点偏差的角度 θ_1大于 P_2点偏差的角度 θ_2，而显然 P_1点的偏差程度远小于 P_2点。如果以偏差角度来表示速度的方向偏差将会带来大量多余的数据传输，例如一次车道变换都将触发数据传输。所以本研究中用方向偏差距离来度量方向偏差，如图 12－13 所示的 d_1和 d_2。

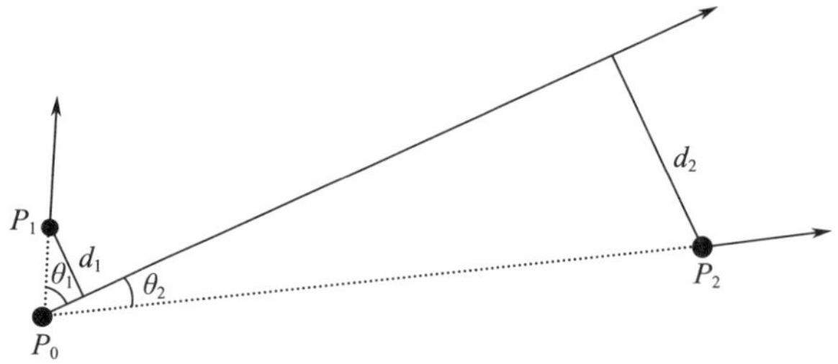

图 12－13　方向偏差度量示意图

4）算法流程

依据算法的设计思想可得到算法流程，可用图 12－14 表示。

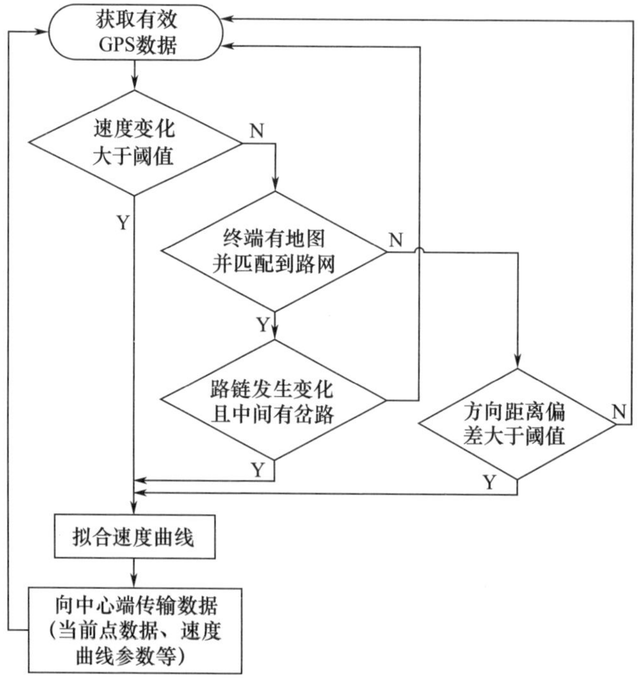

图 12－14　算法流程图

5）速度函数参数解算

速度曲线拟合是自适应采集算法的重点，速度曲线用三次多项式表示，设为 $a_3T^3+a_2T^2+a_1T+a_0$，速度曲线拟合即速度多项式系数的解算。

速度多项式满足端点速度约束，将两个端点的时间和对应速度值（开始时间 T_S、开始速度 V_S、结束时间 T_E、结束速度 V_E）分别代入多项式，即得到(12－28a)和(12－28b)。

$$V_S=a_3T_S^3+a_2T_S^2+a_1T_S+a_0 \tag{12-28a}$$

$$V_E=a_3T_E^3+a_2T_E^2+a_1T_E+a_0 \tag{12-28b}$$

速度多项式满足里程约束，将速度函数在开始时间 T_S 和结束时间 T_E 之间定积分，即可得到 T_S 和 T_E 时间段内车辆走过的里程 S，由此可导出式(12－29)。

$$S=\int_{T_S}^{T_E}(a_3T^3+a_2T^2+a_1T+a_0)\mathrm{d}T \tag{12-29}$$

当终端位置能够匹配到路网时，S 为两个端点间路链的长度；当终端位置无法匹配到路网时，S 为两个端点间的直线距离。

在端点速度和里程约束条件下，根据两个端点间所有其它点的速度数据对速度多项式进行最小二乘拟合，可以得到式(12－30)。

$$a_3,a_2,a_1,a_0\left|\sum_{i=2}^{N-1}\left[V_i-(a_3T_i^3+a_2T_i^2+a_1T_i+a_0)\right]^2\right. \tag{12-30}$$

将这3个方程联立成速度函数参数解算方程组(12－31)，解该方程组即得到多项式的系数，进而得到速度函数。

$$\begin{cases}V_S=a_3T_S^3+a_2T_S^2+a_1T_S+a_0\\ V_E=a_3T_E^3+a_2T_E^2+a_1T_E+a_0\\ S=\int_{T_S}^{T_E}(a_3T^3+a_2T^2+a_1T+a_0)\mathrm{d}T\\ a_3,a_2,a_1,a_0\left|\sum_{i=2}^{N-1}\left[V_i-(a_3T_i^3+a_2T_i^2+a_1T_i+a_0)\right]^2\right.\end{cases} \tag{12-31}$$

2. 中心端数据恢复

经过自适应采集得到的GPS数据从终端传输到中心端后，采样点之间的大量数据被过滤掉，中心端使用轨迹数据时需要进行数据恢复。数据恢复的方法是先根据速度函数求出待求点的速度，然后求取速度函数定积分以得到在待求点处的里程，最后根据里程和方向信息解算待求点位置坐标。

1）速度解算

设待求点时间为 T_X，则待求点速度

$$V_X = a_3 T_X^3 + a_2 T_X^2 + a_1 T_X + a_0 \tag{12-32}$$

2）里程解算

里程的解算如图 12－15 所示，待求点里程 S_X 为阴影部分的面积，即

$$S_X = \int_{T_S}^{T_X} (a_3 T^3 + a_2 T^2 + a_1 T + a_0) \mathrm{d}T \tag{12-33}$$

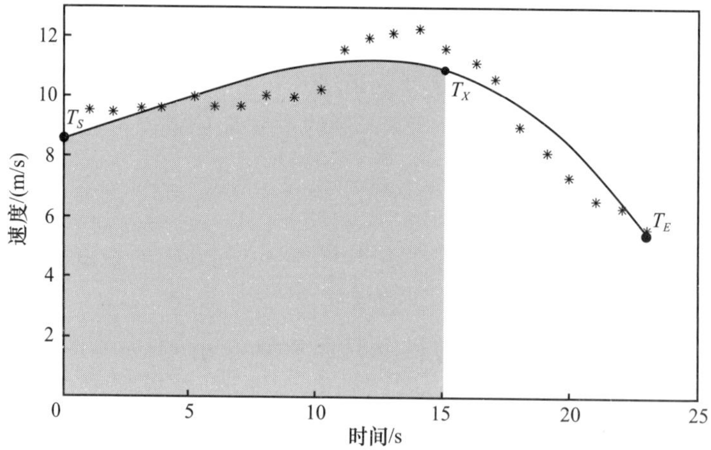

图 12－15　里程解算示意图

3）位置解算

如果所有点在终端都匹配到地图上，根据路链坐标点序列和 P_X 点处的里程 S_X，即可解算出 P_X 点坐标。

当点集中有任意点匹配不到路网上时，则速度方向为从起点 P_S 指向终点 P_E 的方向，求解直线方程即可得到 P_X 点的坐标，如图 12－16 所示。

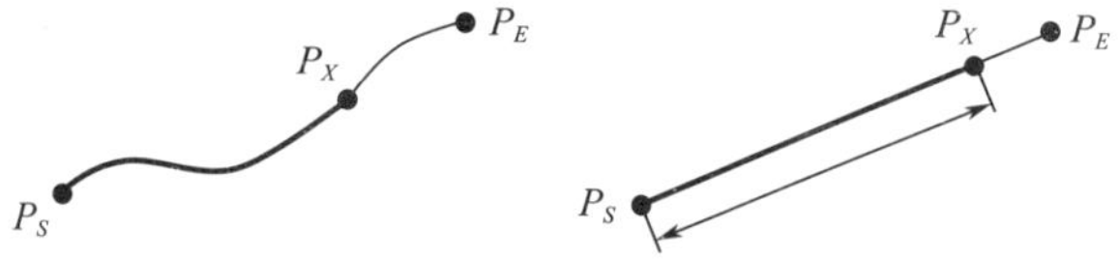

图 12－16　位置解算示意图

3. 算法性能评价

在阐述自适应采集算法性能评价指标前，首先引入速度变化指数 I_v 的概念，速度变化指数用来衡量车辆行驶速度变化的复杂度，其计算方法是 $I_v = w_0$

$\frac{N_0}{N}+w_1\frac{N_1}{N}$。其中：$N$ 为行驶路段内获取的有效 GPS 点数；N_0 为与前一点相比速度变化超过 0.3m/s 的点的总数量；w_0 为其对应的权重，一般取 0.4；N_1 为与前一点速度变化不相同的点的总数量，w_1 为其对应的权重，一般取 0.6。

自适应采集算法性能的主要指标包括位置精度 A_p、速度精度 A_v、数据压缩比 J。

$$A_p=\frac{\sum_{i=1}^{N}D_i}{N} \tag{12-34}$$

式中：D_i 为估算点坐标与实际坐标的距离。

$$A_v=\frac{\sum_{i=1}^{N}|V_{c_i}-V_{r_i}|}{N} \tag{12-35}$$

式中：V_{c_i}为估算速度；V_{r_i}为实际速度。

数据压缩比 J 为自适应采集后的数据量与原始数据量的比值。

自适应采集算法性能指标之间相互影响相互制约，并且都受到速度变化指数的影响。

4. 算法应用模式

算法的应用模式可以用图 12－17 表示。

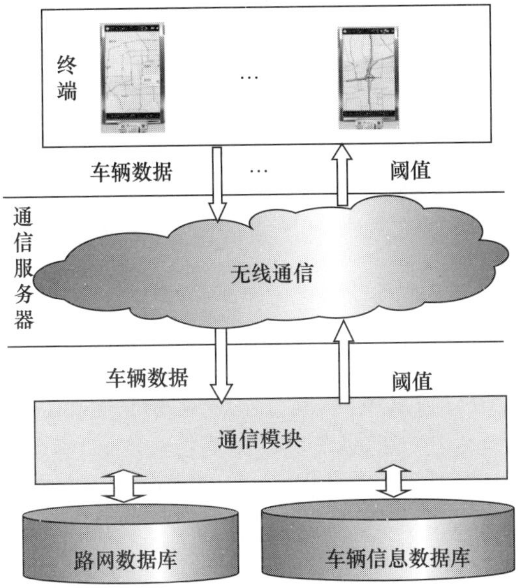

图 12－17　算法应用模式

终端接收服务器端传送的阈值，在数据传输被触发后，将数据进行处理并上传到服务器端，上传数据帧表示为{车辆 ID(10)，经度(8)，纬度(8)，速度(4)，方向(4)，时间(8)，车辆状态(2)，拟合系数 a_3(4)，拟合系数 a_2(4)，拟合系数 a_1(4)，拟合系数 a_0(4)，是否匹配上地图(1)，起始匹配路链 ID(4)，终止匹配路链 ID(4)}，其中小括号内为对应数据项的长度，单位为字节。数据帧通过无线通信方式以二进制字节流的方式进行传输。

服务器端将数据帧的内容存储到车辆信息数据库中，在查询车辆轨迹数据时，根据查询到的参数，依据前文所述的数据恢复方法得到车辆轨迹的详细数据。

当需要对车辆进行实时监控时，对于上一个上传点以前的所有数据，可以用数据恢复的方法得到实际轨迹数据；对于上一个上传点到当前时间的轨迹数据，可用上传点处的速度和方向进行估计，对这段轨迹最好用另外的颜色进行显示，表明其数据的精度相对较差，当有新的上传点数据到达时，对这段轨迹进行更新，同时显示为正常颜色。当需要知道监控车辆当前确切的数据时，也可以发送指令进行数据的强制上传。

12.3.2 自适应采集实验与分析

通过实验验证自适应采集算法的有效性，并对不同条件下的性能指标进行对比分析。

1. 实验方法

依据前节所示的算法应用模式构建实验系统。地图数据选用北京市某年的导航电子地图，路链数大于 17 万条。

在不同时刻不同路段携带终端进行车辆行驶实验，设定不同的阈值进行数据采集传输，并在终端存储所有的原始数据，在中心端进一步分析。通过分析实验过程和恢复数据的精度，验证算法的有效性，并分析算法的影响因素。

2. 实验结果

1) 算法应用有效性验证

按设定的速度阈值，携带终端进行典型路段车辆行驶实验，进行数据的自适应采集，并在中心端进行数据恢复，验证算法应用的有效性。

将速度阈值设为 4，在典型路段进行车辆行驶实验，速度精度为 0.75m/s，位置精度为 4.6m，压缩比为 3.0% 。其中某一路链上各估算点的速度偏差(为显示方便只取前 25 个点)如图 12 - 18 所示。

图 12 - 19 为数据采集与恢复试验轨迹图。其中：图(a)为车辆轨迹原始数据，共 160 个点，每隔 10 个点标注编号；图(b)为上传点图，160 个原始坐标点采

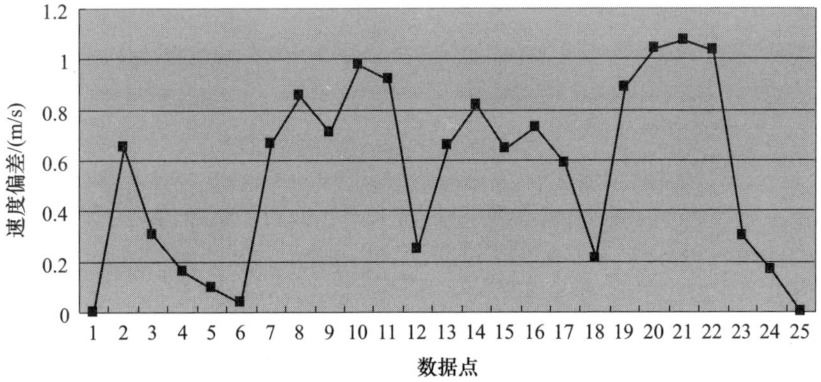

图 12－18　速度偏差图

用自适应采集算法后只需要上传 5 个点；图(c)为恢复后的轨迹图，恢复轨迹较好地逼近了原始轨迹。

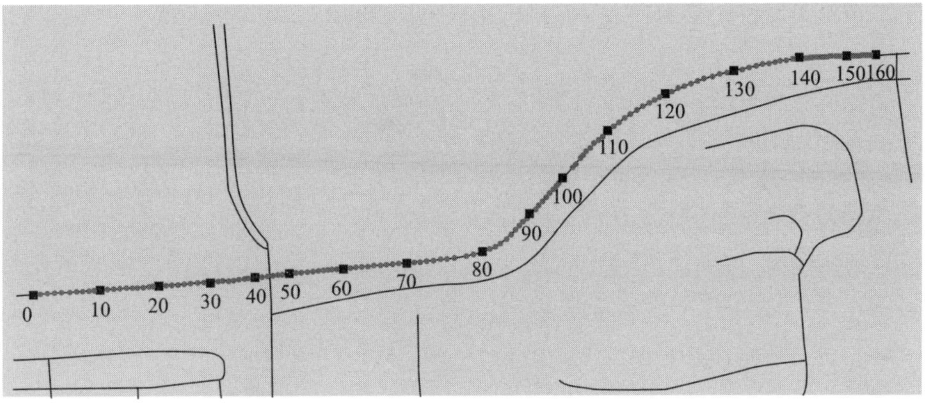

(a) 原始轨迹

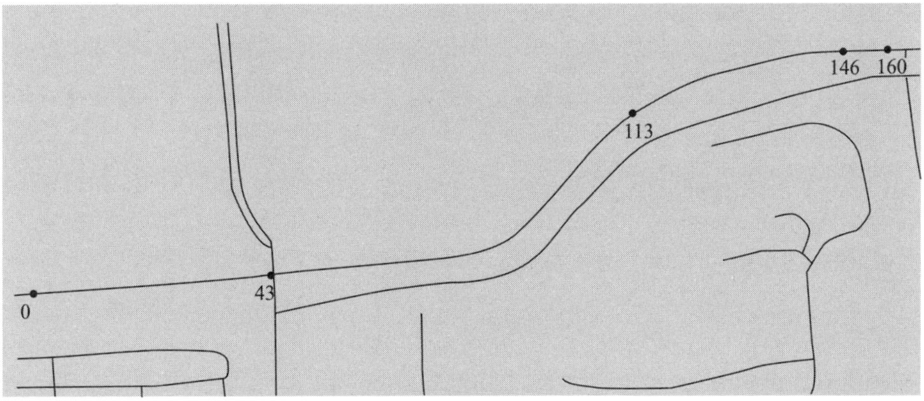

(b) 上传点

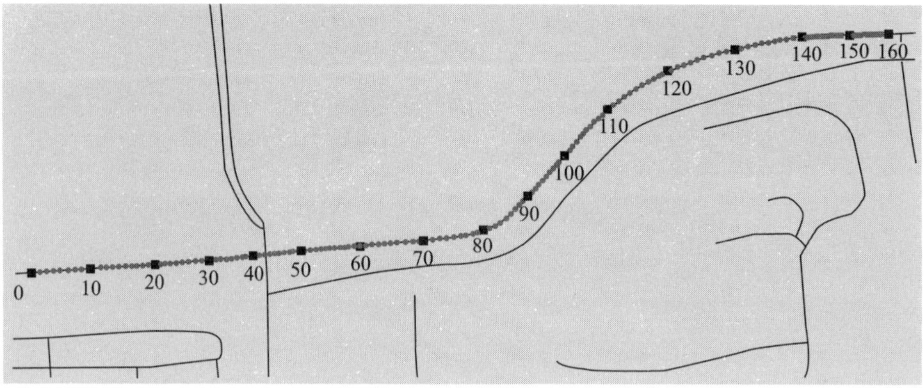

(c) 恢复轨迹

图 12－19　数据采集与恢复试验轨迹图

由以上数据可知算法在实际应用中具有可行性。

2）地图约束的影响

在同等精度要求条件下,分析有地图和无地图两种情况下数据压缩比的差异。对无地图时的计算,只需将路网约束去掉即可。图 12－20 是当精度要求相同时,在不同路段里有地图和无地图情况下的数据压缩比的对比分析图,路段的速度变化指数 $I_A < I_B < I_C$,精度要求取位置精度 4.6m。

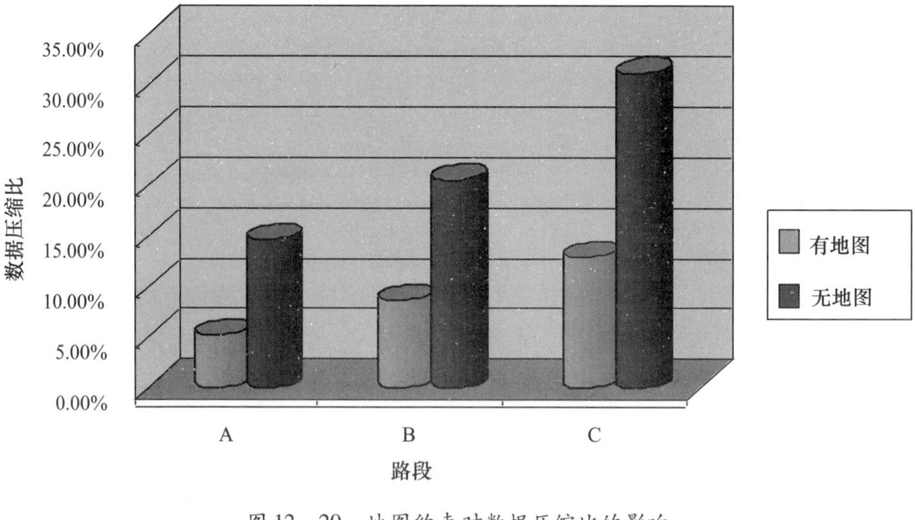

图 12－20　地图约束对数据压缩比的影响

由对比图可知,终端安装地图对降低数据压缩比的效果非常明显。随着速度变化指数的增大,数据压缩比也明显变大。

一般车载 GPS 模块的位置测量精度为 15m,测速精度为 0.5m/s,但是在相对较小的地区内相对短的时间内,各测量点之间的相对误差却很小,如果有地图的话,经过地图匹配后可以进一步减小误差。所以试验中位置、速度和方向的测量误差对最后的试验结果影响并不大,得到了较好的速度精度和位置精度。

12.4 自适应采集传输的控制体系结构与控制对象传递函数表征

12.4.1 自适应采集传输控制总体结构

动态目标群管理可归结为一个中心端、多个应用终端/采集终端的模式,对于这种应用模式可采用集中式控制或分散式控制两种控制模型。集中式控制主要优点是控制有效性高,主要缺点是对中心端运算处理能力要求过高;分散式控制的主要优点是对中心端计算能力要求低、可靠性高,缺点是全局控制性差。动态目标群管理对全局控制的有效性要求非常高,因此采用集中式控制方法最为合适。其控制结构如图 12-21 所示。

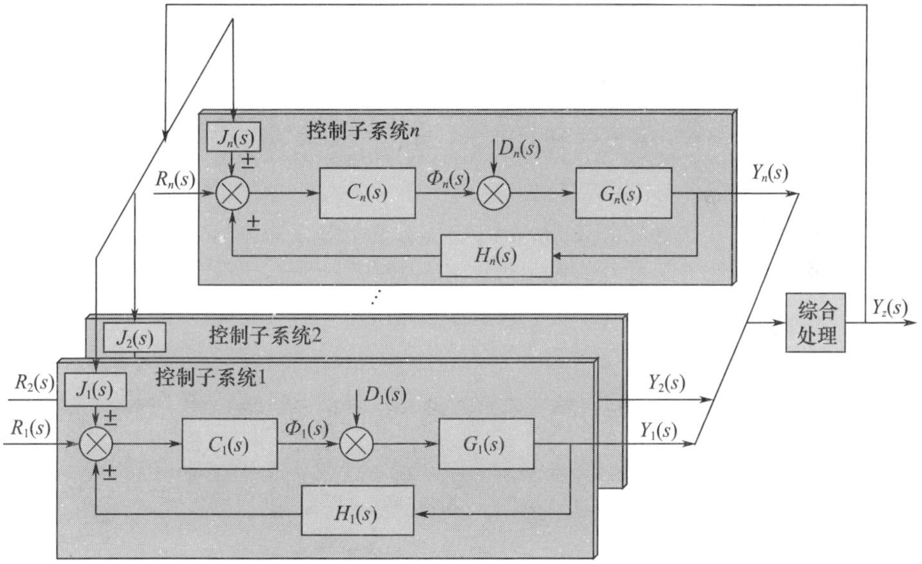

图 12-21 动态目标群管理控制结构

整个控制系统由 n 个控制子系统组成,每个终端对应一个控制子系统。对于第 i 个控制子系统,$R_i(s)$ 为子系统的输入,$Y_i(s)$ 为输出,$G_i(s)$ 为系统的动态特性，$H_i(s)$ 为子系统内部的反馈，$D_i(s)$ 为外界对系统的干扰，$C_i(s)$ 为控制器，它们都表达为传递函数的形式。

各子系统的输出结果传输到中心端，中心端通过函数 f 对各个子系统的输出进行综合处理，得到整个系统的输出：

$$X_Z(s) = f(Y_1, Y_2, \cdots, Y_n) \tag{12-36}$$

综合处理函数 $f(Y_1, Y_2, \cdots, Y_n)$ 可以实现求平均、求和、求最大、求最小及更复杂的运算。

系统输出对各个子系统进行反馈，传递函数为 $J_i(s)$。这样各终端和中心端形成一个反馈控制系统。

12.4.2 控制对象传递函数建模步骤

在对采集传输的控制对象的传递函数建模时，一般经过以下步骤。

（1）确定建模方法。

传递函数建模的方法主要有两种：机理法和测试法。

机理法建模是指根据控制对象自身的机理，写出相关的平衡方程，从中获得需要的数学模型。机理法建模需要对控制对象的运行机理深入了解，不但给出系统的输入输出关系，还可以得出系统的状态和输入输出的关系，所以一般称之为"白箱模型"。

测试法建模是指将控制过程的输入输出数据进行数据处理得到系统的输入输出关系模型。测试法建模将控制对象视为一个黑箱，完全从外部特性上测试和描述对象的模型，因此常称之为"黑箱模型"。

在采集传输的控制对象的传递函数建模中，由于系统中存在前文所述的动态性、不确定性和海量性，用机理法进行建模十困难，所以建模方法采用测试法。

（2）确定输入与输出变量。

控制对象的输入变量也就是系统的控制变量，准确选取控制变量对系统的控制性能至关重要。车辆监控数据采集传输控制中，控制对象直接的输入为速度变化阈值和角度变化阈值。为减少控制变量并且提高控制精度，可以引入精度函数。将精度等级作为对象的输入变量，对应的速度阈值和角度阈值分别由对应的精度函数求取。系统的输出变量可选取为实际占用带宽。

在求取速度精度函数和角度精度函数时，也采用黑箱法，即将速度值和角度变化从最小值依次递增到最大值，求取对应的通信量输出，根据输入输出结果用分段线性函数进行拟合。

在模型的研究过程中，可采用模拟的数据对实际的系统进行仿真，采集大量不同时段不同级别道路上的速度数据（包括速度大小和方向）作为基础的数据源，并与北京市的浮动车数据结合，生成间隔时间为1s的车辆位置和速度信息，车辆可根据设定的速度变化阈值确定是否需要发送数据。图12-22为模拟出的速度数据。

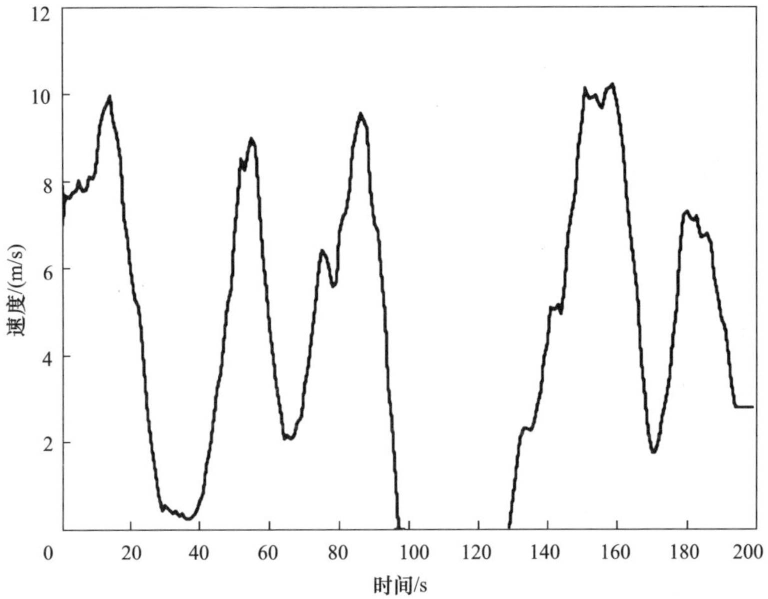

图12-22 模拟的速度曲线

（3）确定传递函数的形式。

主要是确定传递函数的阶数也就是对应微分方程的阶数，以及是否带有滞后环节。

（4）解算传递函数参数。

采用机理法建模时，根据系统的平衡方程得出传递函数的参数；采用测试法建模时，根据输入输出的关系求取传递函数的参数。

12.5 动态目标群采集传输仿真系统构建

12.5.1 仿真系统结构

动态目标群采集传输仿真系统结构如图12-23所示。

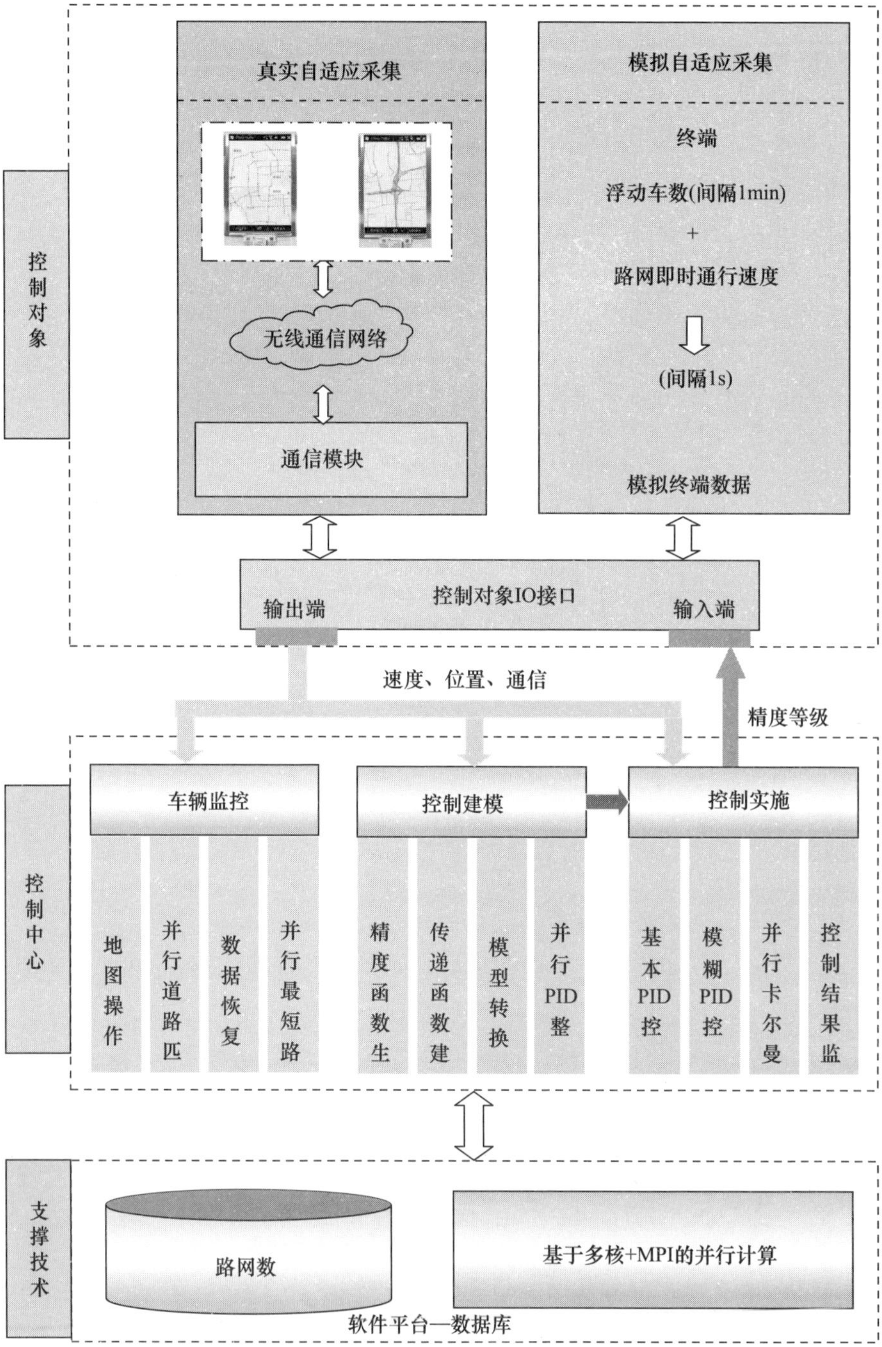

图 12-23 仿真系统结构

12.5.2 自适应采集终端模拟

1. 模拟思路

由于本研究所需的数据为以秒(s)为间隔的数据,而目前 GPS 监控系统的数据间隔一般以分钟(min)为单位,无法直接从现有系统中直接获取数据;自适应采集终端样机成本太高,无法大量部署进行试验,因此需要模拟自适应采集终端。

目前可以从世纪高通公司获得间隔为 1min 左右的浮动车数据,可以通过实测的方式获取车辆在不同时间不同道路等级下以秒为间隔的速度数据。以某相符性目标函数最优为条件,从实测速度曲线中截取相应长度的速度数据,经过平移和拉伸变化后,使其两个端点的速度值与浮动车相邻时间上的速度值相等,并且积分出来的里程与浮动车行驶过的里程相等,然后将其填充到浮动车数据中,这样就可以得到和实际情况较为相似的以秒为间隔的车辆数据(包括位置和速度等)。

2. 即时行驶速度采集

即时行驶速度采集采用的装置为自行研发的终端,其硬件软件环境同自适应采集终端,地图操作等基本模块也相同,增加了采集状态设置的相关内容,其主界面如图 12-24 所示。

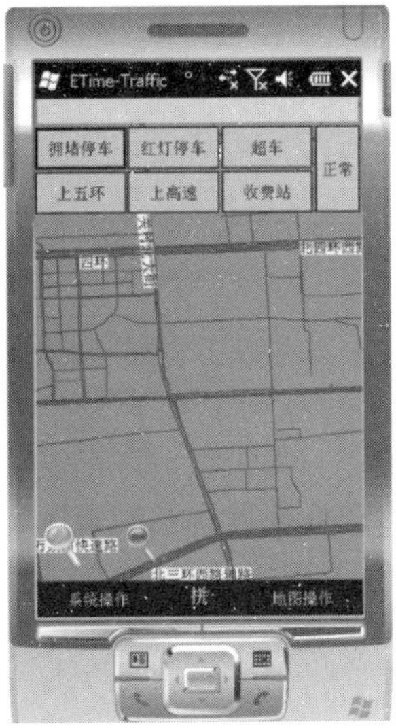

图 12-24 采集终端界面

目前已采集各时段各路网等级共计 2000min 的速度数据。采集的某条速度曲线如图 12-25 所示。

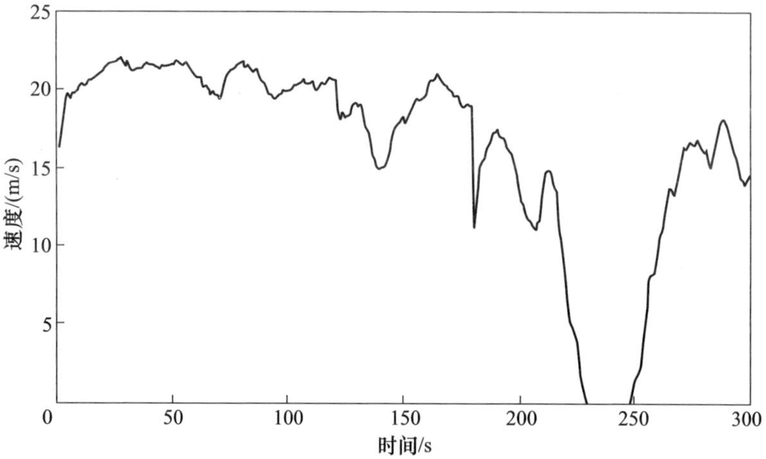

图 12-25 采集的速度曲线示例

附录　时频域转换的一些重要公式

为使用方便,以下列举常用的拉普拉斯变换中常用的原函数与象函数的对应关系,证明部分请读者自行完成。

表 A－1　时频域转换公式

序号	原函数 $f(t)$ $(t>0)$	象函数 $F(s)=L[f(t)]$
1	$u(t)$(单位阶跃函数)	$\frac{1}{s}$
2	$\delta(t)$(单位脉冲函数)	1
3	K(常数)	$\frac{K}{s}$
4	t(单位斜坡函数)	$\frac{1}{s^2}$
5	$t^n(n=1,2,\cdots)$	$\frac{n!}{s^{n+1}}$
6	e^{-at}	$\frac{1}{s+a}$
7	$t^n e^{-at}(n=1,2,\cdots)$	$\frac{n!}{(s+a)^{n+1}}$
8	$\frac{1}{T}e^{-\frac{t}{T}}$	$\frac{1}{Ts+1}$
9	$\sin\omega t$	$\frac{\omega}{s^2+\omega^2}$
10	$\cos\omega t$	$\frac{s}{s^2+\omega^2}$
11	$e^{-at}\sin\omega t$	$\frac{\omega}{(s+a)^2+\omega^2}$
12	$e^{-at}\cos\omega t$	$\frac{s+a}{(s+a)^2+\omega^2}$
13	$\frac{1}{a}(1-e^{-at})$	$\frac{1}{s(s+a)}$
14	$\frac{1}{b-a}(e^{-at}-e^{-bt})$	$\frac{1}{(s+a)(s+b)}$
15	$\frac{1}{b-a}(be^{-at}-ae^{-bt})$	$\frac{s}{(s+a)(s+b)}$

（续）

序号	原函数$f(t)(t>0)$	象函数$F(s)=L[f(t)]$
16	$\sin(\omega t+\phi)$	$\frac{\omega\cos\phi+s\sin\phi}{s^2+\omega^2}$
17	$\frac{\omega_n}{\sqrt{1-\xi^2}}e^{-\xi\omega_n t}\sin\omega_n\sqrt{1-\xi^2}t$	$\frac{\omega_n^2}{s^2+2\xi\omega_n s+\omega_n^2}$
18	$\frac{1}{\omega_n\sqrt{1-\xi^2}}e^{-\xi\omega_n t}\sin\omega_n\sqrt{1-\xi^2}t$	$\frac{1}{s^2+2\xi\omega_n s+\omega_n^2}$
19	$-\frac{1}{\sqrt{1-\xi^2}}e^{-\xi\omega_n t}\sin(\omega_n\sqrt{1-\xi^2}t-\phi)$ $\phi=\arctan\frac{\sqrt{1-\xi^2}}{\xi}$	$\frac{s}{s^2+2\xi\omega_n s+\omega_n^2}$
20	$1-\frac{1}{\sqrt{1-\xi^2}}e^{-\xi\omega_n t}\sin(\omega_n\sqrt{1-\xi^2}t+\phi)$ $\phi=\arctan\frac{\sqrt{1-\xi^2}}{\xi}$	$\frac{\omega_n^2}{s(s^2+2\xi\omega_n s+\omega_n^2)}$
21	$1-\cos\omega t$	$\frac{\omega_n^2}{s(s^2+\omega_n^2)}$
22	$\omega t-\sin\omega t$	$\frac{\omega_n^2}{s(s^2+\omega_n^2)}$
23	$t\sin\omega t$	$\frac{2\omega s}{(s^2+\omega_n^2)^2}$

参 考 文 献

[1] 柯里曼. 控制论[M]. 上海人民出版社,1957.

[2] Craig R. RIeger, David H. Scheidt, William D. Smart. IEEE Transactions on Cybernetics[J]. IEEE Transactions on Cybernetics,2019,49(7):C2 - C2.

[3] 苏亮,熊前锦. 基于系统状态方程的空间网格结构鲁棒性指标[J]. 空间结构,2014,20(4):54 - 58.

[4] 盛谦,崔臻,刘加进等. 传递函数在地下工程地震响应研究中的应用[J]. 岩土力学,2012,33(8):2253 - 2258.

[5] 赵明威. 不同营林措施对桉树×望天树混交林土壤肥力与微生物群落的影响[D]. 广西大学,2018.

[6] 钱学森. 工程控制论[M]. 戴汝为,何善堉译. 北京:科学出版社,1954.

[7] 钱学森. 大系统理论要创新[J]. 系统工程理论与实践,1986,(1):1.

[8] 彭建,王仰麟,吴健生等. 区域生态系统健康评价——研究方法与进展[J]. 生态学报,2007(11).

[9] Daily G C, Alexander S, Ehrlich P R, et al. Ecosystem Services: Benefits Supplied to Human Societies by Natural Ecosystems[J]. Issues in Ecology,1997,1:1 - 18.

[10] 高洁. 从控制论的角度试述体育生态系统的控制与发展[J]. 华章,2011(31).

[11] 梁军,张星耀. 森林有害生物的生态控制技术与措施[J]. 中国森林病虫,2004(6).

[12] 张元林. 工程数学,积分变换. 第4版[M]. 高等教育出版社,2003.

[13] 王如松,欧阳志云. 社会 - 经济 - 自然复合生态系统与可持续发展[J]. 2012.

[14] Wang R, Li F, Hu D, et al. Understanding eco - complexity: Social - Economic - Natural Complex Ecosystem approach[J]. Ecological Complexity,2011,8(1):15 - 29.

[15] Joshua R. King, Robert J. Warren, Daniel S. Maynard, 等. Ants: Ecology and Impacts in Dead Wood[M]// Saproxylic Insects. 2018.

[16] 晏磊. 可持续发展基础——资源、环境、生态巨系统结构控制[M]. 华夏出版社,1998.

[17] Weistroffer H R, Smith C H, Narula S C. Multiple Criteria Decision Support[M]. 2005.

[18] 柳洪义,罗忠,宋伟刚,等. 机械工程控制基础[M]. 科学出版社,2011.

[19] 袁德成,王玉德,李凌. 自动控制原理. 第2版[M]. 北京大学出版社,2015.

[20] 仝茂达. 线性系统理论和设计. 第2版[M]. 中国科学技术大学出版社,2012.

[21] 金观涛,华国凡. 控制论与科学方法论[M]. 新星出版社,2005.

[22] 安吉尧. T - S 模糊系统理论及在控制论中的应用[D]. 湖南大学,2012.

[23] 孙先仿,张志方,具有有界相对误差模型的参数辨识[A]. 1994 中国控制与决策学术年会论文集[C]. 厦门:《控制与决策》编辑部,1994.

[24] 孙先仿,范跃祖. 基于正交表的准均匀设计[J]. 杭州:科技通报,1996(04):204 - 206.

[25] 孙先仿,范跃祖,宁文如. 系统辨识中输入信号的最优均匀设计[A]. 1997 年中国控制会议论文集[C]. 1997.

[26] 吴蓓蓓. 加权的矩阵 Padé - 型逼近及其在控制论中应用[D]. 上海大学,2006.

[27] 李文清．数论在控制论中的应用[J]．厦门大学学报(自然版),1988(2):1 -4.
[28] 孙增圻．计算机控制理论与引用[M]．清华大学出版社．2008
[29] 陈希孺．高等数理统计学[M]．中国科学技术大学出版社,2009.
[30] 贺国光,李宇,马寿峰．基于数学模型的短时交通流预测方法探讨[J]．系统工程理论与实践,2000,20(12):51 -56.
[31] 宫晓燕,汤淑明．基于非参数回归的短时交通流量预测与事件检测综合算法[J]．中国公路学报,2003,16(1):82 -86.
[32] 李存军,杨儒贵,靳蕃．基于神经网络的交通信息融合预测方法[J]．系统工程,2004,22(3):80 -83.
[33] 张飞舟,晏磊,范跃祖,等．智能交通系统中的公交车辆调度方法研究[J]．中国公路学报,2003,16(2):82 -85.
[34] 张飞舟,晏磊,范跃祖,等．基于云模型的车辆定位导航系统模糊评测研究[J]．控制与决策,2002,17(5):550 -553.
[35] 李存军,杨儒贵,邓红霞．基于小波和 Kalman 滤波的交叉口流量组合预测[J]．西南交通大学学报,2004,39(5):577 -580.
[36] 刘建民．高负荷循环交通网络模型[J]．长安大学学报:自然科学版,2004,24(4):71 -73.
[37] Lepetic M,Skrjanc I,Chiacchiarini H G,et al. Predictive control based on fuzzy model:a case study[C]// The,IEEE International Conference on Fuzzy Systems. IEEE,2002:868 -871 vol. 3.
[38] Ahtiwash O M,Abdulmuin M Z,Siraj S F. A neural - fuzzy logic approach for modeling and control of non-linear systems[C]// IEEE International Symposium on Intelligent Control. IEEE,2002:270 -275.
[39] Doris Fay,Ruta Bagotyriute,Tina Urbach,等．Differential Effects of Workplace Stressors on Innovation:An Integrated Perspective of Cybernetics and Coping[J]. International Journal of Stress Management,2017.
[40] Heung T H,Ho T K,Fung Y F. Hierarchical fuzzy logic traffic control at a road junction[J]. Control & Intelligent Systems,2016,31(1):1170 -1175 vol. 2.
[41] Miqdam T. Chaichan,Hussien A. Kazem,Talib A. Abed. Traffic and outdoor air pollution levels near highways in Baghdad,Iraq[J]. Environment Development & Sustainability,2018,20(2):589 -603.
[42] 章威,徐建闽,林绵峰．基于大规模浮动车数据的地图匹配算法[J]．交通运输系统工程与信息,2007,7(2):39 -45.
[43] 高美蓉．城市智能交通管理系统的研究与设计[J]．电子测量技术,2018(8).
[44] 陈鑫．城市轨道交通综合监控系统的技术发展[J]．通讯世界,2017(1):80 -84.
[45] 李德仁,郭丙轩,王密,等．基于 GPS 与 GIS 集成的车辆导航系统设计与实现[J]．武汉大学学报(信息科学版),2000,25(3):208 -211.
[46] 谭章智,李少英,黎夏,et al. 城市轨道交通对土地利用变化的时空效应[J]. Acta Geographica Sinica,2017,72(5).
[47] White C E,Bernstein D,Kornhauser A L. Some map matching algorithms for personal navigation assistants[J]. Transportation Research Part C,2000,8(1):91 -108.
[48] Pajares G,Cruz J M D L. Fuzzy Cognitive Maps for stereovision matching[J]. Pattern Recognition,2006,39(11):2101 -2114.
[49] Quddus M A,Ochieng W Y,Noland R B. Integrity of map - matching algorithms[J]. Transportation Research Part C Emerging Technologies,2006,14(4):283 -302.

[50] Cassenti D N, Gamble K R, Bakdash J Z. Multi - level Cognitive Cybernetics in Human Factors[M]// Advances in Neuroergonomics and Cognitive Engineering. 2017.
[51] 王家耀. 空间信息系统原理[M]. 科学出版社,2001.
[52] 冯登超. 面向低空安全三维数字化空中走廊体系的飞行器交通管理平台构建[J]. 计算机测量与控制,2017,25(12).
[53] 周东华,DING X. 容错控制理论及其应用[J]. 自动化学报,2000,26(6):788 - 797.
[54] 张拥军,张怡,彭宇行,等. 一种基于多处理机的容错实时任务调度算法[J]. 计算机研究与发展,2000,37(4):425 - 429.
[55] 晏磊,王丽娜,范跃祖,等. 角速率平台伺服机构的智能控制与容错研究[J]. 航空学报,1997,18(1):87 - 89.
[56] 陈冠宏,刘东,翁嘉明. 电力调频系统的信息物理融合建模及其在容错控制中的应用[J]. 电网技术,2019,43(7).
[57] Ralf Stetter. Fault - Tolerant Control[M]// Frontiers in Geotechnical Engineering. 2020.
[58] Deller J R. Set membership identification in digital signal processing[J]. IEEE Assp Magazine, 2002, 6(4):4 - 20.
[59] Walter E, Piet - Lahanier H. Exact recursive polyhedral description of the feasible parameter set for bounded - error models[J]. Automatic Control IEEE Transactions on, 1989, 34(8):911 - 915.
[60] Lei Liu, Yan - Jun Liu, Shaocheng Tong. Neural Networks - Based Adaptive Finite - Time Fault - Tolerant Control for a Class of Strict - Feedback Switched Nonlinear Systems[J]. IEEE Transactions on Cybernetics, 2018, PP(99):1 - 10.
[61] YIN Chunwu. PID Iterative Fault - Tolerant Control for Continuous Time - Varying System with Actuator Fault[J]. Computer Engineering and Applications, 2019.
[62] 陈爱群. 国内外遥感最新技术及其发展趋势[J]. 测绘科技情报,2008(1).
[63] 韩杰,王争. 无人机遥感国土资源快速监察系统关键技术研究[J]. 测绘通报,2008(2):4 - 6.
[64] 晏磊,吕书强,赵红颖,等. 无人机航空遥感系统关键技术研究[J]. 武汉大学学报(工学版),2004,37(6):67 - 70.
[65] 晏磊,丁杰,赵世湖,等. 数字航空遥感地面仿真平台技术与实现[J]. 影像技术,2008,20(2):36 - 39.
[66] 付文君. 机载遥感数据实时传输技术及其应用研究[D]. 中国科学院空间科学与应用研究中心,2006.
[67] 王之卓. 摄影测量原理[M]. 测绘出版社,1979.
[68] 张祖勋,张剑清. 数字摄影测量学[M]. 武汉大学出版社,2012.
[69] Vermote E F, Tanre D, Deuze J L, et al. Second Simulation of the Satellite Signal in the Solar Spectrum, 6S: an overview[J]. IEEE Transactions on Geoscience & Remote Sensing, 2002, 35(3):675 - 686.
[70] Xiong X, Chiang K, Esposito J, et al. MODIS on - orbit calibration and characterization[J]. Metrologia, 2003, 40(1):S89.
[71] Harrison H H. Improved photography of silver - stained two - dimensional electrophoresis gels. [J]. Clinical Chemistry, 2019(8):8.
[72] YANG Chao, SU Zhengan, XIONG Donghong, 等. Application of Close - range Photogrammetry Technology in the Study of Soil Erosion Rate on Slope Farmland[J]. Journal of Soil & Water Conservation, 2018.

[73] 李景虎. 高速低功耗 A/D 转换器及相关技术研究[D]. 哈尔滨工业大学,2009.

[74] Holben B N,Eck T F,Slutsker I,et al. AERONET – A Federated Instrument Network and Data Archive for Aerosol Characterization[J]. Remote Sensing of Environment,1998,66(1):1 – 16.

[75] 王明志. 光学遥感辐射定标模型的系统参量分解与成像控制[D]. 北京大学,2014.

[76] 王殿海. 交通流理论[M]. 人民交通出版社,2002.

[77] Young P,Shellswell S. Time series analysis,forecasting and control[J]. IEEE Transactions on Automatic Control,2003,17(2):281 – 283.

[78] Hongming Zhang,Jiangtao Yang,Jantiene E. M. Baartman,等. Quality of terrestrial data derived from UAV photogrammetry:A case study of Hetao irrigation district in northern China[J]. International Journal of Agricultural and Biological Engineering,2018,11(3):171 – 177.

[79] 李清泉,黄练,谭文霞. 基于道路特征的海量 GPS 监控数据压缩方法[J]. 武汉大学学报(信息科学版),2008,33(4):337 – 340.

[80] Brakatsoulas S, Pfoser D, Tryfona N. Practical Data Management Techniques for Vehicle Tracking Data [C]// International Conference on Data Engineering, 2005. ICDE 2005. Proceedings. IEEE, 2005: 324 – 325.

[81] Manne F,Boman E G,Catalyurek U V. A framework for scalable greedy coloring on distributed – memory parallel computers[J]. Journal of Parallel & Distributed Computing,2008,68(4):515 – 535.

[82] Holmes D W,Williams J R,Tilke P. An events based algorithm for distributing concurrent tasks on multi – core architectures[J]. Computer Physics Communications,2009,181(2):341 – 354.

[83] Ro W W,Gaudiot J L. A complexity – effective microprocessor design with decoupled dispatch queues and prefetching[M]. Elsevier Science Publishers B. V. 2009.

[84] Balaji P,Feng W,Bhagvat S,et al. Analyzing the impact of supporting out – of – order communication on in – order performance with iWARP[C] Supercomputing, 2007. SC '07. Proceedings of the 2007 ACM/IEEE Conference on. IEEE,2007:1 – 12.

[85] Coti C,Herault T,Lemarinier P,et al. Blocking vs. Non – Blocking Coordinated Checkpointing for Large – Scale Fault Tolerant MPI[C]SC 2006 Conference,Proceedings of the ACM/IEEE. IEEE,2006:127.

[86] Träff J L,Gropp W,Thakur R. Self – consistent MPI Performance Requirements[M] Recent Advances in Parallel Virtual Machine and Message Passing Interface. 2007:36 – 45.